粒计算研究丛书

三支决策与三层分析

张贤勇　苗夺谦　王国胤　李天瑞　姚一豫　著

科学出版社
北京

内 容 简 介

　　三支决策是一种基于人类认知过程的粒计算研究方法与不确定决策理论，主要采用"三"的思维方式进行"分-治-效"进程的智能计算与知识发现，其三层结构化思维诱导出三层分析方法论。三支决策与三层分析已经成为人工智能研究与应用的重要工具与有效方法。本书介绍三支决策与三层分析相关的理论、技术、算法、应用等的最新研究进展。全书共 11章，系统介绍三支决策论与三层分析法，内容涉及不确定性建模、信息度量、属性约简、分类学习、聚类应用、动态决策、数据分析、概念分析、冲突分析等。

　　本书可供计算机、自动化、信息、数学及相关专业的研究人员、教师、研究生、高年级本科生阅读，也可供相关领域工程技术人员参考。

图书在版编目（CIP）数据

三支决策与三层分析 / 张贤勇等著. —北京：科学出版社，2022.6
（粒计算研究丛书）
ISBN 978-7-03-072449-6

Ⅰ. ①三⋯　Ⅱ. ①张⋯　Ⅲ. ①决策支持系统－研究　Ⅳ. ①TP399

中国版本图书馆 CIP 数据核字（2022）第 094824 号

责任编辑：任　静 / 责任校对：韩　杨
责任印制：吴兆东 / 封面设计：迷底书装

科学出版社 出版
北京东黄城根北街 16 号
邮政编码：100717
http://www.sciencep.com
北京中石油彩色印刷有限责任公司 印刷
科学出版社发行　各地新华书店经销
*
2022 年 6 月第　一　版　　开本：720×1 000　B5
2022 年 6 月第一次印刷　　印张：17 3/4
字数：358 000
定价：**158.00 元**
（如有印装质量问题，我社负责调换）

丛 书 序

粒计算是一个新兴的、多学科交叉的研究领域。它既融入了经典的智慧，也包括了信息时代的创新。通过十多年的研究，粒计算逐渐形成了自己的哲学、理论、方法和工具，并产生了粒思维、粒逻辑、粒推理、粒分析、粒处理、粒问题求解等诸多研究课题。值得骄傲的是，中国科学工作者为粒计算研究发挥了奠基性的作用，并引导了粒计算研究的发展趋势。

在过去几年里，科学出版社出版了一系列具有广泛影响的粒计算著作，包括《粒计算：过去、现在与展望》《商空间与粒计算——结构化问题求解理论与方法》《不确定性与粒计算》等。为了更系统、全面地介绍粒计算的最新研究成果，推动粒计算研究的发展，科学出版社推出了"粒计算研究丛书"。丛书的基本编辑方式为：以粒计算为中心，每年选择该领域的一个突出热点为主题，邀请国内外粒计算和该主题方面的知名专家、学者就此主题撰文，来介绍近期相关研究成果及对未来的展望。此外，其他相关研究者对该主题撰写的稿件，经丛书编委会评审通过后，也可以列入该丛书，丛书与每年的粒计算研讨会建立长期合作关系，丛书的作者将捐献稿费购书，赠给研讨会的参会者。

中国有句老话，"星星之火，可以燎原"，还有句谚语，"众人拾柴火焰高"。"粒计算研究丛书"就是基于这样的理念和信念出版发行的。粒计算还处于婴儿时期，是星星之火，在我们每个人的细心呵护下，一定能够燃烧成燎原大火。粒计算的成长，要靠大家不断地提供营养，靠大家的集体智慧，靠每一个人的独特贡献。这套丛书为大家提供了一个平台，让我们可以相互探讨和交流，共同创新和建树，推广粒计算的研究与发展。本丛书受益于从事粒计算研究同仁的热心参与，也必将服务于从事粒计算研究的每一位科学工作者、老师和同学。

"粒计算研究丛书"的出版得到了众多学者的支持和鼓励，同时也得到了科学出版社的大力帮助。没有这些支持，也就没有本丛书。我们衷心地感谢所有给予我们支持和帮助的朋友们！

"粒计算研究丛书"编委会

2015 年 7 月

前　　言

　　人工智能主要模拟、延伸、扩展人的智能，在大数据时代引发了新一轮科技革命浪潮，其发展规划已经上升为国家战略，相关的理论、方法、技术都具有学术意义与应用前景。三支决策正是人工智能领域的前沿热点，是一种基于人类认知过程的粒计算研究方法与不确定决策理论。

　　三支决策基于二支选择增加第三项决策，进行基于"三"的结构化认知思维、基于"三"的结构化问题求解、基于"三"的结构化信息处理，具有灵活性与普适性。三支决策具有"分-治-效(trisecting-acting-outcome，TAO)"的核心思想与进程框架。首先将一个整体合理地分为三个部分，并采取有效的策略处理每个部分，从而获得所期待的有效结果。例如，在三支决策的集合论模型中，论域可以三剖分，建立接受、拒绝、不承诺(即延迟决策)的三支行为，采用决策代价与优化风险进行有效评估。从概念认知与分类学习的角度来看，三支决策采用边界域缓冲，避免了传统二支硬性决策的弊端及损失。三支决策理论在无时不在的决策制定中发挥着重要作用，已经广泛应用于多个领域与学科，并深入结合了粗糙集、模糊集、阴影集、区间集、正交对、商空间、云模型等的思想与方法，正在蓬勃发展。

　　根据不同的应用场景，三支决策中的"三"有多种解释，如三要素、三部分、三分量、三层次、三阶段、三步骤、三种类、三件事、三句话等；三支决策中的"决策"也有多种解释，如处理、分析、求解、计算等。三支决策就是合理有效地用"三"，表现为以三为本、基三思维、依三而治，包含了一分为三、三一治理、三合为一。特别地，将三支决策三分得到的三元组解释为一种三层结构，可以抽象出三层分析，其紧密关联于粒计算技术。三层分析用到的三层实际上蕴含着层的多样性，即三层具有关于粒度层次、尺度层次、复杂度层次、求解层次等语义解释的多种形式；此外，三层分析还涉及自顶向下、自底向上、自中向外三种处理模式，以及顶中层小循环、中底层小循环、顶底层大循环三个循环。由此可见，三层分析充当了特殊的三支决策模型与具体的三支决策方法，具有灵活性、普适性、有效性等。

　　当前，三支决策与三层分析已经成为人工智能研究与应用的重要工具与有效方法，为相关的数据分析、粒度计算、信息处理、机器学习、知识发现等奠定了坚实基础。本书聚焦三支决策与三层分析，进行广泛探讨与深入分析，反映相关研究的前沿进展，内容涵盖了不确定性建模、信息度量、属性约简、分类学习、聚类应用、动态决策、概念分析、冲突分析等。本书汇集了相关学者的最新研究成果，体现了人工智能背景下利用三支决策理论与三层分析方法解决复杂问题的优势。本书的出版将会促进不确定性处理、粒计算、数据挖掘、机器学习等研究与应用的进一步发展。

全书第一部分为概述，包含第1章，第二部分为三层分析，包含第2～5章，第三部分为三支决策，包含第6～11章。具体组织结构如下：第1章为三支决策论与三层分析法，由姚一豫撰写；第2章为信息度量的三支构建与三层分析，由张贤勇、苗夺谦撰写；第3章为属性约简的三层分析，由张贤勇、姚一豫撰写；第4章为邻域系统的三层分析与双量化分类学习，由张贤勇、苟弘媛、苗夺谦撰写；第5章为改进可调模糊粗糙集的三支建模与三层分析，由杨霁琳、张贤勇撰写；第6章为三支思想的渗透，由胡宝清、赵雪荣撰写；第7章为面向不完备混合数据的动态三支决策方法，由黄倩倩、杨新、李天瑞撰写；第8章为基于模糊邻域覆盖的三支分类，由岳晓冬、吕颖撰写；第9章为基于低秩表示的多视图主动三支聚类算法，由于洪、王心成、王国胤撰写；第10章为基于完备/不完备背景的三支概念分析基础，由祁建军、魏玲、任睿思、姚一豫撰写；第11章为基于三支决策理论的冲突分析研究，由郎广名、苗夺谦撰写。

本书的出版得到了国家自然科学基金项目(61673285、61976158、61673301、61936001、61772096、61773324、62176221、62076040、62006172、11971365)、四川省科技计划项目(2021YJ0085)等的资助。在这里，感谢国家自然科学基金委员会对于本书出版的资助！并感谢国内外同行专家与学者给予的相关支持与帮助！

由于作者水平有限，所做研究尚有不足，加之时间仓促，书中疏漏之处在所难免，恳请广大读者批评指正！

目 录

第 1 章   三支决策论与三层分析法

数字"三"在中国文化和思想体系中占有重要的地位。我们的思维方式、日常生活和工作习惯都与"三"息息相关。三支决策论从三个侧面研究基于"三"的世界观、方法论和计算机制,即三元论、三分法和三项式。本章简述三支决策的理论、方法和实践。在遵循三元思维的原则下,我们从三个层面、自顶向下展开讨论,由理论、方法到实践,由一般模型、特殊模型到具体个例。首先,我们描述一个基于"分、治、效"(trisecting-acting-outcome,TAO)三要素的三支决策模型;接着,我们讨论三层分析法;最后,通过具体的实例,我们进一步解释三层分析法。

1.1   三支决策之"道"(TAO)

数字是我们认识世界、认识自己、生活与实践的重要工具之一。中国文化里有一个崇三尊五的特点[1],数字"三"更是备受尊崇的数字,有着尊贵、吉祥和完美的含义。基于"三"的思想、方法和模式尤为明显[2-6],在神话、宗教、艺术、礼仪、典章、哲学、科学、社会学、医学、商学、工程、建筑、饮食、服饰等各方面都有着广泛的应用。我们用"天、地、人"三才认识宇宙与世界和确定自己所在的位置,以"因、缘、果"三段描述和理解事物发展的内因、外因和结果;圣典《易经》探索自然和社会变化规律与联系,可从"象、数、理"三个层面诠释。仁人志士以"修身、治国、平天下"为奋斗目标;寻常老百姓借"福、禄、寿"三星谋理想生活;少年儿童按"德、智、体"全面发展和成长。我们将时间分为"过去、现在、将来",将空间分为"上、中、下",将人群分为"左、中、右"。遵循阴阳合一原则,达"平和"之态;运用三分天下策略,形成两两相互制约的三足鼎立之势;施行执两用中的中庸之道,走既无"过"也无"不及"的"中正"之路。

怎样将基于数字"三"的思想、方法和实践系统地整理、比较和分析,并综合、抽象和提升为一个独特、完善和实用的三支决策论是当前研究的关键和瓶颈问题之一。这需要从不同侧面、不同层面和不同背景展开讨论。三支决策之道是三分而治,以三支决策之道,治三支决策之身,本节基于"三"来描述三支决策。

1.1.1   三支决策论三要素

三支决策理论由三要素组成:哲学思想,即三元论;理论方法,即三分法;原理机制,即三项式。这三要素指明三支决策研究的三大方向,并回答三个基本问题:

①三支决策是什么？②为什么要做三支决策？③怎样做三支决策？根据不同的情况，三要素可以有很多解释，可以理解为三部分、三层次、三阶梯、三侧面、三角度、三维度、三粒度，等等。我们用三元论、三分法和三项式表示三支决策论的三要素。为了和下一节的三层分析法相联系，我们将从三层次角度讨论三支决策论。

1. 三元论

三支决策的世界观和哲学思想是一分为三和三合为一，既有分，也有合。"一"表示整体，"三"表示部分，将一个整体分为三个部分，将三个部分归为一个整体。分分合合，从部分观整体，从整体察部分，周而复始，循环上升。以"一分三、三合一"的观念看万事万物，既可以避主流二元论之短，又可以扬新三元论之长。同时，也必须认识到，二元论有其所长，有其用武之地。三元论的提出，不是否定或替代二元论，而是给出一个新的、不同的理念。这样，二元论和三元论可各就其位、各谋其政、各施所长，处理和解决不同的问题。

二元论是一分为二的世界观和哲学思想，常常基于对立的两面、矛盾的双方、互斥的两极。将客观世界简单地理解为非黑即白、非对即错或非此即彼。二元论的优点是简单、易懂，有坚实的数学基础和广阔的实际应用，如现代科学所基于的真、假二值逻辑，计算机科学所基于的0、1二进制。另一方面，二元论的简易性也是它的一个缺点。客观世界往往错综复杂，难于用两个状态理解、表示和处理。通过引入第三个状态，三元论展示了另一个世界观，用三看世界，别有洞天。灰：介于黑白之间，非黑非白，既有黑的成分，也有白的元素。中间或不确定：在对错之间，或部分对又部分错，或不知对错，或可对可错。另一个：不是这一个，也不是那一个，而是还有一个。大千世界，除了你和我，还有他、她和它。引入一个非真非假值，可以建立三值逻辑；引入−1，可以构造基于"−1、0、+1"的平衡三进制。

事实上，三元论在中国文化和思想体系中根深蒂固。表面上看，阴阳是二元论，深一步挖掘，阴阳平衡也给出第三个"平和"状态，从而转化为三元论。中庸之道更是三元论，执两端用中间，不偏不倚，无过无不及，行常道，时中正，致中和。关于知行，《中庸》基三而论："或生而知之，或学而知之，或困而知之；及其知之，一也。或安而行之，或利而行之，或勉强而行之；及其成功，一也"。基于三的论述，在《论语》中频频出现，例如，在季氏篇中有益者三友，损者三友，益者三乐，损者三乐，君子三愆，君子三戒，君子三畏。这不仅仅有修辞的原因，更多是由于人类认知的原因[7]。对人类的大脑而言，三件事容易掌握，几乎不费力气就可以记住，能迅速按轻重缓急排队处理。例如，中文的前三个数字分别用一、二、三横表示，不用数横的个数就知道是几，四横以上，一定要数有多少个横才知道是几，因此，四以上的数用不同的方式表示。

三元论是基于三分的世界观，指导我们以三为本，分三个阶段来感知、观察和认识，理解、描述和解释，应对、干预和治理现实世界中的万事万物。从感性认识上升到理性认识，再用理性认识指导和规划相应的行为。

2. 三分法

在"一分为三"和"三合为一"哲学思想的指导下，三分而治方法论是三支决策论研究的第二个重要内容。三分而治，从形式上给出了三分法的一个范式：三分指将一个整体 W 分解为三个部分，其结果是一个三元组 (X, Y, Z)，其中 X, Y 和 Z 表示这三个部分；治又分为两部分，其一是采用一个策略集合 S 处理三元组 (X, Y, Z)，其二是对处理结果的聚合，得到对整体 W 的一个综合结果。因此，三分法范式可以简单地记为"分、解、合"范式。针对不同的问题，三分的方法不同，对于三元组的解释也不同；针对不同的策略集，处理三元组的方法不同，聚合处理的结果也不同。三元组的结构和解释是基础，基于对三元组的多重理解，从三分法范式可以导出很多具体的三分法，例如，三层法、三维法、三角法、三部法、三步法、三节法、三段法，等等。因此，三分而治的一般方法具有普适性，这种普适性源于对三分法范式的不同解释。

"分、解、合"是三分法的三个基本任务，整体 W、三元组 (X, Y, Z)、策略集 S 是三分法的基本研究对象。分、解、合的具体实现取决于具体的应用。一般来讲，需要考虑以下问题。

- 三分：三元组 (X, Y, Z) 的构造与结构，X, Y, Z 之间的相互作用和依赖关系；
- 求解：策略集 S 的构造与结构，策略集 S 和三元组 (X, Y, Z) 的关系；
- 聚合：三元组 (X, Y, Z) 和整体 W 的关系；
- 分、解、合三者之间的相互作用和依赖关系；
- 分、解、合结果的合理性、有效性、可行性以及可解释性。

分、解、合三个基本任务可以从三个层次的角度看，更多细节将在下一节的三层分析法中展开。

3. 三项式

三支决策的第三个研究重点是基于三分法的"分、解、合"范式的机制和原理，其中，三元组 (X, Y, Z) 是核心，X, Y 和 Z 之间的相互作用和依赖关系是关键。我们将借助多项式的形式简单明了地解释"分、解、合"的机制和原理。从三元组 (X, Y, Z)，可得三个三项式：

一次三项式：$(X + Y + Z)^1 = X + Y + Z$

二次三项式：$(X + Y + Z)^2 = X^2 + Y^2 + Z^2 + XY + YX + XZ + ZX + YZ + ZY$

三次三项式：$(X + Y + Z)^3 = X^3 + Y^3 + Z^3 + (X^2Y + YX^2 + XYX) + (X^2Z + ZX^2 + $
$$XZX) + (Y^2X + XY^2 + YXY) + (Y^2Z + ZY^2 + YZY) + (Z^2X + XZ^2 + $$

$$ZXZ) + (Z^2Y + YZ^2 + ZYZ) + (XYZ + XZY + YXZ + YZX + ZXY + ZYX)$$

其中，X, Y 和 Z 三个部分对应三个变量；加 (+) 运算既表示"分"，也表示"合"，例如，$W = X + Y + Z$ 既表示整体 W 的"一分为三"，也表示"三合为一"的整体 W；乘运算表示部分之间的相互作用关系，例如，XY 表示 X 对 Y 的作用；多项式的幂次给出相互作用部分的个数，一次不考虑部分的关系，二次考虑两部分的关系，三次考虑所有三部分的关系。三个三项式给出部分与整体的一个三层模型和描述。一次式描述独立的 3 个部分；二次式描述两部分的相互作用关系，例如，$X^2 = XX$ 表示 X 对自己的作用，假设相互作用是有序的，则 XY 不同于 YX，因此，有 9 个二元关系；三次式描述三部分在一起的相互作用关系，同样，XYZ 不同于 XZY, YXZ, ZYX，因此，有 27 个三元关系。这样，共有 3 个部分和 36 个关系需要考虑，可以用三个三项式之和表示，$(X + Y + Z)^1 + (X + Y + Z)^2 + (X + Y + Z)^3$，其结果共有 39 项。

在处理很多实际问题时，并不需要同时考虑所有的 39 项。例如，如果不考虑每个部分和自己的关系，并假设关系是无序的，那么就可以用一个简单的七项式 $X + Y + Z + XY + XZ + YZ + XYZ$ 来描述，包括 3 个部分，3 个二元关系以及 1 个三元关系。

多项式给出了"分、解、合"的联系，通过"加"运算实现"分"与"合"，通过"乘"运算实现"作用关系"，通过对所有项的操作实现"解"。这个形象的比喻仅仅用到多项式的"象"和"数"，即三个变量及每一项的幂次。在解决不同的实际问题时，通过对多项式赋予不同语义获得三支决策的"理"，即机制和原理。

三支决策论是基于不同文化和思想体系中的三元世界观和三元思维，特别是中国文化和思想体系。三支决策论借鉴常用的三分而治策略和方法，采用和改进现有的处理机制和计算原理，是三分而治的理论、方法和实践。三支决策论的研究主要包括三点：①以三为本，聚焦三元哲学、三元方法和三元机制；②基三而思，探索三分而治的理论和模型；③依三而行，寻找三分而治在不同领域的实践和应用。其目标是将现有的思想、方法和实践有机地结合，创建一个新颖、独特和系统的三支决策论。

1.1.2 "分、治、效"（TAO）三支决策框架

三支决策的 TAO (trisecting-acting-outcome) 框架由"分、治、效"三大块组成[8-10]，如图 1.1 所示。其基本思想是：①分，将一个整体分为三个部分；②治，制定策略并实施于三个部分，以及结果整合；③效，优化完善"分、治"以达到预期结果。

分：对整体进行三分是三支决策一个基本概念，三分的每个部分代表一个特定的方面、观点或角度，合起来代表并覆盖整体。三分有三个主要性质，即"分、合、

序"。其一，一分为三，三部分相互独立和各有不同；其二，三合为一，三部分相互关联；其三，井井有序，三部分之间存在一定的序关系，可表示处理顺序或轻重缓急。图 1.1 中，三分三元组 (X, Y, Z) 用中间的三角形表示，其中，三个顶点表示分，三条边表示合，边上的箭头表示序。对于不同的问题，存在不同的序，图 1.1 只是给出序的一个例子，即从 X 到 Y 和从 Y 到 Z。三部分和整体构成图 1.1 中上半部的三分金字塔。

治：治略指制定和构建一个策略集 S，将 S 中的策略施加到三分三元组 (X, Y, Z) 上，最后再将结果整合起来。治略既要考虑到三分三元组 (X, Y, Z) 中部分的可能组合，又要考虑到部分的序关系。基于前面三项式的讨论，我们可以用三角形暗示的"点、线、面"三层七项结构表示三元组的可能组合，如图 1.2 所示。其中，点表示考虑独立的三个部分，线表示考虑两个不同部分的组合，面表示同时考虑三个部分。关于序的考虑，由具体应用而定。例如，中庸之道是执两用中的艺术。三部分和策略集构成图 1.1 中下半部的治略倒金字塔。

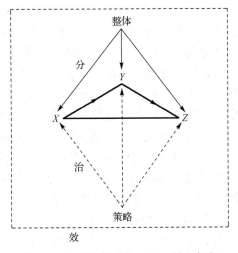

图 1.1　三支决策"分、治、效"框架

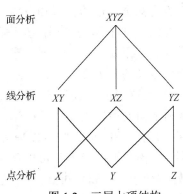

图 1.2　三层七项结构

效：在图 1.1 中，三分金字塔和治略倒金字塔合为一个三角双锥体，表示分与治的结合。三分有很多可能，治略同样也有很多可能。治的有效性由分的合理性决定，反过来，怎样分又取决于如何治。因此，需要多次分治循环，找出最优的分治组合。关于分治组合的有效性，可从"简、优、快"三个方面度量：①分治模型要简单易懂，有可解释性；②治理结果要优异完善，有实用价值；③处理过程要快速高效，能迅速给出答案，有可行性。

三支决策 TAO 框架反映三支决策的核心，既简单易懂，又切实可行，还行之有效。新的研究应致力于将三支决策的思想和方法让更多的人知道，应用到更多的学科中，解决更多的实际问题。因此，本章尽量避免数学描述和推导，避免具体问题。好在这些缺点在随后几章得到补足。

1.1.3 "天、地、人"与三支决策

"天、地、人"三才之道贯穿于中国文化和思想体系，是协调人与自然、人与社会和人与人关系的基本准则之一，也是"生态、世态、心态"三态同步、平衡、和谐发展的关键。从很大程度上讲，"天、地、人"三才之道可用来指导和解释三支决策之道。

分：《易传·系辞下》讲，"有天道焉，有人道焉，有地道焉。兼三才而两之，故六。六者非它也，三才之道也"。关于"天、地、人"，《易经·说卦传》讲，"立天之道，曰阴与阳；立地之道，曰柔与刚；立人之道，曰仁与义"。从 TAO 框架看，"天、地、人"体现了三分，阴阳、柔刚、仁义构成天、地、人各自的两种主要属性和特征。从空间上讲，"天、地、人"给出了一个三层结构，上为天，下为地，人居中。

治：基于"天、地、人"三才的不同治略方针和方法由"天、地、人"的具体含义决定。为了达到有效的治略，可以按"知自己、知三才、用三才"三步走。"知自己"就是知道治略的目标和方向，"知三才"是治略的基础，"用三才"是治略的过程。首先，知自己，只有知道目标和方向，才有可能到达目的地。其次，知三才，要上懂天文、下知地理、中通人事。"天时、地利、人和"是战争成败的三大因素，也引申为成功的三大必要条件，缺一不可。如《孙膑兵法·月战》所述，"天时、地利、人和，三者不得，虽胜有殃"。关于三者的相对重要性，孟子说过"天时不如地利，地利不如人和"，给出了与空间序不同的排队。最后，用三才，要上应天时、下借地利、中求人和。应天时可以理解为尊重自然规律；借地利可以理解为脚踏实地，合理利用自然资源；求人和可以理解为以人为本，有效利用人力资源。

效：《荀子·王霸》讲到，"上不失天时，下不失地利，中得人和而百事不废"。以"天、地、人"三才而治，可以提高成功的概率，可以达到上存天理、下接地气、中享人伦的理想状态。"天、地、人"三才的更重要意义在于它暗示的三支决策之道。

1.2　三层分析法简述

三支决策的哲学思想、理论方法、机制原理将三支决策的内容一分为三。从三层次的角度看三支决策，三分哲学思想是基础，决定了三分而治的理论方法，三分理论方法决定了实现三支决策的机制原理。三分法的"分、解、合"是一个三层结构，由分到解，再到合。"天、地、人"三才也是一个三层结构，上为天，下为地，人居中。在这些三支决策范例中，将三分得到的三元组解释为一个三层结构，由此，

可以抽象出三层分析的三支决策模型[11, 12]。三层分析法的研究已经取得可喜的结果和应用[13-18]。

中文"三"由"顶、中、底"三横组成，其"象"为三层次结构，其"数"为三，其"理"为"上、下"之序，三的"象、数、理"合起来是三层分析法的基础。依三之"象"，可以很自然地画出三层法的示意图，如图 1.3（a）所示。如果将图 1.3（a）的三层横向错开，就得到图 1.3（b）三阶梯的示意图，其优点是形象地表示了三层之间的阶梯式上升和下降关系。可以看出，三层和其"上、下"或"高、低"序结构是三层法的基础。下面简述三层分析法的几个主要内容。

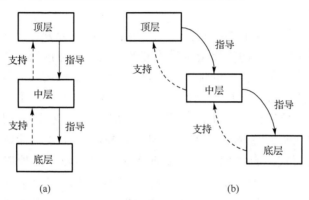

图 1.3　三层分析法

层的多样性：虽然三层分析法仅用到三层，但可以有很多解释并赋予不同的语义，因此，三层法有多种形式。下面给出一些关于三层法的常用解释。

• 抽象度层次：把一个复杂问题分为三个抽象度讨论。"小学、中学、大学"在三层不同的抽象度上学习同一问题；"学士、硕士、博士"关注不同的抽象度，培养不同的抽象能力。

• 复杂度层次：复杂度和抽象度常常相关，越抽象的东西越复杂，越难理解。复杂度也常和处理所需的代价相关，越复杂的问题代价越大。将问题按复杂度分为多层是有效的方法，分为三层常常可能是一个好的选择。

• 粒度层次：粒计算是基于多层次粒度的计算。同一问题，在不同层，用大小不同的粒描述和表示，给出多粒度认识，是解决问题的常用方法之一。三粒度计算是三支决策的一个有前途的研究方向。

• 尺度层次：尺度是观察和描述万事万物的一个基本概念，在不同尺度下，观察不同的现象，研究不同的问题。三尺度方法可能是最常用的多尺度方法，例如，从"宏观、中观、微观"看经济和看生态，用"个人、团体、社会"三尺度研究社会问题，定"短期、中期、长期"计划，等等。

• 求解层次：结构化程序设计是最成功的编程方法之一，其中的一个基本思想是基于多层结构，从系统要求和功能描述开始，自顶向下、逐层细化、逐步求精，最终获得程序代码。层次化方法在很多领域有广泛应用。由于三层次方法只用到三层，在解决某些问题时具有简单、实用、容易理解和解释的优势。

· 节段层次：事物的发展通常分为三个节段层次，即"开始、过程、结束"，例如，发芽生根、苗壮成长、开花结果。

· 管理层次：多层管理是最常用的模式，三层管理尤为常见。例如，大学管理常分为"校、院、系"三层，企业管理常分为"高、中、底"三层，管理的内容和目标常分为"方针路线、计划策略、日常事务"三层，领导也分为"老、中、青"三层。

事实上，上面关于层的不同解释往往不能轻易地区分开，一个三层结构同时存在多个解释。例如，不同的尺度会诱导不同的粒度，也可能对应不同的复杂度。三层的多解释性正是三层分析法的优势，可以用来解决众多的实际问题。

三种处理模式：根据前面对层的理解，一般来讲，"上、下"关系描述控制和支持，上层指导、控制或抽象下层，同时，下层实现、支持或细化上层，如图 1.3 所示。顶层反映全局、整体、抽象，底层反映局部、部分、具体。这样，三层分析法有三个处理模式，自顶向下、自底向上和自中向外。自顶向下模式通常是目标驱动，要求首先有一个清晰的全局目标和整体理解，用于指导局部和部分，但如果没有对局部和部分的理解，很难有合理的全局目标和整体理解。自底向上模型通常是数据驱动，从局部和部分上升到全局和整体，但如果没有对全局和整体的认识和理解，很难知道正确的上升方向和目标。自中向外以中间层开始，向上向下双向发展，但很难确定一个合理的中间层。因此，三种处理模式各有利弊，应联合使用。

三个循环：在图 1.3 中，考虑三层中的任意相邻两层。上层指导下层实现，而下层在实现的过程中可能发现上层的一些问题或不合理性，以此为依据来修改上层，修改后的上层又能更好地指导新的下层实现，这样，就形成一个循环。在三层分析法中，有三个循环，即顶中层小循环、中底层小循环和顶底层大循环。其中，大循环可通过两个小循环来实现。同三种处理模式联系在一起，小循环调整局部，大循环调整全局，三循环螺旋上升式地修正和完善三层表示和处理。

从层的多样性、三种处理模式和三个循环，可看出三层分析法的普适性、灵活性和有效性。作为一种简单且具体的三支决策方法，三层分析法值得进一步研究。

1.3　三层分析实例

本节用三个例子进一步阐明三层分析法。

Marr 三层理论：Marr 认为，如果要全面理解一个信息处理系统，那么需要在

多个层次上描述和了解该系统，并在不同层次上寻求不一样的解释。他给出了一个三层次框架[19]:

- 计算理论层，涉及抽象计算理论和计算方法，计算抽象地理解为集合之间的映射；
- 信息表示和算法层，涉及如何具体地表示数据信息，如何通过算法过程进行计算；
- 硬件实现层，涉及如何用物理设备实现信息存取和算法。

显然，三个层面对信息和计算给出了不同程度的理解：从抽象到具体，从理论到实践，从一般到特殊。相邻的两层有一对多的关系，一个抽象信息概念或计算有不同的表示或对应不同的算法，同一个抽象表示可通过不同的物理设备来实现。例如，自然数有二进制、五进制、十进制等多种表示，二进制数可在多种物理设备上实现。

Weaver 三层通信：通信与交流涉及诸多问题，解决这些问题的第一步是将其归纳整理。Weaver 将通信与交流问题归为三个层面[20]:

- 工程技术问题层面 A：如何准确地传输符号；
- 语义理解问题层面 B：如何精确地解释和理解符号所传达的思想；
- 实际效用问题层面 C：如何有效地用所传达的思想去指导所期望的行为。

三层问题由简到难，可按 A、B、C 次序逐层解决。事实上，Shannon 的信息论已经完美地解决了传输通信工程层问题，即数据通信。语义通信尝试解决语义理解层问题。通信实际效用层问题依然是一个挑战，可能需要从多学科角度寻找答案。

Johnson 三层知识结构：在讨论如何培养一个人的技艺与战略艺术性时，Johnson 指出了知识结构的重要性，并给出了一个三层知识结构[21]:

- 方向性知识，即自我认识与动机，我是谁，我要做什么；
- 概念性知识，即组织与理解，我知道什么，我懂什么；
- 实践性知识，即感性与技能，我体验过什么，我会做什么。

三层知识结构反映上下层之间的指导和支持关系，我是谁和我要做什么指导我学什么和懂什么，我懂什么指导我体验什么和做什么；反过来，通过实践，才能更好地知道需要学习和掌握什么理论知识，掌握新的理论知识有利于更好地认识自己和自己的目标。前面讲到的三种处理模式和三个循环可用来构建一个三层知识结构。

从这三个例子中，可以看出三层分析法的多样性和实用性。通过分层，建立一个认知结构，在不同的层，聚焦和侧重不同的问题，用不同的方法和工具，回答不同的问题。通过分层，将一个复杂问题简化为三个相对简单的子问题，由简到难，逐层解决。通过分层，认识自己和认知世界，用上层指导下层，以下层支持上层，循环往复，逐渐提升。

1.4　本章小结

三层分析是三支决策研究的一个新的主题和方向，是切实有效的方法论和计算模式。本章也可以看作是一个三层分析法的应用实例，讨论从三个层面上展开，即三支决策之道、三层分析法、三层分析实例，从理论到方法，再到实践。

关于读书，张潮在《幽梦影》中有一个三层的绝妙比喻："少年读书如隙中窥月，中年读书如庭中望月，老年读书如台上玩月，皆因阅历之浅深所得之浅深耳"。"少、中、老"代表人生的三个阶段和不同阅历，"隙、庭、台"是三个观月地点，"窥、望、玩"是三种观月方式，它们都有三层解释。同是一轮明月，由于"时间、地点、方法"不同，观月收获大相径庭。读书亦然，从略知其一二，到知其大概，最后到深知其精髓，也是三层。三支决策研究也应如此，将经过由浅入深、由表及里、从特殊到一般的过程。从最新研究成果看[22-30]，三支决策正在从一个基于粗糙集的狭义模型[31]上升为一个广义理论[32,33]。借鉴三层法的思想和原理，进一步的研究可以从哲学思想、理论方法和应用实践三个层面展开。

在本章的讨论中，我们有意地用三，如三个例子，三种性质，三词组、三句话的排比式句型，等等。同时，二和四也常常用到。这说明，我们不仅要用三的字面解释，也要用三的引申含义。事实上，三有时表示多，如"举一反三""三令五申""事不过三"等；三有时也表示少，如"三三两两""三言两句""三人成虎"等。从少的角度看，只需考虑三件事，而不是四件或四件以上的事，因而，三支决策简单易懂；从多的角度看，要考虑到三件事，而不是一件或两件事，因而，三支决策灵活实用。从定性的角度看，三支决策中的"三"可以理解为"三个左右"或"几个"，也包括了二、四、五等。基于对"三"不同程度的理解，三支决策也可以分三层看：看"三"是"三"，看"三"不是"三"，看"三"还是"三"。

参 考 文 献

[1]　谭学纯，朱玲. 广义修辞学[M]. 合肥: 安徽教育出版社, 2008.

[2]　庞朴. 浅说一分为三[M]. 北京: 新华出版社, 2004.

[3]　周德义. 我在何方，一分为三论[M]. 北京: 中国社会科学出版社, 2014.

[4]　吴建敏. 三的智慧[M]. 北京: 人民出版社, 2012.

[5]　黄岑，吴曦，操卫珍. 品牌营销策划3字经[M]. 上海: 上海交通大学出版社, 2016.

[6]　樊荣强. 三的智慧: 思考与演讲的75个经典分析工具[M]. 长春: 吉林文史出版社, 2018.

[7]　Yao Y Y. Three-way decisions and cognitive computing[J]. Cognitive Computation, 2016, 8: 543-554.

[8]　Yao Y Y. Three-way decision and granular computing[J]. International Journal of Approximate Reasoning, 2018, 103: 107-123.

[9]　Yao Y Y. Three-way granular computing, rough sets, and formal concept analysis[J]. International Journal of Approximate Reasoning, 2020, 116: 106-125.

[10]　Yao Y Y. Set-theoretic models of three-way decision[J]. Granular Computing, 2021, 6(1): 133-148.

[11]　Yao Y Y. Tri-level thinking: models of three-way decision[J]. International Journal of Machine Learning and Cybernetics, 2020, 11: 947-959.

[12]　Zhang X Y, Miao D Q. Three-layer granular structures and three-way informational measures of a decision table[J]. Information Sciences, 2017, 412: 67-86.

[13]　Zhang X Y, Yao H, Lv Z Y, et al. Class-specific information measures and attribute reducts for hierarchy and systematicness[J]. Information Sciences, 2021, 563: 196-225.

[14]　Tang L Y, Zhang X Y, Mo Z W. A weighted complement-entropy system based on tri-level granular structures[J]. International Journal of General Systems, 2020, 49(8): 872-905.

[15]　Mu T P, Zhang X Y, Mo Z W. Double-granules conditional-entropies based on three-level granular structures[J]. Entropy, 2019, 21(7): 657.

[16]　Liao S J, Zhang X Y, Mo Z W. Three-level and three-way uncertainty measurements for interval-valued decision systems[J]. International Journal of Machine Learning and Cybernetics, 2021, 12(5): 1459-1481.

[17]　Zhang X Y, Gou H Y, Lv Z Y, et al. Double-quantitative distance measurement and classification learning based on the tri-level granular structure of neighborhood system[J]. Knowledge-Based Systems, 2021, 217: 106799.

[18]　周艳红. 基于三层粒结构的三支单调邻域熵及其相关属性约简[D]. 成都: 四川师范大学, 2018.

[19]　Marr D. Vision: A Computational Investigation into the Human Representation and Processing of Visual Information[M]. New York: W.H. Freeman and Company, 1982.

[20]　Shannon C E, Weaver W. The Mathematical Theory of Communication[D]. Urbana: The University of Illinois Press, 1949.

[21]　Johnson H A. Artistry for the strategist[J]. Journal of Business Strategy, 2007, 28: 13-21.

[22]　刘盾, 贾修一, 李华雄, 等. 三支决策与大数据分析[M]. 北京: 科学出版社, 2020.

[23]　梁吉业, 姚一豫, 李德玉. 多粒度计算与三支决策[M]. 北京: 科学出版社, 2019.

[24]　李小南, 祁建军, 孙秉珍, 等. 三支决策理论与方法[M]. 北京: 科学出版社, 2019.

[25]　祁建军, 魏玲, 姚一豫. 三支概念分析与决策[M]. 北京: 科学出版社, 2019.

[26]　张燕平, 姚一豫, 苗夺谦, 等. 粒计算、商空间及三支决策的回顾与发展[M]. 北京: 科学出版社, 2017.

[27] 陈红梅, 李少勇, 罗川, 等. 动态知识发现与三支决策: 基于优势粗糙集视角[M]. 北京: 科学出版社, 2017.

[28] 于洪, 王国胤, 李天瑞, 等. 三支决策: 复杂问题求解方法与实践[M]. 北京: 科学出版社, 2015.

[29] 刘盾, 李天瑞, 苗夺谦, 等. 三支决策与粒计算[M]. 北京: 科学出版社, 2013.

[30] 贾修一, 商琳, 周献中, 等. 三支决策理论与应用[M]. 南京: 南京大学出版社, 2012.

[31] Yao Y Y. Three-way decisions with probabilistic rough sets[J]. Information Sciences, 2010, 180: 341-353.

[32] Yang B, Li J H. Complex network analysis of three-way decision researches[J]. International Journal of Machine Learning and Cybernetics, 2020, 11: 973-987.

[33] Liu D, Yang X, Li T R. Three-way decisions: beyond rough sets and granular computing[J]. International Journal of Machine Learning and Cybernetics, 2020, 11: 989-1002.

第 2 章　信息度量的三支构建与三层分析

信息度量为不确定性研究提供了一种新的途径,而相应的粒计算方法是一种有效的手段。本章主要进行信息度量的三支构建与三层分析,形成三横三纵的交叉度量网络,蕴含多种三元信息结构。首先,构建与分析决策表的三层结构,包括宏观-高层、中观-中层、微观-底层;其次,考虑三支概率与贝叶斯公式,为不确定性度量演化奠定基础;从而在三种粒度层次上分别构建先验、后验、似然信息度量,研究相关的演化系统性、粒化单调性、三支并行算法;最后,实施数据实验验证相关性质。本章采用粒计算新视角,澄清决策表层次结构,揭示信息度量的构建机理与系统关系,丰富三支决策论与三层分析法。

2.1　引　　言

粗糙集理论是关于不确定性信息处理的一种重要模型,相关的不确定性推理广泛应用于实际问题[1],包括数据挖掘、机器学习、模式识别、决策制定等领域。信息理论对不确定性处理提供了一种有效途径,相关的信息度量被引入粗糙集理论来实现不确定性表示与测量。由此,粗糙集中的不确定性处理借助于信息度量来获得信息刻画与约简表示。苗夺谦等利用熵和互信息提出了知识约简的信息表示与决策简化[2,3];Wang 等利用条件熵度量来开发了启发式约简算法,并用代数观点与信息观点对属性约简进行对比分析[4-6];Slezak 利用熵与条件熵定义了近似约简[7];Jiang 等提出相对决策熵从而给出了一种特征选择算法[8]。事实上,熵、条件熵、互信息已经成为刻画属性约简的基本信息度量。对于这些信息度量,它们的构建机制与系统关系还值得基于粗糙集决策表本身进行深入探讨与澄清。

本章依托粗糙集理论与信息理论的结合背景,基于粒计算技术及三支决策方法来聚焦决策表数据结构的不确定性表示与度量,从而基于三层粒结构进行信息度量的三支构建与三层分析。粒计算是信息处理的一种基本计算模式,主要借助于数据在各种尺度、各种层次上的知识表示来有效获取知识灵活性与信息适用性。进而,粒计算中的不确定性成为一个重要课题,具有深入研究进展[9-15]。同时,三支决策是关联于认知方法论的前沿研究热点,近期得到了广泛的研究与应用[16-23]。特别地,Yao 给出三支决策的"分、治、效(TAO)"泛化框架,指出三层分析隶属于三支决

本章工作获得国家自然科学基金项目(61673285、61976158、61673301)与四川省科技计划项目(2021YJ0085)的资助。

策的基本范畴[24-26]。由此，基于三层粒结构的三层信息度量构建及分析成为三支决策的一个典型情形与贴切实例。

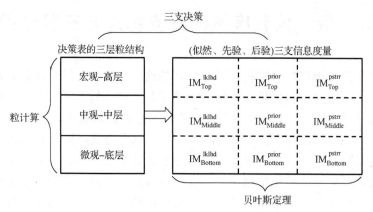

图 2.1　本章的研究框架

　　本章的研究思路如图 2.1 所示。具体地，主要构建决策表的三层粒结构，并通过贝叶斯定理与集成融合来实施"微观底层→中观中层→宏观高层"的层次演化，在不同粒层次上构建关于"似然、先验、后验"的三支信息度量，最终揭示基于粒计算的特定不确定性测量。其中，粒计算、贝叶斯定理、三支决策支撑了基本的信息度量研究框架。粒计算是一种有效处理层次信息的结构方法，具有三元论框架[27]并主要研究信息粒[28-33]。这里，决策表及其信息度量涉及决策分类、决策类、条件分类、条件类，关联了粒计算。因此，将充分利用粒计算的"多粒度、多层次、多视角"技术，进而实施相关的结构构建与信息演化。文献[34]描述了贝叶斯定理：

$$p(W\,/\,D_a)=\frac{p(W)\times p(D_a\,/\,W)}{p(D_a)} \tag{2.1}$$

其中，W 与 D_a 分别表示模型参数与观测数据。由此，后验概率正比于先验概率与似然函数的乘积，贝叶斯推断强调后验部分[34]。进而，粗糙集理论引入贝叶斯定理及推断，得到了许多具体结果[35-38]。对于决策表，贝叶斯定理能够诱导信息度量的层次发展与系统关系，从而成为基础与起点。三层粒结构与三支信息度量的具体研究将形成"三横三纵"的网络测量体系，蕴含多种三元信息结构，相关研究从不同角度体现三支决策思想并丰富三支决策理论，特别是基于三支决策的泛化观点[39]。

　　本章建立决策表层次结构并揭示信息度量的结构机制与系统关系，具体分析粒计算中的不确定性，相关的三层分析结果为后续决策表的信息约简、层次约简、系统约简奠定坚实基础。本章的其余部分组织如下：第 2.2 节进行决策表的三层分析；第 2.3 节讨论三支概率并对贝叶斯定理进行变换；第 2.4 节分层构建并且层次分析三支信息度量；第 2.5 节通过数据实验进行相关验证；第 2.6 节总结本章并强调相关贡献与后续工作。

2.2　决策表的三层分析

本节介绍决策表的相关知识，进而利用粒计算技术建立决策表的三层粒结构。

粗糙集理论的基本形式背景主要是信息表：

$$(U, \mathrm{AT}, \{V_a : a \in \mathrm{AT}\}, \{I_a : a \in \mathrm{AT}\})$$

其中，U 是一个非空有限论域，AT 是有限属性集，V_a 是 $a \in \mathrm{AT}$ 的值域，$I_a : U \to V_a$ 是一个信息函数，每个对象 x 在属性 a 下有唯一属性值 $I_a(x)$。决策表是一种特殊类型的信息表，其中 $\mathrm{AT} = C \cup D$ 且 $C \cap D = \varnothing$，这里 C 与 D 分别代表条件属性集与决策属性集。

为方便讨论，决策表简记为 $(U, C \cup D)$。条件属性子集 $A \subseteq C$ 能够确定等价关系：

$$\mathrm{IND}(A) = \{(x, y) \in U \times U : \forall a \in A, I_a(x) = I_a(y)\}$$

其诱导着作为基本粒的条件类 $[x]_A$。知识结构 $U / \mathrm{IND}(A) = \{[x]_A : x \in U\}$ 对应着条件分类，其中设 $U / \mathrm{IND}(\varnothing) = \{U\}$。假设 $U / \mathrm{IND}(A) = \{[x]_A^i : i = 1, 2, \cdots, n\}$，则 $|U / \mathrm{IND}(A)| = n$ 意味着 n 个条件类。类似地，D 可以导出等价关系 $\mathrm{IND}(D)$ 及决策分类 $U / \mathrm{IND}(D) = \{D_j : j = 1, \cdots, m\}$，后者由 m 个决策类组成。表 2.1 总结了决策表具有的四种基本概念。

表 2.1　条件与决策的分类及类

描述项	条件分类	条件类	决策分类	决策类
数学符号	$U / \mathrm{IND}(A)$	$[x]_A^i, i = 1, 2, \cdots, n$	$U / \mathrm{IND}(D)$	$D_j, j = 1, \cdots, m$
粒的本质	条件粒集	条件粒	决策粒集	决策粒

根据表 2.1 所示的四种粒形态，决策表包括两种分类来包含着多个类。条件分类 $U / \mathrm{IND}(A)$ 具有关于 $[x]_A^i$ 的 n 个条件类，而决策分类 $U / \mathrm{IND}(D)$ 具有关于 D_j 的 m 个决策类。相关的分类与类导出如表 2.2 的三层粒结构。

表 2.2　决策表的三层粒结构的基本描述

结构	组成单元	粒尺度	粒层次	简单称谓	数量
I	$U / \mathrm{IND}(A), U / \mathrm{IND}(D)$	宏观	高层	宏观-高层	1
II	$U / \mathrm{IND}(A), D_j$	中观	中层	中观-中层-1	m
IV	$[x]_A^i, U / \mathrm{IND}(D)$	中观	中层	中观-中层-2	n
III	$[x]_A^i, D_j$	微观	底层	微观-底层	mn

　　根据表 2.2,决策表具有三层粒结构,具体蕴含四种结构情形。宏观尺度与顶部层次组成结构 I。特别地,中观尺度与中部层次产生两种对称结构:结构 II 与结构 IV。微观尺度与底部层次产生结构 III。因此,结构 I、II/VI、III构建三层粒结构,它们分别记为"宏观-高层""中观-中层""微观-底层";此外,对称的结构 II 与结构 IV 被分别称为中观-中层-1 与中观-中层-2,且前者更加被关注。

　　图 2.2 描述了三层粒结构及其层次/粒度的关系。这里清晰地设置了两个组成元素,其实它们同时存在于论域 U 中;其中的箭头标示了分类与类之间的变化过程。从粒计算的观点来看,"宏观-高层→中观-中层→微观-底层"蕴含着"自顶向下"方向上的信息粒具化,而相反方向则意味着"自底向上"的分类泛化。

　　接下来,分析三层粒结构的模式数目,其意味着相关的分解/合并关系。给定属性子集 A 与常量 D,可以确定唯一的宏观-高层,m 个决策类意味着基于给定条件分类 $U / \mathrm{IND}(A)$ 的中观-中层-1 的 m 个平行模式,而 n 个条件类意味着基于给定决策分类 $U / \mathrm{IND}(D)$ 的中观-中层-2 的 n 种平行模式,从而微观-底层涉及 $m \times n$ 种。可见,宏观-高层、中观-中层-1、中观-中层-2、微观-底层分别具有 1、m、n、$m \times n$种模式。

　　至此,决策表获取了三层粒结构以及它们的层次关系与系统关系(如表 2.2 与图 2.2)。相关构建与研究结果主要得益于粒计算的"多粒度、多层次、多视角"技术,并只由决策表的形式结构所实际决定,故对决策表信息度量构建具有重要意义。

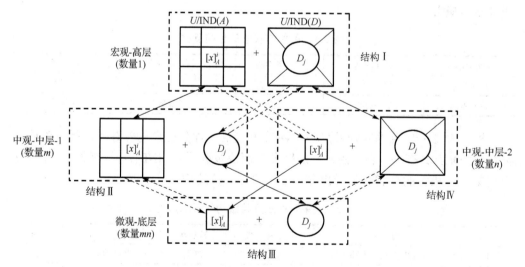

图 2.2　决策表三层粒结构的层次关系与粒度关系

2.3　三支概率与贝叶斯变换

基于上述决策表的三层粒结构，本节分析微观-底层的三支概率与贝叶斯公式，为后续信息度量的构建奠定基础。

首先在 σ-代数 2^U 上定义一个映射：

$$p:2^U \to Q, p(T) = \frac{|T|}{|U|}, \forall T \subseteq U \tag{2.2}$$

其中，$|\cdot|$ 表示集合基数。如此，$(U, 2^U, p)$ 组建一个概率空间，其中 $p(T/T_0) = |T|/|T_0|$（这里 $\varnothing \neq T_0 \subseteq U$）表示条件概率。这个数学空间建立了粗糙集理论的概率框架，由此可以通过参考信息理论来直接构造关于分类的信息度量。

微观-底层涉及条件类 $[x]_A^i$ 与决策类 D_j，这两个粒存在于近似空间 (U, A) 并诱导一些包括概率在内的基础度量。本节主要通过微观-底层及其推理机制来建立与分析三支概率，而三支概率将成为构造更高层次度量的核心信息。

在关联于式 (2.1) 的概率框架中，可以得到如下的乘积公式：

$$p(D_j) \times p([x]_A^i / D_j) = p([x]_A^i \cap D_j) = p([x]_A^i) \times p(D_j / [x]_A^i) \tag{2.3}$$

基于数学转换，这个概率公式能够诱导出两类贝叶斯定理，它们分别关联于两种不同的中部结构。为了阐明相关机制，图 2.3 中给出了中观-中层-1 与中观-中层-2 的结构对比。

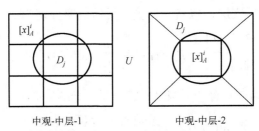

中观-中层-1　　　　　　　　中观-中层-2

图 2.3　中观-中层-1 与中观-中层-2 对应的结构

图 2.3 提取了图 2.2 的中部结构，但在相同论域 U 背景中同时表现了条件与决策两部分。这个图提供了两种结构机制与两类相关系统。关于中观-中层-1，条件类 $[x]_A^i$（$i=1,\cdots,n$）是 U 的划分，关于决策类 D_j 的全概率公式如下：

$$p(D_j) = \sum_{i=1}^{n} p([x]_A^i) p(D_j / [x]_A^i)$$

贝叶斯公式变为：

$$p([x]_A^i / D_j) = \frac{p([x]_A^i) \times p(D_j / [x]_A^i)}{\sum_{i=1}^{n} p([x]_A^i) p(D_j / [x]_A^i)} \tag{2.4}$$

由此，微观-底层诱导出的贝叶斯定理为：

$$p([x]_A^i / D_j) = \frac{p([x]_A^i) \times p(D_j / [x]_A^i)}{p(D_j)} \tag{2.5}$$

基于式(2.5)，这里出现了四种概率，$p(D_j)$ 在中观-中层-1 中可以被视为一个常量，剩余的三种概率值得讨论，它们被命名为似然概率、先验概率、后验概率[40]。对比地，关于 D_j（$j = 1, \cdots, n$）的中观-中层-2 及其剖分能够诱导出在微观-底层的贝叶斯定理：

$$p(D_j / [x]_A^i) = \frac{p(D_j) \times p([x]_A^i / D_j)}{p([x]_A^i)} \tag{2.6}$$

其中，$p(D_j)$ 和 $p(D_j / [x]_A^i)$ 在文献[38]中被分别称为先验概率与后验概率。

两种贝叶斯定理(式(2.5)、式(2.6))对应着概率乘积公式(式(2.3))，它们在数学上是等价的与对称的，但具有不同的侧重点。前者关联于中观-中层-1，更加遵循于确定机制(这里 $[x]_A^i$ 与 D_j 分别为内部原因与外部表现)。相应地，文献[40]中基于式(2.5)的概率命名来源于关于中观-中层-1 的形式结构,而在文献[38]中基于式(2.6)的先验概率与后验概率更偏向于实践模式。为了更好地连接核心的中观-中层-1，这里主要采用第一种贝叶斯定理(式(2.5))，从而确立三支概率(即似然、先验、后验概率)。

定义 2.1　在微观-底层，似然、先验、后验概率分别为：

$$p(D_j / [x]_A^i) = \frac{\left| [x]_A^i \cap D_j \right|}{\left| [x]_A^i \right|}, \quad p([x]_A^i) = \frac{\left| [x]_A^i \right|}{|U|}, \quad p([x]_A^i / D_j) = \frac{\left| [x]_A^i \cap D_j \right|}{|D_j|} \tag{2.7}$$

定理 2.1　三支概率具有关于贝叶斯定理的系统性，即：

$$p([x]_A^i / D_j) = \frac{p([x]_A^i) \times p(D_j / [x]_A^i)}{p(D_j)}$$

基于中观-中层-1，三支概率出现并呈现系统性。根据图 2.3，它们可以由规则推理进行一些解释。这里，$[x]_A^i$ 和 D_j 分别成为决策规则 $[x]_A^i \Rightarrow D_j$ 的"前件"与"后继"[41]。$p([x]_A^i)$ 没有涉及规则推理。$p(D_j / [x]_A^i)$ 和 $p([x]_A^i / D_j)$ 利用交互信息 $\left| [x]_A^i \cap D_j \right|$ 来直接反应不确定性推理，但它们具有对于前件与后继的不同偏好前提，即分别涉及"前件-后继"与"后继-前件"两种方向。此外，式(2.7)的解析形式可

以揭示三支概率的量化特征。例如从双量化[42]角度来看，$p(D_j / [x]_A^i)$ 借助信息浓缩性来表达相对推理概率，而 $p([x]_A^i / D_j)$ 借助数据直接性来表达绝对推理概率。

贝叶斯定理提供了三支概率的系统性，因此成为研究起点。下面对贝叶斯定理做一个关键变换，得到如下变换公式。

定理 2.2

$$-\sum_{i=1}^{n} p(D_j)p([x]_A^i / D_j)\log p([x]_A^i / D_j)$$

$$=-\sum_{i=1}^{n} p(D_j / [x]_A^i)p([x]_A^i)\log p([x]_A^i) - \sum_{i=1}^{n} p([x]_A^i)p(D_j / [x]_A^i)\log p(D_j / [x]_A^i)$$

$$+\sum_{i=1}^{n} p([x]_A^i)p(D_j / [x]_A^i)\log p(D_j)$$

证明：根据具有固定 D_j 的式 (2.5)：

$$p([x]_A^i / D_j) = \frac{p([x]_A^i) \times p(D_j / [x]_A^i)}{p(D_j)}, \quad \forall i \in \{1, 2, \cdots, n\}$$

通过计算关于 $p([x]_A^i / D_j)$ 的信息项：

$$-p([x]_A^i / D_j)\log p([x]_A^i / D_j)$$

$$=-\frac{p([x]_A^i) \times p(D_j / [x]_A^i)}{p(D_j)}[\log p([x]_A^i) + \log p(D_j / [x]_A^i) - \log p(D_j)]$$

基于因子 $p(D_j)$ 乘积与进一步合并，有：

$$-p(D_j)p([x]_A^i / D_j)\log p([x]_A^i / D_j)$$

$$=-p(D_j / [x]_A^i)p([x]_A^i)\log p([x]_A^i) - p([x]_A^i)p(D_j / [x]_A^i)\log p(D_j / [x]_A^i) \qquad (2.8)$$

$$+p([x]_A^i)p(D_j / [x]_A^i)\log p(D_j)$$

基于 i 的累加，有：

$$-\sum_{i=1}^{n} p(D_j)p([x]_A^i / D_j)\log p([x]_A^i / D_j)$$

$$=-\sum_{i=1}^{n} p(D_j / [x]_A^i)p([x]_A^i)\log p([x]_A^i) - \sum_{i=1}^{n} p([x]_A^i)p(D_j / [x]_A^i)\log p(D_j / [x]_A^i)$$

$$+\sum_{i=1}^{n} p([x]_A^i)p(D_j / [x]_A^i)\log p(D_j) \qquad (2.9)$$

其中式 (2.9) 的最后一项变为：

$$\sum_{i=1}^{n} p([x]_A^i)p(D_j / [x]_A^i)\log p(D_j)$$

$$\begin{aligned} &= \sum_{i=1}^{n} p([x]_A^i \bigcap D_j) \log p(D_j) \\ &= \left[\sum_{i=1}^{n} p([x]_A^i \bigcap D_j) \right] \times \log p(D_j) = p(D_j) \log p(D_j) \end{aligned} \tag{2.10}$$

证毕。

以上的逐步推导意味着贝叶斯定理的层次演化。从而，微观-底层的贝叶斯定理及其三支概率向熵方向进行了发展，在微观-底层上出现了基于权的熵及其关系。具体地，系统式(2.9)涉及三种带权的信息项，而式(2.10)给出了一个基于 D_j 的常量。下面，引入权熵进行刻画，其已经具有基本的信息应用[37,38]。设 (ξ, p_i) 表示一个概率分布且 $w_i \geq 0$ 表示权重，则权熵被定义为：

$$H_W(\xi) = -\sum_{i=1}^{n} w_i p_i \log p_i$$

权熵引入权重到熵，这里的权重反映传递信息的重要程度或关注程度；权熵发展了熵，权熵在 $w_i = 1$ 时则退化为熵。

2.4　信息度量的三支构建与三层分析

基于决策表的三层粒结构，本节讨论信息度量的三支构建，并分析不同粒度层次上三支信息度量的相关性质。这里，主要采用"底层→中层→高层"的合并方向来实现信息度量的层次演化与集成融合。具体地，2.4.1 节分析微观-底层的信息度量，它们在 2.4.2 节和 2.4.3 节中分别被层次集成到中观-中层-1 和中观-中层-2 的信息度量，进而在 2.4.4 节中演化到宏观-高层，最后 2.4.5 节将对三支信息度量进行三层分析汇总。

为了后续表示方便，基于不同粒度层次的三支信息度量将采用表 2.3 所示的符号标记。在表 2.3 中，"IM"来源于短语"Information Measure"的简写，"lklhd"、"prior"、"pstrr"分别来源于单词"likelihood"、"prior"、"posterior"的简写，从而 $\text{IM}_{\text{Top}}^{\text{lklhd}}$、$\text{IM}_{\text{Top}}^{\text{prior}}$、$\text{IM}_{\text{Top}}^{\text{pstrr}}$ 分别表示宏观-高层上的似然、先验、后验信息度量，$\text{IM}_{\text{Middle-1}}^{\text{lklhd}}$、$\text{IM}_{\text{Middle-1}}^{\text{prior}}$、$\text{IM}_{\text{Middle-1}}^{\text{pstrr}}$ 分别表示中观-中层-1 上的似然、先验、后验信息度量，$\text{IM}_{\text{Middle-2}}^{\text{lklhd}}$、$\text{IM}_{\text{Middle-2}}^{\text{prior}}$、$\text{IM}_{\text{Middle-2}}^{\text{pstrr}}$ 分别表示中观-中层-2 上的似然、先验、后验信息度量，$\text{IM}_{\text{Bottom}}^{\text{lklhd}}$、$\text{IM}_{\text{Bottom}}^{\text{prior}}$、$\text{IM}_{\text{Bottom}}^{\text{pstrr}}$ 分别表示微观-底层上的似然、先验、后验信息度量。

表 2.3　三支信息度量的符号表示

层次结构	似然信息度量	先验信息度量	后验信息度量
宏观-高层	$\text{IM}_{\text{Top}}^{\text{lklhd}}$	$\text{IM}_{\text{Top}}^{\text{prior}}$	$\text{IM}_{\text{Top}}^{\text{pstrr}}$
中观-中层-1	$\text{IM}_{\text{Middle-1}}^{\text{lklhd}}$	$\text{IM}_{\text{Middle-1}}^{\text{prior}}$	$\text{IM}_{\text{Middle-1}}^{\text{pstrr}}$
中观-中层-2	$\text{IM}_{\text{Middle-2}}^{\text{lklhd}}$	$\text{IM}_{\text{Middle-2}}^{\text{prior}}$	$\text{IM}_{\text{Middle-2}}^{\text{pstrr}}$
微观-底层	$\text{IM}_{\text{Bottom}}^{\text{lklhd}}$	$\text{IM}_{\text{Bottom}}^{\text{prior}}$	$\text{IM}_{\text{Bottom}}^{\text{pstrr}}$

2.4.1　微观-底层的三支信息度量

在 2.3 节中，基于三支概率，微观-底层的贝叶斯定理的层次演化最终涉及三种带权的信息项，即系统公式 (2.9) 中的三个权熵。下面，提取相应权熵内部的基础信息原子，作为微观-底层的三支信息度量。

定义 2.2　在微观-底层，三支信息度量(分别为似然、先验、后验信息度量)定义为：

$$\mathrm{IM}_{\mathrm{Bottom}}^{\mathrm{lklhd}} = -p([x]_A^i)p(D_j / [x]_A^i)\log p(D_j / [x]_A^i)$$

$$\mathrm{IM}_{\mathrm{Bottom}}^{\mathrm{prior}} = -p(D_j / [x]_A^i)p([x]_A^i)\log p([x]_A^i) \qquad (2.11)$$

$$\mathrm{IM}_{\mathrm{Bottom}}^{\mathrm{pstrr}} = -p(D_j)p([x]_A^i / D_j)\log p([x]_A^i / D_j)$$

微观-底层的三支信息度量起源于三支概率并引入了特定概率的权重系数，因此它们通过双量化融合[42]来获取了更好的信息特征。换言之，三支信息度量通过使用不同的概率权重来继承与强化了三支概率的基本不确定性语义，故它们在不确定性度量上更具有鲁棒性。根据上节的贝叶斯定理变换(如式 (2.8))，它们具有如下的系统性。

定理 2.3　微观-底层的三支信息度量具有系统性，即：

$$\mathrm{IM}_{\mathrm{Bottom}}^{\mathrm{pstrr}} = \mathrm{IM}_{\mathrm{Bottom}}^{\mathrm{prior}} + \mathrm{IM}_{\mathrm{Bottom}}^{\mathrm{lklhd}} + p([x]_A^i)p(D_j / [x]_A^i)\log p(D_j) \qquad (2.12)$$

换言之，$\mathrm{IM}_{\mathrm{Bottom}}^{\mathrm{pstrr}}$ 是 $\mathrm{IM}_{\mathrm{Bottom}}^{\mathrm{prior}}$ 与 $\mathrm{IM}_{\mathrm{Bottom}}^{\mathrm{lklhd}}$ 之和的一个线性变换，这里 $-p([x]_A^i)p(D_j / [x]_A^i)\log p(D_j)$ 是一个非负常量。

由于微观-底层的三支度量主要涉及固定粒而非知识粒化剖分，故粒化单调性的讨论意义不大。若要考虑双属性子集包含关系 $B \subseteq A$ 下的信息值，将得到非单调的结论，相关证据可以参见后续 2.5 节的数据实验。

接下来，给出微观-底层的三支信息度量的计算算法。算法 2.1 利用定义 2.2 中的信息函数来获取微观-底层的三支信息度量，其中基数提取与概率计算成为基础。

算法 2.1　计算微观-底层的三支信息度量

输入：条件类 $[x]_A^i$、决策类 D_j、$|U|$；

输出：微观-底层的三支信息度量 $\mathrm{IM}_{\mathrm{Bottom}}^{\mathrm{lklhd}}$、 $\mathrm{IM}_{\mathrm{Bottom}}^{\mathrm{prior}}$、 $\mathrm{IM}_{\mathrm{Bottom}}^{\mathrm{pstrr}}$。

1. 计算 $|[x]_A^i|$、$|D_j|$、$|[x]_A^i \cap D_j|$。

2. 根据式 (2.7)，计算三支概率：

$$p(D_j / [x]_A^i) = \frac{\left| [x]_A^i \cap D_j \right|}{\left| [x]_A^i \right|} 、 \quad p([x]_A^i) = \frac{\left| [x]_A^i \right|}{|U|} 、 \quad p([x]_A^i / D_j) = \frac{\left| [x]_A^i \cap D_j \right|}{|D_j|}$$

3. 根据式 (2.11)，计算 $\mathrm{IM}_{\mathrm{Bottom}}^{\mathrm{lklhd}}$、$\mathrm{IM}_{\mathrm{Bottom}}^{\mathrm{prior}}$、$\mathrm{IM}_{\mathrm{Bottom}}^{\mathrm{pstrr}}$。

4. 返回 $\mathrm{IM}_{\mathrm{Bottom}}^{\mathrm{lklhd}}$、$\mathrm{IM}_{\mathrm{Bottom}}^{\mathrm{prior}}$、$\mathrm{IM}_{\mathrm{Bottom}}^{\mathrm{pstrr}}$。

2.4.2　中观-中层-1 的三支信息度量

这里，三支信息度量将从微观-底层提升到中观-中层，主要实施关于条件类的"和集成"从而产生中观-中层-1 的三支信息度量。由此，所建度量将继承微观-底层三支信息度量的不确定性语义及三支系统性。

定义 2.3　在中观-中层-1，三支信息度量定义为：

$$\mathrm{IM}_{\mathrm{Middle-1}}^{\mathrm{lklhd}} = \sum_{i=1}^{n} \mathrm{IM}_{\mathrm{Bottom}}^{\mathrm{lklhd}} = -\sum_{i=1}^{n} p([x]_A^i) p(D_j / [x]_A^i) \log p(D_j / [x]_A^i)$$

$$\mathrm{IM}_{\mathrm{Middle-1}}^{\mathrm{prior}} = \sum_{i=1}^{n} \mathrm{IM}_{\mathrm{Bottom}}^{\mathrm{prior}} = -\sum_{i=1}^{n} p(D_j / [x]_A^i) p([x]_A^i) \log p([x]_A^i) \qquad (2.13)$$

$$\mathrm{IM}_{\mathrm{Middle-1}}^{\mathrm{pstrr}} = \sum_{i=1}^{n} \mathrm{IM}_{\mathrm{Bottom}}^{\mathrm{pstrr}} = -\sum_{i=1}^{n} p(D_j) p([x]_A^i / D_j) \log p([x]_A^i / D_j)$$

它们被分别称为中观-中层-1 上的似然、先验、后验信息度量。

定理 2.4　中观-中层-1 上的三支信息度量具有系统性：

$$\mathrm{IM}_{\mathrm{Middle-1}}^{\mathrm{pstrr}} = \mathrm{IM}_{\mathrm{Middle-1}}^{\mathrm{prior}} + \mathrm{IM}_{\mathrm{Middle-1}}^{\mathrm{lklhd}} + p(D_j) \log p(D_j) \qquad (2.14)$$

即 $M_{\mathrm{Middle-1}}^{\mathrm{pstrr}}$ 是 $\mathrm{IM}_{\mathrm{Middle-1}}^{\mathrm{prior}}$ 与 $\mathrm{IM}_{\mathrm{Middle-1}}^{\mathrm{lklhd}}$ 之和的一个线性变换，这里 $-p(D_j) \log p(D_j)$ 是中观-中层-1 上的一个非负常量。

定理 2.5　在中观-中层-1，三支信息度量具有粒化单调性，即若 $B \subseteq A \subseteq C$，则有：

$$\mathrm{IM}_{\mathrm{Middle-1}}^{\mathrm{lklhd}}(B) \geqslant \mathrm{IM}_{\mathrm{Middle-1}}^{\mathrm{lklhd}}(A) , \quad \mathrm{IM}_{\mathrm{Middle-1}}^{\mathrm{prior}}(B) \leqslant \mathrm{IM}_{\mathrm{Middle-1}}^{\mathrm{prior}}(A) ,$$

$$\mathrm{IM}_{\mathrm{Middle-1}}^{\mathrm{pstrr}}(B) \leqslant \mathrm{IM}_{\mathrm{Middle-1}}^{\mathrm{pstrr}}(A) \qquad (2.15)$$

特别地，定理 2.5 补充了重要的粒化单调性，相关证明参见文献[43]。其中，$\mathrm{IM}_{\mathrm{Middle-1}}^{\mathrm{lklhd}}$ 的单调性证明需要利用函数 $-u \log u$ 的上凸特性。

接下来，给出中观-中层-1 的三支信息度量的计算算法。算法 2.2 利用定义 2.3 的"求和"运算来给出中观-中层-1 的三支信息度量。这里，微观-底层的常概率 $p(D_j)$ 被直接计算。在关于条件类的"for"循环中，通过调用算法 2.1 来计算微观底层的三支信息度量，从而实施"条件类求和"来获取中观-中层-1 的三支信息度量 $\mathrm{IM}_{\mathrm{Middle-1}}^{\mathrm{lklhd}}$、$\mathrm{IM}_{\mathrm{Middle-1}}^{\mathrm{prior}}$、$\mathrm{IM}_{\mathrm{Middle-1}}^{\mathrm{pstrr}}$。

算法 2.2　基于微观-底层的三支信息度量来计算中观-中层-1 的三支信息度量

输入：条件分类 $U / \mathrm{IND}(A) = \{[x]_A^i : i = 1, \cdots, n\}$、决策类 D_j、$|U|$；

输出：中观-中层-1 的三支权熵 $\mathrm{IM}_{\mathrm{Middle}-1}^{\mathrm{lklhd}}$、$\mathrm{IM}_{\mathrm{Middle}-1}^{\mathrm{prior}}$、$\mathrm{IM}_{\mathrm{Middle}-1}^{\mathrm{pstrr}}$。

1. 计算 $|D_j|$、$p(D_j)$。

2. 初始化设置 $\mathrm{IM}_{\mathrm{Middle}-1}^{\mathrm{lklhd}} = 0$、$\mathrm{IM}_{\mathrm{Middle}-1}^{\mathrm{prior}} = 0$、$\mathrm{IM}_{\mathrm{Middle}-1}^{\mathrm{pstrr}} = 0$。

3. **for** $i \in \{1, \cdots, n\}$ **do**

4. 由算法 2.1 计算 $\mathrm{IM}_{\mathrm{Bottom}}^{\mathrm{lklhd}}$、$\mathrm{IM}_{\mathrm{Bottom}}^{\mathrm{prior}}$、$\mathrm{IM}_{\mathrm{Bottom}}^{\mathrm{pstrr}}$。

5. 根据式 (2.13)，设置

$$\mathrm{IM}_{\mathrm{Middle}-1}^{\mathrm{lklhd}} \leftarrow \mathrm{IM}_{\mathrm{Middle}-1}^{\mathrm{lklhd}} + \mathrm{IM}_{\mathrm{Bottom}}^{\mathrm{lklhd}}$$

$$\mathrm{IM}_{\mathrm{Middle}-1}^{\mathrm{prior}} \leftarrow \mathrm{IM}_{\mathrm{Middle}-1}^{\mathrm{prior}} + \mathrm{IM}_{\mathrm{Bottom}}^{\mathrm{prior}}$$

$$\mathrm{IM}_{\mathrm{Middle}-1}^{\mathrm{pstrr}} \leftarrow \mathrm{IM}_{\mathrm{Middle}-1}^{\mathrm{pstrr}} + \mathrm{IM}_{\mathrm{Bottom}}^{\mathrm{pstrr}}$$

6. **end for**

7. 返回 $\mathrm{IM}_{\mathrm{Middle}-1}^{\mathrm{lklhd}}$、$\mathrm{IM}_{\mathrm{Middle}-1}^{\mathrm{prior}}$、$\mathrm{IM}_{\mathrm{Middle}-1}^{\mathrm{pstrr}}$。

2.4.3　中观-中层-2 的三支信息度量

针对微观-底层的三支信息度量，它们实施关于条件类的系统求和（即式 (2.8) 进行 $\sum_{i=1}^{n}$ 集成），已得上面的中观-中层-1 的三支信息度量；对称地，它们实施关于决策类的系统求和（即式 (2.8) 进行 $\sum_{j=1}^{m}$ 集成），可得下面的中观-中层-2 上的三支信息度量。所建度量将继承微观-底层三支信息度量的不确定性语义及三支系统性。

定义 2.4　在中观-中层-2，三支信息度量定义为：

$$\mathrm{IM}_{\mathrm{Middle}-2}^{\mathrm{lklhd}} = \sum_{j=1}^{m} \mathrm{IM}_{\mathrm{Bottom}}^{\mathrm{lklhd}} = -\sum_{j=1}^{m} p([x]_A^i) p(D_j / [x]_A^i) \log p(D_j / [x]_A^i)$$

$$\mathrm{IM}_{\mathrm{Middle}-2}^{\mathrm{prior}} = \sum_{j=1}^{m} \mathrm{IM}_{\mathrm{Bottom}}^{\mathrm{prior}} = -\sum_{j=1}^{m} p(D_j / [x]_A^i) p([x]_A^i) \log p([x]_A^i) \qquad (2.16)$$

$$\mathrm{IM}_{\mathrm{Middle}-2}^{\mathrm{pstrr}} = \sum_{j=1}^{m} \mathrm{IM}_{\mathrm{Bottom}}^{\mathrm{pstrr}} = -\sum_{j=1}^{m} p(D_j) p([x]_A^i / D_j) \log p([x]_A^i / D_j)$$

它们被分别称为中观-中层-2 上的似然、先验、后验信息度量。

定理 2.6　中观-中层-2 上的三支信息度量具有系统性：

$$\mathrm{IM}_{\mathrm{Middle}-2}^{\mathrm{pstrr}} = \mathrm{IM}_{\mathrm{Middle}-2}^{\mathrm{prior}} + \mathrm{IM}_{\mathrm{Middle}-2}^{\mathrm{lklhd}} + \sum_{j=1}^{m} p([x]_A^i \bigcap D_j) \log p(D_j) \qquad (2.17)$$

换言之，$M_{\mathrm{Middle}-2}^{\mathrm{pstrr}}$ 是 $\mathrm{IM}_{\mathrm{Middle}-2}^{\mathrm{prior}}$ 与 $\mathrm{IM}_{\mathrm{Middle}-2}^{\mathrm{lklhd}}$ 之和的一个线性变换，这里 $-\sum_{j=1}^{m} p([x]_A^i \bigcap D_j) \log p(D_j)$ 是中观-中层-2 上的一个非负常量。

在中观-中层-2，还可以深入考虑如下的单调性，即若 $B \subseteq A \subseteq C$ 是否一定有：

$$\text{IM}^{\text{lklhd}}_{\text{Middle-2}}(B) \geqslant \text{IM}^{\text{lklhd}}_{\text{Middle-2}}(A)， \quad \text{IM}^{\text{prior}}_{\text{Middle-2}}(B) \leqslant \text{IM}^{\text{prior}}_{\text{Middle-2}}(A)，$$

$$\text{IM}^{\text{pstrr}}_{\text{Middle-2}}(B) \leqslant \text{IM}^{\text{pstrr}}_{\text{Middle-2}}(A) \tag{2.18}$$

式(2.18)中主要涉及固定的条件粒而非其关联的粒化剖分。

接下来，给出中观-中层-2 的三支信息度量的计算算法。算法 2.3 利用定义 2.4 的"求和"运算来给出中观-中层-2 的三支信息度量。这里，微观-底层的常概率 $p(D_j)$ 被直接计算。在关于决策类的"for"循环中，通过调用算法 2.1 来计算微观底层的三支信息度量，从而实施"决策类求和"来获取中观-中层-2 的三支信息度量 $\text{IM}^{\text{lklhd}}_{\text{Middle-2}}$、$\text{IM}^{\text{prior}}_{\text{Middle-2}}$、$\text{IM}^{\text{pstrr}}_{\text{Middle-2}}$。可见，算法 2.3 类似于并且对称于算法 2.2。

算法 2.3   基于微观-底层的三支信息度量来计算中观-中层-2 的三支信息度量

输入：决策类 $U / \text{IND}(D) = \{D_j : j = 1, \cdots, m\}$、条件分类 $[x]^i_A$、$|U|$；

输出：中观-中层-2 的三支权熵 $\text{IM}^{\text{lklhd}}_{\text{Middle-2}}$、$\text{IM}^{\text{prior}}_{\text{Middle-2}}$、$\text{IM}^{\text{pstrr}}_{\text{Middle-2}}$。

---

1. 计算 $|D_j|$、$p(D_j)$。

2. 初始化设置 $\text{IM}^{\text{lklhd}}_{\text{Middle-2}} = 0$、$\text{IM}^{\text{prior}}_{\text{Middle-2}} = 0$、$\text{IM}^{\text{pstrr}}_{\text{Middle-2}} = 0$。

3. **for** $j \in \{1, \cdots, m\}$ **do**

4. 由算法 2.1 计算 $\text{IM}^{\text{lklhd}}_{\text{Bottom}}$、$\text{IM}^{\text{prior}}_{\text{Bottom}}$、$\text{IM}^{\text{pstrr}}_{\text{Bottom}}$。

5. 根据式(2.16)，设置

$$\text{IM}^{\text{lklhd}}_{\text{Middle-2}} \leftarrow \text{IM}^{\text{lklhd}}_{\text{Middle-2}} + \text{IM}^{\text{lklhd}}_{\text{Bottom}}$$

$$\text{IM}^{\text{prior}}_{\text{Middle-2}} \leftarrow \text{IM}^{\text{prior}}_{\text{Middle-2}} + \text{IM}^{\text{prior}}_{\text{Bottom}}$$

$$\text{IM}^{\text{pstrr}}_{\text{Middle-2}} \leftarrow \text{IM}^{\text{pstrr}}_{\text{Middle-2}} + \text{IM}^{\text{pstrr}}_{\text{Bottom}}$$

6. **end for**

7. 返回 $\text{IM}^{\text{lklhd}}_{\text{Middle-2}}$、$\text{IM}^{\text{prior}}_{\text{Middle-2}}$、$\text{IM}^{\text{pstrr}}_{\text{Middle-2}}$。

2.4.4   宏观-高层的三支信息度量

上面在中观-中层确立了两种类型的三支信息度量及其性质。进而，中观-中层-1 的度量采用"决策类求和集成"，或中观-中层-2 的度量采用"条件类求和集成"，则能够将三支信息度量提升到宏观-高层，且两者方案的结果是一致的。由此，下面采用第一种方式来构建宏观-高层上的三支信息度量，并提供相应的系统性与单调性。

定义 2.5   在宏观-高层，三支信息度量被定义为：

$$\text{IM}^{\text{lklhd}}_{\text{Top}} = -\sum_{j=1}^{m} \sum_{i=1}^{n} p([x]^i_A) p(D_j / [x]^i_A) \log p(D_j / [x]^i_A)$$

$$\text{IM}_{\text{Top}}^{\text{prior}} = -\sum_{j=1}^{m}\sum_{i=1}^{n} p(D_j / [x]_A^i) p([x]_A^i) \log p([x]_A^i) \tag{2.19}$$

$$\text{IM}_{\text{Top}}^{\text{pstrr}} = -\sum_{j=1}^{m}\sum_{i=1}^{n} p(D_j) p([x]_A^i / D_j) \log p([x]_A^i / D_j)$$

它们被分别称为宏观-高层上的似然、先验、后验信息度量。

定理 2.7　在宏观-高层，三支信息度量为：

$$\begin{aligned}
\text{IM}_{\text{Top}}^{\text{lklhd}} &= \sum_{j=1}^{m} \text{IM}_{\text{Middle}-1}^{\text{lklhd}} = \sum_{j=1}^{m}\sum_{i=1}^{n} \text{IM}_{\text{Bottom}}^{\text{lklhd}} \\
&= \sum_{i=1}^{n} \text{IM}_{\text{Middle}-2}^{\text{lklhd}} = \sum_{i=1}^{n}\sum_{j=1}^{m} \text{IM}_{\text{Bottom}}^{\text{lklhd}} \\[6pt]
\text{IM}_{\text{Top}}^{\text{prior}} &= \sum_{j=1}^{m} \text{IM}_{\text{Middle}-1}^{\text{prior}} = \sum_{j=1}^{m}\sum_{i=1}^{n} \text{IM}_{\text{Bottom}}^{\text{prior}} \\
&= \sum_{i=1}^{n} \text{IM}_{\text{Middle}-2}^{\text{prior}} = \sum_{i=1}^{n}\sum_{j=1}^{m} \text{IM}_{\text{Bottom}}^{\text{prior}} \\[6pt]
\text{IM}_{\text{Top}}^{\text{pstrr}} &= \sum_{j=1}^{m} \text{IM}_{\text{Middle}-1}^{\text{pstrr}} = \sum_{j=1}^{m}\sum_{i=1}^{n} \text{IM}_{\text{Bottom}}^{\text{pstrr}} \\
&= \sum_{i=1}^{n} \text{IM}_{\text{Middle}-2}^{\text{pstrr}} = \sum_{i=1}^{n}\sum_{j=1}^{m} \text{IM}_{\text{Bottom}}^{\text{pstrr}}
\end{aligned} \tag{2.20}$$

　　基于中观-中层，宏观-高层呈现了层次提升与系统集成。相应地，宏观-高层的三支信息度量进行了中观-中层信息度量的集成融合，并呈现出一种"信息和"形式。根据三支信息度量"底层→中层→高层"集成融合策略，定义 2.5 与定理 2.7 都是自然的，其中式(2.20)还体现了"三层集成性"与"双和可换性"。基于中观-中层-1 的度量性质，宏观-高层的三支信息度量自然继承了系统性与单调性，相关特征描述如下。

　　定理 2.8　在宏观-高层，三支信息度量具有系统性：

$$\text{IM}_{\text{Top}}^{\text{pstrr}} = \text{IM}_{\text{Top}}^{\text{prior}} + \text{IM}_{\text{Top}}^{\text{lklhd}} - H(D) \tag{2.21}$$

换言之，$M_{\text{Top}}^{\text{pstrr}}$ 是 $\text{IM}_{\text{Top}}^{\text{prior}}$ 与 $\text{IM}_{\text{Top}}^{\text{lklhd}}$ 之和的一个线性变换，其中 $H(D) = -\sum_{j=1}^{m} p(D_j) \log p(D_j)$ 为非负常量。

　　定理 2.9　在宏观-高层，三支信息度量具有粒化单调性，即若 $B \subseteq A \subseteq C$ 则有：

$$\text{IM}_{\text{Top}}^{\text{lklhd}}(B) \geqslant \text{IM}_{\text{Top}}^{\text{lklhd}}(A), \quad \text{IM}_{\text{Top}}^{\text{prior}}(B) \leqslant \text{IM}_{\text{Top}}^{\text{prior}}(A), \quad \text{IM}_{\text{Top}}^{\text{pstrr}}(B) \leqslant \text{IM}_{\text{Top}}^{\text{pstrr}}(A) \tag{2.22}$$

　　接下来，算法 2.4 利用定义 2.5 的"求和运算"来给出宏观-高层的三支信息度量。在关于决策类的"for"循环中，中观-中层-1 的三支信息度量通过调用算法 2.2 得到，它们进而被"求和集成"到宏观-高层。

算法 2.4　基于中观-中层-1 的三支信息度量来计算宏观-高层的三支信息度量

输入：条件分类 $U / \text{IND}(A)$、决策分类 $U / \text{IND}(D) = \{D_j : j = 1, \cdots, m\}$；

输出：宏观-高层的三支信息度量 $\mathrm{IM}_{\mathrm{Top}}^{\mathrm{lklhd}}$、$\mathrm{IM}_{\mathrm{Top}}^{\mathrm{prior}}$、$\mathrm{IM}_{\mathrm{Top}}^{\mathrm{pstrr}}$。

1. 初始化设置 $\mathrm{IM}_{\mathrm{Top}}^{\mathrm{lklhd}} = 0$、$\mathrm{IM}_{\mathrm{Top}}^{\mathrm{prior}} = 0$、$\mathrm{IM}_{\mathrm{Top}}^{\mathrm{pstrr}} = 0$。

2. **for** $j \in \{1, \cdots, m\}$ **do**

3. 由算法 2.2 计算 $\mathrm{IM}_{\mathrm{Middle}-1}^{\mathrm{pstrr}}$、$\mathrm{IM}_{\mathrm{Middle}-1}^{\mathrm{prior}}$、$\mathrm{IM}_{\mathrm{Middle}-1}^{\mathrm{lklhd}}$。

4. 根据式 (2.20)，设置

$$\mathrm{IM}_{\mathrm{Top}}^{\mathrm{lklhd}} \leftarrow \mathrm{IM}_{\mathrm{Top}}^{\mathrm{lklhd}} + \mathrm{IM}_{\mathrm{Middle}-1}^{\mathrm{lklhd}},$$

$$\mathrm{IM}_{\mathrm{Top}}^{\mathrm{prior}} \leftarrow \mathrm{IM}_{\mathrm{Top}}^{\mathrm{prior}} + \mathrm{IM}_{\mathrm{Middle}-1}^{\mathrm{prior}},$$

$$M_{\mathrm{Top}}^{\mathrm{pstrr}} \leftarrow M_{\mathrm{Top}}^{\mathrm{pstrr}} + \mathrm{IM}_{\mathrm{Middle}-1}^{\mathrm{pstrr}}。$$

5. **end for**

6. 返回 $\mathrm{IM}_{\mathrm{Top}}^{\mathrm{lklhd}}$、$\mathrm{IM}_{\mathrm{Top}}^{\mathrm{prior}}$、$\mathrm{IM}_{\mathrm{Top}}^{\mathrm{pstrr}}$。

2.4.5　三支信息度量的三层分析

基于决策表的三层粒结构，上面已经层次建立三支信息度量。接下来，利用三层粒结构对三支信息度量及相关性质与算法进行三层分析汇总。

首先澄清整体的层次发展思路。根据条件与决策的分类与类，决策表 $(U, C \cup D)$ 包含三层粒结构，并由此实施了信息度量的层次演化：①在概率空间，三支概率通过加权函数 $wp(\cdot) \log p(\cdot)$ 来实施集成融合，得到微观-底层的三支信息度量，相关的系统性由贝叶斯定理演化所确定。②当集成条件类到条件分类与集成决策类到决策分类时，三支信息度量则从微观-底层演化到了中观-中层-1 与中观-中层-2，并获得了良好的不确定性语义、系统关系、粒化单调性。③当中观-中层采用进一步的"求和"集成融合时，自然确定宏观-高层的三支信息度量，并获得了相关的语义、系统性、单调性。如上的层次演化采用了"底层→中层→高层"构建技术，其在图 2.4 中表示为向上的实线箭头。这是一种基本的粒计算策略，由此实现了三支信息度量的集成融合。对比地，"高层→中层→底层"策略能够相反地实施分解提取，这一过程在图 2.4 表示为向下的虚线箭头。总的说来，三支信息度量的层次演化对应着一种双向信息构建，并通过"似然、先验、后验"的三元结构来形成了一个具有三横三纵的不确定性测量网络（如图 2.1 与表 2.3）。

根据图 2.4，信息度量依托三层粒结构，通过两种不同的中部结构（即中观-中层-1 与中观-中层-2）呈现了两种类型的层次演化。下面，从集成融合方向来比较这两种信息演化：①关于粒集成，第一种演化首先采用"从条件类到条件分类"然后采用"从决策类到决策分类"，而第二种则采用了相反的集成顺序；②关于信息融合，前者首先使用权熵然后再使用求和，而后者首先使用熵然后再使用加权求和；③对

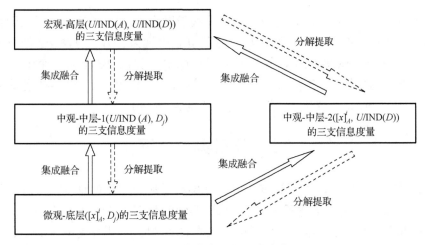

图 2.4　信息度量的层次演化

于粒化单调性，前者在中观-中层-1 上具有单调性进而诱导宏观-高层的单调性，而后者在中观-中层-2 上的单调性还需要深入确定；④关于系统性，两者都具有贝叶斯定理，故而都在三种粒度层次上建立了系统公式。以上两种信息演化分别依赖于中观-中层-1 与中观-中层-2，因此具有对称性、平行性，但又具有不同的侧重点。对于前者，微观-底层的贝叶斯定理(式(2.5))侧重于规则推理，三支信息度量在中观-中层与宏观-高层都具有粒化单调性。对于后者，微观-底层的贝叶斯定理(式(2.6))侧重于实际决定机制，相关的粒化单调性讨论更适用于宏观-高层。两者具有相似的粒度机制与层次机制，但是前者更加具有优势，特别是对属性约简而言。事实上，只有权熵演化有益于特定类属性约简，该约简存在于中观-中层-1[40,44]。两种演化可以被等价地应用于决策分类属性约简，该约简存在于宏观-高层[2,4,41]，但前者致使粒化单调性及其机制变得更加透彻。因此，基于中观-中层-1 的三支信息度量成为决策表依托三层粒结构进行层次属性约简的有效基础。

　　基于上述层次演化，在不同层次上构建的三支信息度量的算法也具有层次性。算法 2.1 利用定义 2.2 中的加权函数来得到微观-底层的三支信息度量。算法 2.2 与算法 2.3 分别利用定义 2.3 与定义 2.4 的"求和"运算，从而给出两套中观-中层的三支信息度量。其中，核心的"for"循环主要通过调用算法 2.1 来计算微观底层的三支信息度量，从而实施"求和"来获取中层三支信息度量。算法 2.4 利用定义 2.5 的"求和"运算来给出宏观-高层的三支信息度量。在关于决策类集成的"for"循环中，主要调用算法 2.2 的中观-中层-1 三支信息度量，进而实施集成融合得到宏观-高层的三支信息度量。"算法 2.1→算法 2.2→算法 2.4"紧密地遵循了三支信息度量的"底层→中层→高层"演化，从而具有较强的层次关系，并且低层算法是高层算法的基础。简而言之，三层算法应用于三种不同的粒度层次，并且前面的算法通过调用成为后面的基础。最后，计算复杂性主要关联于微观-底层，该基层主要位于算法循环内。算法 2.1 只涉及一种微观-底层，故其复杂度视为 $O(1)$。算法 2.2 涉及一个中观-中层-1 或者 n 个微观-底层，故其复杂度为 $O(n)$。算法 2.3 涉及一个中观-中层-2 或者 m 个微观-底层，故其复杂度为 $O(m)$。算法 2.4 涉及一个宏观-高层或 m 个中观-中层-1 又或 $m \times n$ 个微观-底层，故其复杂度为 $O(mn)$。

2.5　数据实验分析

本节通过数据实验，主要计算决策表三层粒结构上三支信息度量，进而验证相关性质。表 2.4 使用并描述了来自 UCI 机器学习数据库(https://archive.ics.uci.edu/ml/index.php) 的 5 个数据集。它们对应决策表 $(U, C \cup D)$，其中令 $C = \{c_1, c_2, \cdots, c_{|C|}\}$。

表 2.4　五类 UCI 数据集的基本描述

标号	数据集	样本数	条件属性个数	决策属性个数	决策类个数
(a)	Balance	625	4	1	3
(b)	Zoo	101	16	1	7
(c)	Breast	277	9	1	2
(d)	Lymphography	148	18	1	4
(e)	Dnatest	1186	180	1	3

为了表现知识粒化，特别选择 5 个条件属性增链，如表 2.5 所示。在表 2.5 中，数集对应于条件属性子集 $A_k (k = 1, 2, \cdots, 10)$，例如 $\{1, 2, 3, 4\}$ 实际上是 C 的子集 $\{c_1, c_2, c_3, c_4\}$，并最多选用了 10 个属性子集组建增链 $A1 \subset A2 \subset \cdots \subset A10$。

表 2.5　UCI 数据集的属性增链描述

数据集	A1	A2	A3	A4	A5
(a) Balance	{1}	{1,2}	{1,2,3}	{1,2,3,4}	—
(b) Zoo	{1}	{1,3}	{1,3,5}	{1,3,5,7}	{1,3,5,7,9}
(c) Breast	{1}	{1,2}	{1,2,3}	{1,2,3,4}	{1,2,3,4,5}
(d) Lymphography	{18}	{18,17}	{18,17,16}	{18,17,16,15}	{18,17,16,15,12}
(e) Dnatest	{3}	{3,5}	{3,5,9}	{3,5,9,11}	{3,5,9,11,14}

数据集	A6	A7	A8	A9	A10
(a) Balance	—	—	—	—	—
(b) Zoo	{1,3,5,7,9,11}	{1,3,5,7,9,11,13}	—	—	—
(c) Breast	{1,2,3,4,5,6}	{1,2,3,4,5,6,7}	{1,2,3,4,5,6,7,8}	{1,2,3,4,5,6,7,8,9}	—
(d) Lymphography	{18,17,16,15,12,11}	{18,17,16,15,12,11,9}	{18,17,16,15,12,11,9,7}	{18,17,16,15,12,11,9,7,5}	{18,17,16,15,12,11,9,7,5,3}
(e) Dnatest	{3,5,9,11,14,15}	{3,5,9,11,14,15,18}	{3,5,9,11,14,15,18,21}	{3,5,9,11,14,15,18,21,25}	{3,5,9,11,14,15,18,21,25,30}

下面聚焦三层粒结构，且中层的度量主要考虑中观-中层-1。对于一个固定的属性子集 A（或 Ak），微观-底层与中观-中层-1 都具有多种模式。作为代表，主要选择决策属性值为 1 的决策类 D_1，并选择了一个具有代表性的条件类 $[x]_A^1$。由此，基于三层算法，表 2.6 提供了微观-底层 $([x]_A^1, D_1)$、中观-中层-1 $(U/\mathrm{IND}(A), D_1)$ 和宏观-高层 $(U/\mathrm{IND}(A), U/\mathrm{IND}(D))$ 上的三支信息度量值。由表 2.6，容易验证三支信息度量的系统方程，即微观底层的式 (2.12)、中观-中层-1 的式 (2.14)、宏观-高层的式 (2.21)。下面主要观测基于属性增链的粒化单调性。为了更好地可视化，将表 2.6 中的测量值转换为图 2.5 所示的二维折线，其中横坐标轴对应属性增链而纵坐标轴描述三支信息度量。基于图 2.5 可见，随着知识的细化，似然信息度量单调递减，而先验信息度量与后验信息度量单调递增。这些现象完全一致于式 (2.15)、式 (2.22) 所述的结果，即三支信息度量在中观-中层-1 和宏观-高层上呈现粒化单调性。此外，三支信息度量在微观底层可以呈现非单调性。

表 2.6　基于 UCI 数据集属性增链的三层粒结构上的三支信息度量

数据集	信息度量	A1	A2	A3	A4	A5	A6	A7	A8	A9	A10
(a) Balance	$\mathrm{IM}_{\mathrm{Bottom}}^{\mathrm{lklhd}}$	0.0583	0.0074	0.0037	0.0000						
	$\mathrm{IM}_{\mathrm{Bottom}}^{\mathrm{prior}}$	0.0372	0.0074	0.0111	0.0149						
	$\mathrm{IM}_{\mathrm{Bottom}}^{\mathrm{pstrr}}$	0.0367	0.0090	0.0090	0.0090						
	$\mathrm{IM}_{\mathrm{Middle-1}}^{\mathrm{lklhd}}$	0.2876	0.2837	0.1820	0.0000						
	$\mathrm{IM}_{\mathrm{Middle-1}}^{\mathrm{prior}}$	0.1820	0.3641	0.5416	0.7282						
	$\mathrm{IM}_{\mathrm{Middle-1}}^{\mathrm{pstrr}}$	0.1820	0.3598	0.4402	0.4402						
	$\mathrm{IM}_{\mathrm{Top}}^{\mathrm{lklhd}}$	1.1828	1.0045	0.6566	0.0000						
	$\mathrm{IM}_{\mathrm{Top}}^{\mathrm{prior}}$	2.3219	4.6439	6.9658	9.2877						
	$\mathrm{IM}_{\mathrm{Top}}^{\mathrm{pstrr}}$	2.1866	4.3303	6.3042	7.9696						
(b) Zoo	$\mathrm{IM}_{\mathrm{Bottom}}^{\mathrm{lklhd}}$	0.0544	0.0000	0.0000	0.0000	0.0000	0.0000	0.0000			
	$\mathrm{IM}_{\mathrm{Bottom}}^{\mathrm{prior}}$	0.4757	0.5306	0.5305	0.4534	0.4534	0.4534	0.4211			
	$\mathrm{IM}_{\mathrm{Bottom}}^{\mathrm{pstrr}}$	0.0279	0.0412	0.0669	0.2087	0.2087	0.2087	0.2151			
	$\mathrm{IM}_{\mathrm{Middle-1}}^{\mathrm{lklhd}}$	0.1506	0.0428	0.0198	0.0198	0.0116	0.0000	0.0000			
	$\mathrm{IM}_{\mathrm{Middle-1}}^{\mathrm{prior}}$	0.4915	0.6658	0.8007	1.1563	1.1645	1.1761	1.4349			
	$\mathrm{IM}_{\mathrm{Middle-1}}^{\mathrm{pstrr}}$	0.1141	0.1806	0.2925	0.6481	0.6481	0.6481	0.9069			
	$\mathrm{IM}_{\mathrm{Top}}^{\mathrm{lklhd}}$	1.5999	1.3198	0.9757	0.9374	0.5017	0.4580	0.1117			
	$\mathrm{IM}_{\mathrm{Top}}^{\mathrm{prior}}$	0.9840	1.4127	2.0513	2.8953	3.3311	3.5548	4.3134			

数据集	信息度量	A1	A2	A3	A4	A5	A6	A7	A8	A9	A10
(b) Zoo	IM_{Top}^{pstrr}	0.1934	0.3420	0.6364	1.4422	1.4422	1.6222	2.0346			
(c) Breast	IM_{Bottom}^{lklhd}	0.1627	0.0963	0.0108	0.0000	0.0000	0.0000	0.0000	0.0000	0.0000	
	IM_{Bottom}^{prior}	0.1275	0.0999	0.0185	0.0293	0.0293	0.0293	0.0293	0.0293	0.0293	
	IM_{Bottom}^{pstrr}	0.1493	0.1193	0.0229	0.0229	0.0229	0.0229	0.0229	0.0229	0.0229	
	$IM_{Middle-1}^{lklhd}$	0.5028	0.4915	0.3802	0.2618	0.2294	0.1354	0.0727	0.0259	0.0223	
	$IM_{Middle-1}^{prior}$	0.5898	0.7389	1.5429	1.9190	1.9857	2.1479	2.2494	2.3178	2.3215	
	$IM_{Middle-1}^{pstrr}$	0.5738	0.7118	1.4044	1.6621	1.6965	1.7645	1.8033	1.8250	1.8250	
	IM_{Top}^{lklhd}	0.8511	0.8368	0.6828	0.4668	0.4056	0.2559	0.1371	0.0533	0.0460	
	IM_{Top}^{prior}	2.0334	2.6095	5.4335	6.2372	6.4029	7.1406	7.5767	7.9377	7.9666	
	IM_{Top}^{pstrr}	2.0127	2.5745	5.2445	5.8322	5.9366	6.5246	6.8419	7.1192	7.1408	
(d) Lymphography	IM_{Bottom}^{lklhd}	0.0000	0.0000	0.0000	0.0000	0.0000	0.0000	0.0000	0.0000	0.0000	0.0000
	IM_{Bottom}^{prior}	0.0000	0.0000	0.0000	0.0000	0.0000	0.0000	0.0000	0.0000	0.0000	0.0000
	IM_{Bottom}^{pstrr}	0.0000	0.0000	0.0000	0.0000	0.0000	0.0000	0.0000	0.0000	0.0000	0.0000
	$IM_{Middle-1}^{lklhd}$	0.0746	0.0471	0.0405	0.0203	0.0000	0.0000	0.0000	0.0000	0.0000	0.0000
	$IM_{Middle-1}^{prior}$	0.0228	0.0504	0.0569	0.0772	0.0974	0.0974	0.0974	0.0974	0.0974	0.0974
	$IM_{Middle-1}^{pstrr}$	0.0135	0.0135	0.0135	0.0135	0.0135	0.0135	0.0135	0.0135	0.0135	0.0135
	IM_{Top}^{lklhd}	0.9050	0.8575	0.7844	0.4854	0.2457	0.2121	0.2121	0.1985	0.1427	0.1376
	IM_{Top}^{prior}	2.4290	2.9822	3.7414	4.8533	5.8531	6.3046	6.3046	6.3536	6.6223	6.6917
	IM_{Top}^{pstrr}	2.1064	2.6120	3.2982	4.1111	4.8711	5.2890	5.2890	5.3245	5.5374	5.6016
(e) Dnatest	IM_{Bottom}^{lklhd}	0.3631	0.2585	0.1654	0.0364	0.0260	0.0220	0.0032	0.0000	0.0000	0.0000
	IM_{Bottom}^{prior}	0.0818	0.1108	0.1031	0.0474	0.0366	0.0315	0.0054	0.0000	0.0000	0.0000
	IM_{Bottom}^{pstrr}	0.0913	0.1303	0.1307	0.0572	0.0444	0.0385	0.0070	0.0000	0.0000	0.0000
	$IM_{Middle-1}^{lklhd}$	0.5023	0.4985	0.4937	0.4897	0.4789	0.4732	0.4445	0.3994	0.3635	0.3144
	$IM_{Middle-1}^{prior}$	0.2249	0.4651	0.6777	0.8902	1.0976	1.2565	1.4755	1.6503	1.8045	1.9583
	$IM_{Middle-1}^{pstrr}$	0.2242	0.4606	0.6685	0.8769	1.0736	1.2267	1.4170	1.5467	1.6650	1.7697
	IM_{Top}^{lklhd}	1.4891	1.4797	1.4663	1.4506	1.4248	1.3969	1.3299	1.2295	1.1241	0.9900
	IM_{Top}^{prior}	0.8424	1.6950	2.4932	3.3317	4.1445	4.7564	5.4862	6.213	6.8987	7.5136
	IM_{Top}^{pstrr}	0.8407	1.6839	2.4687	3.2915	4.0785	4.6624	5.3253	5.9517	6.5320	7.0128

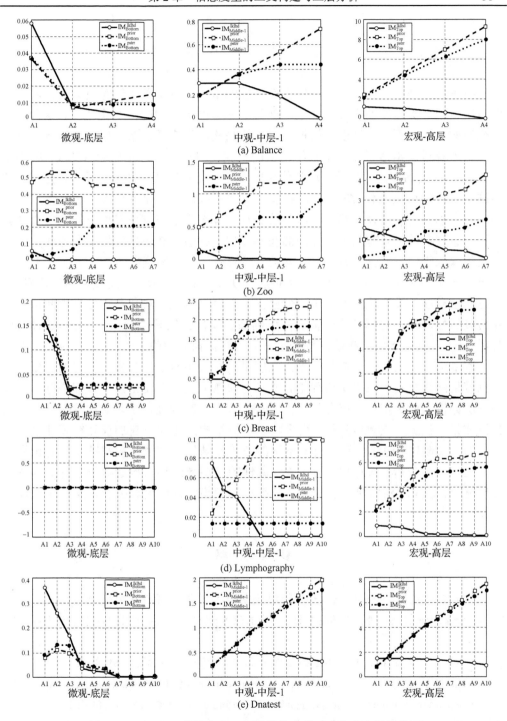

图 2.5　五组 UCI 数据集在三层粒结构上的三支信息度量折线图

2.6　本　章　小　结

　　决策表是进行数据分析与不确定性推理的基础。本章首先针对决策表，聚焦条件与决策的分类与类的系统粒关系，建立了三层粒结构(表 2.2 与图 2.2)，这种层次系统结构是进行不确定性度量挖掘与属性约简构建等广泛层次应用的粒计算基础。由此，本章进而构造了在三层粒结构上的三支信息度量，包括微观-底层、中观-中层、宏观-高层的似然、先验、后验信息度量。三支信息度量来源于贝叶斯定理，并实施了深入的层次演化(图 2.4)，获取了关联系统性与粒化单调性等优良性质；特别地，它们具有层次调用算法，即算法 2.1～2.4 组建了三支信息度量的三层算法。相关信息度量结果具有如下两方面的基本作用，并值得在不确定性度量与属性约简上进行深入推广与研究：①采用决策表三层粒结构来构建信息度量，分别通过中观-中层-1 与中观-中层-2(图 2.4)提供两种层次演化，深入揭示了信息度量的构建机制；②三支信息度量具有优良的不确定性语义、关联系统性、粒化单调性，由此可以构建后续属性约简，包括信息约简、系统约简、层次约简等。例如，文献[40]针对中观-中层-1 及其三支信息权熵，构建了三支特定类信息约简。

　　本章进行了三层粒结构与三支信息度量的相关不确定性分析，获得的三横三纵信息度量网络丰富了三支决策理论。本章对决策表及其三支信息度量都进行了基本的三层分析，而更多的三层分析还值得深入开展。特别地，本团队还具有一些三层分析成果。例如，文献[45]采用决策表三层粒结构，建立三支加权互补熵并进行三层分析；文献[46]构建区间值决策系统的三层粒结构，构造三层与三支不确定性度量并进行三层分析；文献[47]构建条件属性的三层粒结构，构造双粒条件熵并进行三层分析；文献[48]构建三层容忍多粒度粗糙集模型，研究相关的三支特定类属性约简。

参 考 文 献

[1]　苗夺谦, 李德毅, 姚一豫, 等. 不确定性与粒计算[M]. 北京: 科学出版社, 2011.

[2]　苗夺谦. Rough Set 理论及其在机器学习中的应用研究[D]. 北京: 中国科学院自动化研究所, 1997.

[3]　苗夺谦, 王珏. 粗糙集理论中概念与运算的信息表示[J]. 软件学报, 1999, 10(2): 113-116.

[4]　Wang G Y, Zhao J, An J J, et al. A comparative study of algebra viewpoint and information viewpoint in attribute reduction[J]. Fundamenta Informaticae, 2005, 68(3): 289-301.

[5]　王国胤, 于洪, 杨大春. 基于条件信息熵的决策表约简[J]. 计算机学报, 2002, 25(7): 759-766.

[6]　Ma X A, Wang G Y, Yu H, et al. Decision region distribution preservation reduction in decision-theoretic rough set model[J]. Information Sciences, 2014, 278: 614-640.

[7]　Slezak D. Approximate entropy reducts[J]. Fundamenta Informaticae, 2002, 53: 365-390.

[8]　Jiang F, Sui Y F, Zhou L. A relative decision entropy-based feature selection approach[J]. Pattern Recognition, 2015, 48(7): 2151-2163.

[9]　Naouali S, Salem S B, Chtourou Z. Uncertainty mode selection in categorical clustering using the rough set theory[J]. Expert Systems with Applications, 2020, 158: 113555.

[10]　Gao C, Lai Z H, Zhou J, et al. Granular maximum decision entropy-based monotonic uncertainty measure for attribute reduction[J]. International Journal of Approximate Reasoning, 2019, 104: 9-24.

[11]　Chen Y M, Xue Y, Ma Y, et al. Measures of uncertainty for neighborhood rough sets[J]. Knowledge-Based Systems, 2017, 120: 226-235.

[12]　Feng T, Fan H T, Mi J S. Uncertainty and reduction of variable precision multigranulation fuzzy rough sets based on three-way decisions[J]. International Journal of Approximate Reasoning, 2017, 85: 36-58.

[13]　Zhang X Y, Miao D Q. Quantitative/qualitative region-change uncertainty/certainty in attribute reduction: Comparative region-change analyses based on granular computing[J]. Information Sciences, 2016, 334-335: 174-204.

[14]　Zhang Q H, Zhang Q, Wang G Y. The uncertainty of probabilistic rough sets in multi-granulation spaces[J]. International Journal of Approximate Reasoning, 2016, 77: 38-54.

[15]　Liang J Y, Wang J H, Qian Y H. A new measure of uncertainty based on knowledge granulation for rough sets[J]. Information Sciences, 2009, 179(4): 458-470.

[16]　Li X N, Wang X, Sun B Z, et al. Three-way decision on information tables[J]. Information Sciences, 2021, 545: 25-43.

[17]　Gao C, Zhou J, Miao D Q, et al. Three-way decision with co-training for partially labeled data[J]. Information Sciences, 2021, 544: 500-518.

[18]　Campagner A, Ciucci D, Svensson C, et al. Ground truthing from multi-rater labeling with three-way decision and possibility theory[J]. Information Sciences, 2021, 545: 771-790.

[19]　Liu Z Y, He X, Deng Y. Network-based evidential three-way theoretic model for large-scale group decision analysis[J]. Information Sciences, 2021, 547: 689-709.

[20]　Liang D C, Yi B C. Two-stage three-way enhanced technique for ensemble learning in inclusive policy text classification[J]. Information Sciences, 2021, 547: 271-288.

[21]　Luo C, Ju Y B, Giannakis M, et al. A novel methodology to select sustainable municipal solid waste management scenarios from three-way decisions perspective[J]. Journal of Cleaner Production, 2021, 280: 124312.

[22] Lang G M, Miao D Q, Fujita H. Three-way group conflict analysis based on Pythagorean fuzzy set theory[J]. IEEE Transactions on Fuzzy Systems, 2020, 28(3): 447-461.

[23] Wang X Z, Li J H. New advances in three-way decision, granular computing and concept lattice[J]. International Journal of Machine Learning and Cybernetics, 2020, 11, 945-946.

[24] Yao Y Y. Tri-level thinking: Models of three-way decision[J]. International Journal of Machine Learning and Cybernetics, 2020, 11: 947-959.

[25] Yao Y Y. Three-way granular computing, rough sets, and formal concept analysis[J]. International Journal of Approximate Reasoning, 2020, 116: 106-125.

[26] Yao Y Y. Three-way decision and granular computing[J]. International Journal of Approximate Reasoning, 2018, 103: 107-123.

[27] Yao Y Y. A triarchic theory of granular computing[J]. Granular Computing, 2016, 1(2): 145-157.

[28] Fu C, Lu W, Pedrycz W, et al. Rule-based granular classification: A hypersphere information granule-based method[J]. Knowledge-Based Systems, 2020, 194: 105500.

[29] Xue M L, Duan X D, Liu W Q, et al. A semantic facial expression intensity descriptor based on information granules[J]. Information Sciences, 2020, 528: 113-132.

[30] Skowron A, Stepaniuk J, Swiniarski R. Modeling rough granular computing based on approximation spaces[J]. Information Sciences, 2012, 184(1): 20-43.

[31] Chiaselotti G, Ciucci D, Gentile T. Simple graphs in granular computing[J]. Information Sciences, 2016, 340: 279-304.

[32] Zhang X H, Miao D Q, Liu C H, et al. Constructive methods of rough approximation operators and multigranulation rough sets[J]. Knowledge-Based Systems, 2016, 91: 114-125.

[33] Qian Y H, Zhang H, Sang Y L, et al. Multigranulation decision-theoretic rough sets[J]. International Journal of Approximate Reasoning, 2014, 55(1): 225-237.

[34] Bishop C M. Pattern Recognition and Machine Learning[M]. Singapore: Springer, 2006.

[35] Pawlak Z. Rough sets, decision algorithms and Bayes' theorem[J]. European Journal of Operational Research, 2002, 136(1): 181-189.

[36] Greco S, Pawlak Z, Slowinski R. Can Bayesian confirmation measures be useful for rough set decision rules? [J] Engineering Applications of Artificial Intelligence, 2004, 17(4): 345-361.

[37] Yao Y Y, Zhou B. Two Bayesian approaches to rough sets[J]. European Journal of Operational Research, 2016, 251(3): 904-917.

[38] Slezak D, Ziarko W. The investigation of the Bayesian rough set model[J]. International Journal of Approximate Reasoning, 2005, 40(1-2): 81-91.

[39] Liu D, Yang X, Li T R. Three-way decisions: Beyond rough sets and granular computing[J]. International Journal of Machine Learning and Cybernetics, 2020, 11: 989-1002.

[40] Zhang X Y, Yang J L, Tang L Y. Three-way class-specific attribute reducts from the information viewpoint[J]. Information Sciences, 2020, 507: 840-872.

[41] Pawlak Z. Rough Sets: Theoretical Aspects of Reasoning about Data[M]. Dordrecht: Kluwer Academic Publishers, 1991.

[42] Zhang X Y, Miao D Q. Double-quantitative fusion of accuracy and importance: Systematic measure mining, benign integration construction, hierarchical attribute reduction[J]. Knowledge-Based Systems, 2016, 91: 219-240.

[43] Zhang X Y, Miao D Q. Three-layer granular structures and three-way informational measures of a decision table[J]. Information Sciences, 2017, 412-413: 67-86.

[44] Yao Y Y, Zhang X Y. Class-specific attribute reducts in rough set theory[J]. Information Sciences, 2017, 418-419: 601-618.

[45] Tang L Y, Zhang X Y, Mo Z W. A weighted complement-entropy system based on tri-level granular structures[J]. International Journal of General Systems, 2020, 49(8): 872-905.

[46] Liao S J, Zhang X Y, Mo Z W. Three-level and three-way uncertainty measurements for interval-valued decision systems[J]. International Journal of Machine Learning and Cybernetics, 2021, 12(5): 1459-1481.

[47] Mu T P, Zhang X Y, Mo Z W. Double-granules conditional-entropies based on three-level granular structures[J]. Entropy, 2019, 21: 657.

[48] 唐玲玉. 三层容忍多粒度粗糙集建模及其三支特定类约简[D]. 成都: 四川师范大学, 2021.

第3章 属性约简的三层分析

属性约简是决策表知识发现的重要主题，相关的层次分析有利于更好实现特征选择。基于决策表的三层粒结构，属性约简分为三种层次类型：即宏观高层的分类属性约简、中观中层的特定类属性约简、微观底层的特定元属性约简，本章主要进行相关属性约简的三层分析。首先，引入三层粒结构和三层协调性，由此构建三层属性约简；其次，实施三层属性约简的层次分析，揭示"宏观高层-中观中层"、"中观中层-微观底层"、"宏观高层-微观底层"三种层次之间的约简联系；最后，进行实例分析，采用协调表实例与不协调表实例共同验证相关概念、算法、性质。属性约简的三层分析从粒计算角度丰富了三支决策，为数据分析优化识别提供了新的洞察力。

3.1 引　　言

粗糙集理论是进行信息处理与知识发现的有效途径[1,2]，具有条件属性和决策属性的决策表成为相关依赖学习的一种基本数据结构与形式背景。依托数据决策表，属性约简采用极小属性子集来获取优化特征，在粗糙集数据分析中扮演着核心角色。经典属性约简保持分类正域从而追求最佳分类能力，这种分类属性约简已经获得了普遍研究与广泛应用[3-10]。分类属性约简等价地适应所有决策类，进而实现全局优化，但它们的折中性不一定适用于每一个决策类的特定优化。对此，Yao 和 Zhang[11]揭示分类属性约简的三个盲点，从而建立具有局部优化的特定类属性约简，并研究其与分类属性约简的相互关系。近期，特定类属性约简得到深入发展，相关研究主要采用三支概率[12]、信息测度[13-15]、代价敏感分析[16]、量化区域保持[17]、三支决策[18]、最值属性元双约简[19]、规则分类学习[20]等不同视角或要素关联。

上述分类属性约简和特定类属性约简分别适用于宏观分类的全局优化和中观具体类的局部优化。进而，理论与应用都需要一种相关的属性约简来针对微观底层的元素及其优化。事实上，决策表数据分析主要考虑条件粒与决策类之间的依赖性及相关学习；然而，并非所有中层决策类都同等重要；底层元素也是如此，即不同条件粒通常具有不同程度的重要性或应用偏好。例如在医疗诊断中，除了需要考虑疾病模式，还需要额外关注关键病人或治疗特殊患者群体。针对特定元素及其优化识

本章工作获得国家自然科学基金(61673285)、四川省科技计划项目(2021YJ0085)资助。

别，基于决策出发的现有两种属性约简类型平等处理元素从而不再适用，因此开发特定元属性约简具有创新意义。

特定元属性约简成为分类属性约简与特定类属性约简的补充，而三种类型将共同建立属性约简的三个层次，三层属性约简及其层次关系值得系统研究。图 3.1 展现了三层属性约简的系列发展与层次深化。分类属性约简、特定类属性约简、特定元属性约简都来源于决策表数据基础，但它们具有不同的约简内涵层次，并可由 Zhang 和 Miao[21]提出的决策表三层粒结构所完全支撑。具体地，分类属性约简对应宏观高层 (π_C, π_D)，适用于分类 π_D 及其全局优化；特定类约简对应中观中层 (π_C, D_j)，应用于特定类 D_j 及其局部优化；特定元属性约简对应微观底层 $([x]_C, D_j)$，适用于元素 x 或代表粒 $[x]_C$ 及其优化。对于特定元属性约简，其关注的元素 x 实际上涉及条件粒 $[x]_C$、决策类 D_j 以及它们之间的推导关系，从而定位于微观底层 $([x]_C, D_j)$[21]，后者也可修订成元素形式 (x, D_j) 来实现相关对应。

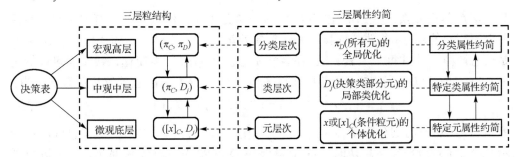

图 3.1 三层属性约简的系列发展和层次框架

综上，高层分类属性约简是现有主要类型，中层特定类属性约简也具有基本发展，而底层特定元属性约简相对欠缺。对此，本章主要补充特定元属性约简来进行属性约简三层分析，即确定特定元属性约简并层次关联特定类属性约简与分类属性约简。特别地，三支决策围绕"三"的思考并具有"分-效-治"的 TAO 模型[22]，广泛应用于多种研究领域并成为前沿学术热点[23-30]。作为三支决策的一类特殊模型，"三层思想(tri-level thinking)"涉及顶、中、底三层及其相互转换[22]，相关的三层分析(3LA)来源于三支决策(3WD)、粒计算(GrC)[31-33]以及它们的相互协作，并且已经成功应用于数据决策表刻画、信息不确定度量、分类机器学习等[21,34-38]。

本章揭示三层属性约简的依赖构建机制与层次结构关系，相关结果将丰富三支决策及其粒计算。本章的其余部分安排如下。3.2 节引入三层粒结构与三层协调性，系统建立三层属性约简的相关概念；3.3 节分析三层属性约简的层次关系，包括"宏观高层-中观中层""中观中层-微观底层""宏观高层-微观底层"三种层次；3.4 节提供一个协调性决策表与一个不协调性决策表，进行实例分析；3.5 节总结本章。

3.2　三层属性约简

本节分为三个部分，分别介绍数据决策表的三层粒结构、三层协调性、三层属性约简。

3.2.1　三层粒结构

Pawlak 提出的粗糙集理论能够有效实施表格形式的数据分析[1]，而相关属性约简主要关注一种特殊类型的数据表，即决策表。本节介绍数据决策表的三层粒结构[21]，其为属性约简数据分析提供了重要的粒计算机制。

决策表形式化定义为四元组：

$$DT = (U, AT = C \cup D, \{V_a \mid a \in AT\}, \{I_a \mid a \in AT\}) \tag{3.1}$$

其中，U 是由元素组成的非空有限论域；AT 是由属性组成的非空有限集合，包括两个不相交的部分：条件属性集 C 和决策属性集 D；V_a 是 $a \in AT$ 的值域；$I_a : U \to V_a$ 是信息函数，并且每个元素 $x \in U$ 在属性 a 上取值 $I_a(x)$。为简化，决策表可以简记为 $DT = (U, C \cup D)$。给定一个条件属性子集 $A \subseteq C \subseteq AT$，$U$ 上的等价关系定义为：

$$E_A = \{(x, y) \in U \times U \mid \forall a \in A(I_a(x) = I_a(y))\} \tag{3.2}$$

E_A 在 U 上诱导的划分表示为 $\pi_A = U / E_A = \{[x]_A \mid x \in U\}$，其中 $[x]_A = \{y \in U \mid y E_A x\}$ 表示包含 x 的等价类。类似地，决策属性集 D 可以诱导决策关系 E_D、决策分类 $\pi_D = U / E_D = \{D_j \mid j = 1, \cdots, m\}$、决策类 $D_j \in \pi_D$，这里假设决策类总共具有数量 m。

粗糙集分析主要探究决策属性与条件属性之间的依赖性，完全依赖与部分依赖分别引导出两种类型的决策表，即协调决策表和不协调决策表。若在 C 上具有相同条件值的所有元素在 D 上也具有相同的决策值，则称决策表 $DT = (U, C \cup D)$ 是协调的，协调决策表可以由 $E_C \subseteq E_D$ 所判定；反之，可以定义与判定不协调决策表。

决策表涉及条件与决策两个部分的粒与分类，从而承载了三层粒结构，表 3.1 及图 3.1 描述了相关的结构特征与属性约简[21]。

表 3.1　三层粒结构及其特征与约简

结构名称	构成	相关数量	粒度规模/层次	相关属性约简
宏观高层	(π_A, π_D)	1	宏观/高层	分类属性约简
中观中层	(π_A, D_j)	m	中观/中层	特定类属性约简
微观底层	$([x]_A, D_j)$（或 (x, D_j)）	$m\|\pi_A\|$（或 $m\|U\|$）	微观/底层	特定元属性约简

(1) 宏观高层由条件划分和决策分类组成，对应宏观尺度和高层水平，关联分类属性约简[1]。

(2) 中观中层由条件划分和决策类组成，对应中观尺度和中层水平，关联特定类属性约简[11]。

(3) 微观底层由条件粒和决策类组成，对应微观尺度和底层水平。由于条件粒收集不可区分元，因此微观底层 $([x]_A, D_j)$ 可修正到具有元素的一般形式 (x, D_j)。由此，微观底层关联特定元属性约简，其中元素 x 对应粒 $[x]_A$、类 D_j 及它们的相关诱导。

决策表三层粒结构采用了"三层思想"基本方法。在"抽象-具化"方面，自底向上方向对应着集成构建（例如粗糙集理论中的区域建模[1]），而自顶向下方向则意味着分解具化（例如三层属性约简的细化发展）。进而，三种层次及其转化为上章的信息度量集成融合与本章的属性约简系统分解奠定了坚实基础。

3.2.2　三层协调性

本小节回顾数据决策表的正域概念与单调性质，并引入协调性来进行相关表示，相关的三层协调性将引导三层属性约简的定义确定与关系解析。首先考虑决策表 DT 的决策分类 π_D 和特定类 $D_j \in \pi_D$，并立足知识划分 π_A 来描述。

定义 3.1　基于条件剖分 π_A，D_j 决策类正域和 π_D 分类正域分别定义为：

$$\mathrm{POS}(D_j \mid \pi_A) = \{x \in U \mid [x]_A \subseteq D_j\} \tag{3.3}$$

$$\mathrm{POS}(\pi_D \mid \pi_A) = \bigcup_{j=1}^{m} \mathrm{POS}(D_j \mid \pi_A)$$

命题 3.1　决策类正域与分类正域都满足单调性，即：

$$A \subseteq B \subseteq C \Rightarrow \mathrm{POS}(D_j \mid \pi_A) \subseteq \mathrm{POS}(D_j \mid \pi_B) \tag{3.4}$$

$$A \subseteq B \subseteq C \Rightarrow \mathrm{POS}(\pi_D \mid \pi_A) \subseteq \mathrm{POS}(\pi_D \mid \pi_B)$$

根据相关定义与语义，正域在粗糙集依赖学习中发挥着重要功能。在中层水平，决策类正域 $\mathrm{POS}(D_j \mid \pi_A)$ 提取关于决策类 D_j 的内部确定元，相关识别能力可由决策类依赖度 $\gamma(D_j \mid \pi_A) = |\mathrm{POS}(D_j \mid \pi_A)| / |U|$ 所表征[11]；在高层水平，分类正域 $\mathrm{POS}(\pi_D \mid \pi_A)$ 集成所有决策类正域，从而提取关于决策分类 π_D 的确定分类元，相关分类能力可由分类依赖度 $\gamma(\pi_D \mid \pi_A) = |\mathrm{POS}(\pi_D \mid \pi_A)| / |U| = \sum_{j=1}^{m} \gamma(D_j \mid \pi_A)$ 所表征[1]。进而，条件属性的包含变化意味着知识结构的粗化，相关的粒化单调性具有重要意义，而决策类正域与分类正域都具有粒化单调性的优良性质。

属性约简追求维度优化，但需要维持最优能力或确定特性。分类属性约简与特定属性约简分别追求最优的决策分类能力与特定类识别性，故关注决策分类和特定类的正域进而可以建立正域保持性约简目标。但是，当关注一个元素时，没有所谓的正域概念，建立什么保持性标准成为定义特定元属性约简的首要问题。下面，我们提出"元素协调性"概念，并通过依赖机制来解析正域关联的三层协调性原理，最终确定协调性保持这一普适性约简标准。

定义 3.2　若元素 $x \in U$ 满足 $x \in [x]_A \subseteq [x]_D$，则它被称为关于 A（或 π_A）的协调元；否则 $x \in [x]_A \subsetneq [x]_D$，则它被称为关于 A（或 π_A）的不协调元。

命题 3.2　x 是关于 A 的协调元，当且仅当 x 在关于 A 的 $[x]_D$ 决策类正域中，即 $x \in \mathrm{POS}([x]_D \mid \pi_A)$。

元素协调性来源于两个相关粒 $[x]_A$ 和 $[x]_D$ 之间的确定性派生，即 $\mathrm{Des}([x]_A) \to \mathrm{Des}([x]_D)$，其中符号 Des 表示对应逻辑公式在等价类情形的元素描述函数[18]。因此，元素协调性具有基本的确定性特征。此外，元素协调性一致于决策逻辑框架内的规则协调性[1]，并且只涉及包括元素的决策类正域。从粒计算观点来看，元素协调性涉及一种粒交互来呈现不可区分性，即在共同等价类内的元素一定具有相同的协调性或不协调性。

基于定义 3.2 与命题 3.2，我们可以获得协调元和正域之间的基本关系。进而，可以将决策类正域与分类正域两种情况分别用协调元进行表示与关联；事实上，正域也体现了关于依赖推理的正确定性。

$$[x]_A \subseteq D_j \Leftrightarrow x \in [x]_A \subseteq [x]_D = D_j$$

$$\mathrm{POS}(D_j \mid \pi_A) = \{x \in U \mid [x]_A \subseteq D_j\} \tag{3.5}$$

$$\mathrm{POS}(\pi_D \mid \pi_A) = \bigcup_{j=1}^{m} \mathrm{POS}(D_j \mid \pi_A)$$

这三个公式提供了双层正域与协调元的关系，由此可以得到下面的协调元描述正域与协调表（或不协调表）的重要结论。

定理 3.1　决策类正域由该决策类的所有协调元所组成，即：

$$\mathrm{POS}(D_j \mid \pi_A) = \{x \in U \mid x \in [x]_A \subseteq [x]_D = D_j\} \tag{3.6}$$

进而，分类正域由论域中所有协调元所组成，即：

$$\mathrm{POS}(\pi_D \mid \pi_A) = \bigcup_{j=1}^{m} \{x \in U \mid x \in [x]_A \subseteq [x]_D = D_j\} = \{x \in U \mid x \in [x]_A \subseteq [x]_D \subseteq U\} \tag{3.7}$$

推论 3.1　决策表 $\mathrm{DT} = (U, C \cup D)$ 是协调的，当且仅当所有元素关于 C 是协调的；它是不协调的，当且仅当关于 C 至少存在一个不协调元。

根据定理 3.1，协调元成为构成决策类正域和分类正域的基本要素，从而元素协调性成为正域确定性依赖度的微观机制与潜在表现。元素协调性除了普适描述功能，还可以直接关联或对应微观底层 $(x, [x]_D)$ 或 $([x]_A, [x]_D)$。换句话讲，我们可以建立关联于协调元与正域的三层协调性，对应于决策表的三层粒结构：

(1) 微观底层协调性涉及单个协调元(及其条件类)；

(2) 中观中层协调性关联于特定类正域，涉及决策类中的多个协调元(及其条件类)；

(3) 微观高层协调性关联于分类正域，涉及论域中的全部协调元(及其条件类)。

可见，元素协调性借助了规则派生性，体现出微观的依赖确定性。对比地，先前的特定类正域与分类正域也关联依赖确定性，但分别具有中观特性与宏观特性；基于定理 3.1，中高层正域可以分别解释为局部特定类协调性与全局分类协调性，而底层是直接的个体元协调性。这三种协调性来源于"三层思想"，刚好构成上述三层协调性。进而，先前的中高层属性约简标准——正域保持，可以解释为协调性保持这一确定性准则；因此，底层的特定元属性约简可以采用底层特定元协调性保持，从而也能够有效地层次关联于具有中高层协调性保持的中高层属性约简。

在介绍三层属性约简之前，下面讨论特定元协调性的粒化单调性，以便为特定元属性约简研究提供更多基础。具有包含关系的两个属性子集 $A \subseteq B$ 导致从 π_B 到 π_A 的知识粗化，特定元呈现初始的粒化单调性：

$$A \subseteq B \Rightarrow [x]_A \supseteq [x]_B \qquad (3.8)$$

该结果自然推出如下的元素协调单调性。

定理 3.2　对 $A \subseteq B \subseteq C$，如果元素 x 关于 A 是协调的，则关于 B 也是协调的，即：

$$x \in [x]_A \subseteq [x]_D \Rightarrow x \in [x]_B \subseteq [x]_D \qquad (3.9)$$

相反，如果元素 x 关于 B 是不协调的，则它关于 A 是不协调的，即：

$$x \in [x]_B \subsetneq [x]_D \Rightarrow x \in [x]_A \subsetneq [x]_D \qquad (3.10)$$

推论 3.2　对于 $A \subseteq C$，如果元素 x 关于 A 是协调的，则关于 C 也是协调的，即 $x \in [x]_A \subseteq [x]_D \Rightarrow x \in [x]_C \subseteq [x]_D$；相反，如果元素 x 关于 C 是不协调，则关于 A 也是不协调的，即 $x \in [x]_C \subsetneq [x]_D \Rightarrow x \in [x]_A \subsetneq [x]_D$。

元素协调性关于属性包含是单调的。在条件分类结构的细化方向上可以传输元素协调性，而在粗化方向上只能传输元素不协调性。但是，相反的结论通常不成立。例如，在知识粗化方向上，不能传输元素协调性，元素协调性可以弱化变更或优化保持。因此，元素协调性在最初 C 处达到最大强度，它在任意子集 $A \subseteq C$ 上将被弱化或维持。由此，元素协调性保持成为一个优化目标，由此可以定义特定元属性约简。

基于元素协调性的语义性、确定性、层次性、单调性，特定元属性约简自然选取为 C 的极小集，主要维持关于 C 相同或最强元素协调性。

$$x \in [x]_C \subseteq [x]_D \Rightarrow x \in [x]_A \subseteq [x]_D \tag{3.11}$$

上式约简目标可以具化为一个初始的协调性前提 $x \in [x]_C \subseteq [x]_D$ 以及一个后续的协调性要求 $x \in [x]_A \subseteq [x]_D$。接下来，将用此策略来定义特定元属性约简。

3.2.3　三层属性约简

上小节提出了协调元概念以及元素协调性特征。由此，分类正域与特定类正域都获得了元素协调性解释，从而获得了三层协调性及相关层次关系；元素协调性保持已经成为合理的特定元属性约简标准，它也很好地层次衔接了现有的正域保持标准。下面，具体确定三层属性约简的原始定义与基本性质。

定义 3.3　条件属性子集 $R \subseteq C$ 称为 C 的 π_D 分类属性约简，如果它满足两个条件：

$$(\text{S}_{\text{分类}})\quad \text{POS}(\pi_D \mid \pi_R) = \text{POS}(\pi_D \mid \pi_C)$$

$$(\text{N}_{\text{分类}})\quad \forall r \in R(\text{POS}(\pi_D \mid \pi_{R-\{r\}}) \neq \text{POS}(\pi_D \mid \pi_R))$$

所有 π_D 分类属性约简组建集合 $\text{RED}(\pi_D)$。$R \subseteq C$ 称为 C 的 D_j 特定类属性约简，如果它满足两个条件：

$$(\text{S}_{\text{类}})\quad \text{POS}(D_j \mid \pi_R) = \text{POS}(D_j \mid \pi_C)$$

$$(\text{N}_{\text{类}})\quad \forall r \in R(\text{POS}(D_j \mid \pi_{R-\{r\}}) \neq \text{POS}(D_j \mid \pi_R))$$

所有 D_j 特定类属性约简组建集合 $\text{RED}(D_j)$。$R \subseteq C$ 称为 C 的 $x \in [x]_C \subseteq [x]_D$ 特定元属性约简，如果满足两个条件：

$$(\text{S}_{\text{元}})\quad x \in [x]_R \subseteq [x]_D$$

$$(\text{N}_{\text{元}})\quad \forall r \in R(x \in [x]_{R-\{r\}} \subsetneq [x]_D)$$

所有 x 特定元属性约简组建集合 $\text{RED}(x)$。

基于定义 3.1 与命题 3.1，正域具有优良的识别语义、正确定性、粒化单调性，因此正域保持成为基本的约简标准。在这种情况下，分类属性约简和特定类属性约简都是 C 的一个极小集，分别维持最初的分类正域 $\text{POS}(\pi_D \mid \pi_C)$ 和特定类正域 $\text{POS}(D_j \mid \pi_C)$[1,11]。基于上小节分析，高中层属性约简其实采用了高中层协调性保持，而底层特定元属性约简需要采用底层特定元协调性保持，以便合理定义与层次关联。在定义 3.3 中，特定元属性约简只针对初始协调元，并实施元素协调性保持。从层次系统来看，定义 3.3 从正域保持与协调性保持确定了三层属性约简，从而可以由三层协调性保持所解释。条件(S)是一个联合充分条件，约简 R 的所有属性分别充分地保持 π_D 正域、D_j 正域、x 协调性，从而三层约简对应三层协调性保持；进而，条件(N)是独立必要条件，即约简 R 中的每个属性对相关层次的系统性保持是必要的。三层属性约简采用了"分类或 π_D""类或 D_j""元或 x"进行有效区分。

现在，三层属性约简已经建立，它们的层次关系将在后面介绍。这里，阐述三层属性约简的共同基本性质，其中的粒化单调性将提供相关的证明保障。

引理 3.1　三层独立必要条件 $(N_{分类})$、$(N_{类})$、$(N_{元})$ 分别等价于如下条件：

$$(M_{分类})\quad \forall R' \subset R(\mathrm{POS}(\pi_D \mid \pi_{R'}) \neq \mathrm{POS}(\pi_D \mid \pi_R))$$

$$(M_{类})\quad \forall R' \subset R(\mathrm{POS}(D_j \mid \pi_{R'}) \neq \mathrm{POS}(D_j \mid \pi_R))$$

$$(M_{元})\quad \forall R' \subset R(x \in [x]_{R'} \subsetneqq [x]_D)$$

命题 3.3　条件属性的子集 $R \subseteq C$ 是一个分类属性约简，即 $R \in \mathrm{RED}(\pi_D)$，当且仅当它满足条件 $(S_{分类})$ 和 $(M_{分类})$。类似地，$R \in \mathrm{RED}(D_j)$ 等价于 $R \subseteq C$ 同时满足条件 $(S_{类})$ 和 $(M_{类})$，$R \in \mathrm{RED}(x)$ 等价于 $R \subseteq C$ 同时满足条件 $(S_{元})$ 和 $(M_{元})$。

定义 3.4　三层属性约简的属性核分别定义为：

$$\mathrm{CORE}(\pi_D) = \{c \in C \mid \mathrm{POS}_{C-\{c\}}(D) \neq \mathrm{POS}_C(D)\}$$

$$\mathrm{CORE}(D_j) = \{c \in C \mid \mathrm{POS}_{C-\{c\}}(D_j) \neq \mathrm{POS}_C(D_j)\} \tag{3.12}$$

$$\mathrm{CORE}(x) = \{c \in C \mid x \in [x]_{C-\{c\}} \subsetneqq [x]_D\}\ (x \in [x]_C \subseteq [x]_D)$$

定理 3.3　对于三层属性约简，属性核是所有约简的交集，即：

$$\mathrm{CORE}(\pi_D) = \bigcap \mathrm{RED}(\pi_D)$$

$$\mathrm{CORE}(D_j) = \bigcap \mathrm{RED}(D_j) \tag{3.13}$$

$$\mathrm{CORE}(x) = \bigcap \mathrm{RED}(x)$$

关于三层属性约简，基于单属性的必要性条件(N)可用基于属性子集的极小条件(M)来等价替换。根定义 3.4 与定理 3.3，属性核可以通过正域不保持进行线性计算，并且包含于每个属性约简中，这为约简构建奠定了基础，比如可以在属性核基础上实施属性添加策略来构造约简。

3.3　三层属性约简的层次分析

三层属性约简通过三层协调性来确立，它们分别对应决策表的三层——宏观高层、中观中层、微观底层(参见图 3.1 与表 3.1)。本节主要分析三层属性约简的层次关系，包括"宏观高层-中观中层""中观中层-微观底层""宏观高层-微观底层"三部分。

3.3.1　宏观高层与中观中层之间的属性约简关系

分类属性约简与特定类属性约简分别定位于数据决策表的宏观高层与中观中层，它们的高中层次关系将通过三个方面来阐述：①两种属性约简类型的转化条件；②两种属性约简类型的派生关系及算法；③分类属性约简集与所有决策类的特定类属性约简集的关系。

两类属性约简基本来源于对应的正域及其保持性，而两层正域具有衔接：

$$\mathrm{POS}(\pi_D \mid \pi_A) = \bigcup_{j=1}^{m} \mathrm{POS}(D_j \mid \pi_A) \tag{3.14}$$

这一关系为如下的相关结论奠定了推导基础。

引理 3.2　高中层属性约简的两个条件具有如下等价关系：

(1) $\mathrm{POS}(\pi_D \mid \pi_R) = \mathrm{POS}(\pi_D \mid \pi_C) \Leftrightarrow \forall 1 \le j \le m(\mathrm{POS}(D_j \mid \pi_R) = \mathrm{POS}(D_j \mid \pi_C))$；

(2) $\forall r \in R(\mathrm{POS}(\pi_D \mid \pi_{R-\{r\}}) \ne \mathrm{POS}(\pi_D \mid \pi_R)) \Leftrightarrow \forall r \in R, \exists 1 \le j \le m(\mathrm{POS}(D_j \mid \pi_{R-\{r\}}) \ne \mathrm{POS}(D_j \mid \pi_R))$。

定理 3.4　分类属性约简 $R \in \mathrm{RED}(\pi_D)$ 和特定类属性约简 $R' \in \mathrm{RED}(D_j)$ 具有如下转换关系：

(1) $R \in \mathrm{RED}(D_j) \Leftrightarrow \forall r \in R(\mathrm{POS}(D_j \mid \pi_{R-\{r\}})) \ne \mathrm{POS}(D_j \mid \pi_R)$；

(2) $R' \in \mathrm{RED}(\pi_D) \Leftrightarrow \mathrm{POS}(\pi_D \mid \pi_{R'}) = \mathrm{POS}(\pi_D \mid \pi_C)$。

引理 3.2 表明高中层属性约简条件(S)或(N)之间的关系。关于充分条件(S)，高层正域保持等价于所有决策类的中层正域保持；关于必要条件(N)，高层正域保持具有冗余性等价于存在一个中层正域保持具有冗余性。分类属性约简 R 保持了所有决策类的正域，还需要中层必要条件(N$_{类}$)才能成为一个特定类属性约简；反之，特定类约简 R' 只有强化到满足高层充分条件(S$_{分类}$)(即保持 π_D 分类正域)，才提升为一种分类属性约简。因此，两类属性约简在一般情况下是不同的，它们在定理 3.4 中的转化叙述也是自然的。

定理 3.5　假设 $R \in \mathrm{RED}(\pi_D)$，对任意 $D_j \in \pi_D$，存在一个特定类约简 $R' \in \mathrm{RED}(D_j)$ 使得 $R' \subseteq R$。

算法 3.1(CnAR-CsAR 算法)　从分类属性约简派生构造特定类属性约简族

输入：决策表 DT 和分类属性约简 $R \in \mathrm{RED}(\pi_D)$；

输出：一族特定类属性约简 $(R_1, \cdots, R_m)$，其中 $R_j \subseteq R$ 和 $R_j \in \mathrm{RED}(D_j)$（$j = 1, \cdots, m$）。

---

1. **for** $j = 1$ to m **do**
2. $\quad R_j = R$
3. $\quad$ **for** each $r \in R$ **do**
4. $\qquad$ **if** $\mathrm{POS}(D_j \mid \pi_{R_j - \{r\}}) = \mathrm{POS}(D_j \mid \pi_{R_j})$ **then**
5. $\qquad\quad R_j = R_j - \{r\}$
6. $\qquad$ **end if**
7. $\quad$ **end for**
8. **end for**
9. **return** $(R_1, \cdots, R_m)$。

　　定理 3.5 表明，分类属性约简必然包含与派生一个特定类属性约简，这也可以用约简强弱性来描述[13]——分类属性约简强于特定类属性约简。由此，算法 3.1 采用针对（$N_{类}$）条件的删除策略，从分类属性约简 R 中提取出 D_j 特定类约简 R_j，其中的特定类已经泛化到整个决策类族（即 $j = 1, \cdots, m$）。

　　反之，更弱的一个特定类属性约简通常不能内部生成一个分类属性约简，但是采用所有决策类族的特定类属性约简族就可以产生相关的派生启发与平衡关系。事实上，分类属性约简保持所有决策类正域，而特定类属性约简保持特定决策类正域，这表明研究分类属性约简与特定类属性约简族之间的关系是可行的必要的。下面，先提供乘积空间符号，再呈现结论与算法。构造 m 维特定类属性约简的笛卡儿积：

$$\mathrm{CRED}_{\mathrm{class}}^{\mathrm{classification}} = \mathrm{RED}(D_1) \times \cdots \times \mathrm{RED}(D_m) = \{(R_1, \cdots, R_m) \mid R_j \in \mathrm{RED}(D_j), 1 \leqslant j \leqslant m\}$$

$$(3.15)$$

特定类约简 R_j 保持 D_j 决策类正域，则将保持 π_D 分类正域；从而，$\bigcup_{j=1}^{m} R_j$ 可以包括与生成一个分类属性约简，相关算法可以采用针对（$N_{分类}$）条件的删除策略。

　　定理 3.6　假设 $(R_1, \cdots, R_m) \in \mathrm{CRED}_{\mathrm{class}}^{\mathrm{classification}}$，则存在一个分类属性约简 $R \in \mathrm{RED}$ (π_D)，使得 $R \subseteq \bigcup_{j=1}^{m} R_j$。

算法 3.2（CsAR-CnAR 算法）　从特定类属性约简族派生构造分类属性约简

　　输入：决策表 DT 和一族特定类属性约简 $(R_1, \cdots, R_m) \in \mathrm{CRED}_{\mathrm{class}}^{\mathrm{classification}}$；

　　输出：一个分类属性约简 R，满足 $R \subseteq \bigcup_{j=1}^{m} R_j$。

---

1. $R = \bigcup_{j=1}^{m} R_j$

2. **for** each $r \in \bigcup_{j=1}^{m} R_j$ **do**

3.　　　**if**　$\mathrm{POS}(\pi_D \mid \pi_{R-\{r\}}) = \mathrm{POS}(\pi_D \mid \pi_R)$　**then**

4.　　　　$R = R - \{r\}$

5.　　　**end if**

6. **end for**

7. **return**　R

定理 3.7　对任何分类属性约简 $R \in \mathrm{RED}(\pi_D)$，存在一族特定类约简 $(R_1, \cdots, R_m) \in \mathrm{CRED}_{\mathrm{class}}^{\mathrm{classification}}$，使得 $R = \bigcup_{j=1}^{m} R_j$。

定理 3.6 表明，一族特定类属性约简的并集中一定包含一个分类属性约简，由此算法 3.2 提供了相关的派生算法。通过结合定理 3.5 与定理 3.6（或算法 3.1 与算法 3.2），初始分类属性约简 R 具有通过特定类属性约简族的恢复实现，由此定理 3.7 表明了分类属性约简与特定类属性约简族之间的平衡关系，此结果具有深入理论意义但不能有效启发实际构造。

引理 3.3　若 $R \in \mathrm{RED}(D_j)$ $(j = 1, \cdots, m)$，则 $R \in \mathrm{RED}(\pi_D)$。

引理 3.3 表明，所有决策类的共同特定类属性约简一定是一个分类属性约简。这些共同约简组成的集合可以通过对所有决策类的特定类约简集族求交集得到，从而引理 3.3 可以等价表示为：

$$\bigcap \{\mathrm{RED}(D_j) \mid D_j \in \pi_D\} \subseteq \mathrm{RED}(\pi_D) \tag{3.16}$$

如此，分类属性约简集 $\mathrm{RED}(\pi_D)$ 获得关于特定类约简集集族的下界表示。下面考虑相关的上界表示及双界表示。注意 $\bigcup \{\mathrm{RED}(D_j) \mid D_j \in \pi_D\}$ 通常不是 $\mathrm{RED}(\pi_D)$ 的上界。基于定理 3.7，$\forall R \in \mathrm{RED}(\pi_D)$，$\exists (R_1, \cdots, R_m) \in \mathrm{CRED}_{\mathrm{class}}^{\mathrm{classification}}$ 使得 $R = \bigcup_{j=1}^{m} R_j$，由此通过 $\mathrm{CRED}_{\mathrm{class}}^{\mathrm{classification}}$ 可以构造 $\mathrm{RED}(\pi_D)$ 的上界，即：

$$\mathrm{RED}(\pi_D) \subseteq \left\{ \bigcup_{j=1}^{m} R_j \mid (R_1, \cdots, R_m) \in \mathrm{CRED}_{\mathrm{class}}^{\mathrm{classification}} \right\} \tag{3.17}$$

进而，式 (3.16)、式 (3.17) 联合组建 $\mathrm{RED}(\pi_D)$ 的双界公式 (3.18)，即如下定理 3.8 成立。

定理 3.8　分类属性约简集与特定类属性约简集集族具有如下交并包含关系：

$$\bigcap \{\mathrm{RED}(D_j) \mid D_j \in \pi_D\} \subseteq \mathrm{RED}(\pi_D) \subseteq \left\{ \bigcup_{j=1}^{m} R_j \mid (R_1, \cdots, R_m) \in \mathrm{CRED}_{\mathrm{class}}^{\mathrm{classification}} \right\} \tag{3.18}$$

最后，高中层属性约简相关的属性核有如下平衡性质，相关的层次关系可由核的定义或核的约简交性质来证明。

定理 3.9　分类属性约简的属性核为所有特定类属性约简的属性核族的并集，即：

$$\mathrm{CORE}(\pi_D) = \bigcup_{j=1}^{m} \mathrm{CORE}(D_j) \tag{3.19}$$

3.3.2　中观中层与微观底层之间的属性约简关系

上小节基于双层正域来分析了分类属性约简与特定类属性约简的层次关系。这里分析特定类属性约简与特定元属性约简的关系。特别地，这里的中底层次分析类似于上小节的高中层次分析，只是需要立足层次协调性（而非层次正域）。下面主要陈述基本结论，包括转化条件、双向派生、双界刻画、属性核平衡。

我们聚焦一个特定类 D_j 及其内部协调元 $x \in [x]_C \subseteq [x]_D = D_j$，类与元的协调性关联假设可以等价表示为正域形式 $x \in [x]_C \subseteq \mathrm{POS}(D_j | \pi_C)$，该内部协调元表达将广泛应用于特定元属性约简的集族描述。根据三层属性约简定义（定义 3.1），两种属性约简分别来源于特定类正域 $\mathrm{POS}(D_j | \pi_A)$ 与协调元 $x \in [x]_A \subseteq [x]_D$ 及相关保持性，而这两种工具具有如下基本衔接：

$$\mathrm{POS}(D_j | \pi_A) = \{ x \in U \mid x \in [x]_A \subseteq [x]_D = D_j \} \tag{3.20}$$

即 D_j 特定类正域为 D_j 内所有协调元的并集。这一重要关系为后续结论奠定了推理基础。

引理 3.4　中底层属性约简的两个条件具有如下等价关系：

（1）$\mathrm{POS}(D_j | \pi_R) = \mathrm{POS}(D_j | \pi_C) \Leftrightarrow \forall x \in [x]_C \subseteq [x]_D = D_j (x \in [x]_R \subseteq [x]_D = D_j)$；

（2）$\forall r \in R(\mathrm{POS}(D_j | \pi_{R-\{r\}}) \neq \mathrm{POS}(D_j | \pi_R)) \Leftrightarrow \forall r \in R, \exists x \in [x]_C \subseteq [x]_D = D_j (x \in [x]_{R-\{r\}} \not\subseteq [x]_D = D_j)$。

定理 3.10　假设 $R \in \mathrm{RED}(D_j)$ 和 $R' \in \mathrm{RED}(x)$（$x \in [x]_C \subseteq \mathrm{POS}(D_j | \pi_C)$），则如下中底层约简转换关系成立：

（1）$R \in \mathrm{RED}(x) \Leftrightarrow \forall r \in R(x \in [x]_{R-\{r\}} \not\subseteq [x]_D = D_j)$；

（2）$R' \in \mathrm{RED}(D_j) \Leftrightarrow \mathrm{POS}(D_j | \pi_R) = \mathrm{POS}(D_j | \pi_C)$。

根据引理 3.4，（S$_\text{类}$）与（N$_\text{类}$）分别等价表达为关于内部协调元的（S$_\text{元}$）与（N$_\text{元}$），从而揭示了双层充分条件之间的关系与双层必要条件之间的关系。属性子集 R 保持类 D_j 的正域当且仅当它保持 D_j 中所有协调元的协调性，即 R 满足关于 D_j 的条件（S$_\text{类}$）当且仅当 R 满足关于 D_j 内每个协调元的条件（S$_\text{元}$）。类似地，R 满足关于 D_j 的条件（N$_\text{类}$）当且仅当 R 满足关于 D_j 内一个协调元的条件（N$_\text{元}$）。进而，定理 3.10 自然得到两种属性约简的转化（其中需要相关条件的强化），这也表明两者的差异性。

定理 3.11　假设 $R \in \mathrm{RED}(D_j)$，对任何 $x \in [x]_C \subseteq \mathrm{POS}(D_j | \pi_C)$，存在一个特定元属性约简 $R' \in \mathrm{RED}(x)$，使得 $R' \subseteq R$。

算法 3.3（CsAR-OtAR 算法）　从特定类属性约简派生构造特定元属性约简族

输入：决策表 DT 和特定类属性约简 $R \in \mathrm{RED}(D_j)$；

输出：一族特定元属性约简 $R_x \in \mathrm{RED}(x)$（$x \in [x]_C \subseteq \mathrm{POS}(D_j | \pi_C)$），满足 $R_x \subseteq R$。

1. **for** $x \in [x]_C \subseteq \mathrm{POS}(D_j | \pi_C)$ **do**
2. 　$R_x = R$
3. 　**for each** $r \in R$ **do**
4. 　　**if** $x \in [x]_{R_x - \{r\}} \subseteq [x]_D$ **then**
5. 　　　$R_x = R_x - \{r\}$
6. 　　**end if**
7. 　**end for**
8. **end for**
9. **return** R_x（$x \in [x]_C \subseteq \mathrm{POS}(D_j | \pi_C)$）

定理 3.11 表明特定类属性约简强于特定元属性约简，前者可以内部提取出后者的部分，而算法 3.3 则提供了相关的删除构造。

定理 3.12　给定特定元属性约简族 $R_x \in \mathrm{RED}(x)$（其中 $x \in [x]_C \subseteq \mathrm{POS}(D_j | \pi_C)$），存在特定类属性约简 $R \in \mathrm{RED}(D_j)$，使得 $R \subseteq \bigcup_{x \in [x]_C \subseteq \mathrm{POS}(D_j | \pi_C)} R_x$。

算法 3.4（OtAR-CsAR 算法）　从特定元属性约简族派生构造一个特定类属性约简

输入：决策表 DT 和一族特定元属性约简 $R_x \in \mathrm{RED}(x)$（$x \in [x]_C \subseteq \mathrm{POS}(D_j | \pi_C)$）；

输出：一个特定类属性约简 R，满足 $R \subseteq \bigcup_{x \in [x]_C \subseteq \mathrm{POS}(D_j | \pi_C)} R_x$。

1. $R = \bigcup_{x \in [x]_C \subseteq \mathrm{POS}(D_j | \pi_C)} R_x$
2. **for each** $r \in \bigcup_{x \in [x]_C \subseteq \mathrm{POS}(D_j | \pi_C)} R_x$ **do**
3. 　**if** $\mathrm{POS}(D_j | \pi_{R - \{r\}}) = \mathrm{POS}(D_j | \pi_R)$ **then**
4. 　　$R = R - \{r\}$
5. 　**end if**
6. **end for**
7. **return** R

定理 3.13　对任何特定类属性约简 $R \in \mathrm{RED}(D_j)$，存在一族特定元属性约简 $R_x \in \mathrm{RED}(x)$（$x \in [x]_C \subseteq \mathrm{POS}(D_j | \pi_C)$），使得 $R = \bigcup_{x \in [x]_C \subseteq \mathrm{POS}(D_j | \pi_C)} R_x$。

定理 3.12 表明特定元属性约简采用族并可以反向生成特定类属性约简，而算法

3.4 提供了相关的删除实现。进而，定理 3.13 表明特定元属性约简通过其内部协调元的族作用，可以与特定类属性约简产生相等平衡。这里，特定元属性约简族 $R_x \in \mathrm{RED}(x)$（$x \in [x]_C \subseteq \mathrm{POS}(D_j | \pi_C)$）也可以关联其存在的笛卡儿积空间：

$$\mathrm{CRED}_{\mathrm{object}}^{\mathrm{class}} = \prod_{x \in [x]_C \subseteq \mathrm{POS}(D_j | \pi_C)} \mathrm{RED}(x) \tag{3.21}$$

定理 3.14　特定类属性约简集与特定元属性约简集集族具有如下交并包含关系：$\bigcap \{\mathrm{RED}(x) \,|\, x \in [x]_C \subseteq \mathrm{POS}(D_j | \pi_C)\} \subseteq \mathrm{RED}(D_j)$

$$\subseteq \{\bigcup\nolimits_{x \in [x]_C \subseteq \mathrm{POS}(D_j|\pi_C)} R_x \,|\, R_x(x \in [x]_C \subseteq \mathrm{POS}(D_j | \pi_C)) \in \mathrm{CRED}_{\mathrm{object}}^{\mathrm{class}}\} \tag{3.22}$$

定理 3.15　特定类属性约简的属性核为所有内部协调元的特定元属性约简的属性核族的并集，即：

$$\mathrm{CORE}(D_j) = \bigcup_{x \in [x]_C \subseteq \mathrm{POS}(D_j|\pi_C)} \mathrm{CORE}(x) \tag{3.23}$$

最后，定理 3.14 提供了特定元属性约简集集族对特定类属性约简集的双界刻画，而定理 3.15 表明两种属性核关于内部协调元族的相等关系。

3.3.3　宏观高层与微观底层之间的属性约简关系

本小节分析分类属性约简与特定元属性约简的层次关系，这种高底层分析可以模仿上述的高中层分析与中底层分析，也可以直接采用这两种的衔接而得出。下面只给出基本结果，相关说明类似前两小节。

我们聚焦一个分类 π_D 及论域 U 内所有协调元 $x \in [x]_C \subseteq [x]_D$，这种元族可以关联分类正域，即 $x \in [x]_C \subseteq \mathrm{POS}(\pi_D | \pi_C)$。两种类型属性约简分别取决于正域 $\mathrm{POS}(\pi_D | \pi_A)$ 和协调元 $x \in [x]_A \subseteq [x]_D$，这两个核心概念具有如下衔接（定理 3.1）：

$$\mathrm{POS}(\pi_D \,|\, \pi_A) = \{x \in U \,|\, x \in [x]_A \subseteq [x]_D \subseteq U\} \tag{3.24}$$

即分类正域恰好是论域所有协调元的并集，该结论为后续层次讨论奠定了基础。

引理 3.5　高底层属性约简的两个条件具有如下等价关系：

(1) $\mathrm{POS}(\pi_D \,|\, \pi_R) = \mathrm{POS}(\pi_D \,|\, \pi_C) \Leftrightarrow \forall j \in \{1, \cdots, m\}, \forall x \in [x]_C \subseteq [x]_D = D_j (x \in [x]_R \subseteq [x]_D = D_j)$；

(2) $\forall r \in R(\mathrm{POS}(\pi_D \,|\, \pi_{R-\{r\}}) \neq \mathrm{POS}(\pi_D \,|\, \pi_R)) \Leftrightarrow \forall r \in R, \exists j \in \{1, \cdots, m\}, \exists x \in [x]_C \subseteq [x]_D = D_j (x \in [x]_{R-\{r\}} \subsetneq [x]_D = D_j)$。

定理 3.16　假设 $R \in \mathrm{RED}(\pi_D)$ 和 $R' \in \mathrm{RED}(x)$（$x \in [x]_C \subseteq \mathrm{POS}(\pi_D | \pi_C)$），如下高底层约简转换关系成立：

(1) $R \in \mathrm{RED}(x) \Leftrightarrow \forall r \in R(x \in [x]_{R-\{r\}} \subsetneq [x]_D)$；

(2) $R' \in \mathrm{RED}(\pi_D) \Leftrightarrow \mathrm{POS}(\pi_D|\pi_R) = \mathrm{POS}(\pi_D|\pi_C)$。

定理 3.17　假设 $R \in \mathrm{RED}(\pi_D)$，对任何 $x \in [x]_C \subseteq \mathrm{POS}(\pi_D|\pi_C)$，存在一个特定元属性约简 $R' \in \mathrm{RED}(x)$，使得 $R' \subseteq R$。反之，给定一族特定元属性约简 $R_x \in \mathrm{RED}(x)$（ $x \in [x]_C \subseteq \mathrm{POS}(\pi_D|\pi_C)$ ），存在一个分类属性约简 $R \in \mathrm{RED}(\pi_D)$，使得 $R \subseteq \bigcup_{x \in [x]_C \subseteq \mathrm{POS}(\pi_D|\pi_C)} R_x$。进而，对于任何分类属性约简 $R \in \mathrm{RED}(\pi_D)$，存在一族特定元属性约简 R_x（ $x \in [x]_C \subseteq \mathrm{POS}(\pi_D|\pi_C)$ ），使得 $R = \bigcup_{x \in [x]_C \subseteq \mathrm{POS}(\pi_D|\pi_C)} R_x$。

针对分类属性约简与特定元属性约简，定理 3.16 基于引理 3.5 揭示了两者的转化，定理 3.17 则表明两者的强弱、派生、平衡。由此，可以类似上述两小节讨论来构造层次派生算法 CsAR-OtAR 与 CnAR-OtAR。此外，协调元族情况需要涉及笛卡儿空间：

$$\mathrm{CRED}_{\mathrm{object}}^{\mathrm{classification}} = \prod_{x \in [x]_C \subseteq \mathrm{POS}(\pi_D|\pi_C)} \mathrm{RED}(x) \tag{3.25}$$

由此，下面给出相关的约简集双界描述与属性核相等关系。

定理 3.18　分类属性约简集与特定元属性约简集集族具有如下交并包含关系：

$$\bigcap \{\mathrm{RED}(x) \,|\, x \in [x]_C \subseteq \mathrm{POS}(\pi_D \,|\, \pi_C)\} \subseteq \mathrm{RED}(\pi_D)$$

$$\subseteq \{\textstyle\bigcup_{x \in [x]_C \subseteq \mathrm{POS}(D_J|\pi_C)} R_x \,|\, R_x(x \in [x]_C \subseteq \mathrm{POS}(\pi_D \,|\, \pi_C)) \in \mathrm{CRED}_{\mathrm{object}}^{\mathrm{classification}}\} \tag{3.26}$$

定理 3.19　分类属性约简的属性核为所有内部协调元的特定元属性约简的属性核族的并集，即：

$$\mathrm{CORE}(\pi_D) = \bigcup_{x \in [x]_C \subseteq \mathrm{POS}(\pi_D|\pi_C)} \mathrm{CORE}(x) \tag{3.27}$$

3.4　实　例　分　析

三层属性约简通过三层协调性来确立，它们的三种层次关系已经获得。其中三层属性约简的层次转化算法被归纳于表 3.2，其将主要用于本节三层分析。下面，通过两个数据决策表实例来进行相关分析说明。

表 3.2　三层属性约简的层次转化算法

属性约简层次转换	转化算法	属性约简层次转换	转化算法
分类约简→特定类约简	CnAR-CsAR	特定类约简→分类约简	CsAR-CnAR
特定类约简→特定元约简	CsAR-OtAR	特定元约简→特定类约简	OtAR-CsAR
分类约简→特定元约简	CnAR-OtAR	特定元约简→分类约简	OtAR-CnAR

3.4.1　协调决策表实例分析

首先讨论协调性决策表案例，相关数据如表 3.3，其具有 9 个协调元与 3 个等价类。根据定义，可以得到三层属性约简及其属性核，相关结果如表 3.4，这可以验证属性约简基本性质。

表 3.3　协调决策表实例

U	c_1	c_2	c_3	c_4	c_5	d
x_1	0	1	1	1	0	1
x_2	1	0	0	0	1	1
x_3	2	2	0	1	0	1
x_4	1	1	1	1	0	2
x_5	0	0	0	0	1	2
x_6	2	2	2	0	1	2
x_7	0	0	1	1	0	3
x_8	1	1	0	1	0	3
x_9	2	2	2	2	2	3

表 3.4　协调决策表实例的三层属性约简及属性核

对象	RED	CORE
π_D	$\{\{c_1,c_2,c_3,c_4\},\{c_1,c_2,c_3,c_5\}\}$	$\{c_1,c_2,c_3\}$
D_1	$\{\{c_1,c_2,c_3\},\{c_1,c_2,c_4\},\{c_1,c_2,c_5\}\}$	$\{c_1,c_2\}$
D_2	$\{\{c_1,c_3,c_4\},\{c_1,c_3,c_5\}\}$	$\{c_1,c_3\}$
D_3	$\{\{c_2,c_3,c_4\},\{c_2,c_3,c_5\}\}$	$\{c_2,c_3\}$
x_1	$\{\{c_1,c_2\}\}$	$\{c_1,c_2\}$
x_2	$\{\{c_1,c_2\},\{c_1,c_4\},\{c_1,c_5\}\}$	$\{c_1\}$
x_3	$\{\{c_1,c_2\},\{c_1,c_4\},\{c_1,c_5\},\{c_2,c_4\},\{c_2,c_5\}\}$	$\varnothing$
x_4	$\{\{c_1,c_3\}\}$	$\{c_1,c_3\}$
x_5	$\{\{c_1,c_3\},\{c_1,c_4\},\{c_1,c_5\}\}$	$\{c_1\}$
x_6	$\{\{c_1,c_4\},\{c_1,c_5\},\{c_2,c_4\},\{c_2,c_5\},\{c_3,c_4\},\{c_3,c_5\}\}$	$\varnothing$
x_7	$\{\{c_2,c_3\},\{c_2,c_4\},\{c_2,c_5\}\}$	$\{c_2\}$
x_8	$\{\{c_2,c_3\},\{c_1,c_3,c_4\},\{c_1,c_3,c_5\}\}$	$\{c_3\}$
x_9	$\{\{c_4\},\{c_5\}\}$	$\varnothing$

为了更好澄清三层属性约简的层次关系，我们将表 3.4 的三层约简结果等价转换为图 3.2 的层次包含树。在图 3.2 中，分类 π_D、类 D_j、元 x 三种对象主体分别对

应决策表的三层粒结构与三层属性约简(图 3.1 与表 3.1),而向下箭头标记了基于三层链 $\pi_D \ni D_j \ni x$ 的属性约简包含关系。

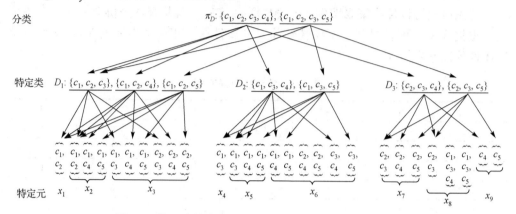

图 3.2 协调决策表实例的三层属性约简的层次包含树

基于图 3.2(或表 3.4),可以有效验证 3.3 节的三层属性约简的层次关系。下面针对三层约简优化,主要分析相关的两种实现途径,即直接实现与层次转化。

(1)对于全局分类优化,可以直接计算分类属性约简 $\{c_1,c_2,c_3,c_4\}$ 和 $\{c_1,c_2,c_3,c_5\}$。层次转换只涉及向上方向,但可以从类中层或元底层出发。考虑特定类属性约简和 CsAR-CnAR 算法,有 $3\times2\times2=12$ 个不同的族,并且每个族的并集包含至少一个分类属性约简。例如,族($\{c_1,c_2,c_3\},\{c_1,c_3,c_4\},\{c_2,c_3,c_4\}$)的并集正是分类属性约简 $\{c_1,c_2,c_3,c_4\}$。关于特定元属性约简和 OtAR-CnAR 算法,可以类似采用并集构造来派生分类属性约简,这里有 $3^4\times6^2\times2$ 个特定类约简族用以生成多个并集以及分类属性约简。

(2)对于局部类优化,可以直接计算特定类属性约简,如 D_1 特定类属性约简 $\{c_1,c_2,c_3\}$、$\{c_1,c_2,c_4\}$、$\{c_1,c_2,c_5\}$。特定元约简和 OtAR-CsAR 算法可以实现相关的向上转换,即可以利用多个特定元属性约简族及其并运算来派生特定类属性约简。例如,x_1,x_2,x_3 特定元约简族($\{c_1,c_2\},\{c_1,c_2\},\{c_1,c_3\}$)的并集变为 D_1 特定类属性约简 $\{c_1,c_2,c_3\}$。此外,分类属性约简和 CnAR-OtAR 算法可以提供相关的向下转换。例如,分类属性约简 $\{c_1,c_2,c_3,c_4\}$ 含有 2 个 D_1 特定类属性约简 $\{c_1,c_2,c_3\}$、$\{c_1,c_2,c_4\}$、1 个 D_2 特定类属性约简 $\{c_1,c_3,c_4\}$、1 个 D_3 特定类属性约简 $\{c_2,c_3,c_4\}$,因此它可以提供一族特定类属性约简($\{c_1,c_2,c_3\}$,$\{c_1,c_3,c_4\}$,$\{c_2,c_3,c_4\}$)或($\{c_1,c_2,c_4\}$,$\{c_1,c_3,c_4\}$,$\{c_2,c_3,c_4\}$)。另外的分类属性约简 $\{c_1,c_2,c_3,c_5\}$ 可以进行类似分析,如此可以获得更多的特定类属性约简族。

(3)对于个体元优化,可以直接计算特定元属性约简,例如 x_1 特定元属性约简只有 $\{c_1,c_2\}$。层次转换只涉及向下方向。例如,D_1 特定类属性约简含有 1 个 x_1 特定元属性约简、1 个 x_2 特定元属性约简、2 个 x_3 特定元属性约简。采用 CsAR-OtAR 算法，$\{c_1, c_2, c_3\}$ 可以为元素 x_1、x_2、x_3 提供 2 族特定元属性约简，即（$\{c_1, c_2\}$，$\{c_1, c_2\}$，$\{c_1, c_3\}$）和（$\{c_1, c_2\}$，$\{c_1, c_2\}$，$\{c_2, c_3\}$）。尽管 $x_6 \in D_2$，但是 x_6 特定元属性约简 $\{c_2, c_4\}$、$\{c_2, c_5\}$ 不能来自 D_2 特定类属性约简；此外，x_8 特定元属性约简 $\{c_1, c_3, c_4\}$、$\{c_1, c_3, c_5\}$ 不能从任何特定类属性约简中导出。类似地，分类属性约简 $\{c_1, c_2, c_3, c_4\}$ 关于 x_1, x_4, x_9 分别包含 1 个特定元约简，关于剩余的 6 个元则分别包括多个特定元属性约简，因此它可以通过 CnAR-OtAR 算法产生多族特定元属性约简。

3.4.2　不协调表实例分析

最后聚焦不协调决策表案例，相关数据如表 3.5。这里，仅有 5 个初始 C 协调元 x_1、x_6、x_7、x_8、x_9，它们提供 3 个单粒与 1 个双粒 $\{x_8, x_9\}$，由此可以忽略 $x_9 \in [x_8]_C$；此外，决策类只有 2 个。根据定义，可以得到三层属性约简及其属性核，相关结果如表 3.6。类似地，我们将表 3.6 的三层约简结果等价转换为图 3.3 的层次包含树。

表 3.5　不协调决策表实例

U	c_1	c_2	c_3	c_4	d
x_1	1	0	1	0	1
x_2	0	1	1	0	1
x_3	0	0	1	0	1
x_4	0	1	1	0	2
x_5	0	0	1	0	2
x_6	0	2	1	0	2
x_7	1	1	0	0	2
x_8	1	1	0	1	2
x_9	1	1	0	1	2

表 3.6　不协调决策表实例的三层属性约简及属性核

对象	RED	CORE
π_D	$\{\{c_1, c_2\}\}$	$\{c_1, c_2\}$
D_1	$\{\{c_1, c_2\}, \{c_1, c_3\}\}$	$\{c_1\}$
D_2	$\{\{c_1, c_2\}, \{c_2, c_3\}\}$	$\{c_2\}$
x_1	$\{\{c_1, c_2\}, \{c_1, c_3\}\}$	$\{c_2\}$
x_6	$\{\{c_2\}\}$	$\{c_2\}$
x_7	$\{\{c_1, c_2\}, \{c_3\}\}$	$\varnothing$
x_8、x_9	$\{\{c_1, c_2\}, \{c_3\}, \{c_4\}\}$	$\varnothing$

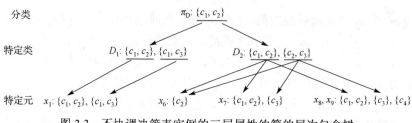

图 3.3　不协调决策表实例的三层属性约简的层次包含树

基于图 3.3 与表 3.6,可以验证三层属性约简的基本性质与层次关系。下面针对三层约简优化,依然主要分析相关的两种实现途径。其中,对双元粒,关注协调元 x_8 而忽略其等价元 $x_9 \in [x_8]_C$。

(1)对于分类的全局优化,可以直接计算得出唯一的分类属性约简 $\{c_1, c_2\}$。层次转化涉及决策类族出发与特定类族出发。特定类属性约简有 $2 \times 2 = 4$ 个不同的族,每族的并通过 CsAR-CnAR 算法可以生成至少 1 个分类属性约简。例如,族 $(\{c_1, c_2\}, \{c_2, c_3\})$ 的并集 $\{c_1, c_2, c_3\}$ 包含分类属性约简 $\{c_1, c_2\}$。类似地,x_1, x_6, x_7, x_8 的特定元属性约简及并集可以通过 OtAR-CnAR 算法产生分类属性约简,且存在 $2 \times 2 \times 3 = 12$ 个族来构建多个并集并生成分类属性约简 $\{c_1, c_2\}$。

(2)对于类的局部优化,可以直接计算特定类属性约简,例如 D_1 特定类属性约简 $\{c_1, c_2\}$ 和 $\{c_1, c_3\}$。关于向上转换,多族特定元属性约简可以利用并操作及 OtAR-CsAR 算法来导出特定类属性约简。例如,协调元 x_6, x_7, x_8 的约简族 $(\{c_2\}, \{c_1, c_2\}, \{c_1, c_2\})$ 的并集刚好成为 D_2 特定类属性约简 $\{c_1, c_2\}$。关于向下转换,唯一的分类属性约简 $\{c_1, c_2\}$ 正好成为 D_1 和 D_2 特定类属性约简,即它通过 CnAR-CsAR 算法得到特定类属性约简族 $(\{c_1, c_2\}, \{c_1, c_2\})$。特别地,$D_1$ 特定类属性约简 $\{c_1, c_3\}$ 和 D_2 特定类属性约简 $\{c_2, c_3\}$ 不能由唯一的分类属性约简 $\{c_1, c_2\}$ 所导出。

(3)对于元素的个体优化,可以直接计算得到特定元属性约简,例如 x_1 特定元属性约简 $\{c_1, c_2\}$ 和 $\{c_1, c_3\}$。向下的转换主要借助 CsAR-OtAR 算法或 CnAR-OtAR 算法。例如,D_2 特定类属性约简 $\{c_2, c_3\}$ 含有 x_6 特定元属性约简 $\{c_2\}$、x_7 和 x_8 特定元属性约简 $\{c_3\}$,即它通过 CsAR-OtAR 算法来提供对于协调元 x_6、x_7、x_8 的一族特定元约简 $(\{c_2\}, \{c_3\}, \{c_3\})$。类似地,分类属性约简 $\{c_1, c_2\}$ 包含 x_6 特定元属性约简 $\{c_2\}$、x_7 和 x_8 特定元属性约简 $\{c_1, c_2\}$,即它通过 CnAR-OtAR 算法产生一族特定元属性约简 $(\{c_1, c_2\}, \{c_2\}, \{c_1, c_2\})$。特别地,$x_8$ 特定元属性约简 $\{c_4\}$ 不能从更高层次的任何属性约简中派生得到。

3.5　本　章　小　结

分类属性约简[1]与特定类属性约简[11]分别适用于全局分类优化和局部类优

化。在实际应用中，针对单个元素(或其代表组)的个体优化也是需求的，但上述两种类型的属性约简不再适用。对此，本章主要提出针对个体优化的特定元属性约简，并通过元素协调性以及三层协调性来串接三种类型的属性约简，从而建立三层属性约简体系，并最终获取三层属性约简的层次关系。三层属性约简具有不同层次与优化内涵，但也可以用三层协调性的观点进行统一。基于图 3.1 与表 3.1，分类属性约简具有宏观粒化与顶层水平，对应全局分类优化，从而关注所有样本及其协调性；特定类属性约简具有中观粒化与中层水平，对应局部决策类优化，从而关注局部样本子集及其协调性；特定元属性约简具有微观粒化与底层水平，对应个体元优化，从而关注单个样本(或其等价类)及其协调性。因此，三层属性约简呈现发展体系与层次协作，相关层次结构有利于数据决策表的优化特征选择与依赖识别学习。

基于"三层思想"[22]，三层属性约简具有三个优势：第一，三层属性约简对应一个全序序列 $\pi_D \ni D_j \ni x$，而分类属性约简、特定类属性约简、特定元属性约简体现出从复杂抽象层面到简单具体层面的自然发展。第二，层次之间具有分离性，从而允许我们能够在不同层次上关注不同类型的属性约简需求，而不同层次主体通常具有不同的属性约简优化结果。第三，层次的有序性导致约简的结构化，直接计算与层次变换对属性约简来讲都是可行的。其中，层次转化具有灵活性，自顶向下的方式可以逐步发展和具化属性约简，自底向上的方式可以通过删除冗余属性方式来提取与构建属性约简，而中层出发结合了双向思维可以让特定类属性约简生成其他两种属性约简。

粗糙集分析和属性约简的主要目标是基于数据进行依赖性学习与推理。对此，特定元属性约简直接构成了决策表规则的提取与简化的基础，而进一步的三层属性约简则建立了决策表数据分析的处理系统。因此，特定元属性约简与三层属性约简具有理论意义和应用前景，并需要深入探讨与实际应用。针对属性约简，本章主要采用了代数观点，对应的信息观点还需要考虑。此外，属性集只涉及核讨论，可以进行更多属性特征的三支决策分类讨论[11]。

参 考 文 献

[1] Pawlak Z. Rough Sets: Theoretical Aspects of Reasoning about Data[M]. Dordrecht: Kluwer Academic Publishers, 1991.

[2] 苗夺谦, 李道国. 粗糙集理论、算法与应用[M]. 北京: 清华大学出版社, 2008.

[3] Fan X D, Chen Q, Qiao Z J, et al. Attribute reduction for multi-label classification based on labels of positive region[J]. Soft Computing, 2020, 24(18): 14039-14049.

[4] Li D G, Cui Z Y. A parallel attribute reduction method based on classification[J]. Complexity,

2021: 1-8.

[5] Boixader D, Recasens J. Reduction of attributes in averaged similarities[J]. Information Sciences, 2018, 426: 117-130.

[6] Cornejo M E, Medina J, Ramirez-poussa E. Attribute and size reduction mechanisms in multi-adjoint concept lattices[J]. Journal of Computational and Applied Mathematics, 2017, 318: 388-402.

[7] Honko P. Attribute reduction: A horizontal data decomposition approach[J]. Soft Computing, 2016, 20(3): 951-966.

[8] Li B Z, Wei Z H, Miao D Q, et al. Improved general attribute reduction algorithms[J]. Information Sciences, 2020, 536: 298-316.

[9] Liu S H, Ding C Y, Ma Y, et al. Redundancy reduction based node classification with attribute augmentation[J]. Knowledge-Based Systems, 2021, 188: 105080.

[10] Omuya E O, Okeyo G O, Kimwele M W. Feature selection for classification using principal component analysis and information gain[J]. Expert Systems with Applications, 2021, 174: 114765.

[11] Yao Y Y, Zhang X Y. Class-specific attribute reducts in rough set theory[J]. Information Sciences, 2017, 418-419: 601-618.

[12] 彭莉莎, 钱文彬, 王映龙. 面向特定类的三支概率属性约简算法[J]. 小型微型计算机系统, 2019, 40(9): 1851-1857.

[13] Zhang X Y, Yao Y Y, Lv Z Y, et al. Class-specific information measures and attribute reducts for hierarchy and systematicness[J]. Information Sciences, 2021, 563: 196-225.

[14] Zhang X Y, Yang J L, Tang L Y. Three-way class-specific attribute reducts from the information viewpoint[J]. Information Sciences, 2020, 507: 840-872.

[15] Ma X A. Fuzzy entropies for class-specific and classification-based attribute reducts in three-way probabilistic rough set models[J]. International Journal of Machine Learning and Cybernetics, 2021, 12: 433-457.

[16] Ma X A, Zhao X R. Cost-sensitive three-way class-specific attribute reduction[J]. International Journal of Approximate Reasoning, 2019, 105: 153-174.

[17] Zhang X Y, Tang X, Yang J L, et al. Quantitative three-way class-specific attribute reducts based on region preservations[J]. International Journal of Approximate Reasoning, 2020, 117: 96-121.

[18] Ma X A, Yao Y Y. Three-way decision perspectives on class-specific attribute reducts[J]. Information Sciences, 2018, 450(29): 227-245.

[19] Ma X A, Yao Y Y. Min-max attribute-object bireducts: On unifying models of reducts in rough set theory[J]. Information Sciences, 2019, 501: 68-83.

[20] Lazo-cortes M S, Martinez-trinidad J F, Carrasco-ochoa J A. Class-specific reducts vs. classic

reducts in a rule-based classifier: A case study[J]. Lecture Notes in Computer Science, 2018, 10880: 23-30.

[21] Zhang X Y, Miao D Q. Three-layer granular structures and three-way informational measures of a decision table[J]. Information Sciences, 2017, 412-413: 67-86.

[22] Yao Y Y. Three-way decision and granular computing[J]. International Journal of Approximate Reasoning, 2018, 103: 107-123.

[23] Qian J, Liu C H, Miao D Q. Sequential three-way decisions via multi-granularity[J]. Information Sciences, 2020, 507: 606-629.

[24] Jia F, Liu P D. A novel three-way decision model under multiple-criteria environment[J]. Information Sciences, 2019, 471: 29-51.

[25] Yang B, Li J H. Complex network analysis of three-way decision researches[J]. International Journal of Machine Learning and Cybernetics, 2020, 11(5): 973-987.

[26] Liang D C, Wang M W, Xu Z S. Heterogeneous multi-attribute nonadditivity fusion for behavioral three-way decisions in interval type-2 fuzzy environment[J]. Information Sciences, 2019, 496: 242-263.

[27] Yang J L, Yao Y Y. Semantics of soft sets and three-way decision with soft sets[J]. Knowledge-Based Systems, 2020, 194: 105538.

[28] Yang J L, Yao Y Y. A three-way decision based construction of shadowed sets from Atanassov intuitionistic fuzzy sets[J]. Information Sciences, 2021, 577: 1-21.

[29] Qian T, Wei L, Qi J J. A theoretical study on the object(property) oriented concept lattices based on three-way decisions[J]. Soft Computing, 2019, 23(19): 9477-9489.

[30] Zhang K, Dai J H, Zhan J M. A new classification and ranking decision method based on three-way decision theory and TOPSIS models[J]. Information Sciences, 2021, 568: 54-85.

[31] Pedrycz W. Granular Computing: Analysis and Design of Intelligent Systems[M]. Boca Raton: CRC Press, 2018.

[32] Yao J T, Vasilakos A V, Pedrycz W. Granular computing: Perspectives and challenges[J]. IEEE Transactions on Cybernetics, 2013, 43: 1977-1989.

[33] 苗夺谦, 卫志华, 王睿智, 等. 粒计算中的不确定性分析[M]. 北京: 科学出版社, 2019.

[34] Zhang X Y, Gou H Y, Lv Z Y, et al. Double-quantitative distance measurement and classification learning based on the tri-level granular structure of neighborhood system[J]. Knowledge-Based Systems, 2021, 217: 106799.

[35] Liao S J, Zhang X Y, Mo Z W. Three-level and three-way uncertainty measurements for interval-valued decision systems[J]. International Journal of Machine Learning and Cybernetics, 2021, 12(5): 1459-1481.

[36] Tang L Y, Zhang X Y, Mo Z W. A weighted complement-entropy system based on tri-level

granular structures[J]. International Journal of General Systems, 2020, 49(8): 872-905.

[37] Mu T P, Zhang X Y, Mo Z W. Double-granule conditional-entropies based on three-level granular structures[J]. Entropy, 2019, 21(7): 657.

[38] Yang J L, Zhang X Y, Qin K Y. Constructing robust fuzzy rough set models based on three-way decisions[J]. Cognitive Computation, 2021, https://doi.org/10.1007/s12559-021-09863-4.

第4章 邻域系统的三层分析与双量化分类学习

邻域粗糙集是分类机器学习的重要工具之一，其基础是邻域系统，因此邻域系统的相关粒化分析与测量应用具有重要意义。本章主要进行邻域系统的三层分析，进而聚焦双量化分类学习。首先，基于邻域系统的基本粒化，分析与比较邻域系统的两种三层粒结构，第一种涉及条件部分与决策部分及相关依赖性，第二种只涉及条件部分(其三层粒结构包括邻域粒、邻域群、邻域库)。其次，基于第二种三层粒结构，介绍相关的大小度量。进而，引入双量化测量的三层结构，提出双量化邻域距离，并应用于双量化 K 最近邻分类学习。最后，采用邻域系统实例来说明相关的三层构建、大小度量、邻域距离，并用 UCI 数据实验来验证双量化分类算法的有效性。邻域系统的三层分析揭示了邻域粒计算机制，而双量化分类学习则系统完善了单量化分类学习效果，两者为邻域粗糙集的深入机器学习奠定了基础。

4.1 引　　言

粗糙集将知识关联于粒化结构及其分类能力，能够进行知识推理与机器学习。经典粗糙集立足等价关系与知识剖分，主要处理离散型符号数据[1]；当面对连续数据时则需要进行离散化预处理，这个过程容易导致信息丢失和效果不佳。为了克服这些局限性，邻域粗糙集引入距离度量和半径阈值，通过邻域粒化来构建覆盖知识并挖掘粒度层次信息[2,3]，相关智能处理具有量化性、结构性、鲁棒性。因此，邻域粗糙集能够有效处理连续型数据与混合型数据，已经广泛应用于分类和聚类[4-8]、特征选择[9-13]、属性约简[14-17]、决策制定[18]、基因选择[19,20]、离群点检测[21]等。

粒计算是计算智能中系统运用粒化思维与有效解决层次问题的结构方法论，主要依托信息粒化与层次结构进行深入的认知计算和不确定性处理[22,23]。一个粒表示具有特征的基本信息单元进而诱导信息粒化，所有粒度层次的关联结构构成了粒结构，粒计算意味着在不同粒度层次上进行组合和转换[24]。事实上，邻域粗糙集与粒计算密切相关，其邻域系统基础成为相关信息粒化与度量计算的重要形式背景。邻域系统从数据挖掘的角度驱动粒计算[25]，并获得了深入研究与应用[26-28]。特别地，邻域系统具有两种类型的"三层粒结构"[29-31]。类型一主要围绕条件部分与决策部

本章工作获得国家自然科学基金(61673285、61976158、61673301)、四川省科技计划(2021YJ0085)、江西省"双千计划"的资助。

分及其交互关联[29,30]，而类型二则只聚焦条件部分来强调条件粒化与知识结构[31]。两者都紧密遵循三支决策的"三层思想"[32,33]，故而成为三支决策的重要模型。

　　针对邻域系统的第二种三层粒结构[31]，其相关的底层邻域粒、中层邻域群、高层邻域库提供了知识学习的强健粒计算机制。Chen 等[31]讨论了该三层粒结构的逻辑运算、距离测量、分类学习等，其中主要依托了相对量化与绝对量化两种单量化策略。由此，本章主要聚焦这种邻域三层粒结构，进行深入的三层分析与分类学习，讨论三层粒结构的大小度量，并构建双量化距离及对应的双量化 K 最近邻分类器。特别地，本章涉及的距离测量与分类学习都涉及双量化信息融合，而双量化技术也涉及相关的三层结构与三层分析。同一概念的测量通常具有多种度量，而后者也通常具有多种形态（如代数表示与信息表示等）；对此，双量化信息融合主要考虑测量相对性与测量绝对性两种辩证特征，着力构建集成两种量化特征的综合性度量，从而实现强健刻画与深入推理。从三层框架来看，中层"相对量化"与"绝对量化"来源于底层数据单元的基本信息及交互，但具有单一视角；进而，两者依托多种融合方式来集成得到高层的"双量化"，而后者具有综合性视角并诱导应用功效。目前，双量化思想及其三层技术已经深入应用于不确定性建模、近似测量、信息融合、知识获取等[34-37]。本章将针对邻域系统的底层邻域粒的距离测量，由基本粒基数来确定相对距离与绝对距离，再采用加权集成融合来建立双量化距离，最后得到三种不同性状的 K 最近邻分类器，并通过数据实验来证实双量化分类算法的有效性。

　　本章的具体研究内容如下：4.2 节基于邻域系统粒化，介绍邻域系统的两种三层粒结构。4.3 节针对底层邻域粒、中层邻域群、高层邻域库，建立三层粒结构的大小度量。4.4 节分析双量化三层结构，并基于邻域粒层来构建双量化距离与双量化 K 最近邻分类器。4.5 节采用实例分析来说明邻域系统三层粒结构及其大小测量、系统距离，最后采用 UCI 数据实验来进行分类学习算法的有效验证。

4.2　邻域系统的两种三层粒结构

　　邻域粗糙集主要通过邻域系统及其粒结构来发挥应用功效，邻域系统提供了数据分析的基础形式背景。本节在回顾邻域系统粒化的基础上，主要陈述邻域系统的两种三层粒结构，即基于条件属性与决策属性的类型一[29,30]与只基于条件属性的类型二[31]。两种类型的三层粒结构具有一些共性，并从不同视角呈现邻域系统的层次结构与系统关系，而类型二为后续的大小刻画与距离测量等奠定基础。

4.2.1　邻域系统的粒化

　　本小节复习邻域系统及其粒化的基本概念。

邻域系统表示为 $\mathrm{NS} = (U, A, V, f, \delta)$。这里，$U = \{x_1, x_2, \cdots, x_{|U|}\}$ 表示样本论域，A 是属性集，$V = \bigcup_{a \in A} V_a$ 聚集所有属性值（其中 V_a 表示属性 $a \in A$ 关于信息函数 $f_a : U \to V_a$ 的属性值），非负实数 δ 称为邻域半径。邻域粒化主要依赖于属性子集及其距离函数，设属性子集 $B = \{a_1, a_2, \cdots, a_n\} \subseteq A$，定义距离函数：

$$D_B(x, y) = \left[\sum_{l=1}^{n} \left(|f(x, a_l) - f(y, a_l)|^p \right) \right]^{\frac{1}{p}} \quad (4.1)$$

本章主要采用 $p = 2$ 对应的欧氏距离。下面，假设子集 B 的幂集为 $2^B = \{R \mid R \subseteq B\} = \{\varnothing, R_1, \cdots, R_m\}$（其中 $m = 2^{|B|} - 1$ 标识真子集数目），而 $|\cdot|$ 提取集合基数。

定义 4.1[38]　在 $\mathrm{NS} = (U, A, V, f, \delta)$ 中，对象 $x \in U$ 关于属性集 $B \subseteq A$ 的邻域为：

$$n_B^{\delta}(x) = \{y \in U \mid D_B(x, y) \leqslant \delta\} \quad (4.2)$$

关于 $B \subseteq A$ 的邻域关系为：

$$\mathrm{NR}_{\delta}(B) = \{(x, y) \in U \times U \mid D_B(x, y) \leqslant \delta\} \quad (4.3)$$

关于 $B \subseteq A$ 的邻域覆盖为：

$$U / \mathrm{NR}_{\delta}(B) = \{n_B^{\delta}(x) \mid x \in U\} \quad (4.4)$$

邻域系统的粒化主要通过距离函数与邻域半径来完成。邻域是基本粒单元，邻域关系是一种皆具自反性与对称性的相似关系，邻域覆盖聚集邻域从而构成诱导推理的知识结构。邻域粒化提供了理论扩展与应用定位，当 $\delta = 0$ 时将退化到经典分类粒化(其具有等价类、等价关系、等价划分)，而 $\delta > 0$ 更倾向于实际应用。

定义 4.2[38]　在 $\mathrm{NS} = (U, A, V, f, \delta)$ 中，$X \subseteq U$ 对于 $B \subseteq A$ 的邻域下上近似为：

$$\begin{cases} \underline{B}_{\delta}(X) = \{x \in U \mid n_B^{\delta}(x) \subseteq X\} \\ \overline{B}_{\delta}(X) = \{x \in U \mid n_B^{\delta}(x) \bigcap X \neq \varnothing\} \end{cases} \quad (4.5)$$

基于邻域粒化，邻域下上近似组建了邻域粗糙集，它们双向逼近基本概念，即 $\underline{B}_{\delta}(X) \subseteq X \subseteq \overline{B}_{\delta}(X)$。粒化单调性在不确定测量与近似推理中起着重要作用[39-42]，而邻域系统及邻域粗糙近似主要涉及如下两种粒化单调情况：①对于属性粒化，若 $\varnothing \subset P \subseteq Q \subseteq A$，则有细化 $n_P^{\delta}(x) \supseteq n_Q^{\delta}(x)$ 与单调性 $\underline{P}_{\delta}(X) \subseteq \underline{Q}_{\delta}(X)$、$\overline{P}_{\delta}(X) \supseteq \overline{Q}_{\delta}(X)$；②对于半径粒化，若 $0 \leqslant \gamma \leqslant \delta \leqslant 1$，则有粗化 $n_B^{\gamma}(x) \subseteq n_B^{\delta}(x)$ 与单调性 $\underline{B}_{\gamma}(X) \supseteq \underline{B}_{\delta}(X)$、$\overline{B}_{\gamma}(X) \subseteq \overline{B}_{\delta}(X)$。

4.2.2　基于条件属性与决策属性的三层粒结构

采用粒计算技术与三支决策思想，邻域系统可以建立两种三层粒结构。本小节首先介绍第一种——交互三层粒结构，其主要涉及条件属性与决策属性的交互与协作。为此，在邻域系统 $\mathrm{NS}=(U,A,V,f,\delta)$ 中增加一个决策属性 d，从而形成邻域决策系统 $(U,A\bigcup\{d\},V,f,\delta)$。

邻域决策系统包括两种粒化来包含两种粒。依然聚焦条件属性子集 $B\subseteq A$，其中条件粒化 $U/\mathrm{NR}_\delta(B)$ 通过粒向量 $\overrightarrow{U/\mathrm{NR}_\delta(B)}$ 收集 $|U|$ 个条件类 $n_B^\delta(x_i)$（ $i=1,2,\cdots,$ $|U|$），而决策分类 $U/d=\{D_1,\cdots,D_{m^*}\}$ 确定 m^* 个决策类 D_j（ $j=1,2,\cdots,m^*$），表 4.1 描述了四种相关概念。由此，表 4.2 陈述了相关的三层粒结构，而图 4.1 提供了形象的结构展现。

表 4.1　邻域决策系统的条件与决策的分类及类

描述项	条件粒化	条件类	决策分类	决策类
数学符号	$U/\mathrm{NR}_\delta(B)$	$n_B^\delta(x_i),i=1,2,\cdots,|U|$	U/d	$D_j,j=1,\cdots,m^*$
粒的本质	条件粒集	条件粒	决策粒集	决策粒

表 4.2　邻域决策系统的一型三层粒结构描述表

结构	简单称谓	组成系统	粒尺度	粒层次	数量
I	宏观-高层	$(\overrightarrow{U/\mathrm{NR}_\delta(B)},U/d)$	宏观	高层	1
II	中观-中层	$(\overrightarrow{U/\mathrm{NR}_\delta(B)},D_j)$	中观	中层	$|U/d|=m^*$
II*	中观-中层*	$(n_B^\delta(x_i),U/d)$	中观	中层	$|U|$
III	微观-底层	$(n_B^\delta(x_i),D_j)$	微观	底层	$|U/d||U|=m^*|U|$

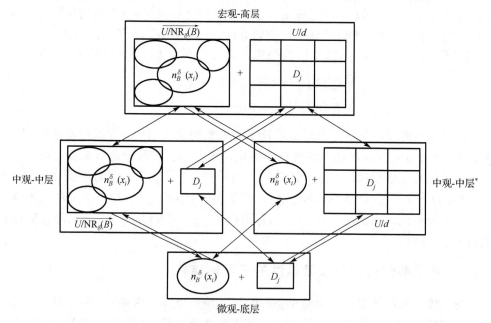

图 4.1　邻域决策系统的一型三层粒度结构示意图

由表 4.2 与图 4.1 可知，邻域决策系统的三层粒结构主要包括 Ⅰ、Ⅱ（Ⅱ*）、Ⅲ，它们分别称为"宏观-高层""中观-中层（中观-中层*）""微观-底层"。

(1) 宏观-高层 $(\overline{U/\mathrm{NR}_\delta(B)}, U/d)$ 由条件粒向量 $\overline{U/\mathrm{NR}_\delta(B)}$ 与决策分类 U/d 组成，体现粒的宏观尺度与顶部层次。该结构通常关联于分类学习，如优化特征选择。

(2) 中观-中层 $(\overline{U/\mathrm{NR}_\delta(B)}, D_j)$ 由条件粒向量 $\overline{U/\mathrm{NR}_\delta(B)}$ 与决策类 D_j 组成，中观-中层* $(n_B^\delta(x_i), U/d)$ 由邻域 $n_B^\delta(x_i)$ 与决策分类 U/d 组成。这两种结构是对称且平行的，从两个不同角度反映粒的中观尺度与中部层次。其中，第一种聚焦特定类模式并对应相关的模式识别，具有更好的机理性与应用性。

(3) 微观-底层 $(n_B^\delta(x_i), D_j)$ 由邻域 $n_B^\delta(x_i)$ 与决策类 D_j 组成，体现粒的微观尺度与底部层次。该结构聚焦条件粒与决策粒的原始基础，提供向中高层发展的微观机制，例如可以激发基础性的三支概率。

对于给定的 B 与 d，m^* 个决策类意味着 m^* 个平行的中观-中层，$|U|$ 个元意味着 $|U|$ 个平行的中观-中层*，进而宏观-高层只具有 1 个，而微观-底层具有 $|U/d||U| = m^*|U|$ 个并行模式。从粒计算的观点来看，三层粒结构具有两种发展方向。自顶向下方向"宏观-高层→中观-中层（中观-中层*）→微观-底层"蕴含着粒化的分解与具化；而自底向上方向"微观-底层→中观-中层（中观-中层*）→宏观-高层"则意味着粒族的集成与泛化。相比之下，后者为层次构建与信息融合提供了更强的粒计算机制。

由上可见，邻域决策系统确立了它的三层粒度结构以及对应的层次关系与系统关系。相关构建主要得益于粒计算的"多粒度、多层次、多视角"与三支决策的"三分策略与三层思维"，并且只由邻域决策系统的形式结构所决定，对后续度量构建与知识推理都具有意义。这里的三层粒结构主要采用粒向量 $\overline{U/\mathrm{NR}_\delta(B)}$ 以便跟踪邻域粒，这种模式能够更好衔接主流的邻域计数策略及相关应用[3,6,11,17,20]。对比地，还可以考虑粒覆盖 $U/\mathrm{NR}_\delta(B)$ 来类似构建相应三层粒结构，这种模式更关联于经典决策系统三层粒结构的数学扩张[43]与邻域知识结构的贴切应用，但其邻域统计的计数机制会带来更多的粒化不确定性与研究困难。

4.2.3　基于条件属性的三层粒结构

邻域系统包括多个属性，邻域依托某些属性来建立观测点，而进一步的条件粒收集则为相关知识表示与测量应用提供结构平台。对此，除了上小节的一型三层粒结构，本小节从条件属性部分来聚焦邻域系统的三层粒结构，该二型为本章后续讨论的基础层次模型。下面，主要针对邻域系统 $\mathrm{NS} = (U, A, V, f, \delta)$ 及其条件属性子集 $B \subseteq A$。

定义 4.3　在 $\mathrm{NS} = (U, A, V, f, \delta)$ 中：

(1) $g_B^\delta(x) = n_B^\delta(x)$ 是 x 关于 B 的邻域粒；

(2) $G_B^\delta = (n_B^\delta(x_1), \cdots, n_B^\delta(x_{|U|}))$ 是 B 的邻域群;

(3) $K_B^\delta = (G_{R_1}^\delta, \cdots, G_{B_m}^\delta)$ 是 B 的邻域库, 其中 $\{R_1, \cdots, R_m\} = 2^B - \{\varnothing\}$ 表示 B 的所有非空子集。

在定义 4.3 中, 为了更好实施计数, G_B^δ 采用邻域向量 $\overline{U / NR_\delta(B)} = (n_B^\delta(x_1), \cdots, n_B^\delta(x_{|U|}))$ 而非邻域覆盖 $U / NR_\delta(B) = \{n_B^\delta(x_1), \cdots, n_B^\delta(x_{|U|})\}$, K_B^δ 采用向量 $(G_{R_1}^\delta, \cdots, G_{R_m}^\delta)$ 而非族 $\{G_R^\delta \mid \forall \varnothing \neq R \subseteq B\}$。由此, 邻域粒 $g_B^\delta(x)$、邻域群 G_B^δ、邻域库 K_B^δ 自然构建了邻域系统的一种三层粒结构(即二型), 相关的组织框架如图 4.2。

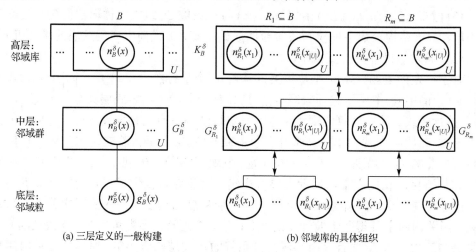

(a) 三层定义的一般构建　　　　　　　　(b) 邻域库的具体组织

图 4.2　邻域系统二型三层粒结构的组织图

接下来, 我们利用图 4.2 来分析邻域系统的三层粒结构。在图 4.2(a)中直接进行邻域粒、邻域群、邻域库及其基本关系的泛化构建, 而图 4.2(b)详细描述了高层邻域库内含的中层邻域群与底层邻域粒的具体组织与相关实现。

(1)在底层, 邻域粒其实就是邻域, 即 $g_B^\delta(x) = n_B^\delta(x)$, 主要提供一个基本观测点来收集邻近样本。底层邻域粒涉及微观描述, $g_B^\delta(x)$ 取决于 x 和 B, 其数量关联于样本基数 $|U|$。

(2)在中层, 邻域群收集关联于论域对象与邻域覆盖的所有邻域类, 从而形成可溯源的应用知识。中层邻域群强调中观观点, $G_B^\delta(x)$ 取决于 B, 提供数量 1 但带有 $|U|$ 个邻域粒。

(3)在高层, 邻域库包含所有邻域群来囊括关于非空属性子集的所有邻域知识, 由此提供了一个完整知识库。顶层邻域库针对宏观观点, $K_B^\delta(x)$ 也只与 B 有关。根据图 4.1(b), 高层库 $K_B^\delta = (G_{R_1}^\delta, \cdots, G_{R_m}^\delta)$ 的数量为 1, 其包含 $m = 2^{|B|} - 1$ 个中层邻域群或 $m|U|$ 个底层邻域粒。

$g_B^\delta(x)$、G_B^δ、K_B^δ 组建了邻域系统的三层粒结构,它们具有良好的粒度结构与层次关系。上述构建主要体现了自底向上的层次集成这一基本粒计算策略,从而具有关于抽象化与泛化的发展。相反地,也可以考虑自顶向下的层次分解,比如用于观察邻域库及其复杂结构。

总之,邻域系统的三层粒结构与已有的经典决策系统三层粒结构[43]以及上述的邻域决策系统三层粒结构[29,30]都有所不同。这种三层构建主要聚焦条件属性的知识粒化而非条件与决策的派生关联,从而为基于邻域知识的层次处理奠定基础。

4.3　三层粒结构的大小度量

针对上述邻域系统的后一种三层粒结构(即二型),本节提供相关的三层大小度量,揭示相关的层次定义、测量范围、粒化单调/非单调等。

定义 4.4　在 $\mathrm{NS} = (U, A, V, f, \delta)$ 中,邻域粒 $g_B^\delta(x)$ 的大小为:

$$S(g_B^\delta(x)) = \frac{\left|g_B^\delta(x)\right|}{|U|} = \frac{\left|n_B^\delta(x)\right|}{|U|} \tag{4.6}$$

邻域群 G_B^δ 的大小为:

$$\mathrm{GM}(G_B^\delta) = \frac{1}{|U|}\sum_{i=1}^{|U|} S(g_B^\delta(x_i)) = \frac{1}{|U|^2}\sum_{i=1}^{|U|}\left|g_B^\delta(x_i)\right| = \frac{1}{|U|^2}\sum_{i=1}^{|U|}\left|n_B^\delta(x_i)\right| \tag{4.7}$$

邻域库 K_B^δ 的大小为:

$$\mathrm{KM}(K_B^\delta) = \frac{1}{m}\sum_{j=1}^{m} \mathrm{GM}(G_{R_j}^\delta) \tag{4.8}$$

其中,R_j 是 B 的非空子集并具有数量 $m = 2^{|B|} - 1$。

命题 4.1　在 $\mathrm{NS} = (U, A, V, f, \delta)$ 中:

$$\mathrm{KM}(K_B^\delta) = \frac{1}{m}\sum_{j=1}^{m}\mathrm{GM}(G_{R_j}^\delta) = \frac{1}{m|U|}\sum_{j=1}^{m}\sum_{i=1}^{|U|} S(g_{R_j}^\delta(x_i)) = \frac{1}{m|U|^2}\sum_{j=1}^{m}\sum_{i=1}^{|U|}\left|g_{R_j}^\delta(x_i)\right| \tag{4.9}$$

定义 4.4 提出了邻域三层粒结构的大小度量,它们具有层次集成关系,如命题 4.1 表现了高层大小度量依托中层底层大小度量的集成构建:

(1)底层度量 $S(g_B^\delta(x))$ 表示邻域粒 $g_B^\delta(x)$ 在整个论域中所占的比例。

(2)由于中层邻域群 G_B^δ 包含 $|U|$ 个底层邻域粒,因此中层度量 $\mathrm{GM}(G_B^\delta)$ 定义为所有样本邻域粒大小的算术平均,即 $\mathrm{GM}(G_B^\delta)$ 具有中层邻域群系统的统计特征。

(3)进而类似地,由于高层邻域库 K_B^δ 包含 m 个中层邻域群,因此高层大小

$\mathrm{KM}(K_B^\delta)$ 定义为所有 m 个邻域群大小的算术平均值，即 $\mathrm{KM}(K_B^\delta)$ 为 $m|U|$ 个邻域粒大小的算术平均。度量 $\mathrm{KM}(K_B^\delta)$ 表示了高层邻域库系统的统计特征，而式(4.9)依托"高-中-底"层次关系，展现了多个邻域的统计本质，这些邻域涉及 m 个邻域群(每个群包含 $|U|$ 个邻域粒)。

命题 4.2　在 $\mathrm{NS} = (U, A, V, f, \delta)$ 中，三层粒结构的大小度量满足：

$$S(g_B^\delta(x)) \in [1/|U|, 1], \quad S(g_B^\delta(x)) = 1/|U| \Leftrightarrow g_B^\delta(x) = \{x\}, \quad S(g_B^\delta(x)) = 1 \Leftrightarrow g_B^\delta(x) = U,$$

$$\mathrm{GM}(G_B^\delta) \in [1/|U|, 1], \quad \mathrm{GM}(G_B^\delta) = 1/|U| \Leftrightarrow G_B^\delta = (\{x_1\}, \cdots, \{x_{|U|}\}),$$

$$\mathrm{GM}(G_B^\delta) = 1 \Leftrightarrow G_B^\delta = (U, \cdots, U), \quad \mathrm{KM}(K_B^\delta) \in [1/|U|, 1],$$

$$\mathrm{KM}(K_B^\delta) = 1/|U| \Leftrightarrow \forall R_j \subseteq B[G_{R_j}^\delta = (\{x_1\}, \cdots, \{x_{|U|}\})] \Leftrightarrow \forall R_j \subseteq B, \forall x_i \in U[g_{R_j}^\delta(x_i) = \{x_i\}],$$

$$\mathrm{KM}(K_B^\delta) = 1 \Leftrightarrow \forall R_j \subseteq B[G_{R_j}^\delta = (U, \cdots, U)] \Leftrightarrow \forall R_j \subseteq B, \forall x_i \in U[g_{R_j}^\delta(x_i) = U]$$

$$(4.10)$$

命题 4.2 描述了三层大小度量的值域范围和最值实现。基于算术平均的集成构建，三层度量 $S(g_B^\delta(x))$、$\mathrm{GM}(G_B^\delta)$、$\mathrm{KM}(K_B^\delta)$ 均属于闭区间 $[1/|U|, 1]$，而相关的最值条件也体现出相应层次关系。

下面讨论三层大小度量的粒化单调性与粒化非单调性。在底层与中层，粒化对应是清楚的，故邻域的单调粒化自然导致对应大小度量的单调性。在高层，邻域库及其大小分别涉及多个中层邻域群及其大小的均值，而覆盖粒化涉及两种邻域群的变化与对应。首先，半径粒化的情况比较清晰，因为相同的观测属性子集 B 具有相同的非空属性子集 $R_1, \cdots, R_m \subseteq B$ 来确定内部的 m 个邻域群。但是，属性粒化变得复杂，因为属性扩大 $B \subseteq Q$ 导致子集增加 $2^B \subseteq 2^Q$ 和相应邻域群增加。对此，下面直接叙述大小度量的单调性(如关于半径粒化的)，而通过两个引理来诱导高层邻域库大小度量所涉及的属性粒化非单调性。

引理 4.1　关于单属性 $a_* \in A$ 添加，属性扩大 $B \subset B \cup \{a_*\} = Q \subseteq A$ 具有如下关于幂集的扩大分布，即：

$$Q = B \cup \{a_*\} \supset B \neq \varnothing$$
$$\Rightarrow 2^Q - \{\varnothing\} = (2^B - \{\varnothing\}) \cup \{R_1 \cup \{a_*\}, \cdots, R_m \cup \{a_*\}\} \cup \{\{a_*\}\} \quad (4.11)$$
$$= \{R_1, \cdots, R_m\} \cup \{R_1 \cup \{a_*\}, \cdots, R_m \cup \{a_*\}\} \cup \{\{a_*\}\}$$

引理 4.2　在 $\mathrm{NS} = (U, A, V, f, \delta)$ 中，设 $B(\varnothing \subset B \subset A)$ 的所有非空子集 $R_j (j = 1, \cdots, m)$ 都没有达到最细或最粗覆盖，即：

$$\forall R_j \in 2^B - \{\varnothing\}[U/NR_\delta(R_j) \neq \{\{x_1\}, \{x_2\}, \cdots, \{x_{|U|}\}\} \wedge U/NR_\delta(R_j) \neq \{U\}] \quad (4.12)$$

下面，添加属性 $a_* \in A$ 到 B 中，有 $B \subset B \bigcup \{a_*\} = Q \subseteq A$。

(1) 如果属性 $a_* \in A$ 达到最细覆盖，即 $U/NR_\delta(R_j) = \{\{x_1\},\{x_2\},\cdots,\{x_{|U|}\}\}$，则 $\mathrm{KM}(K_B^\delta) > \mathrm{KM}(K_Q^\delta)$。

(2) 如果属性 $a_* \in A$ 达到最粗覆盖，即 $U/NR_\delta(R_j) = \{U\}$，则 $\mathrm{KM}(K_B^\delta) < \mathrm{KM}(K_Q^\delta)$。

命题 4.3　在 $\mathrm{NS} = (U,A,V,f,\delta)$ 中，设 $\varnothing \subset P \subseteq Q$、$0 \leqslant \gamma \leqslant \delta \leqslant 1$。

(1) 在底层，$g_P^\delta(x) \supseteq g_Q^\delta(x)$ 且 $S(g_P^\delta(x)) \geqslant S(g_Q^\delta(x))$，$g_B^\gamma(x) \subseteq g_B^\delta(x)$ 且 $S(g_B^\gamma(x)) \leqslant S(g_B^\delta(x))$。

(2) 在中层，$\mathrm{GM}(G_P^\delta) \geqslant \mathrm{GM}(G_Q^\delta)$，$\mathrm{GM}(G_B^\gamma) \geqslant \mathrm{GM}(G_B^\delta)$。

(3) 在高层，$\mathrm{KM}(K_P^\delta) \geqslant \mathrm{KM}(K_Q^\delta)$ 和 $\mathrm{KM}(K_P^\delta) \leqslant \mathrm{KM}(K_Q^\delta)$ 都不恒成立，但一定有 $\mathrm{KM}(K_B^\gamma) \leqslant \mathrm{KM}(K_B^\delta)$。

基于命题 4.3，底层和中层的大小度量(关于属性和半径)具有粒化单调性，高层大小度量则表现出属性粒化非单调性与半径粒化单调性。其中，引理 4.2 基于引理 4.1，主要通过采用最细覆盖与最粗覆盖两种特殊情况来获取非单调反例；由此，我们得出高层大小的属性粒化非单调性。这种非单调性主要源于属性子集的非对应结构特征，可以从统计角度给予解释。根据相关机制，属性扩大 $Q \supseteq P$ 可以补充非空子集及其邻域群，但不一定必然增加(或减少)中层邻域群的初始平均大小；因此，Q 上的大小度量 $\mathrm{KM}(K_Q^\delta)$ 不一定会增加(或减少)P 上的初始值 $\mathrm{KM}(K_P^\delta)$。事实上，如果所有增加的邻域群都提供偏小值(包括关联于最细覆盖的最小值 $1/|U|$)，则 $\mathrm{KM}(K_Q^\delta)$ 往往比 $\mathrm{KM}(K_P^\delta)$ 更小；但如果所有增加的邻域群都提供偏大值(包括关联于最粗覆盖的最大值 1)，则 $\mathrm{KM}(K_Q^\delta)$ 往往比 $\mathrm{KM}(K_P^\delta)$ 更大。总之，$\mathrm{KM}(K_Q^\delta) < \mathrm{KM}(K_P^\delta)$ 和 $\mathrm{KM}(K_Q^\delta) > \mathrm{KM}(K_P^\delta)$ 成为两种可能情况，而 $\mathrm{KM}(K_Q^\delta)$ 和 $\mathrm{KM}(K_P^\delta)$ 之间的实际大小关系取决于平均统计量，从而表现出超越非单调性的不确定性。

4.4　双量化邻域距离与 K 最近邻分类器

距离度量是不确定性量化与系统分类的基础。对此，本节针对邻域系统三层粒结构的底层邻域粒，基于单量化邻域距离来构建双量化邻域距离，进而涉及相关的 K 最近邻分类器及分类机器学习。

4.4.1　双量化的三层结构

在粗糙集框架内[1]，Zhang 等[44]初始提出双量化思想，从而建立量化近似空间。随后，双量化策略得以深入发展，如今广泛用于研究不确定性建模[36,37,45-48]、近似度量[35,49]、信息融合[50,51]、知识获取[52,53]等。

双量化主要来自单一量化的两个方面,即相对量化和绝对量化,它体现出层次构建与信息融合的基本机制。如图 4.3 所示,双量化实际上遵循一种三层信息结构。

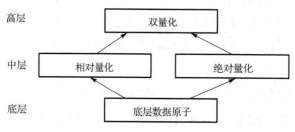

图 4.3　双量化集成融合的三层信息结构

(1)底层提供不可分割的基本数据原子,具有微观性,成为宏观量化和实际应用的基础。

(2)中层涉及两个对称的度量模式,即相对量化与绝对量化。两种量化方式都可以综合底层数据以便提供信息浓缩性,但具有不同的视角和重点。相对量化聚焦特定范围内的测量相对性,因此通常采用比率来关注局部性与限制性。对比地,绝对量化在没有特定限制的情况下或在一般范围内考虑测量绝对性,因此通常采用直接且突出的值来体现全局性和无约束性。

(3)相对量化和绝对量化分别具有它们各自的代表优势和应用环境,它们对应测量的两种特殊方面与系统辩证关系。例如,它们不能相互确定或推导,从而是线性独立的。两者值得系统结合,而双量化正是集成了这两种单量化模式。因此,双量化位于高层,综合了两种中层测量及其优点,从而可以综合地提供一种更完整与更强健的测量模式。

这里,我们提供两个实例进行双量化说明:①在物理测量中,相对误差 $e_R = |\text{meas} - \text{real}| / \text{real}$ 和绝对误差 $e_A = |\text{meas} - \text{real}|$ 来自基本数据原子——实际值 real 与测量值 meas,它们分别对应于相对量化与绝对量化。双量化主要集成 e_R 和 e_A 的异质信息,二维组 (e_R, e_A) 提供了系统且完整的测量,而融合度量 $e_R \times e_A$ 则有利于有效估计。②在近似空间 (U, B) 中,固定集合 X,则基数 $|[x]_B|$ 和 $|X|$ 构成底层数据。在单量化中层,条件概率 $p([x]_B, X) = |[x]_B \cap X| / |[x]_B|$ 为单量化测度,可以构造概率粗糙集;内部基数 $\underline{g}([x]_B, X) = |[x]_B \cap X|$ 与外部基数 $\overline{g}([x]_B, X) = |X| - |[x]_B \cap X|$ 对应绝对量化,可以组建程度粗糙集。在双量化高层,两种组合 $(p([x]_B, X), \underline{g}([x]_B, X))$ 和 $(p([x]_B, X), \overline{g}([x]_B, X))$ 产生两种双量化粗糙集模型[51]。此外,精度 $\text{Ac} = |[x]_A \cap X| / |[x]_B|$ 和重要度 $\text{Im} = |[x]_B \cap X| / |X|$ 分别侧重于相对量化信息与绝对量化信息,它们可

以集成融合到精度重要度 $\mathrm{AcIm} = \mathrm{Ac} \times \mathrm{Im} = |[x]_B \cap X|^2 / ([x]_B \| X|)$；这种双量化测度具有强健的不确定性刻画能力，从而有效应用于层次属性约简[54]。

总之，双量化的集成构建与信息融合具有三层结构，成为关联于三支决策的三层分析基本模型[32,33,43]，对于不确定性度量与智能信息处理具有价值。接下来，双量化策略与技术将应用于邻域系统三层粒结构，我们将立足邻域粒底层来构造双量化距离与双量化分类器。

4.4.2　双量化邻域距离

针对邻域系统三层粒结构的底层邻域粒，文献[31]建立了相对量化邻域距离和绝对量化邻域距离，下面采用双量化技术建立双量化邻域距离。

定义 4.5[31]　在 $\mathrm{NS} = (U,A,V,f,\delta)$ 中，邻域粒 $s = g_B^\delta(x)$ 和 $t = g_B^\delta(y)$ 之间的相对距离和绝对距离分别定义为：

$$d(s,t) = \frac{|s \oplus t|}{|s \cup t|} = \frac{\left| g_B^\delta(x) \cup g_B^\delta(y) - g_B^\delta(x) \cap g_B^\delta(y) \right|}{\left| g_B^\delta(x) \cup g_B^\delta(y) \right|} \tag{4.13}$$

$$h(s,t) = \frac{|s \oplus t|}{|U|} = \frac{\left| g_B^\delta(x) \cup g_B^\delta(y) - g_B^\delta(x) \cap g_B^\delta(y) \right|}{|U|}$$

命题 4.4　$d(s,t) \in [0,1]$ 和 $h(s,t) \in [0,1]$ 满足距离公理（即非负性同一性、对称性、三角不等式）。关于平凡性，$\varnothing$、U 对应结果：

$$d(s,\varnothing) = 1, \quad h(s,\varnothing) = \frac{|s|}{|U|}, \quad d(s,U) = 1 - \frac{|s|}{|U|}, \quad h(s,U) = 1 - \frac{|s|}{|U|}$$

它们可以表示邻域粒大小如下：

$$S(s) = h(s,\varnothing), \quad S(s) = 1 - d(s,U) = 1 - h(s,U) \tag{4.14}$$

上面回顾了单量化邻域距离，并用空集与全集的平凡情况去描述了上小节的邻域粒大小。为了双量化集成，图 4.4(a) 描述了底层原子信息系统 (s,t) 关于 U 的结构框架。其中，$s \oplus t = (s-t) \cup (t-s)$ 说明两个邻域粒 s 和 t 之间的差异性和分离性，故其基数 $|s \oplus t| = |s-t| + |t-s|$ 关联粒距离。为了落入标准度量区间 $[0,1]$，单量化距离构造主要选择不同的范围作为分母。

（1）$s \oplus t$ 具有相对范围 $s \cup t$，即 $s \oplus t$ 在 $s \cup t$ 中而 $s \cup t$ 依赖于 s、t 来体现局部性和可变性。因此，$d(s,t)$ 采用 $|s \oplus t|$ 和 $|s \cup t|$ 之间的比例，对应相对量化与相对距离。

（2）$s \oplus t$ 具有绝对范围 $|U|$，即 $s \oplus t$ 属于论域 U 而 U 不依赖于 s、t 来呈现全局性和稳定性。因此，$h(s,t)$ 采用 $|s \oplus t|$ 和 $|U|$ 之间的比例，对应绝对量化与绝对距离。

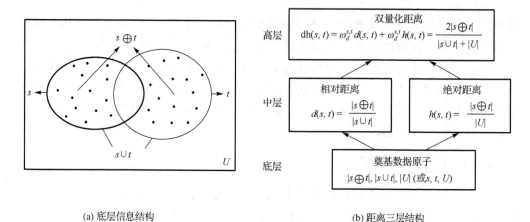

(a) 底层信息结构　　　　　　　　　　　　(b) 距离三层结构

图 4.4　双量化邻域距离的构建机理

根据双量化思想，下面将单量化 $d(s,t)$ 和 $h(s,t)$ 集成构建出双量化邻域距离，以便引导更强大的测量和更有效的应用。

引理 4.3　$\forall s = g_B^\delta(x) \in U/\mathrm{NR}_\delta(B)$，$\forall t = g_B^\delta(y) \in U/\mathrm{NR}_\delta(B)$：

$$(1)\ \alpha_d^{s,t} \times d(s,t) + \alpha_h^{s,t} \times h(s,t) = 0 \Leftrightarrow \alpha_d^{s,t} \equiv 0 \equiv \alpha_h^{s,t} ;$$

$$(2)\ d(s,t) \geqslant h(s,t) 。 \tag{4.15}$$

其中 $\alpha_d^{s,t}, \alpha_h^{s,t}$ 为非负组合系数。

引理 4.3 表明，相对距离与绝对距离是线性独立的，两者具有固定大小。由此系统关系，下面通过加权组合来构造双量化距离，相关构建思路如图 4.4(b)。

(1)线性组合是信息融合的基本操作与有效技术，可以实现双量化融合。$d(s,t)$ 和 $h(s,t)$ 为范围[0,1]内的两种距离度量，但分别侧重于具有辩证关系的相对性与绝对性。它们的异质性导致线性独立性，因此相关的线性组合是可行的。

(2)两个邻域粒 s,t 的系统作用区域通常介于它们的并集 $s \cup t$ 与论域 U 之间。$d(s,t)$ 采用分子 $|s \oplus t|$ 与小范围分母 $|s \cup t|$ 趋于大值，而 $h(s,t)$ 采用分子 $|s \oplus t|$ 与大范围分母 $|U|$ 趋于小值，故 $d(s,t) \geqslant h(s,t)$。由此，线性组合能够带来系统折中与均衡。基于作用范围，$d(s,t)$ 与 $h(s,t)$ 分别关联于局部 $s \cup t$ 与全局 U，由此它们下面分别使用相对性权重系数 $|s \cup t|/(|s \cup t| + |U|)$ 与绝对性权重系数 $|U|/(|s \cup t| + |U|)$ 来进行加权组合的双量化集成构造。

定义 4.6　在 $\mathrm{NS} = (U, A, V, f, \delta)$ 中，两个邻域粒 $s = g_B^\delta(x)$ 和 $t = g_B^\delta(y)$ 之间的双量化距离定义为：

$$\mathrm{dh}(s,t) = \omega_d^{s,t} \times d(s,t) + \omega_h^{s,t} \times h(s,t) = \frac{2|s \oplus t|}{|s \cup t| + |U|} \tag{4.16}$$

其中，两个权重系数满足：

$$\omega_d^{s,t} = \frac{|s \cup t|}{|s \cup t| + |U|} \in (0,1) , \quad \omega_h^{s,t} = \frac{|U|}{|s \cup t| + |U|} \in (0,1) \tag{4.17}$$

$$\omega_d^{s,t} + \omega_h^{s,t} = 1$$

推论 4.1　$\mathrm{dh}(s,t) = 2\dfrac{|s \cup t| - |s \cap t|}{|s \cup t| + |U|}$。

命题 4.5　双量化距离 $\mathrm{dh}(s,t) \in [0,1]$ 满足距离公理：

(1) 非负性 $\mathrm{dh}(s,t) \geqslant 0$，同一性 $\mathrm{dh}(s,t) = 0$ 当且仅当 $s = t$；

(2) 对称性 $\mathrm{dh}(s,t) = \mathrm{dh}(t,s)$；

(3) 三角不等式 $\mathrm{dh}(s,k) + \mathrm{dh}(k,t) \geqslant \mathrm{dh}(s,t)$。

关于平凡性，$\varnothing$、U 对应：

$$\mathrm{dh}(s,\varnothing) = \frac{2|s|}{|s| + |U|} , \quad \mathrm{dh}(s,U) = 1 - \frac{|s|}{|U|}$$

它们可以表示邻域粒大小如下：

$$S(s) = \frac{\mathrm{dh}(s,\varnothing)|U|}{2 - \mathrm{dh}(s,\varnothing)} , \quad S(s) = 1 - \mathrm{dh}(s,U) \tag{4.18}$$

命题 4.6　双量化邻域距离位于相对邻域距离与绝对邻域距离之间：

$$\forall s = g_B^\delta(x) \in U/\mathrm{NR}_\delta(B) , \quad \forall t = g_B^\delta(y) \in U/\mathrm{NR}_\delta(B)$$

$$\mathrm{dh}(s,t) \in [h(s,t), d(s,t)] , \quad 即\ d(s,t) \geqslant \mathrm{dh}(s,t) \geqslant h(s,t) \tag{4.19}$$

根据以上讨论，我们确定了双量化距离及其等价公式，其符合距离公理并位于两种单量化距离之间取得折中。具体地如图 4.4(b)，$\mathrm{dh}(s,t)$ 利用分配权重 $\omega_d^{s,t}$、$\omega_h^{s,t}$，线性组合 $d(s,t)$、$h(s,t)$ 两个单量化距离，成为双量化距离。$\mathrm{dh}(s,t) \in [h(s,t), d(s,t)]$ 对 $d(s,t)$、$h(s,t)$ 进行了灵巧折中与系统平衡，通过集成相对量化与绝对量化的独立优点，它成为一种更好表征邻域粒距离的强健度量。双量化距离的先进性可由如下两种特殊情况所说明，其中令 (s_1, t_1) 和 (s_2, t_2) 为两组邻域粒。

(1) 若 $|s_1 \oplus t_1|/|s_1 \cup t_1| = |s_2 \oplus t_2|/|s_2 \cup t_2|$ 但 $|s_1 \oplus t_1| \neq |s_2 \oplus t_2|$，即 $d(s_1, t_1) = d(s_2, t_2)$ 但 $h(s_1, t_1) \neq h(s_2, t_2)$，此时这两个粒组 (s_1, t_1) 和 (s_2, t_2) 具有必然差异，但仅靠相对距离就无法有效区分它们。对此，$\mathrm{dh}(s_1, t_1)$ 和 $\mathrm{dh}(s_2, t_2)$ 补充了绝对测量信息，能够有效解决该区分问题。

(2) 相反地，若 $|s_1 \oplus t_1| = |s_2 \oplus t_2|$ 但 $|s_1 \oplus t_1|/|s_1 \cup t_1| \neq |s_2 \oplus t_2|/|s_2 \cup t_2|$，即 $h(s_1, t_1) = h(s_2, t_2)$ 但 $d(s_1, t_1) \neq d(s_2, t_2)$，此时 (s_1, t_1) 和 (s_2, t_2) 两个粒组的区分可以依托双量化距离但不能采用绝对距离，双量化距离引入相对度量信息来改进了绝对距离。

这里的单量化距离与双量化距离主要针对邻域系统三层结构的邻域底层，描述了邻域粒之间的多种差异，它们也可以提升到邻域群中层与邻域库高层进行相关粒化差异刻画。鉴于邻域距离可以直接关联于 K 最近邻分类学习，在后面的分类学习研究中，将采用并比较三种类型的距离，以验证双量化距离带来的分类学习的系统完善性。

4.4.3　双量化 K 最近邻分类器

本小节将单量化邻域距离与双量化邻域距离应用于分类机器学习，主要依托集成的双量化距离来构建改进的双量化分类器。在文献[31]中，相对邻域距离与绝对邻域距离分别诱导出相对量化分类器 KNGR(the K-nearest neighbor classifier based on the relative granule distance)和绝对量化分类器 KNGA(the K-nearest neighbor classifier based on the absolute granule distance)，它们的分类效果优越于传统分类器 KNN——即基于欧氏距离的 K 最近邻分类器。下面，双量化邻域距离将诱导产生一个新的分类器 KNGD(the K-nearest neighbor classifier based on the double-quantitative granule distance)——即双量化 K 最近邻分类器，而最终双量化分类器 KNGD 对比于单量化分类器 KNGR、KNGA 的改进业绩将在后面的数据实验中给予验证。

针对机器学习的分类任务，KNN 分类算法提供了一种简单但成熟的分类思想与策略。具体地，对于一个样本，如果其在特征空间中的 K 个最近邻大多属于一个特定类别，则它也属于该类别。在此基础上，可以通过引入邻域粒化与邻域距离来生成通用的分类算法框架，并且可以使用不同类型的邻域距离来构造多种分类器。由此，我们提供如图 4.5 的分类器框架，相关的算法流程共涉及 7 个步骤。

(1)第 1 步为"数据预处理"。删除与缺失值相关的数据，采用标准化处理让数据隶属于[0,1]这一标准范围。

(2)第 2 步为"训练与测试的划分"。将正常数据分为训练集和测试集，这两个部分的比例可以人为设定，我们采用固定值4:1。

(3)第 3 步为"训练集粒化"。通过设置邻域半径来生成训练粒。

(4)第 4 步为"测试集粒化"。关于测试对象和半径阈值，每个测试样本都采用欧式距离来生成测试粒。

(5)第 5 步为"K 最近邻判别"。针对测试对象，通过特定的距离函数计算样本与每个训练粒的粒距离。序化相关的距离值，从训练集中获取 K 个最近邻值。

(6)第 6 步为"测试样本的确定"。通过 K 最近邻值的最大分布，为测试对象赋予最佳类别标签。

(7)第 7 步为"判别式确定循环"。返回步骤 5，对剩余测试对象进行循环分类，直至所有测试样本实现完全分类。

上述分类计算过程主要包括预处理、粒化、匹配、分类四个部分，分别对应步骤(1)、步骤(2)～(4)、步骤(5)、步骤(6),相关的计算复杂性主要依赖样本粒化而非属性特征。这种分类方法参考了 KNN 的经典思想,可以使用不同距离函数生成不同分类器。距离函数的设定主要在步骤(5)中,而算法参数只涉及两个:邻域半径 δ 和最近邻数 K。由此,相对邻域距离与绝对邻域距离分别诱导出相对分类器 KNGR 与绝对分类器 KNGA[31],而上一小节的双量化邻域距离则自然激发双量化分类器 KNGD,下一节则将用数据实验对比分析三种分类器的分类效能。

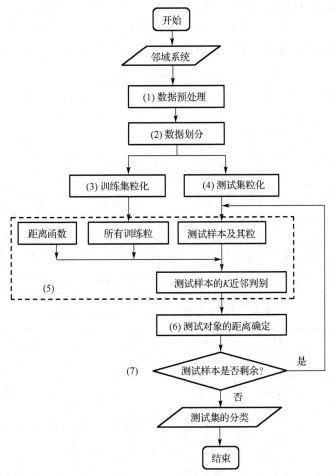

图 4.5 K 最近邻相关的分类器算法框架

4.5 实例分析与数据实验

本节首先采用一个实例分析,说明邻域系统三层粒结构、三层粒结构大小尺度、单量化双量化邻域距离测量；而后采用数据实验，验证双量化分类器对于单量化分类器系统的有效改进。

4.5.1　实例分析

为了说明邻域系统及其相关的大小度量与距离测量，这里的实例采用如表 4.3 的邻域决策系统 $(U, A \cup \{d\}, V, f, \delta)$。其中，$U = \{x_1, x_2, x_3, x_4, x_5, x_6, x_7, x_8, x_9\}$、$A = \{a, b, c\}$，唯一决策属性 d 诱导三分决策类。邻域粒化采用欧氏距离(对应 $p = 2$ 的式(4.1))与半径阈值 $\delta = 0.3$。进而，每个非空子集 $B \subseteq A$ 都能形成条件邻域粒化，所有 7 个非空子集诱导的邻域放入表 4.4(其中邻域粒省略了符号 x 而只用对应标号)。

表 4.3　邻域决策系统实例

U	a	b	c	d
x_1	0.217	1	0	setosa
x_2	0.13	0.833	0	setosa
x_3	0	0.917	0	setosa
x_4	1	0.667	0.795	versicolor
x_5	0.826	0.417	0.727	versicolor
x_6	0.391	0	0.591	versicolor
x_7	0.913	0.167	1	virginica
x_8	0.739	0.5	0.955	virginica
x_9	0.783	0.417	0.818	virginica

表 4.4　邻域决策系统实例的所有邻域及标号

U	$\{a\}$	$\{b\}$	$\{c\}$	$\{a,b\}$	$\{b,c\}$	$\{a,c\}$	$\{a,b,c\}$
x_1	{1,2,3,6}	{1,2,3}	{1,2,3}	{1,2,3}	{1,2,3}	{1,2,3}	{1,2,3}
x_2	{1,2,3,6}	{1,2,3,4}	{1,2,3}	{1,2,3}	{1,2,3}	{1,2,3}	{1,2,3}
x_3	{1,2,3}	{1,2,3,4}	{1,2,3}	{1,2,3}	{1,2,3}	{1,2,3}	{1,2,3}
x_4	{4,5,7,8,9}	{2,3,4,5,8,9}	{4,5,6,7,8,9}	{4}	{4,5,7,9}	{4,5,7,9}	{4}
x_5	{4,5,7,8,9}	{4,5,7,8,9}	{4,5,6,7,8,9}	{5,7,8,9}	{4,5,7,8,9}	{4,5,7,8,9}	{5,8,9}
x_6	{1,2,6}	{6,7}	{4,5,6,9}	{6}	{6}	{6}	{6}
x_7	{4,5,7,8,9}	{5,6,7,9}	{4,5,7,8,9}	{5,7,9}	{7}	{4,5,7,8,9}	{7}
x_8	{4,5,7,8,9}	{4,5,8,9}	{4,5,7,8,9}	{5,8,9}	{4,5,8,9}	{5,7,8,9}	{5,8,9}
x_9	{4,5,7,8,9}	{4,5,7,8,9}	{4,5,6,7,8,9}	{5,7,8,9}	{4,5,8,9}	{4,5,7,8,9}	{5,8,9}

这里，邻域系统的三层粒结构演示只针对具有"邻域粒、邻域群、邻域库"的第二种类型。由于任意非空子集都可以生成三层粒结构，下面选取一个代表 $B = \{a, b\}$ 进行相关说明，并涉及三层大小度量。

(1)底层有 9 个邻域粒，即 $g_B^\delta(x_1) = \{x_1, x_2, x_3\}, \cdots, g_B^\delta(x_9) = \{x_5, x_7, x_8, x_9\}$，它们体

现知识粒,相应的尺度大小为 $S(g_B^\delta(x_1)) = 0.3333, \cdots, S(g_B^\delta(x_9)) = 0.4444$。

(2)中层只有 1 个邻域群 $G_B^\delta = (\{x_1, x_2, x_3\}, \cdots, \{x_5, x_7, x_8, x_9\})$,其包含 9 个邻域且对应(内含 6 个不同邻域的)覆盖 $U / NR_\delta(B)$。该邻域群大小 $GM(G_B^\delta) = 0.3086$ 为所有邻域粒 $S(g_B^\delta(x_i))(i = 1, 2, \cdots, 9)$ 的算术平均值。

(3)高层只有 1 个邻域库:

$$K_B^\delta = (G_{\{a\}}^\delta, G_{\{b\}}^\delta, G_{\{a,b\}}^\delta)$$
$$= ((\{x_1, x_2, x_3, x_6\}, \cdots, \{x_4, x_5, x_7, x_8, x_9\}),$$
$$(\{x_1, x_2, x_3\}, \cdots, \{x_4, x_5, x_7, x_8, x_9\}),$$
$$(\{x_1, x_2, x_3\}, \cdots, \{x_5, x_7, x_8, x_9\}))$$

它包含 $B = \{a, b\}$ 的 3 个关于非空子集 $\{a\}$、$\{b\}$、$\{a,b\}$ 所产生的邻域群,而后者对应 3 个覆盖 $U / NR_\delta(\{a\})$, $U / NR_\delta(\{b\})$, $U / NR_\delta(\{a,b\})$。因此,邻域库 K_B^δ 蕴含着知识库。其大小为 3 个内含邻域群 $G_{\{a\}}^\delta$、$G_{\{b\}}^\delta$、$G_{\{a,b\}}^\delta$ 的大小值的算术平均,即 $KM(K_B^\delta) = (0.4815 + 0.4568 + 0.3086)/3 = 0.4156$。

上述案例 $B = \{a, b\}$ 已经展现了三层结构大小度量的层次计算,由此可以得出所有 7 个子集诱导的三层结构粒度大小——邻域粒、邻域群、邻域库的大小,如表 4.5。根据表 4.5,可以观察命题 4.3 所述由属性粒化引起的单调性与非单调性。关于属性变化,三层粒化单调性是明显的,而高层非单调性只展现出一个变化方向,即 $\forall \emptyset \subset P \subseteq Q \subseteq A [KM(K_P^\delta) > KM(K_Q^\delta)]$。由此,高层的属性粒化非单调性以及半径粒化的三层单调性都还值得深入验证。

表 4.5　邻域决策系统实例的三层结构尺度大小

层次名称	大小度量	{a}	{b}	{c}	{a,b}	{b,c}	{a,c}	{a,b,c}
底层邻域粒	$S(g_B^\delta(x_1))$	0.4444	0.3333	0.3333	0.3333	0.3333	0.3333	0.3333
	$S(g_B^\delta(x_2))$	0.4444	0.4444	0.3333	0.3333	0.3333	0.3333	0.3333
	$S(g_B^\delta(x_3))$	0.3333	0.4444	0.3333	0.3333	0.3333	0.3333	0.3333
	$S(g_B^\delta(x_4))$	0.5556	0.6667	0.6667	0.1111	0.4444	0.4444	0.1111
	$S(g_B^\delta(x_5))$	0.5556	0.5556	0.6667	0.4444	0.4444	0.5556	0.3333
	$S(g_B^\delta(x_6))$	0.3333	0.2222	0.4444	0.1111	0.1111	0.1111	0.1111
	$S(g_B^\delta(x_7))$	0.5556	0.4444	0.5556	0.3333	0.1111	0.5556	0.1111
	$S(g_B^\delta(x_8))$	0.5556	0.4444	0.5556	0.3333	0.4444	0.4444	0.3333
	$S(g_B^\delta(x_9))$	0.5556	0.5556	0.6667	0.4444	0.4444	0.5556	0.3333
中层邻域群	$GM(G_B^\delta)$	0.4815	0.4815	0.4815	0.3086	0.3333	0.4074	0.2593
高层邻域库	$KM(K_B^\delta)$	0.4815	0.4815	0.4815	0.4156	0.4321	0.4568	0.3933

　　下面，考虑位于邻域类底层的距离测量，主要是在相对量化邻域距离与绝对量化邻域距离基础上演示双量化距离集成。为此，仍选择代表子集 $B = \{a, b\} \subset A$，并关注三个邻域粒 $s = g_B^\delta(x_7) = \{x_5, x_7, x_9\}$、$k = g_B^\delta(x_8) = \{x_5, x_8, x_9\}$、$t = g_B^\delta(x_9) = \{x_5, x_7, x_8, x_9\}$ 进行相关计算与验证。粒对 (s, k) 对应的相对、绝对、双量化距离分别为：

$$d(s, k) = \frac{\left|\{x_5, x_7, x_9\} - \{x_5, x_8, x_9\}\right| + \left|\{x_5, x_8, x_9\} - \{x_5, x_7, x_9\}\right|}{\left|\{x_5, x_7, x_9\} \bigcup \{x_5, x_8, x_9\}\right|} = \frac{2}{4} = 0.5$$

$$h(s, k) = \frac{\left|\{x_5, x_7, x_9\} - \{x_5, x_8, x_9\}\right| + \left|\{x_5, x_8, x_9\} - \{x_5, x_7, x_9\}\right|}{|U|} = \frac{2}{9} = 0.2222$$

$$\mathrm{dh}(s, k) = 2 \frac{\left|\{x_5, x_7, x_9\} - \{x_5, x_8, x_9\}\right| + \left|\{x_5, x_8, x_9\} - \{x_5, x_7, x_9\}\right|}{\left|\{x_5, x_7, x_9\} \bigcup \{x_5, x_8, x_9\}\right| + |U|} = \frac{4}{13} = 0.3077$$

其中的加权系数为 $(\omega_d^{s,k}, \omega_h^{s,k}) = (0.3077, 0.6923)$。类似地，可以得出 (k, t)、(s, t) 的对应距离与权重：

$$d(k, t) = 0.25，\quad h(k, t) = 0.1111，\quad \mathrm{dh}(k, t) = 0.1538，\quad (\omega_d^{k,t}, \omega_h^{k,t}) = (0.3077, 0.6923)$$

$$d(s, t) = 0.25，\quad h(s, t) = 0.1111，\quad \mathrm{dh}(s, t) = 0.1538，\quad (\omega_d^{k,t}, \omega_h^{k,t}) = (0.3077, 0.6923)$$

　　这两组具有一致结果。这些结果可以验证邻域距离测量的性质与关系，如三角不等式：

$$d(s, k) + d(k, t) \geqslant d(s, t)，\quad h(s, k) + h(k, t) \geqslant h(s, t)，\quad \mathrm{dh}(s, k) + \mathrm{dh}(k, t) \geqslant \mathrm{dh}(s, t)$$

和大小关系不等式：

$$d(s, k) \geqslant \mathrm{dh}(s, k) \geqslant h(s, k)，\quad d(k, t) \geqslant \mathrm{dh}(k, t) \geqslant h(k, t)，\quad d(s, t) \geqslant \mathrm{dh}(s, t) \geqslant h(s, t)$$

4.5.2　数据实验

　　最后，本小节验证双量化分类器 KNGD 基于单量化分类器 KNGR、KNGA 的分类有效性与系统改进性。为此，提取 4 个 UCI 数据集 Dermatology、Zoo、Tea、Heart 进行分类实验，它们的基本信息如表 4.6。鉴于分类能力是理论与应用的核心，因此主要选用分类精度来对比分析 KNGR、KNGA、KNGD 三个分类器算法。关于算法效率，三种算法对于相同数据集具有相当的运行时间级别，这是因为它们具有相同的算法框架而只是量化距离具有细微差异。下面，根据算法具有的半径值 δ 与近邻数 K 两个参数，通过"仅改变 δ""仅改变 K""同时改变 δ 与 K"三种情况来设计分类学习实验。

表 4.6　4 个 UCI 数据集的基本信息

序号	名称	样本数	条件属性	决策类数
(a)	Dermatology (Der)	366	34	6
(b)	Zoo	101	16	7
(c)	Tea	151	5	2
(d)	Heart	270	13	2

首先考虑半径 δ 变化。我们使用从 0.05 到 1 的半径增加序列：

$$\delta : 0.05 \to 0.1 \to 0.15 \to \cdots \to 0.95 \to 1 \tag{4.20}$$

其步长为 0.05、步数为 20。另一方面，固定的最近邻数 K 主要通过实验来确定，4 个数据集的 K 具体值均取为 5。关于 KNGR、KNGA、KNGD 三种分类器的分类精度结果，表 4.7 提供相关数值表，图 4.6 则展现相关对比图。对于 (b) Zoo，三种算法几乎取得一致效果（只有 $\delta=1$ 处不同）。对于 (a) Dermatology、(c) Tea、(d) Heart，δ 较小时（三者分别对应 $\delta \in [0.05, 0.65]$、$\delta \in [0.05, 0.15]$ $\delta \in [0.05, 0.35]$）三种算法也表现出相同的分类效果。当半径偏大时，在 (a) Dermatology 中，KNGR 优于 KNGA，而双量化 KNGD 进行了折中，从而到达次优分类业绩并提高 KNGA 分类效果；在 (c) Tea、(d) Heart 中，KNGA 普遍优于 KNGR，而改进的 KNGD 通常取得最优或次优分类业绩，并改进较弱的 KNGR。

表 4.7　改变 δ 固定 K 时的三种分类算法分类精度的数值表

数据集 (参数 K=5)	分类算法	$\delta=0.05$	0.1	0.15	0.2	…	0.8	0.85	0.9	0.95	1
(a) Dermatology	KNGR	0.3562	0.3562	0.3562	0.3562	…	0.5616	0.6301	0.6986	0.7671	0.8082
	KNGA	0.3562	0.3562	0.3562	0.3562	…	0.5342	0.5890	0.6712	0.6986	0.7260
	KNGD	0.3562	0.3562	0.3562	0.3562	…	0.5342	0.6027	0.6712	0.7260	0.7397
(b) Zoo	KNGR	0.5000	0.5000	0.5000	0.5000	…	0.6000	0.6000	0.6000	0.6000	0.8500
	KNGA	0.5000	0.5000	0.5000	0.5000	…	0.6000	0.6000	0.6000	0.6000	0.7000
	KNGD	0.5000	0.5000	0.5000	0.5000	…	0.6000	0.6000	0.6000	0.6000	0.7500
(c) Tea	KNGR	0.1667	0.7667	0.7667	0.7667	…	0.8000	0.8000	0.8000	0.8000	0.8333
	KNGA	0.1667	0.7667	0.8000	0.8000	…	0.8333	0.8333	0.8333	0.8000	0.8333
	KNGD	0.1667	0.7667	0.8000	0.8000	…	0.8333	0.8333	0.8000	0.8000	0.8333
(d) Heart	KNGR	0.5556	0.5556	0.5741	0.6111	…	0.7222	0.7222	0.7222	0.7778	0.7407
	KNGA	0.5556	0.5556	0.5741	0.6111	…	0.7407	0.7407	0.7407	0.7407	0.7593
	KNGD	0.5556	0.5556	0.5741	0.6111	…	0.7037	0.7037	0.7407	0.7407	0.7407

然后考虑更改参数 K 的分类数据实验。为此，K 使用 1 到 10 的自然序列：

$$K : 1 \to 2 \to 3 \to \cdots \to 9 \to 10 \tag{4.21}$$

同时，每个数据集的邻域半径固定为 $\delta = 0.85$。关于三种分类器的分类精度结果，表 4.8 提供相关数值表，图 4.7 展现相关对比图。对于 (b) Zoo，三种算法依然具有一致效果。对于 (a) Dermatology，KNGR 优于 KNGA，双量化 KNGD 取得次优从而改进 KNGA 分类效果；对于 (c) Tea，KNGA 优于 KNGR，双量化 KNGD 接近最优从而改进 KNGR；对于 (d) Heart，KNGA 普遍优于 KNGR 而有时 KNGR 也优于 KNGA，进而 KNGD 取得最优或次优分类业绩并对 KNGR、KNGA 具有系统改进。

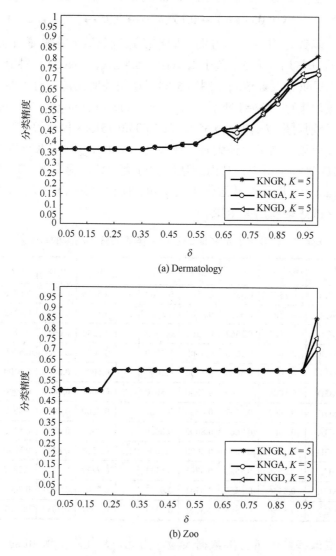

(a) Dermatology

(b) Zoo

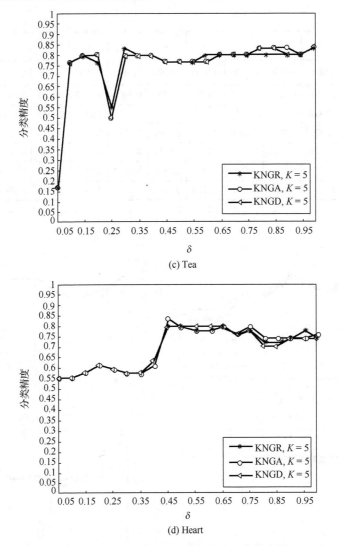

图 4.6　改变 δ 固定 K 时的三种分类算法分类精度的对比图

表 4.8　固定 δ 改变 K 时的三种分类算法分类精度的数值表

数据集 （参数 $\delta=0.85$）	算法	$K=1$	2	3	4	5	6	7	8	9	$K=10$
(a) Dermatology	KNGR	0.6438	0.5479	0.5616	0.5616	0.6301	0.5068	0.5068	0.4110	0.4110	0.3699
	KNGA	0.5890	0.4932	0.5205	0.5342	0.5890	0.4932	0.4932	0.3425	0.3562	0.3288
	KNGD	0.6301	0.5068	0.5342	0.5479	0.6027	0.4932	0.4932	0.3562	0.3562	0.3288
(b) Zoo	KNGR	0.6500	0.5500	0.5000	0.5000	0.6000	0.6000	0.6000	0.6000	0.5000	0.5000
	KNGA	0.6500	0.5500	0.5000	0.5000	0.6000	0.6000	0.6000	0.6000	0.5000	0.5000

续表

数据集 (参数 $\delta=0.85$)	算法	$K=1$	2	3	4	5	6	7	8	9	$K=10$
(b) Zoo	KNGD	0.6500	0.5500	0.5000	0.5000	0.6000	0.6000	0.6000	0.6000	0.5000	0.5000
(c) Tea	KNGR	0.6667	0.6667	0.8333	0.8333	0.8000	0.8333	0.8333	0.8333	0.8333	0.8333
	KNGA	0.7333	0.7333	0.8333	0.8333	0.8333	0.8333	0.8333	0.8333	0.8333	0.8333
	KNGD	0.7000	0.7000	0.8333	0.8000	0.8333	0.8333	0.8333	0.8333	0.8333	0.8333
(d) Heart	KNGR	0.8148	0.7593	0.7407	0.6852	0.7222	0.7037	0.7963	0.7963	0.7593	0.7407
	KNGA	0.7778	0.7222	0.6852	0.6667	0.7407	0.7037	0.8148	0.7778	0.7593	0.7407
	KNGD	0.7963	0.7593	0.7222	0.6481	0.7037	0.7037	0.8148	0.7963	0.7778	0.7222

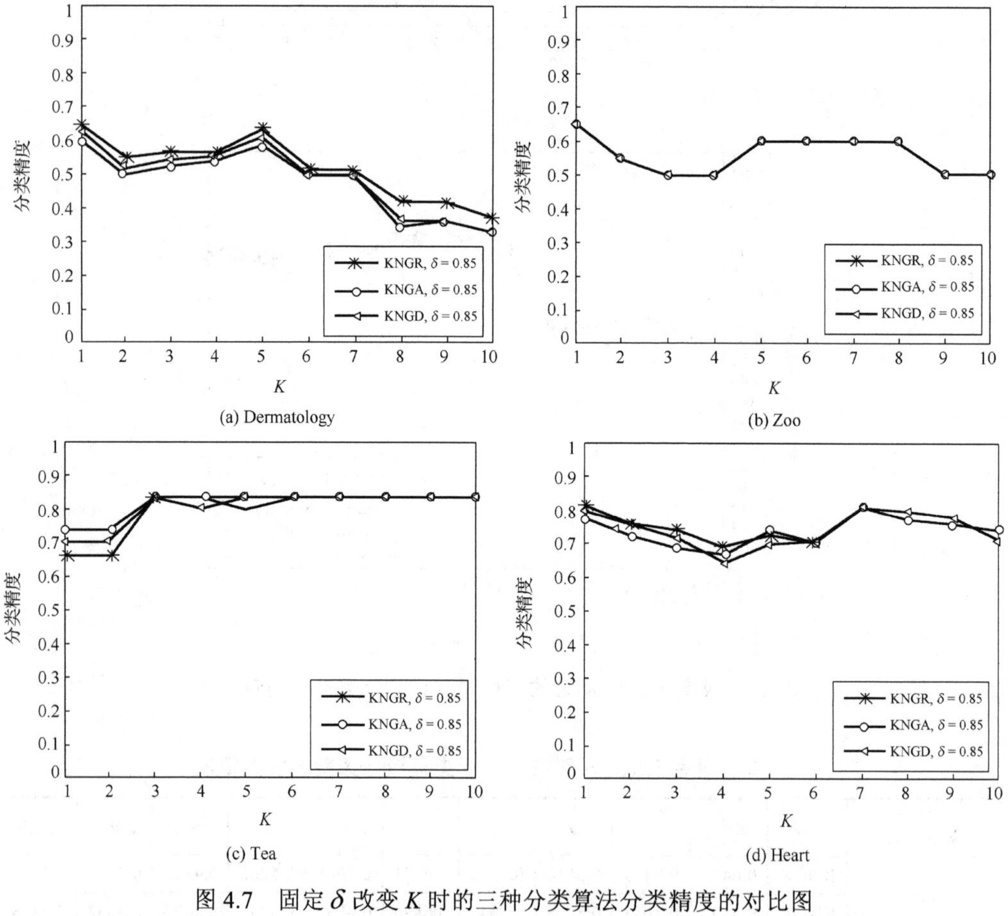

(a) Dermatology　　　　　　　　　　(b) Zoo

(c) Tea　　　　　　　　　　(d) Heart

图 4.7　固定 δ 改变 K 时的三种分类算法分类精度的对比图

最后，测试参数 δ 和 K 双变化时的分类精度结果。为此，考虑半径增链：

$$\delta: 0.1 \to 0.2 \to 0.3 \to \cdots \to 0.9 \to 1 \qquad (4.22)$$

其间隔粗化地提取了式(4.20)的半径链，并继续考虑式(4.21)的 K 序列。换句话讲，我们利用式(4.22)和式(4.21)来产生规格为 10×10 的二维参数网，而相关分类精度则安排在第三个维度。如此，图 4.8 描述了 KNGR、KNGA、KNGD 三种算法的分类精度的三维分布图。基于图 4.8，可以观察参数 $\delta \in [0.1,1]$ 和 $K \in [1,10]$ 形成的统计区域，从而分别对 4 个数据集的三种算法进行比较分析，特别是从双量化 KNGD 角度揭示相关有效性。对于(a)Dermatology，算法 KNGR 在大多数情况下获得最大精度，这主要对应于 δ 偏大；对于其余部分，KNGD 达到最佳精度，此时 δ

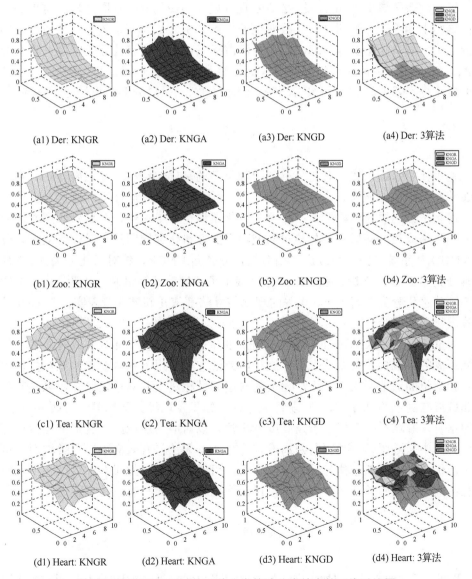

图 4.8　变化 δ 和 K 时的三种分类算法分类精度的三维对比图

偏小且更贴近实际应用。对于 (b) Zoo，相关情况与上述 (a) 类似，只是 KNGD 取得最优分类效果的区域具有更大的扩充，从约 1/3 的比例提高到约 2/3 的比例，从而双量化 KNGD 算法的优势更加显著。对于 (c) Tea，三种算法都能取得局部的最优分类精度，且剖分边界不再是线性的；从区域大小来看，KNGD 能够在大多数区域达到最佳效果，而 KNGR 与 KNGA 在剩余的小部分区域上可以取得相当的最优性。对于 (d) Heart，相关情况与上述 (c) 类似，KNGD 可以在过半的区域展示最佳分类性能，但在剩余区域上 KNGA 比 KNGR 具有更多的最优分类获取区域。这里的三维分析事实上涵盖了上述两种单参数变化的二维分析，故具有系统性与普适性。相关分析表明，双量化分类器 KNGD 在多数情况下可以达到最佳分类精度，有时会在 KNGR 和 KNGA 之间实现折中取得次优分类业绩——逼近最优与改进最差，因此它对单量化分类器 KNGR 与 KNGA 具有系统改进性，呈现分类有效性与实际应用性。

4.6　本　章　小　结

本章针对邻域系统，对比分析了两种类型的三层粒结构，并主要针对具有"底层邻域粒、中层邻域群、高层邻域库"的二型 (如图 4.2) 进行深入讨论与应用。由此，得到了该三层粒结构的大小尺度与粒化单调性非单调性，并聚焦底层邻域粒建立了系统集成相对邻域距离与绝对邻域距离的双量化邻域距离，对应的双量化分类器 KNGD 从系统上完善与改进了相对量化分类器 KNGR、绝对量化分类器 KNGA、经典分类器 KNN。邻域系统的三层分析揭示了邻域粒计算机制，而双量化分类学习改善了单量化分类学习效果，相关的理论与算法都依托邻域决策表实例与 UCI 数据实验进行了有效验证。

双量化分类器 KNGD 的完善与改进，主要得益于双量化邻域距离对两种单量化邻域距离的集成构建与系统平衡，这一新方法主要适用于相对量化和绝对量化都不占主导地位的通常场景。进而，相关的底层邻域距离及其双量化融合可以提升到中层邻域群与高层邻域库，以便实现特征选择与知识发现等其他机器学习研究与应用。换句话讲，邻域系统三层分析及其度量构建可以对应三层应用，这些都还值得深入探讨。其中，底层邻域粒伴随距离度量与分类器算法，有效应用于分类学习，可以进一步优化；中层邻域群与知识覆盖有关，可以考虑相关的属性重要度和不确定性信息；高层邻域库关联知识库，可以讨论优化特征选择与有效知识发现。

参 考 文 献

[1]　Pawlak Z. Rough Sets: Theoretical Aspects of Reasoning about Data[M]. Dordrecht: Kluwer Academic Publishers, 1991.

[2]　Yao Y Y. Relational interpretations of neighborhood operators and rough set approximation operators[J]. Information Sciences, 1998, 111(1-4): 239-259.

[3]　Hu Q H, Yu D R, Liu J F, et al. Neighborhood rough set based heterogeneous feature subset selection[J]. Information Sciences, 2008, 178: 3577-3594.

[4]　Chu X L, Sun B Z, Li X, et al. Neighborhood rough set-based three-way clustering considering attribute correlations: An approach to classification of potential gout groups[J]. Information Sciences, 2020, 535: 28-41.

[5]　Zhou P, Hu X G, Li P P, et al. Online feature selection for high-dimensional class-imbalanced data[J]. Knowledge-Based System, 2017, 136: 187-199.

[6]　Chen Y M, Wu K S, Chen X H, et al. An entropy-based uncertainty measurement approach in neighborhood systems[J]. Information Sciences, 2014, 279: 239-250.

[7]　Kumar S U, Inbarani H H. PSO-based feature selection and neighborhood rough setbased classification for BCI multiclass motor imagery task[J]. Neural Computing and Applications, 2017, 28(11): 3239-3258.

[8]　Yue X D, Chen Y F, Miao D Q, et al. Fuzzy neighborhood covering for three-way classification[J]. Information Sciences, 2020, 507: 795-808.

[9]　Sun L, Wang L Y, Ding W P, et al. Feature selection using fuzzy neighborhood entropy-based uncertainty measures for fuzzy neighborhood multigranulation rough sets[J]. IEEE Transactions on Fuzzy Systems, 2020, 29(1): 19-33.

[10]　Chakraborty D B, Pal S K. Neighborhood rough filter and intuitionistic entropy in unsupervised tracking[J]. IEEE Transactions on Fuzzy Systems, 2018, 26(4): 2188-2200.

[11]　Hu Q H, Pedrycz W, Yu D R, et al. Selecting discrete and continuous features based on neighborhood decision error minimization[J]. IEEE Transactions on Systems, 2010, 40(1): 137-150.

[12]　Liu J H, Lin Y J, Li Y W, et al. Online multi-label streaming feature selection based on neighborhood rough set[J]. Pattern Recognition, 2018, 84: 273-287.

[13]　Wang C Z, Shao M W, He Q, et al. Feature subset selection based on fuzzy neighborhood rough sets[J]. Knowledge-Based Systems, 2016, 111: 173-179.

[14]　Fan X D, Zhao W D, Wang C Z, et al. Attribute reduction based on max-decision neighborhood rough set model[J]. Knowledge-Based Systems, 2018, 151:16-23.

[15]　Wang Q, Qian Y H, Liang X Y, et al. Local neighborhood rough set[J]. Knowledge-Based Systems, 2018, 153: 53-64.

[16]　Liu Y, Huang W L, Jiang Y L, et al. Quick attribute reduct algorithm for neighborhood rough set model[J]. Information Sciences, 2014, 271(7): 65-81.

[17]　Chen Y M, Zeng Z Q, Lu J W. Neighborhood rough set reduction with fish swarm algorithm[J]. Soft Computing, 2017, 21(23): 6907-6918.

[18] Ye J, Zhan J M, Ding W P, et at. A novel fuzzy rough set model with fuzzy neighborhood operators[J]. Information Sciences, 2021, 544: 266-297.

[19] Meng J, Zhang J, Luan Y S. Gene selection integrated with biological knowledge for plant stress response using neighborhood system and rough set theory[J]. IEEE/ACM Transactions on Computational Biology and Bioinformatics, 2015, 12(2): 433-444.

[20] Chen Y M, Zhang Z J, Zheng J Z, et al. Gene selection for tumor classification using neighborrhood rough sets and entropy measures[J]. Journal of Biomedical Informatics, 2017, 67: 59-68.

[21] Yuan Z, Zhang X Y, Feng S. Hybrid data-driven outlier detection based on neighborhood information entropy and its developmental measures[J]. Expert Systems with Applications, 2018, 112: 243-257.

[22] Zadeh L A. Toward a theory of fuzzy information granulation and its centrality in human reasoning and fuzzy logic[J]. Fuzzy Sets and Systems, 1997, 90(2): 111-127.

[23] Lin T Y. Granular computing on binary relations II: Rough set representations and belief functions[J]. Rough Sets in Knowledge Discovery, Physica-Verlag, Heidelberg, 1998, 121-140.

[24] Yao Y Y, Information granulation and rough set approximation[J]. International Journal of Intelligent Systems, 2001, 16(1): 87-104.

[25] Lin T Y. Neighborhood systems and approximation in relational databases and knowledge bases[J]. Proceedings of the Fourth International Symposium on Methodologies of Intelligent Systems, 1989: 75-86.

[26] Yang X B, Zhang M, Dou H L, et al. Neighborhood systems-based rough sets in incomplete information system[J]. Knowledge-Based Systems, 2011, 24(6): 858-867.

[27] Zheng T T, Zhu L Y. Uncertainty measures of neighborhood system-based rough sets[J]. Knowledge-Based Systems, 2015, 86: 57-65.

[28] Zhang Y L, Li C Q, Lin M L, et al. Relationships between generalized rough sets based on covering and reflexive neighborhood system[J]. Information Sciences, 2015, 319: 56-67.

[29] 周艳红. 基于三层粒结构的三支单调邻域熵及其相关属性约简[D]. 成都: 四川师范大学, 2018.

[30] 周艳红, 张贤勇, 莫智文. 粒化单调的条件邻域熵及其相关属性约简[D]. 计算机研究与发展, 2018, 55(11): 2395-2405.

[31] Chen Y M, Qin N, Li W, et al. Granule structures, distances and measures in neighborhood systems[J]. Knowledge-Based Systems, 2019, 165: 268-281.

[32] Yao Y Y. Three-way granular computing, rough sets, and formal concept analysis[J]. International Journal of Approximate Reasoning, 2020, 116: 106-125.

[33] Yao Y Y. Tri-level thinking: Models of three-way decision[J]. International Journal of Machine Learning and Cybernetics, 2020, 11: 947-959.

[34] Huang B, Li H, Feng G F, et al. Double-quantitative rough sets, optimal scale selection and reduction in multi-scale dominance IF decision tables[J]. International Journal of Approximate Reasoning, 2021, 130: 170-191.

[35] Hu X Y, Sun B Z, Chen X T. Double quantitative fuzzy rough set-based improved AHP method and application to supplier selection decision making[J]. International Journal of Machine Learning and Cybernetics, 2020, 11(8): 153-167.

[36] Guo Y T, Tsang Eric C C, Hu M, et al. Incremental updating approximations for double-quantitative decision-theoretic rough sets with the variation of objects[J]. Knowledge-Based Systems, 2020, 189: 105082.

[37] Sang B B, Yang L, Chen H M, et al. Generalized multi-granulation doublequantitative decision-theoretic rough set of multi-source information system[J]. International Journal of Approximate Reasoning, 2019, 115: 157-179.

[38] Hu Q H, Yu D R, Xie Z X. Neighborhood classifiers[J]. Expert Systems with Applications, 2008, 34(2): 866-876.

[39] Blaszczynski J, Greco S, Slowinski R, et al. Monotonic variable consistency rough set approaches[J]. International Journal of Approximate Reasoning, 2009, 50(7): 979-999.

[40] Gao C, Lai Z H, Zhou J, et al. Granular maximum decision entropy based monotonic uncertainty measure for attribute reduction[J]. International Journal of Approximate Reasoning, 2019, 104: 9-24.

[41] Miao D Q, Zhao Y, Yao Y Y, et al. Relative reducts in consistent and inconsistent decision tables of the Pawlak rough set model[J]. Information Sciences, 2009, 179(24): 4140-4150.

[42] Wang G Y, Ma X A, Yu H. Monotonic uncertainty measures for attribute reduction in probabilistic rough set model[J]. International Journal of Approximate Reasoning, 2015, 59: 41-67.

[43] Zhang X Y, Miao D Q. Three-layer granular structures and three-way informational measures of a decision table[J]. Information Sciences, 2017, 412-413: 67-86.

[44] Zhang X Y, Mo Z W, Xiong F, et al. Comparative study of variable precision rough set model and graded rough set model[J]. International Journal of Approximate Reasoning, 2012, 53(1): 104-116.

[45] Li M M, Chen M H, Xu W H, Double-quantitative multigranulation decision-theoretic rough fuzzy set model[J]. International Journal of Machine Learning and Cybernetics, 2019, 10(11): 3225-3244.

[46] Li W T, Pedrycz W, Xue X P, et al. Distance-based double-quantitative rough fuzzy sets with logic operations[J]. International Journal of Approximate Reasoning, 2018, 101: 206-233.

[47] Xu W H, Guo Y T. Generalized multigranulation double-quantitative decision-theoretic rough set[J]. Knowledge-Based Systems, 2016, 105: 190-205.

[48] Fang B W, Hu B Q. Probabilistic graded rough set and double relative quantitative decision-theoretic rough set[J]. International Journal of Approximate Reasoning, 2016, 74:1-12.

[49] Yu J H, Zhang B, Chen M H, et al. Double-quantitative decision-theoretic approach to multigranulation approximate space[J]. International Journal of Approximate Reasoning, 2018, 98: 236-258.

[50] Li W T, Pedrycz W, Xue X P, et al. Fuzziness and incremental information of disjoint regions in double-quantitative decision-theoretic rough set model[J]. International Journal of Machine Learning and Cybernetics, 2019, 10(10): 2669-2690.

[51] Zhang X Y, Miao D Q. Quantitative information architecture, granular computing and rough set models in the double-quantitative approximation space of precision and grade[J]. Information Sciences, 2014, 268: 147-168.

[52] Hu X Y, Sun B Z, Chen X T, Double quantitative fuzzy rough set-based improved AHP method and application to supplier selection decision making[J]. International Journal of Machine Learning and Cybernetics, 2020, 11(1): 153-167.

[53] Fan B J, Tsang E C C, Xu W H, et al. Double-quantitative rough fuzzy set based decisions: A logical operations method[J]. Information Sciences, 2017, 378: 264-281.

[54] Zhang X Y, Miao D Q. Double-quantitative fusion of accuracy and importance: Systematic measure mining, benign integration construction, hierarchical attribute reduction[J]. Knowledge-Based Systems, 2016, 91: 219-240.

第5章 改进可调模糊粗糙集的三支建模与三层分析

模糊粗糙集是处理不确定性问题的有效方法。经典的模糊相似度对噪声比较敏感，且模型不能很好地保证对象在所属类别的上下近似是最大隶属度。对此，本章首先通过引入三支决策理论的三支策略，分别改进模糊相似关系和上下近似，构建基于三支决策的改进可调模糊粗糙集模型。针对该模型，进而揭示三层粒结构，并确立每层的模糊三支区域。最后进行实例分析，有效验证所建模型的合理性，并讨论基于三层粒结构的模糊三支区域及其粒化非单调性。

5.1 引　　言

粗糙集理论是进行不确定推理的一种基本方法[1]，它被广泛应用于人工智能和机器学习的多个领域[2-4]。在实际应用中，数据和信息往往存在多种不确定性，例如：模糊性、粗糙性、随机性等，因此它们之间相结合的研究具有重要意义。模糊粗糙集是粗糙集和模糊集的融合[5,6]，它能有效处理不确定信息[7,8]。许多学者开展了相关的理论研究与实际应用，并取得了丰硕成果[9-12]。

最初的模糊粗糙集模型是基于模糊隶属度和模糊等价关系[5]。但在实际应用中，模糊等价关系要求过于严格[13,14]。因此，目前大多数研究都扩展为模糊相似关系。模糊相似关系是利用两个对象之间的相似度来刻画对象之间的不可区分关系，计算相似度的函数可形成模糊隶属度函数。直观地，如果相似度被描述得越精确，模糊相似关系越容易受噪声影响[15,16]。因此，为了控制噪声的影响，一些模糊粗糙集的扩展模型被提出，例如：基于变精度的多粒度模型[17,18]、基于二支方法的可调模型[19]等。下面重点分析可调模型[19]的建模机制和改进空间。

原始模糊粗糙集模型直接建立在模糊相似关系上，然后引入包含度去定义上下近似。这样的模型简单，能在一定程度上刻画出知识的不确定性，但准确性不高且易受噪声影响。针对此问题，文献[19]提出可调模糊粗糙集模型，分别改进模糊相似关系和上下近似：①对象之间微弱的相似关系可能是受噪声引起的，较低的相似度可被修订为 0；为此，引入了单参数 ε 来调节模糊信息粒度的大小。②针对不属于该决策类的对象上下近似，通过分段进行 0-弱化处理，从而确保对象在自己所属

本章工作获得国家自然科学基金项目(61673285)、四川省科技计划项目(2021YJ0085、2022NSFSC0929)、四川省教育厅科研项目(17ZB0356)的资助。

决策类中获得最大的上下近似。文献[19]还给出了该模型特征选择的理论算法和实验结果。事实上，可调模型可被看成是一个二支模型，它仅考虑了相似关系和上下近似进行弱化这一个方向。相反地，对相似关系和上下近似进行强化这一方向显然也值得系统探究。因此，可调模型可扩展为进行强化的另一种二支单参数模型，进而可扩展为兼备弱化和强化的三支双参数模型。

三支决策(three-way decision，3WD)理论[20-23]是加拿大学者 Yao 教授提出的，是建立在认知基础上以"三"为哲学思想的三支计算方法论。目前，其已成为处理不确定性问题的研究热点之一[24-27]，许多学者提出了关于三支决策的具体模型与实际应用，例如，三支粗糙近似[28,29]、三支聚类[30-32]、三支概念分析[8,33,34]、三支冲突分析[35-37]、三支学习[38,39]、敏感代价三支决策[40-42]、序三支决策[43-46]、其他三支决策模型[47-52]。本章将基于三支决策的三分思想，对模糊相似关系和上下近似分别进行初始值保留、0-弱化、1-强化的三种操作，具体如图 5.1 所示。这种基于三支策略的改进可调模型具有更强的鲁棒性。当双参数 (α, β) 为特殊值时，三支可调模型即退化为基于单参数 ε 的二支可调模型和原始经典模型。

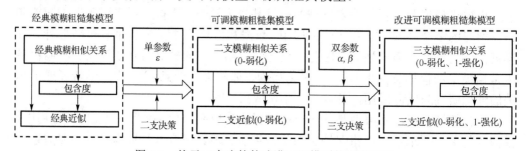

图 5.1　基于三支决策的改进可调模型的研究思路

在三支决策理论中，Yao 提出了三层思维的结构(即底层、中层、高层)，它是关联粒计算的一种基本框架。Zhang 和 Miao 以传统决策表为背景建立了三层粒结构(即微观-底层、中观-中层、宏观-高层)[53]，相关的信息度量和属性约简在文献[52]中进行了讨论。Wang 等[19]在可调模型中讨论的基于正域和依赖度的特征选取实际上位于宏观-高层。为了深入挖掘数据的不确定性，更好实现模型的应用，三支可调模型的层次性值得研究。因此，本章将对模糊粗糙集模型的三层粒结构进行深入分析，相关研究路线如图 5.2 所示。首先，将基于粒计算(GrC)和三支决策(3WD)建立模糊决策表的三层粒结构，即宏观-高层、中观-中层-1 和中观-中层-2、微观-底层。然后，基于改进模型来讨论相应层次的三支区域(即正域、负域、边界域)，其用三元组表示为 (POS, NEG, BND)，从而探讨模型的层次信息和粒度结构。由于粒化非单调性关联于属性约简[54-62]，因此还将重点聚焦改进模型模糊三支区域的粒化非单调性。

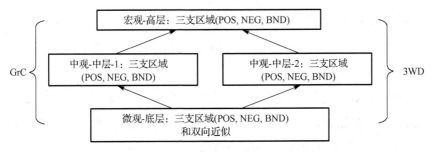

图 5.2　三支区域模型的三层粒结构构建

综上所述，本章提出基于双参数三支决策的改进可调模糊粗糙集模型，并通过三层粒结构，进行模糊三支区域的三层分析。第 5.2 节将回顾模糊粗糙集及其经典模型和可调模型。第 5.3 节建立三支模糊相似关系与双近似改进，得到改进可调模型。第 5.4 节讨论模糊粗糙集的三层粒结构，并由此分析改进可调模型的模糊三支区域。第 5.5 节利用实例进行改进模型的三层分析，并观测模糊三支区域的粒化非单调性。第 5.6 节总结本章。

5.2　模糊粗糙集及可调模型

5.2.1　模糊粗糙集

本小节借助文献[19,63]对模糊粗糙集进行简要回顾。

模糊信息系统是一个四元组 (U,A,V,f) 。其中， $U=\{x_1,x_2,\cdots,x_n\}=\{x_i\,|\,i\in\{1,2,\cdots,n\}\}$ 是非空有限对象集， $A=\{a_1,a_2,\cdots,a_{|A|}\}$ 是非空有限属性集， $V=\{V_a\,|\,a\in A\}$ 是属性值集， $f:U\times A\to V$ 是 $(x,a)\to\mu_a(x)$ 信息函数（这里 $\mu_a(x)\in[0,1]$ 表示对象 x 在属性 a 下的属性值）。

假设属性子集 $B\subseteq A$ ，由 B 导出的模糊相似关系 R_B 满足自反性和对称性，而 $R_B(x,y)\in[0,1]$ 表示对象 x 和 y 在属性集 B 下的相似度。若 $R_B(x,y)$ 的值越接近 1，则对象 x 和 y 越相似；若 $R_B(x,y)$ 的值越接近 0，则 x 和 y 越不相似。模糊相似关系 R_B 可导出相应的模糊相似类 $[x_i]_B=\dfrac{R_B(x_i,x_1)}{x_1}+\dfrac{R_B(x_i,x_2)}{x_2}+\cdots+\dfrac{R_B(x_i,x_n)}{x_n}$ ，以及模糊相似分类 $U\,/\,\mathrm{IND}(B)=\{[x_1]_B,[x_2]_B,\cdots,[x_n]_B\}$ 。

对模糊信息系统 (U,A,V,f) ，引入决策属性集 D ，即可形成模糊决策表 $(U,A\cup D,V,f)$ ，简记为 (U,A,D) ，其中 A 代表条件属性集。根据决策属性集 D ，论域 U 被划分为 m 个等价类，相关的决策等价类记为：

$$U\,/\,\mathrm{IND}(D)=\{D_1,D_2,\cdots,D_m\}=\{D_j\,|\,j\in\{1,2,\cdots,m\}\}$$

模糊决策利用包含度定义如下：

$$\tilde{D}_j(x) = \frac{\left|[x]_B \bigcap D_j\right|}{\left|[x]_B\right|} \tag{5.1}$$

其中，$\tilde{D}_j(x)$ 可以表示对象 x 关于决策属性类 $\tilde{D}_j$ 的隶属程度。这里，$\tilde{D}_j$ 是一个模糊集，$\tilde{D}_1, \tilde{D}_2, \cdots, \tilde{D}_m$ 是论域 U 上的一簇模糊集；$\{\tilde{D}_1, \tilde{D}_2, \cdots, \tilde{D}_m\}$ 被称为由 D 和 B 导出的一个模糊划分，且 $\sum_{j=1}^{m} \tilde{D}_j(x) = 1$（$\forall x \in U$）。

定义 5.1　在模糊决策表 (U, A, D) 中，对象 x 在条件属性集 B 下，关于决策类 D_j 的模糊下上近似为：

$$\begin{cases} \underline{B}D_j(x) = \inf_{y \in U} \max\{1 - R_B(x, y), \tilde{D}_j(y)\} \\ \overline{B}D_j(x) = \max_{y \in U} \inf\{R_B(x, y), \tilde{D}_j(y)\} \end{cases} \tag{5.2}$$

对象 x 关于决策分类 D 的模糊正域为：

$$\mathrm{POS}_B(D)(x) = \sum_{j=1}^{m} \underline{B}D_j(x) \tag{5.3}$$

5.2.2　可调模糊粗糙集模型

本小节回顾 Wang 等提出的可调模糊粗糙集模型[19]。

在实际应用中，模糊决策表通常涉及多粒度需求和噪声影响，由此一个模糊信息粒的参数 $\varepsilon \in [0,1)$ 首先被引入。

定义 5.2　在模糊决策表 (U, A, D) 中，基于参数 $\varepsilon \in [0,1)$ 的不可区分关系 R_B^{ε} 可由如下的相似度导出：

$$[x]_B^{\varepsilon}(y) = \begin{cases} 0, & R_B(x, y) < \varepsilon \\ R_B(x, y), & R_B(x, y) \geqslant \varepsilon \end{cases} \tag{5.4}$$

初始的模糊相似关系 R_B 通过引入参数 ε 被改进为二支模糊相似关系 R_B^{ε}。其中，参数 ε 可影响模糊信息粒的大小，其最优值可以通过实验进行获取。

根据定义 5.2，经典的模糊粗糙集模型并不能确保对象在自己所属类的模糊隶属度最大。例如，$x \in D_j$，根据式（5.2），可能会出现 $\underline{R}D_{j'}(x) > \underline{R}D_j(x)$（$j' \neq j$）。为了解决这一问题，文献[19]基于模糊相似关系 R_B^{ε} 来提出相应的上下近似和模糊正域。

定义 5.3　在模糊决策表 (U, A, D) 中，对象 x 在条件属性集 B 下，关于决策类 D_j 的模糊下上近似为：

$$\underline{R}_B^{\varepsilon}(D_j)(x) = \begin{cases} \min_{y \in U} \max\{1 - R_B^{\varepsilon}(x, y), \tilde{D}_j^{\varepsilon}(y)\}, & x \in D_j \\ 0, & x \notin D_j \end{cases}$$

$$\overline{R}_B^\varepsilon(D_j)(x) = \begin{cases} \max_{y \in U} \min\{R_B^\varepsilon(x,y), \tilde{D}_j^\varepsilon(y)\}, & x \in D_j \\ 0, & x \notin D_j \end{cases} \tag{5.5}$$

这里包含度 $\tilde{D}_j^\varepsilon(y)$ 为：

$$\tilde{D}_j^\varepsilon(y) = \frac{\left|[y]_B^\varepsilon \cap D_j\right|}{\left|[y]_B^\varepsilon\right|} \tag{5.6}$$

对象 x 关于决策分类 D 的模糊正域为：

$$\mathrm{POS}_B^\varepsilon(D)(x) = \sum_{j=1}^m \underline{R}_B^\varepsilon D_j(x) \tag{5.7}$$

根据定义 5.3，可调模糊粗糙集模型计算隶属度时添加了额外的分类信息，因此它可以克服经典模型的相应缺点从而对数据进行有效调整。同时，相对较多的 0 出现也可以一定程度上减少计算复杂性。

5.3　基于三支决策的改进可调模糊粗糙集模型

第 5.2 节中的可调模糊粗糙集模型主要利用二支策略对经典模型从以下两个方面进行了改进[19]：一是基于二支单参数构造的模糊相似关系(式(5.4))，二是基于二支决策分类的上下近似(式(5.5))。三支决策通常比二支决策具有更好的有效性与实用性。因此，本节借鉴基于二支决策的可调模糊粗糙集模型，建立基于三支决策的可调模糊粗糙集模型。具体地，三支决策的思想将被合理地应用到以上两点，即提出三支模糊相似关系和改进的上下近似，从而建立基于三支策略的改进可调模糊粗糙集模型。

5.3.1　基于三支决策的三支模糊相似关系

对于模糊相似关系，其三支形式是对经典模糊相似关系的改进，同样也是对二支形式的改进。

在模糊决策表中，属性值可认为是一种隶属度，即对象属于该属性的程度。因此，它能描述现实生活中数据的不确定性。然而，描述的数据不确定性通常比较敏感，容易受噪声影响。当两个对象之间的关系很微弱时，它们之间的相似度很可能应该是 0，因为这种微弱的相似关系有可能是噪声引起的。对此，Wang 等引入参数 ε 构造了参数化的模糊信息粒(式(5.4))[19]。事实上，式(5.4)采用了一个基于二分的模糊集近似，模糊相似关系被分为两段。对称地，当两个对象非常相似时，它们之间的微弱不同有可能是受噪声影响，使得相似度本应该是 1 却达不到 1，它们之间微弱的不同也应该被忽略。由此，这种对称于文献[19]方法的情况同样值得考虑。下面，引入一对参数 (α, β)（$0 \leqslant \beta < \alpha \leqslant 1$），利用三分方法，提出一种三支模糊相似关系，其亦称为三支模糊信息粒。

定义 5.4　在模糊决策表 (U, A, D) 中，构造基于 (α, β) 的模糊信息粒如下：

$$[x]_B^{(\alpha,\beta)}(y) = \begin{cases} 1, & R_B(x,y) \geqslant \alpha \\ R_B(x,y), & \beta < R_B(x,y) < \alpha \\ 0, & R_B(x,y) \leqslant \beta \end{cases} \qquad (5.8)$$

由此产生的不可区分关系满足自反性和对称性，仍然是一种模糊相似关系，记作 $R_B^{(\alpha,\beta)}$。进而，对象 $x_i \in U$ 的模糊相似类为：

$$[x_i]_B^{(\alpha,\beta)} = \frac{R_B^{(\alpha,\beta)}(x_i, x_1)}{x_1} + \frac{R_B^{(\alpha,\beta)}(x_i, x_2)}{x_2} + \cdots + \frac{R_B^{(\alpha,\beta)}(x_i, x_n)}{x_n}$$

与二支模糊相似关系（式 (5.4)）相比，三支模糊相似关系具有更合理的构造机制，具体可以解释如下：

(1) 当模糊相似度 $R_B(x,y) \geqslant \alpha$ 时，对象 x 和 y 之间微弱的不同可以认为是噪声引起的。因此，模糊相似度可以被提升为最大值，即 $[x]_B^{(\alpha,\beta)}(y) = 1$。

(2) 当模糊相似度 $R_B(x,y) \leqslant \beta$ 时，对象 x 和 y 之间微弱的相同可以认为是噪声引起的。因此，模糊相似度可以被削弱成最小值，即 $[x]_B^{(\alpha,\beta)}(y) = 0$。

(3) 当模糊相似度 $\beta < R_B(x,y) < \alpha$ 时，则保持不变，即 $[x]_B^{(\alpha,\beta)}(y) = R_B(x,y)$。

基于经典相似关系 R_B，可调模型（式 (5.4)）利用一个参数 ε，建立了基于二支策略的模糊相似关系 R_B^ε。这里，我们利用两个参数 (α, β) 和三支决策思想，建立了基于三支策略的改进模糊相似关系 $R_B^{(\alpha,\beta)}$。其优点有三：① (α, β) 可以对模糊信息粒的粗细进行合理调节，即利用强化、弱化、保持的动作来构建不同的模糊信息粒；②双参数 (α, β) 控制噪声的灵活性比单参数 ε 更强；③一些对象的相似度被近似为 1 或 0，可在一定程度上简化后续相关计算。

性质 5.1　若 $(\alpha, \beta) = (1, \varepsilon)$，则 $R_B^{(\alpha,\beta)} = R_B^\varepsilon$；若 $(\alpha, \beta) = (1, 0)$，则 $R_B^{(\alpha,\beta)} = R_B$。

通过性质 5.1，三支模糊相似关系可以退化为二支模糊相似关系，也可以退化为经典模糊相似关系，这充分说明了其扩展优势。

5.3.2　基于三支决策的上下近似

在模糊粗糙集中，经典模型近似（式 (5.2)）依赖于原始的模糊相似关系和包含度。可调模型采用二支决策原理，聚焦 ε 模糊相似关系和分类信息，提出了上下近似（式 (5.5)）。本小节进而利用三支决策思想，依托 (α, β) 模糊相似关系及更合理分类信息，构造出改进的上下近似。换句话说，我们将利用三支决策替代二支决策，从而诱导出改进可调模糊粗糙集模型。为了更好阐述相关的动机和合理性，首先通过一个例子来分析经典模型和可调模型，并最终导出改进的新模型。

例 5.1　决策表 (U,A,D) 如表 5.1，其中 $U = \{x_1, x_2, \cdots, x_8\}$，$A = \{a_1, a_2, a_3\}$，$U /$ $\text{IND}(D) = \{D_1, D_2, D_3\}$。

表 5.1　决策表 (U,A,D)

U	x_1	x_2	x_3	x_4	x_5	x_6	x_7	x_8
a_1	0.1	1	0.6	0.1	0.2	0.5	0.8	1
a_2	0.8	0.5	0.3	0.5	0.9	0.2	0.9	0.6
a_3	0.9	0.3	0.8	0.6	0.9	0.8	0.5	0.2
D	1	2	2	1	3	3	1	2

利用模糊集中常用的欧氏距离公式（即文献[64]中用于计算模糊相似度的公式）：

$$R_A(x,y) = 1 - \frac{1}{\sqrt{|A|}} \sqrt{\sum_{h=1}^{|A|} (\mu_{a_h}(x) - \mu_{a_h}(y))^2} \tag{5.9}$$

可得表 5.1 中对象的模糊相似度，如表 5.2。

表 5.2　模糊相似度 $R_A(x,y)$

U	x_1	x_2	x_3	x_4	x_5	x_6	x_7	x_8
x_1	1							
x_2	0.352	1						
x_3	0.588	0.613	1					
x_4	0.755	0.452	0.668	1				
x_5	0.918	0.378	0.580	0.706	1			
x_6	0.580	0.557	0.918	0.689	0.557	1		
x_7	0.531	0.717	0.596	0.531	0.584	0.527	1	
x_8	0.332	0.918	0.549	0.428	0.362	0.493	0.729	1

在表 5.1 中，三个决策类分别为 $D_1 = \{x_1, x_4, x_7\}$，$D_2 = \{x_2, x_3, x_8\}$，$D_3 = \{x_5, x_6\}$，根据式(5.1)可计算出模糊决策的包含度，用矩阵的形式表示如下：

$$\tilde{D} = \begin{bmatrix} \tilde{D}_1 \\ \tilde{D}_2 \\ \tilde{D}_3 \end{bmatrix} = \begin{bmatrix} 0.452 & 0.305 & 0.336 & 0.437 & 0.434 & 0.338 & 0.395 & 0.309 \\ 0.251 & 0.508 & 0.392 & 0.296 & 0.260 & 0.370 & 0.392 & 0.513 \\ 0.296 & 0.187 & 0.272 & 0.267 & 0.306 & 0.293 & 0.213 & 0.178 \end{bmatrix}_{3\times 8}$$

根据式(5.2)，经典的模糊粗糙集模型的上下近似如表 5.3 所示。

表 5.3　经典模型的上下近似

近似	x_1	x_2	x_3	x_4	x_5	x_6	x_7	x_8
$\underline{A}D_1$	0.412	0.309	0.340	0.340	0.416	0.340	0.309	0.309
$\underline{A}D_2$	0.248	0.395	0.332	0.248	0.248	0.311	0.404	0.406
$\underline{A}D_3$	0.289	0.178	0.265	0.289	0.294	0.265	0.208	0.178
$\overline{A}D_1$	0.458	0.426	0.458	0.458	0.458	0.458	0.458	0.426
$\overline{A}D_2$	0.406	0.513	0.513	0.452	0.406	0.493	0.513	0.513
$\overline{A}D_3$	0.314	0.314	0.314	0.314	0.314	0.314	0.314	0.314

基于经典模糊粗糙集模型，我们对表 5.3 中的上下近似分析如下：

(1) 下近似存在一定程度的不合理性。例如，$x_3 \in D_2$ 但 $\underline{A}D_1(x_3) > \underline{A}D_2(x_3)$，$x_6 \in D_3$ 但 $\underline{A}D_1(x_6) > \underline{A}D_2(x_6) > \underline{A}D_3(x_6)$，并且对象 x_5 和 x_7 的下近似也出现了相同问题。

(2) 上近似存在一定程度的不合理性。例如，$x_5 \in D_3$ 但 $\overline{A}D_1(x_5) > \overline{A}D_2(x_5) > \overline{A}D_3(x_5)$，并且对象 x_6 和 x_7 的上近似也出现了类似情况。因此，经典模糊粗糙集模型中上下近似不合理的现象可总结为：

$$x \in D_j \Rightarrow \underline{R}D_{j'}(x) > \underline{R}D_j(x) \vee \overline{R}D_{j'}(x) > \overline{R}D_j(x), \qquad j' \neq j \tag{5.10}$$

在模糊粗糙集模型中，下近似 $\underline{R}D_j(x)$ 关联于对象 x 确定属于决策类 D_j 的程度，上近似 $\overline{R}D_j(x)$ 关联于对象 x 可能属于决策类 D_j 的程度。若已知 $x \in D_j$，那么该对象关于决策类 D_j 的上下近似的值应该大于它关于其他决策类的上下近似的值。因此，例 5.1 中分析得出的现象是不合理的。

针对上述不合理现象，Wang 等人对上下近似进行了改进，即获得式 (5.5)。当 $x \notin D_j$ 时，$\underline{R}D_j(x)$ 和 $\overline{R}D_j(x)$ 的值都为 0；当 $x \in D_j$ 时，$\underline{R}D_j(x)$ 和 $\overline{R}D_j(x)$ 的值保持不变。基于该可调模型，下面可以考虑式 (5.5) 的对称情况。

定义 5.5　在模糊决策表 (U, A, D) 中，在条件属性子集 $B \subseteq A$ 下，关于 D_j 的模糊下上近似为：

$$\underline{R}_B^\varepsilon(D_j)(x) = \begin{cases} 1, & x \in D_j \\ \min_{y \in U} \max\{1 - R_B^\varepsilon(x, y), \tilde{D}_j^\varepsilon(y)\}, & x \notin D_j \end{cases}$$

$$\overline{R}_B^\varepsilon(D_j)(x) = \begin{cases} 1, & x \in D_j \\ \max_{y \in U} \min\{R_B^\varepsilon(x, y), \tilde{D}_j^\varepsilon(y)\}, & x \notin D_j \end{cases} \tag{5.11}$$

定义模糊信息粒为：

$$[x]_B^\varepsilon(y) = \begin{cases} 1, & R_B(x, y) \geqslant \varepsilon \\ R_B(x, y), & R_B(x, y) < \varepsilon \end{cases} \tag{5.12}$$

其中，基于单参数 ε 的模糊相似度为 $R_B^\varepsilon(x,y)=[x]_B^\varepsilon(y)$。

显然，式(5.12)和式(5.4)是对称的，它们都可以看成是式(5.8)中 (α,β) 取特殊值时的形式。式(5.11)和式(5.5)也是对称的，并且都是对原有上下近似定义的改进。文献[19]提出的式(5.5)和我们给出的式(5.11)都能避免例 5.1 中存在的不合理现象。

例 5.2　继续例 5.1 的例子，根据式(5.5)和式(5.11)，可以计算改进后的上下近似。这里，为突出上下近似改进，在式(5.5)中特别设置 $\varepsilon=0$，即二支模糊相似关系具有结果 $R_A^\varepsilon=R_A$。计算上下近似结果如表 5.4。

表 5.4　根据式(5.5)计算的上下近似

近似	x_1	x_2	x_3	x_4	x_5	x_6	x_7	x_8
$\underline{R}(D_1)$	0.412	0	0	0.340	0	0	0.309	0
$\underline{R}(D_2)$	0	0.395	0.332	0	0	0	0	0.406
$\underline{R}(D_3)$	0	0	0	0	0.294	0.265	0	0
$\overline{R}(D_1)$	0.458	0	0	0.458	0	0	0.458	0
$\overline{R}(D_2)$	0	0.513	0.513	0	0	0	0	0.513
$\overline{R}(D_3)$	0	0	0	0	0.314	0.314	0	0

同样地，在式(5.11)中，设 $\varepsilon=1$，即二支模糊相似关系为 $R_A^\varepsilon=R_A$，计算上下近似如表 5.5。

表 5.5　根据式(5.11)计算的上下近似

近似	x_1	x_2	x_3	x_4	x_5	x_6	x_7	x_8
$\underline{R}(D_1)$	1	0.309	0.340	1	0.416	0.340	1	0.309
$\underline{R}(D_2)$	0.248	1	1	0.248	0.248	0.311	0.404	1
$\underline{R}(D_3)$	0.289	0.178	0.265	0.289	1	1	0.208	0.178
$\overline{R}(D_1)$	1	0.426	0.458	1	0.458	0.458	1	0.426
$\overline{R}(D_2)$	0.406	1	1	0.452	0.406	0.493	0.513	1
$\overline{R}(D_3)$	0.314	0.314	0.314	0.314	1	1	0.314	0.314

表 5.4 和表 5.5 说明这两种改进的上下近似方法都能保证对象在关于自己所属的决策类别的上下近似中达到最大值。例如，在表 5.4 中，$x_1\in D_1$，有 $\underline{R}(D_1)(x_1)>\underline{R}(D_2)$ $(x_1)=\underline{R}(D_3)(x_1)=0$，且 $\overline{R}(D_1)(x_1)>\overline{R}(D_2)(x_1)=\overline{R}(D_3)(x_1)=0$；在表 5.5 中，$x_1\in D_1$，有 $\underline{R}(D_1)(x_1)=1>\underline{R}(D_3)(x_1)>\underline{R}(D_2)(x_1)$，且 $\overline{R}(D_1)(x_1)=1>\overline{R}(D_2)(x_1)>\overline{R}(D_3)(x_1)$。由此说明定义 5.3 和定义 5.6 中给出的上下近似都可以去除例 5.1 中的不合理现象。

但我们注意到，在定义 5.3(式(5.5))中，若 $x\notin D_j$，则 $\underline{R}D_j(x)$ 和 $\overline{R}D_j(x)$ 的值都为 0，即对象 x 确定属于 D_j 和可能属于 D_j 的程度都为 0。这显然无法刻画出对象关

于其他决策类的不确定性。类似地，在定义 5.5(式(5.11))中，若 $x \in D_j$，则 $\underline{RD}_j(x)$ 和 $\overline{RD}_j(x)$ 的值都为 1，即对象 x 确定属于 D_j 和可能属于 D_j 的程度都为 1，这显然也没有刻画出对象在自己所属决策类中的不确定性。因此，考虑到 5.3.1 节中提出的基于三支决策的三支模糊相似关系，下面给出新的上下近似的定义。

定义 5.6　在决策表 (U, A, D) 中，在条件属性子集 $B \subseteq A$ 下，基于模糊相似关系 $R_B^{(\alpha,\beta)}$，对象 x 关于 D_j 的模糊下上近似为：

$$\underline{R}_B^{(\alpha,\beta)}(D_j)(x) = \begin{cases} \min_{y \in U} \max\{1 - R_B^{(\alpha,\beta)}(x,y), \tilde{D}_j^{(\alpha,\beta)}(y)\}, & x \in D_j \\ 0, & x \notin D_j \end{cases}$$

$$\overline{R}_B^{(\alpha,\beta)}(D_j)(x) = \begin{cases} 1, & x \in D_j \\ \max_{y \in U} \min\{R_B^{(\alpha,\beta)}(x,y), \tilde{D}_j^{(\alpha,\beta)}(y)\}, & x \notin D_j \end{cases}$$

(5.13)

这里包含度 $\tilde{D}_j^{(\alpha,\beta)}(y)$ 的计算公式为：

$$\tilde{D}_j^{(\alpha,\beta)}(y) = \frac{\left|[y]_B^{(\alpha,\beta)} \bigcap D_j\right|}{\left|[y]_B^{(\alpha,\beta)}\right|}$$

(5.14)

定义 5.6 的下近似构建基本与定义 5.3 的下近似构建相同，而上近似构建基本与定义 5.5 的上近似构建相同。因此，定义 5.6 是在三支模糊相似关系 $R_B^{(\alpha,\beta)}$ 的基础上，对定义 5.3 和 5.5 的上下近似进行了合理整合。对上下近似的三种定义，我们简要分析如下：

(1)在定义 5.3 中，通过判断对象 x 是否属于决策类 D_j，上下近似呈现出两种不同状态，即 0-削弱和保持不变。因此，这可以看作是基于二支策略的上下近似。

(2)在定义 5.5 中，通过判断对象 x 是否属于决策类 D_j，上下近似呈现出两种不同状态，即 1-加强和保持不变。因此，同样可看作是基于二支策略的上下近似。

(3)在定义 5.6 中，通过有区别地判断对象 x 是否属于决策类 D_j，上下近似呈现出三种不同状态，即 0-削弱、1-加强、保持不变。因此，它们可被理解为是一种基于三支策略的上下近似。

以上三套上下近似都能有效改变例 5.1 中描述的不合理现象，即保证对象 x 在自己属的决策类 D_j 中的上下近似能达到最大值。其中，我们分析的定义 5.3 和定义 5.5 中出现的上下近似无法描述不确定性的问题，定义 5.6 恰好能够有效合理地解决。根据式(5.13)，具体分析如下：①当 $x \in D_j$ 时，下近似有 $\underline{R}_B^{(\alpha,\beta)}(D_j)(x) = \min_{y \in U} \max\{1 - R_B^{(\alpha,\beta)}(x,y), \tilde{D}_j^{(\alpha,\beta)}(y)\}$ 且上近似 $\overline{R}_B^{(\alpha,\beta)}(D_j)(x) = 1$，恰好反映了对象 x 确定属于和可能属于决策类 D_j 的不确定性；②当 $x \notin D_j$ 时，下近似为 $\underline{R}_B^{(\alpha,\beta)}(D_j)(x) = 0$ 且上近似为 $\overline{R}_B^{(\alpha,\beta)}(D_j)(x) = \max_{y \in U} \min\{R_B^{(\alpha,\beta)}(x,y), \tilde{D}_j^{(\alpha,\beta)}(y)\}$，这也恰好反映了对象 x 可能属

于决策类 D_j 的不确定性。换言之，定义 5.6 的上下近似不但能够保证对象在自己属于的决策类的上下近似是最大值，还能刻画出对象关于所有决策类的不确定性。因此理论分析可见，定义 5.6 的上下近似比定义 5.3 的和定义 5.5 的上下近似更合理有效。

例 **5.3**　继续例 5.1 的例子，根据式 (5.13)，可以计算基于三支决策的上下近似，如表 5.6。这里，为突出上下近似的改进，设 $(\alpha, \beta) = (1, 0)$，即三支模糊相似关系为 $R_A^{(\alpha, \beta)} = R_A$。

表 5.6　基于三支决策的上下近似

近似	x_1	x_2	x_3	x_4	x_5	x_6	x_7	x_8
$\underline{R}(D_1)$	0.412	0	0	0.340	0	0	0.309	0
$\underline{R}(D_2)$	0	0.395	0.332	0	0	0	0	0.406
$\underline{R}(D_3)$	0	0	0	0	0.294	0.265	0	0
$\overline{R}(D_1)$	1	0.426	0.458	1	0.458	0.458	1	0.426
$\overline{R}(D_2)$	0.406	1	1	0.452	0.406	0.493	0.513	1
$\overline{R}(D_3)$	0.314	0.314	0.314	0.314	1	1	0.314	0.314

这里，$x_1 \in D_1$，有 $\underline{R}(D_1)(x_1) = 0.412 > \underline{R}(D_2)(x_1) = \underline{R}(D_3)(x_1)$，且 $\overline{R}(D_1)(x_1) = 1 > \overline{R}(D_2)(x_1)$、$\overline{R}(D_1)(x_1) = 1 > \overline{R}(D_3)(x_1)$，这表明对象 x 关于决策类 D_1 的上下近似大于关于 D_2 和 D_3 的上下近似。另外，就决策类 D_1 而言，$\underline{R}(D_1)(x_1) = 0.412$ 且 $\overline{R}(D_1)(x_1) = 1$，即对象 x_1 确定属于 D_1 的程度为 0.412，x_1 可能属于 D_1 的程度为 1，而两者之差 $1 - 0.412 = 0.588$ 描述了对象 x_1 属于决策类 D_1 的不确定性；同样地，对于决策类 D_2，$\underline{R}(D_2)(x_1) = 0$ 且 $\overline{R}(D_2)(x_1) = 0.406$，即对象 x_1 确定属于 D_2 的程度为 0，x_1 可能属于 D_2 的程度为 0.406，两者之差 0.406 描述了对象 x_1 属于决策类 D_2 的不确定性；关于决策类 D_3 的上下近似也有和关于 D_2 类似的描述。因此，这些结果充分说明了定义 5.6 所给出的上下近似语义解释的合理性。

5.4　改进可调模糊粗糙集模型的三层分析

改进可调模糊粗糙集模型从模糊相似度和上下近似两个方面对可调模型和经典模型进行了改进。为了更好促进改进可调模型的应用，本节将研究该模型的三层粒结构。针对模糊决策表，首先构建三层粒结构，然后分别讨论三个层次上的模糊三支区域。

5.4.1　三层粒结构

Zhang 和 Miao 建立了决策表的三层粒结构[53]，适用于经典粗糙集。本节将借鉴相关思路和方法，提出模糊决策表的三层粒结构，进而描述模糊粗糙集（如其改进可调模型）。

在模糊决策表 (U, A, D) 中，$B \subseteq A$ 是条件属性集合，D 是决策属性集合，由此涉及的四种主要概念如表 5.7。

表 5.7　模糊决策表的 4 种基本概念

粒化概念	数学表达形式	基于信息粒的语义解释
模糊相似类	$[x_i]_B, i = 1, \cdots, n$	模糊条件信息粒
模糊相似分类	$U / \mathrm{IND}(B)$	模糊条件信息粒集
决策类	$D_j, j = 1, \cdots, m$	决策粒
决策分类	$U / \mathrm{IND}(D)$	决策粒集

进而，这些概念能够用于搭建三层粒结构，具体描述如表 5.8。

表 5.8　模糊决策表的三层粒结构

结构编号	组成	粒尺度	粒层次	名称
I	$U / \mathrm{IND}(B)$，$U / \mathrm{IND}(D)$	宏观	高层	宏观-高层
II-1	$[x_i]_B$，$U / \mathrm{IND}(D)$	中观	中层	中观-中层-1
II-2	$U / \mathrm{IND}(B)$，D_j	中观	中层	中观-中层-2
III	$[x_i]_B$，D_j	微观	底层	微观-底层

利用表 5.8 中各层概念，可以构建如图 5.3 所示的三层粒结构关系。首先，针对三层粒结构，简要说明如下：

（1）宏观和高层的粒度结合能够构造一种结构，即宏观-高层，由 $(U / \mathrm{IND}(B), U / \mathrm{IND}(D))$ 表示。

（2）中观和中层的粒度结合能够构造两种结构，一种被称为中观-中层-1，由 $([x_i]_B, U / \mathrm{IND}(D))$ 表示，另一种被称为中观-中层-2，由 $(U / \mathrm{IND}(B), D_j)$ 表示，且这两种是平行的和对称的。

（3）微观和底层的结合能够构造一种结构，即微观-底层，由 $([x_i]_B, D_j)$ 表示。

在图 5.3 中，三层粒结构清晰展现了相关的层次性与粒关系。从粒计算角度来看，"宏观-高层→中观-中层→微观-底层"蕴含了在高层→中层→底层方向上的特定类具化过程；相反地，反方向则蕴含了在底层→中层→高层方向上的粒簇泛化过程。

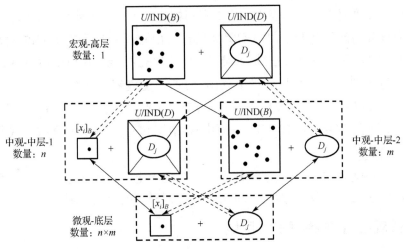

图 5.3　模糊决策表的三层粒结构示意图

另外，基于对称观点，可以对模糊相似类和决策类分别进行分解和融合时的个数及关系进行分析。根据图 5.3 中向上箭头的方向，三层粒结构中各层次融合（从较低的层次到较高的层次）的具体情况分析如下：

(1) 相关 m 个微观-底层可以合并为一个中观-中层-1，然后 n 个中观-中层-1 可以合并为一个宏观-高层。

(2) 相关 n 个微观-底层可以合并为一个中观-中层-2，然后 m 个中观-中层-2 可以合并为一个宏观-高层。

(3) 所有的 $n \times m$ 个微观-底层可以合并为一个宏观-高层，合并可以采用中观-中层-1 和中观-中层-2 两种途径。

类似地，根据图 5.3 中向下的箭头，三层粒结构中各层次的分解（从较高的层次到较低的层次）的具体情况分析如下：

(1) 一个宏观-高层可以分解为 n 个中观-中层-1，而一个中观-中层-1 可以分解为 m 个微观-底层。

(2) 一个宏观-高层可以分解为 m 个中观-中层-2，而一个中观-中层-2 可以分解为 n 个微观-底层。

(3) 一个宏观-高层可以分解为 $n \times m$ 个微观-底层，分解同样可以分别基于中观-中层-1 和中观-中层-2 两种途径进行。

这里，"微观-底层→中观-中层→宏观-高层"方向的相关融合为层次构建和区域融合提供了强大的粒计算机制，特别适用于相关模糊粗糙集模型的三支区域构建。

上述构建的模糊决策表三层粒结构主要适用于经典模糊粗糙集模型。针对可调模糊粗糙集模型[40]和改进可调模糊粗糙集模型，只需要对三层粒结构中的构建概念做出相应调整。

(1)可调模型具有基于单参数 ε 的二支模糊相似关系，因此表 5.7 的 $[x_i]_B$ 和 $U/$ $\mathrm{IND}(B)$ 应该分别被 $[x_i]_B^\varepsilon$ 和 $U/\mathrm{IND}(B)^\varepsilon$ 所替代。由此，上下近似(式(5.5))位于微观-底层 $([x_i]_B^\varepsilon, D_j)$，而被融合的正域(式(5.7))位于中观-中层-1 $([x_i]_B^\varepsilon, U/\mathrm{IND}(D))$。

(2)改进可调模型具有基于双参数 (α, β) 的三支模糊相似关系，因此表 5.7 的 $[x_i]_B$ 和 $U/\mathrm{IND}(B)$ 应该分别被 $[x_i]_B^{(\alpha,\beta)}$ 和 $U/\mathrm{IND}(B)^{(\alpha,\beta)}$ 所替代。由此，上下近似(式(5.13))位于微观-底层 $([x_i]_B^{(\alpha,\beta)}, D_j)$，而中观-中层和宏观-高层的集成区域需在此基础上进一步构建。

此外，两种模型的中高层区域都需要"自底向上"集成底层区域。下面主要从三支区域(而非上下近似)的角度，讨论改进可调模型的三层区域构建。

5.4.2　微观-底层的模糊三支区域

本节讨论微观-底层 $([x_i]_B^{(\alpha,\beta)}, D_j)$ 的模糊三支区域，其中微观-底层呈现 $n \times m$ 种模式。

定义 5.7　在微观-底层 $([x_i]_B^{(\alpha,\beta)}, D_j)$，关于决策类 D_j 的模糊三支区域(即模糊正域、模糊负域、模糊边界域)为：

$$\begin{cases} \mathrm{POS}_B^{(\alpha,\beta)}(D_j)(x_i) = \underline{R}_B^{(\alpha,\beta)}(D_j)(x_i) \\ \mathrm{NEG}_B^{(\alpha,\beta)}(D_j)(x_i) = 1 - \overline{R}_B^{(\alpha,\beta)}(D_j)(x_i) \\ \mathrm{BND}_B^{(\alpha,\beta)}(D_j)(x_i) = \overline{R}_B^{(\alpha,\beta)}(D_j)(x_i) - \underline{R}_B^{(\alpha,\beta)}(D_j)(x_i) \end{cases} \quad (5.15)$$

在粗糙集理论中，上下近似和三支区域是两套不同的语义描述，但可以互相转换且分别应用。三支区域具有更丰富的语义，更方便应用于分类学习与决策制定等实际问题。由此针对改进可调模型，主要从上下近似构建(式(5.13))转向三支区域讨论(式(5.15))。借助经典三支区域的确定方法，定义 5.7 给出了模糊三支区域的定义。其中，D_j 被赋予了模糊特性，可以通过模糊的上下近似进行双向逼近。在该模型中，三支区域与上下近似一样，同样具有模糊性，因此，称为模糊三支区域。根据式(5.13)的上下近似，可以得到三支区域的解析公式(推论 5.1)与求和性质(性质 5.3)。

推论 5.1　在微观-底层 $([x_i]_B^{(\alpha,\beta)}, D_j)$，模糊三支区域具有如下形式：

$$\mathrm{POS}_B^{(\alpha,\beta)}(D_j)(x_i) = \begin{cases} \min_{y \in U} \max\{1 - R_B^{(\alpha,\beta)}(x_i, y), \tilde{D}_j^{(\alpha,\beta)}(y)\}, & x_i \in D_j \\ 0, & x_i \notin D_j \end{cases}$$

$$\mathrm{NEG}_B^{(\alpha,\beta)}(D_j)(x_i) = \begin{cases} 0, & x_i \in D_j \\ 1 - \max_{y \in U} \min\{R_B^{(\alpha,\beta)}(x_i, y), \tilde{D}_j^{(\alpha,\beta)}(y)\}, & x_i \notin D_j \end{cases} \quad (5.16)$$

$$\text{BND}_B^{(\alpha,\beta)}(D_j)(x_i) = \begin{cases} 1 - \min_{y \in U} \max\{1 - R_B^{(\alpha,\beta)}(x_i,y), \tilde{D}_j^{(\alpha,\beta)}(y)\}, & x_i \in D_j \\ \max_{y \in U} \min\{R_B^{(\alpha,\beta)}(x_i,y), \tilde{D}_j^{(\alpha,\beta)}(y)\}, & x_i \notin D_j \end{cases}$$

性质 5.3　在微观-底层 $([x_i]_B^{(\alpha,\beta)}, D_j)$，有：

$$\text{POS}_B^{(\alpha,\beta)}(D_j)(x_i) + \text{NEG}_B^{(\alpha,\beta)}(D_j)(x_i) + \text{BND}_B^{(\alpha,\beta)}(D_j)(x_i) = 1 \tag{5.17}$$

5.4.3　中观-中层的模糊三支区域

上述 $n \times m$ 个微观-底层可以被整合为两种类型的中观-中层，即 n 个中观-中层-1 和 m 个中观-中层-2。本节分别讨论中观-中层-1 和中观-中层-2 的模糊三支区域。

首先讨论中观-中层-1 $([x_i]_B^{(\alpha,\beta)}, U/\text{IND}(D))$ 的模糊三支区域。针对同一信息粒 $[x_i]_B^{(\alpha,\beta)}$ 或对象 x_i，主要是对 m 个微观-底层的决策类进行区域集成。

定义 5.8　在中观-中层-1 $([x_i]_B^{(\alpha,\beta)}, U/\text{IND}(D))$，关于决策分类 $U/\text{IND}(D)$ 的模糊三支区域(即模糊正域、模糊负域、模糊边界域)为：

$$\begin{cases} \text{POS}_B^{(\alpha,\beta)}(D)(x_i) = \sum_{j=1}^{m} \text{POS}_B^{(\alpha,\beta)}(D_j)(x_i) \\ \text{NEG}_B^{(\alpha,\beta)}(D)(x_i) = \sum_{j=1}^{m} \text{NEG}_B^{(\alpha,\beta)}(D_j)(x_i) \\ \text{BND}_B^{(\alpha,\beta)}(D)(x_i) = \sum_{j=1}^{m} \text{BND}_B^{(\alpha,\beta)}(D_j)(x_i) \end{cases} \tag{5.18}$$

推论 5.2　在中观-中层-1 $([x_i]_B^{(\alpha,\beta)}, U/\text{IND}(D))$，模糊三支区域具有如下形式：

$$\text{POS}_B^{(\alpha,\beta)}(D)(x_i) = \sum_{x_i \in D_j, j \in \{1,2,\cdots,m\}} \min_{y \in U} \max\{1 - R_B^{(\alpha,\beta)}(x_i,y), \tilde{D}_j^{(\alpha,\beta)}(y)\}$$

$$\text{NEG}_B^{(\alpha,\beta)}(D_j)(x_i) = \sum_{x_i \notin D_j, j \in \{1,2,\cdots,m\}} (1 - \max_{y \in U} \min\{R_B^{(\alpha,\beta)}(x_i,y), \tilde{D}_j^{(\alpha,\beta)}(y)\}) \tag{5.19}$$

$$\text{BND}_B^{(\alpha,\beta)}(D_j)(x_i) = \sum_{x_i \in D_j, j \in \{1,2,\cdots,m\}} 1 - \min_{y \in U} \max\{1 - R_B^{(\alpha,\beta)}(x_i,y), \tilde{D}_j^{(\alpha,\beta)}(y)\}$$

$$+ \sum_{x_i \notin D_j, j \in \{1,2,\cdots,m\}} \max_{y \in U} \min\{R_B^{(\alpha,\beta)}(x_i,y), \tilde{D}_j^{(\alpha,\beta)}(y)\}$$

性质 5.4　在中观-中层-1 $([x_i]_B^{(\alpha,\beta)}, U/\text{IND}(D))$，有：

$$\text{POS}_B^{(\alpha,\beta)}(D)(x_i) + \text{NEG}_B^{(\alpha,\beta)}(D)(x_i) + \text{BND}_B^{(\alpha,\beta)}(D)(x_i) = m \tag{5.20}$$

通过固定信息粒 $[x_i]_B^{(\alpha,\beta)}$ 或对象 x_i，将 m 个微观-底层进行合并，自然得到中观-中层-1 的三支区域。因此，三支区域也是模糊的，且模糊融合体现在求和算子上。它们的解析表达式来源于微观-底层的区域解析式。由于每个对象 x_i 都只属于一个决策类，因此中观-中层-1 的三支区域的表达式可作进一步简化，并且它们的和为常数 m。

下面探讨中观-中层-2 $(U/\text{IND}(B)^{(\alpha,\beta)}, D_j)$ 的模糊三支区域。针对同一决策类 D_j，主要对 n 个微观-底层进行区域融合。

定义 5.9 在中观-中层-2 $(U/\text{IND}(B)^{(\alpha,\beta)}, D_j)$，关于决策类 D_j 的模糊三支区域（模糊正域、模糊负域、模糊边界域）为：

$$\begin{cases} \text{POS}_B^{(\alpha,\beta)}(D_j) = \sum_{i=1}^n \text{POS}_B^{(\alpha,\beta)}(D_j)(x_i) \\ \text{NEG}_B^{(\alpha,\beta)}(D_j) = \sum_{i=1}^n \text{NEG}_B^{(\alpha,\beta)}(D_j)(x_i) \\ \text{BND}_B^{(\alpha,\beta)}(D_j) = \sum_{i=1}^n \text{BND}_B^{(\alpha,\beta)}(D_j)(x_i) \end{cases} \tag{5.21}$$

推论 5.3 在中观-中层-2 $(U/\text{IND}(B)^{(\alpha,\beta)}, D_j)$，模糊三支区域具有形式：

$$\text{POS}_B^{(\alpha,\beta)}(D_j) = \sum_{x_i \in D_j, i \in \{1,2,\cdots,n\}} \min_{y \in U} \max\{1 - R_B^{(\alpha,\beta)}(x_i, y), \tilde{D}_j^{(\alpha,\beta)}(y)\}$$

$$\text{NEG}_B^{(\alpha,\beta)}(D_j) = \sum_{x_i \notin D_j, i \in \{1,2,\cdots,n\}} (1 - \max_{y \in U} \min\{R_B^{(\alpha,\beta)}(x_i, y), \tilde{D}_j^{(\alpha,\beta)}(y)\}) \tag{5.22}$$

$$\text{BND}_B^{(\alpha,\beta)}(D_j) = \sum_{x_i \in D_j, i \in \{1,2,\cdots,n\}} 1 - \min_{y \in U} \max\{1 - R_B^{(\alpha,\beta)}(x_i, y), \tilde{D}_j^{(\alpha,\beta)}(y)\}$$
$$+ \sum_{x_i \notin D_j, i \in \{1,2,\cdots,n\}} \max_{y \in U} \min\{R_B^{(\alpha,\beta)}(x_i, y), \tilde{D}_j^{(\alpha,\beta)}(y)\}$$

性质 5.5 在中观-中层-2 $(U/\text{IND}(B)^{(\alpha,\beta)}, D_j)$，有：

$$\text{POS}_B^{(\alpha,\beta)}(D_j) + \text{NEG}_B^{(\alpha,\beta)}(D_j) + \text{BND}_B^{(\alpha,\beta)}(D_j) = n \tag{5.23}$$

通过固定决策类 D_j，将 n 个微观-底层进行合并，自然得到中观-中层-2 的三支区域。因此，该三支区域也是模糊的，且模糊融合同样体现在求和算子上。它们的解析表达式来源于微观-底层的区域解析式。由于每个决策类可以包含多个对象，因而中观-中层-2 的三支区域的表达式不能再做进一步简化，但它们的和为常数 n。

5.4.4 宏观-高层的模糊三支区域

本节在唯一的宏观-高层 $(U/\text{IND}(B), U/\text{IND}(D))$ 上讨论模糊三支区域。可以分别从中观-中层-1 和中观-中层-2 进行融合，即相关 n 个中观-中层-1 的区域融合和相关 m 个中观-中层-2 的区域融合。这两种类型的融合将得到相同结果，从而得到宏观-高层上的三支区域。

定理 5.1 在模糊决策表 (U, A, D) 中，中观-中层三支区域的两种融合方式是等价的，即：

$$\begin{cases} \sum_{i=1}^{n} \text{POS}_B^{(\alpha,\beta)}(D)(x_i) = \sum_{j=1}^{m} \text{POS}_B^{(\alpha,\beta)}(D_j) \\ \sum_{i=1}^{n} \text{NEG}_B^{(\alpha,\beta)}(D)(x_i) = \sum_{j=1}^{m} \text{NEG}_B^{(\alpha,\beta)}(D_j) \\ \sum_{i=1}^{n} \text{BND}_B^{(\alpha,\beta)}(D)(x_i) = \sum_{j=1}^{m} \text{BND}_B^{(\alpha,\beta)}(D_j) \end{cases} \tag{5.24}$$

对于定理 5.1，可以通过三层粒结构和它们的融合方程进行正确理解。由此，可以给出如下的宏观-高层的三支区域。

定义 5.10　在宏观-高层 $(U / \text{IND}(B), U / \text{IND}(D))$，关于决策分类 D 的模糊三支区域（即模糊正域、模糊负域、模糊边界域），分别根据中观-中层-1 $([x_i]_B^{(\alpha,\beta)}, U / \text{IND}(D))$ 和中观-中层-2 $(U / \text{IND}(B)^{(\alpha,\beta)}, D_j)$ 定义为：

$$\begin{cases} \text{POS}_B^{(\alpha,\beta)}(D) = \sum_{i=1}^{n} \text{POS}_B^{(\alpha,\beta)}(D)(x_i) \\ \text{NEG}_B^{(\alpha,\beta)}(D) = \sum_{i=1}^{n} \text{NEG}_B^{(\alpha,\beta)}(D)(x_i) \\ \text{BND}_B^{(\alpha,\beta)}(D) = \sum_{i=1}^{n} \text{BND}_B^{(\alpha,\beta)}(D)(x_i) \end{cases}$$

或 $$\begin{cases} \text{POS}_B^{(\alpha,\beta)}(D) = \sum_{j=1}^{m} \text{POS}_B^{(\alpha,\beta)}(D_j) \\ \text{NEG}_B^{(\alpha,\beta)}(D) = \sum_{j=1}^{m} \text{NEG}_B^{(\alpha,\beta)}(D_j) \\ \text{BND}_B^{(\alpha,\beta)}(D) = \sum_{j=1}^{m} \text{BND}_B^{(\alpha,\beta)}(D_j) \end{cases} \tag{5.25}$$

推论 5.4　在宏观-高层 $(U / \text{IND}(B), U / \text{IND}(D))$，模糊三支区域具有如下形式：

$$\text{POS}_B^{(\alpha,\beta)}(D) = \sum_{x_i \in D_j, i \in \{1,2,\cdots,n\}, j \in \{1,2,\cdots,m\}} \min_{y \in U} \max\{1 - R_B^{(\alpha,\beta)}(x_i, y), \tilde{D}_j^{(\alpha,\beta)}(y)\}$$

$$\text{NEG}_B^{(\alpha,\beta)}(D) = \sum_{x_i \notin D_j, i \in \{1,2,\cdots,n\}, j \in \{1,2,\cdots,m\}} (1 - \max_{y \in U} \min\{R_B^{(\alpha,\beta)}(x_i, y), \tilde{D}_j^{(\alpha,\beta)}(y)\})$$

$$\tag{5.26}$$

$$\text{BND}_B^{(\alpha,\beta)}(D) = \sum_{x_i \in D_j, i \in \{1,2,\cdots,n\}, j \in \{1,2,\cdots,m\}} 1 - \min_{y \in U} \max\{1 - R_B^{(\alpha,\beta)}(x_i, y), \tilde{D}_j^{(\alpha,\beta)}(y)\}$$
$$+ \sum_{x_i \notin D_j, i \in \{1,2,\cdots,n\}, j \in \{1,2,\cdots,m\}} \max_{y \in U} \min\{R_B^{(\alpha,\beta)}(x_i, y), \tilde{D}_j^{(\alpha,\beta)}(y)\}$$

性质 5.6　在宏观-高层 $(U / \text{IND}(B), U / \text{IND}(D))$，有：

$$POS_B^{(\alpha,\beta)}(D) + NEG_B^{(\alpha,\beta)}(D) + BND_B^{(\alpha,\beta)}(D) = n \times m \tag{5.27}$$

宏观-高层的三支区域既可以通过融合关于所有对象的 n 个中观-中层-1 得到，也可以通过融合关于所有决策类的 m 个中观-中层-2 得到，又或者直接通过融合 $n \times m$ 个微观-底层而得到，三者的和为常数 $n \times m$。

推论 5.5 在宏观-高层 $(U/IND(B), U/IND(D))$，模糊三支区域可以转换成两个相等的等式，即：

$$\begin{cases} POS_B^{(\alpha,\beta)}(D) = \sum_{i=1}^n \sum_{j=1}^m POS_B^{(\alpha,\beta)}(D_j)(x_i) = \sum_{j=1}^m \sum_{i=1}^n POS_B^{(\alpha,\beta)}(D_j)(x_i) \\ NEG_B^{(\alpha,\beta)}(D) = \sum_{i=1}^n \sum_{j=1}^m NEG_B^{(\alpha,\beta)}(D_j)(x_i) = \sum_{j=1}^m \sum_{i=1}^n NEG_B^{(\alpha,\beta)}(D_j)(x_i) \\ BND_B^{(\alpha,\beta)}(D) = \sum_{i=1}^n \sum_{j=1}^m BND_B^{(\alpha,\beta)}(D_j)(x_i) = \sum_{j=1}^m \sum_{i=1}^n BND_B^{(\alpha,\beta)}(D_j)(x_i) \end{cases} \tag{5.28}$$

在推论 5.5 中，宏观-高层的模糊三支区域的两个等式虽然都是从微观-底层的观点出发，但也分别反映了通过中观-中层-1 和中观-中层-2 去融合三支区域的两种不同途径。

5.5 实 例 分 析

上述讨论利用三支决策理论的思想，提出了改进可调模糊粗糙集模型，并建立了相应的三层粒结构，给出了各层次上的模糊三支区域。本节将以模糊决策表为背景，通过实例来有效说明所提模型的三支构建与三层分析。

这里仍然沿用例 5.1 的表 5.1。特别地，将利用所有条件属性子集来考察粒化非单调性。条件属性集 $A = \{a_1, a_2, a_3\}$ 由 3 个属性组成，可以构成 7 个非空属性子集。在进行非单调性讨论时，将着重聚焦属性子集结构中的一条属性增链 $\{a_1\} \subseteq \{a_1, a_3\} \subseteq \{a_1, a_2, a_3\}$。下面，将从两个角度展开区域图像分析。

（1）基于角度 I，横坐标为 7 个属性子集或者为增链上的 3 个属性子集 $\{a_1\}$, $\{a_1, a_3\}$, $\{a_1, a_2, a_3\}$，且曲线函数受 8 个对象或者 3 个决策类的影响。

（2）基于角度 II，横坐标为 8 个对象或 3 个决策类，然后曲线函数受所有 7 个属性子集或者 3 个属性子集 $\{a_1\}$, $\{a_1, a_3\}$, $\{a_1, a_2, a_3\}$ 的影响。

5.5.1 改进可调模糊粗糙集模型的实例分析

在例 5.1 的决策表（表 5.1）中，假设 $(\alpha, \beta) = (0.8, 0.4)$，利用基于三支决策的改进可调模糊粗糙集模型在属性子集下进行计算和分析。仍然利用式 (5.9) 的欧氏距离计算对象间的模糊相似度。根据式 (5.8)，三支模糊相似关系所对应的模糊相似度如表 5.9。

表 5.9　基于三支决策的模糊相似度 $R_B^{(\alpha,\beta)}(x,y)$

B	$R_B^{(\alpha,\beta)}$	x_1	x_2	x_3	x_4	x_5	x_6	x_7	x_8
{a_1}	x_1	1							
	x_2	0↓	1						
	x_3	0.5	0.6	1					
	x_4	1	0↓	0.5	1				
	x_5	1↑	0↓	0.6	1↑	1			
	x_6	0.6	0.5	1↑	0.6	0.7	1		
	x_7	0↓	1↑	1↑	0↓	0↓	0.7	1	
	x_8	0↓	1	0.6	0↓	0↓	0.5	1↑	1
{a_2}	x_1	1							
	x_2	0.7	1						
	x_3	0.5	1↑	1					
	x_4	0.7	1	1↑	1				
	x_5	1↑	0.6	0↓	0.6	1			
	x_6	0↓	0.7	1↑	0.7	0↓	1		
	x_7	1↑	0.6	0↓	0.6	1	0↓	1	
	x_8	1↑	1↑	0.7	1↑	0.7	0.6	0.7	1
{a_3}	x_1	1							
	x_2	0.4	1						
	x_3	1↑	0.5	1					
	x_4	0.7	0.7	1↑	1				
	x_5	1	0↓	1↑	0.7	1			
	x_6	1↑	0.5	1	1↑	1↑	1		
	x_7	0.6	1↑	0.7	1↑	0.6	0.7	1	
	x_8	0↓	1↑	0↓	0.6	0↓	0↓	0.7	1
{a_1,a_2}	x_1	1							
	x_2	0↓	1						
	x_3	0.5	0.684	1					
	x_4	0.788	0↓	0.619	1				
	x_5	1↑	0↓	0.490	0.708	1			
	x_6	0.49	0.588	1↑	0.646	0.461	1		
	x_7	0.5	0.684	0.553	0.430	0.576	0.461	1	
	x_8	0↓	1↑	0.646	0↓	0↓	0.547	0.745	1
{a_1,a_3}	x_1	1							
	x_2	0↓	1						
	x_3	0.639	0.547	1					

续表

B	$R_B^{(\alpha,\beta)}$	x_1	x_2	x_3	x_4	x_5	x_6	x_7	x_8
{a_1, a_3}	x_4	0.788	0↓	0.619	1				
	x_5	1↑	0↓	0.708	0.776	1			
	x_6	0.708	0.5	1↑	0.683	0.776	1		
	x_7	0.430	1↑	0.745	0.5	0.490	0.7	1	
	x_8	0↓	1↑	0.490	0↓	0↓	0.448	0.745	1
{a_2, a_3}	x_1	1							
	x_2	0.526	1						
	x_3	0.639	0.619	1					
	x_4	0.7	0.788	1↑	1				
	x_5	1↑	0.490	0.570	0.646	1			
	x_6	0.570	0.588	1↑	0.745	0.5	1		
	x_7	0.708	0.684	0.526	0.708	0.717	0.461	1	
	x_8	0.485	1↑	0.526	0.708	0.461	0.490	0.7	1
{a_1, a_2, a_3}	x_1	1							
	x_2	0↓	1						
	x_3	0.588	0.613	1					
	x_4	0.755	0.452	0.668	1				
	x_5	1↑	0↓	0.580	0.706	1			
	x_6	0.580	0.557	1↑	0.689	0.557	1		
	x_7	0.531	0.717	0.596	0.531	0.584	0.527	1	
	x_8	0↓	1↑	0.549	0.428	0↓	0.493	0.729	1

在表 5.9 中，"↓"表示采取 0-削弱的三支策略，例如：$R_A(x_1, x_2) = 0.352 \leqslant \beta$，则 $R_A^{(\alpha,\beta)}(x_1, x_2) = 0$；相反地，"↑"表示采取 1-加强的三支策略，例如：$R_A(x_1, x_5) = 0.918 \geqslant \alpha$，则 $R_A^{(\alpha,\beta)}(x_1, x_5) = 1$。因此，三支模糊相似关系至少有两个优点：①对于完全相似和完全不相似的对象，可以基本消除噪声的影响；②在相似度中出现更多的 0 和 1，有利于简化后续计算。

根据表 5.9 的模糊相似度，自然得到三支模糊相似关系。作为例子，下面观测对象 x_1 和其他所有对象在属性增链 {a_1} ⊆ {a_1, a_3} ⊆ {a_1, a_2, a_3} 上的三支模糊相似度，即 $R_{\{a_1\}}^{(\alpha,\beta)}(x_1, y)$，$R_{\{a_1, a_3\}}^{(\alpha,\beta)}(x_1, y)$，$R_{\{a_1, a_2, a_3\}}^{(\alpha,\beta)}(x_1, y)(\forall y \in U)$，从上述两个不同的角度探讨相似度的非单调性，分别如图 5.4 中的两个子图所示，其中图 5.4(a) 横坐标标注的 1,2,3 对应属性子集 {a_1}, {a_1, a_3}, {a_1, a_2, a_3}。

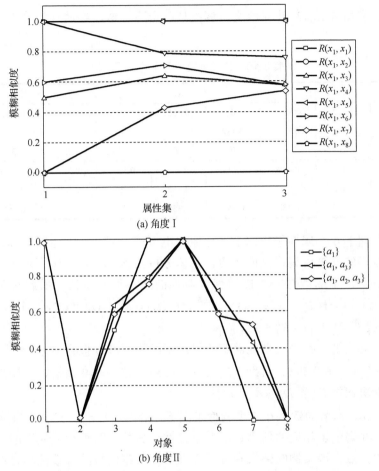

(a) 角度 I

(b) 角度 II

图 5.4　关于 x_1 和 $\{a_1\} \subseteq \{a_1, a_3\} \subseteq \{a_1, a_2, a_3\}$ 的模糊相似关系

关于粒化非单调性，$\{a_1\} \subseteq \{a_1, a_3\} \subseteq \{a_1, a_2, a_3\}$，但是：

$$R_{\{a_1\}}^{(\alpha, \beta)}(x_1, x_3) = 0.5 < R_{\{a_1, a_3\}}^{(\alpha, \beta)}(x_1, x_3) = 0.639 > R_{\{a_1, a_2, a_3\}}^{(\alpha, \beta)}(x_1, x_3) = 0.588$$

显然不满足单调性。在图 5.4(a) 中，观察 8 个线条从左到右的趋势，不难发现 $R(x_1, x_3), R(x_1, x_6), R(x_1, x_7)$ 同样也不满足单调性。因此，三支模糊相似关系不具备粒化单调性。

根据式 (5.14)，可以计算在 7 个属性子集下的关于对象和决策类的包含度。以 $\{a_1, a_2, a_3\}$ 属性集为例，包含度以矩阵形式被描述如下：

$$\tilde{D} = \begin{bmatrix} \tilde{D}_1 \\ \tilde{D}_2 \\ \tilde{D}_3 \end{bmatrix} = \begin{bmatrix} 0.513 & 0.270 & 0.331 & 0.437 & 0.517 & 0.332 & 0.395 & 0.276 \\ 0.132 & 0.602 & 0.389 & 0.296 & 0.131 & 0.379 & 0.392 & 0.607 \\ 0.355 & 0.128 & 0.282 & 0.267 & 0.352 & 0.288 & 0.213 & 0.117 \end{bmatrix}_{3 \times 8}$$

然后，利用式(5.13)计算改进可调模型的上下近似，在属性集 A 下，其结果如表 5.10。

表 5.10　改进可调模型中的上下近似

近似	x_1	x_2	x_3	x_4	x_5	x_6	x_7	x_8
$\underline{R}_A^{(\alpha,\beta)}(D_1)$	0.412	0	0	0.332	0	0	0.276	0
$\underline{R}_A^{(\alpha,\beta)}(D_2)$	0	0.387	0.332	0	0	0	0	0.392
$\underline{R}_A^{(\alpha,\beta)}(D_3)$	0	0	0	0	0.294	0.282	0	0
$\overline{R}_A^{(\alpha,\beta)}(D_1)$	1	0.437	0.517	1	0.517	0.517	1	0.428
$\overline{R}_A^{(\alpha,\beta)}(D_2)$	0.392	1	1	0.452	0.392	0.557	0.607	1
$\overline{R}_A^{(\alpha,\beta)}(D_3)$	0.355	0.288	0.355	0.355	1	1	0.355	0.288

关于在剩下 6 个属性子集的上下近似就不再一一列举了。由表 5.10，可以发现基于三支策略的改进可调模型的优点，具体分析如下。

基于三支决策的改进模型能够保证对象的上下近似在自己所属决策类为最大值。例如，$x_1 \in D_1$，有 $\underline{R}_A^{(\alpha,\beta)}(D_1)(x_1) > \underline{R}_A^{(\alpha,\beta)}(D_2)(x_1) = \underline{R}_A^{(\alpha,\beta)}(D_3)(x_1)$，且上近似有 $\overline{R}_A^{(\alpha,\beta)}$ $(D_1)(x_1) > \overline{R}_A^{(\alpha,\beta)}(D_2)(x_1) > \overline{R}_A^{(\alpha,\beta)}(D_3)(x_1)$。

基于三支决策的改进模型能够避免描述不准确或者过拟合现象。例如，$x_1 \in D_1$，但有 $\overline{R}_A^{(\alpha,\beta)}(D_2)(x_1) = 0.392$，$\overline{R}_A^{(\alpha,\beta)}(D_3)(x_1) = 0.355$。这些非 0 值恰好分别描述了对象 x_1 可能属于决策类 D_2 和 D_3 的不确定性。

综上所述，本节的例子在 7 个属性子集下，给出了基于三支决策的模糊相似度/相似关系，并揭示了相应的信息粒的非单调性；另外，又再次从逼近的角度阐明了改进模型的优点。该实例的结果和分析都表明了所建模型的有效性和合理性，同时也为后面进一步分析奠定了基础。

5.5.2　三层粒化模糊三支区域的实例分析

针对改进可调模型，在上一小节基础上，通过表 5.1(其中 $(\alpha,\beta)=(0.8,0.4)$)进一步分析三层粒结构中的模糊三支区域。

首先考察微观-底层 $([x_i]_B^{(\alpha,\beta)}, D_j)$ 的模糊三支区域。根据微观-底层的模糊三支区域的定义(式(5.15))，可计算 7 个属性子集下的模糊三支区域如表 5.11。这里，模糊三支区域用一个有序三元组来表示：

$$(\text{POS}_B^{(\alpha,\beta)}(D_j)(x_i), \text{NEG}_B^{(\alpha,\beta)}(D_j)(x_i), \text{BND}_B^{(\alpha,\beta)}(D_j)(x_i))$$

其中，$B \subseteq A$，$j \in \{1,2,3\}$，$i \in \{1,2,\cdots,8\}$。例如，表 5.11 的第一个数据 $(0.4,0,0.6)$，它表示模糊三支区域为：$\text{POS}_{\{a_1\}}^{(\alpha,\beta)}(D_1)(x_1) = 0.4$、$\text{NEG}_{\{a_1\}}^{(\alpha,\beta)}(D_1)(x_1) = 0$、$\text{BND}_{\{a_1\}}^{(\alpha,\beta)}(D_1)$ $(x_1) = 0.6$。根据表 5.11，可以进一步探究三支区域的粒化非单调性。作为例子，这

里观测决策类 D_1 在属性子集链上的模糊正域,即 $\mathrm{POS}_{\{a_1\}}^{(\alpha,\beta)}(D_1)(x_i)$、$\mathrm{POS}_{\{a_1,a_3\}}^{(\alpha,\beta)}(D_1)(x_i)$、$\mathrm{POS}_{\{a_1,a_2,a_3\}}^{(\alpha,\beta)}(D_1)(x_i)$ ($i=\{1,2,\cdots,8\}$);它们分别从两个角度被刻画,如图 5.5 的两个子图,其中图 5.5(a)横坐标 1,2,3 对应 $\{a_1\}$,$\{a_1,a_3\}$,$\{a_1,a_2,a_3\}$。

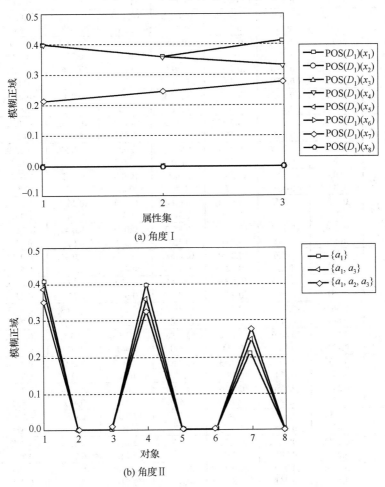

(a) 角度 I

(b) 角度 II

图 5.5　微观-底层的模糊正域

这里,$\{a_1\} \subseteq \{a_1,a_3\} \subseteq \{a_1,a_2,a_3\}$,但是下式显然不满足单调性。

$$\mathrm{POS}_{\{a_1\}}^{(\alpha,\beta)}(D_1)(x_1)=0.4>\mathrm{POS}_{\{a_1,a_3\}}^{(\alpha,\beta)}(D_1)(x_1)=0.36<\mathrm{POS}_{\{a_1,a_2,a_3\}}^{(\alpha,\beta)}(D_1)(x_1)=0.41$$

在图 5.5(a)中,同样通过观察线条从左到右的趋势,可发现模糊正域的非单调性。更一般地,模糊三支区域也不具备粒化单调性。

　　如表 5.11 所示,每个属性子集都有 8×3 个描述微观-底层模糊三支区域的三元组。接下来,从两个不同的集成方式来探讨中观-中层-1 和中观-中层-2 的模糊三支区域。

表 5.11　微观-底层的模糊三支区域

B	D_j	x_1	x_2	x_3	x_4	x_5	x_6	x_7	x_8
1: $\{a_1\}$	D_1	(0.4,0, 0.6)	(0,0.66, 0.34)	(0,0.51, 0.49)	(0.4,0, 0.6)	(0,0.51, 0.49)	(0,0.51, 0.49)	(0.21,0, 0.79)	(0,0.66, 0.34)
	D_2	(0,0.62, 0.38)	(0.4,0, 0.6)	(0.36,0, 0.64)	(0,0.62, 0.38)	(0,0.62, 0.38)	(0,0.36, 0.64)	(0,0.36, 0.64)	(0.4,0, 0.6)
	D_3	(0,0.6, 0.4)	(0,0.7, 0.3)	(0,0.6, 0.4)	(0,0.6, 0.4)	(0.3,0, 0.7)	(0.28,0, 0.72)	(0,0.7, 0.3)	(0,0.7, 0.3)
2: $\{a_2\}$	D_1	(0.35,0, 0.65)	(0,0.47, 0.53)	(0,0.54, 0.46)	(0.29,0, 0.71)	(0.47,0, 0.35)	(0,0.6, 0.4)	(0.4,0, 0.6)	(0,0.47, 0.53)
	D_2	(0,0.5, 0.5)	(0.37,0, 0.63)	(0.4,0, 0.6)	(0,0.43, 0.57)	(0,0.55, 0.45)	(0,0.43, 0.57)	(0,0.55, 0.45)	(0.3,0, 0.7)
	D_3	(0,0.8, 0.2)	(0,0.75, 0.25)	(0,0.75, 0.25)	(0,0.75, 0.25)	(0.17,0, 0.83)	(0.19,0, 0.81)	(0,0.8, 0.2)	(0,0.75, 0.25)
3: $\{a_3\}$	D_1	(0.4,0, 0.6)	(0,0.57, 0.43)	(0,0.57, 0.43)	(0.4,0, 0.6)	(0,0.57, 0.43)	(0,0.57, 0.43)	(0.35,0, 0.65)	(0,0.58, 0.42)
	D_2	(0,0.6, 0.4)	(0.32,0, 0.68)	(0.23,0, 0.77)	(0,0.5, 0.5)	(0,0.6, 0.4)	(0,0.5, 0.5)	(0,0.5, 0.5)	(0.37,0, 0.63)
	D_3	(0,0.64, 0.36)	(0,0.65, 0.35)	(0,0.64, 0.36)	(0,0.64, 0.36)	(0.3,0, 0.7)	(0.26,0, 0.74)	(0,0.64, 0.36)	(0,0.67, 0.33)
4: $\{a_1,a_2\}$	D_1	(0.5,0, 0.5)	(0,0.61, 0.39)	(0,0.47, 0.53)	(0.35,0, 0.65)	(0,0.46, 0.54)	(0,0.47, 0.53)	(0.25,0, 0.75)	(0,0.61, 0.39)
	D_2	(0,0.58, 0.42)	(0.4,0, 0.6)	(0.38,0, 0.62)	(0,0.58, 0.42)	(0,0.58, 0.42)	(0,0.41, 0.59)	(0,0.32, 0.68)	(0.4,0, 0.6)
	D_3	(0,0.65, 0.35)	(0,0.72, 0.28)	(0,0.65, 0.35)	(0,0.65, 0.35)	(0.32,0, 0.68)	(0.27,0, 0.73)	(0,0.65, 0.35)	(0,0.72, 0.28)
5: $\{a_1,a_3\}$	D_1	(0.36,0, 0.64)	(0,0.64, 0.36)	(0,0.48, 0.52)	(0.36,0, 0.64)	(0,0.48, 0.52)	(0,0.48, 0.52)	(0.25,0, 0.75)	(0,0.64, 0.46)
	D_2	(0,0.57, 0.43)	(0.44,0, 0.56)	(0.29,0, 0.71)	(0,0.56, 0.44)	(0,0.56, 0.44)	(0,0.5, 0.5)	(0,0.32, 0.68)	(0.44,0, 0.56)
	D_3	(0,0.63, 0.37)	(0,0.69, 0.31)	(0,0.63, 0.37)	(0,0.63, 0.37)	(0.30,0, 0.7)	(0.3,0, 0.7)	(0,0.63, 0.37)	(0,0.69, 0.31)
6: $\{a_2,a_3\}$	D_1	(0.37,0, 0.63)	(0,0.56, 0.44)	(0,0.56, 0.44)	(0.33,0, 0.67)	(0,0.56, 0.44)	(0,0.56, 0.44)	(0.35,0, 0.65)	(0,0.56, 0.44)
	D_2	(0,0.53, 0.47)	(0.35,0, 0.65)	(0.36,0, 0.64)	(0,0.53, 0.47)	(0,0.54, 0.46)	(0,0.53, 0.47)	(0,0.53, 0.47)	(0.35,0, 0.65)
	D_3	(0,0.72, 0.28)	(0,0.72, 0.28)	(0,0.72, 0.28)	(0,0.72, 0.28)	(0.28,0, 0.72)	(0.25,0, 0.75)	(0,0.72, 0.28)	(0,0.72, 0.28)
7: $\{a_1,a_2,a_3\}$	D_1	(0.41,0, 0.59)	(0,0.56, 0.44)	(0,0.48, 0.52)	(0.33,0, 0.67)	(0,0.48, 0.52)	(0,0.48, 0.52)	(0.28,0, 0.72)	(0,0.57, 0.43)
	D_2	(0,0.61, 0.39)	(0.39,0, 0.61)	(0.33,0, 0.67)	(0,0.55, 0.45)	(0,0.61, 0.39)	(0,0.44, 0.56)	(0,0.39, 0.61)	(0.39,0, 0.61)
	D_3	(0,0.65, 0.35)	(0,0.71, 0.29)	(0,0.65, 0.35)	(0,0.65, 0.35)	(0.29,0, 0.71)	(0.29,0, 0.71)	(0,0.65, 0.35)	(0,0.71, 0.29)

　　通过集成 3 个决策类对应的模糊三支区域,根据式(5.18),可以得到每个对象与之对应的三支区域,即 8 个中观-中层-1。由于每个对象都有正域、负域、边界域,因此总共得到 24 个模糊值。然后,在 7 个属性子集下,中观-中层-1 的模糊三支区域可从两个角度进行刻画,如图 5.6 和图 5.7 所示。

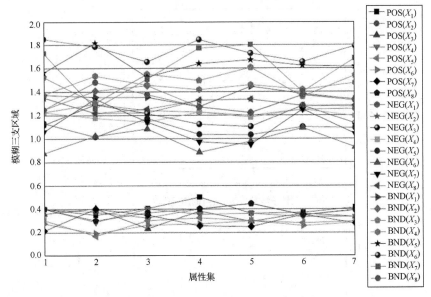

图 5.6 从角度 I 观察的中观-中层-1 的模糊三支区域

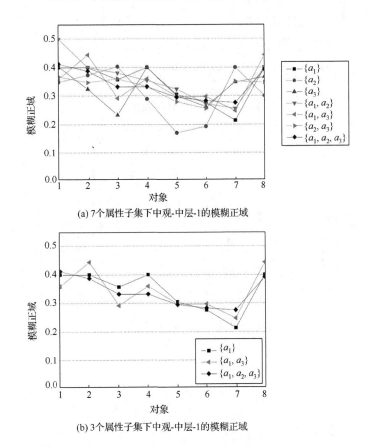

(a) 7个属性子集下中观-中层-1的模糊正域

(b) 3个属性子集下中观-中层-1的模糊正域

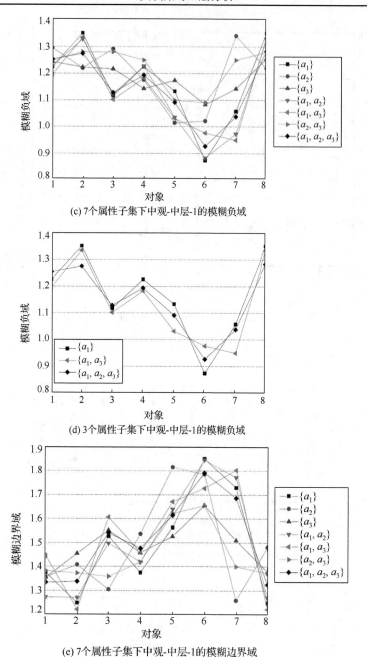

(c) 7个属性子集下中观-中层-1的模糊负域

(d) 3个属性子集下中观-中层-1的模糊负域

(e) 7个属性子集下中观-中层-1的模糊边界域

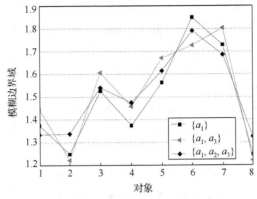

(f) 3个属性子集下中观-中层-1的模糊边界域

图 5.7　从角度 II 观察的中观-中层-1 的模糊三支区域

(1) 在图 5.6 中,横坐标是 7 个属性子集(即表 5.11 中从上往下的 7 个属性子集),在每个属性子集上要描述 8 个对象的三个模糊区域(即正域、负域、边界域),因此一共有 24 条线。

(2) 在图 5.7 中,横坐标是 8 个对象,子图 (a) (c) (e) 分别是在 7 个属性子集下的正域、负域、边界域,因此,每个子图中有 7 条线;而子图 (b) (d) (f) 分别描述了在属性增链上的 3 个属性子集下的三个模糊区域,因此每个子图有 3 条线,其中,(a) (b) 描述正域,(c) (d) 描述负域,而 (e) (f) 描述边界域。

图 5.6 和图 5.7 揭示了模糊三支区域在中观-中层-1 并不具备粒化单调性。事实上,通过观察图 5.7 子图 (a) (c) (e) 在同一垂直位置上点的高低,容易得到是否单调的特征。这里,也可以类似地直接关注属性增链 $\{a_1\} \subseteq \{a_1, a_3\} \subseteq \{a_1, a_2, a_3\}$ 对应的子图 (b) (d) (f)。具体观察如下:① 在子图 (b) 中,存在对象 x_i $(i = 1, 2, 3, 6, 8)$ 的模糊正域 $\mathrm{POS}_{\{a_1, a_3\}}^{(\alpha, \beta)}(D)(x_i)$ 对应的点并没有位于 $\mathrm{POS}_{\{a_1\}}^{(\alpha, \beta)}(D)(x_i)$ 和 $\mathrm{POS}_{\{a_1, a_2, a_3\}}^{(\alpha, \beta)}(D)(x_i)$ 之间;② 在子图 (d) 中,存在对象 x_i $(i = 1, 3, 4, 5, 6, 7)$ 的模糊负域 $\mathrm{NEG}_{\{a_1, a_3\}}^{(\alpha, \beta)}(D)(x_i)$ 对应的点并没有位于 $\mathrm{NEG}_{\{a_1\}}^{(\alpha, \beta)}(D)(x_i)$ 和 $\mathrm{NEG}_{\{a_1, a_2, a_3\}}^{(\alpha, \beta)}(D)(x_i)$ 之间;③ 在子图 (f) 中,存在对象 $x_i (i = 1, 2, 3, 5, 6, 7, 8)$ 的模糊边界域 $\mathrm{BND}_{\{a_1, a_3\}}^{(\alpha, \beta)}(D)(x_i)$ 对应的点并没有位于 $\mathrm{BND}_{\{a_1\}}^{(\alpha, \beta)}$ $(D)(x_i)$ 和 $\mathrm{BND}_{\{a_1, a_2, a_3\}}^{(\alpha, \beta)}(D)(x_i)$ 之间。因此,中观-中层-1 的模糊三支区域不具备粒化单调性。

类似中观-中层-1 的分析,接下来简单分析中观-中层-2 的模糊三支区域。根据式 (5.21),通过集成 8 个对象对应的三支区域,将得到中观-中层-2 关于 3 个决策类的三支区域,由于每个决策类都有正域、负域、边界域,因此,总共得到 9 个模糊值。同样地,在 7 个属性子集下,中观-中层-2 的模糊三支区域可从两个角度进行刻画,如图 5.8 和图 5.9 所示。

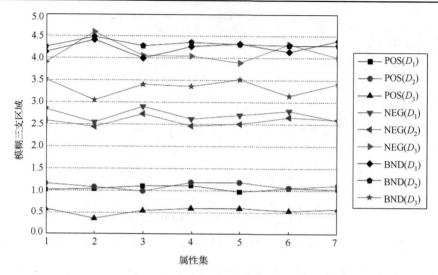

图 5.8　从角度 I 观察的中观-中层-2 的模糊三支区域

(1) 在图 5.8 中，横坐标是 7 个属性子集，在每个属性子集上要描述关于 3 个决策类的三个模糊区域(即模糊正域、模糊负域、模糊边界域)，因此一共有 9 条线。

(2) 在图 5.9 中，横坐标是 3 个决策类，子图(a)(c)(e)分别是在 7 个属性子集下的三支区域，因此每个子图中有 7 条线；子图(b)(d)(f)分别描述了在属性增链的 3 个属性子集下的三支区域，因此每个子图有 3 条线。其中，(a)(b)描述正域，(c)(d)描述负域，而(e)(f)描述边界域。

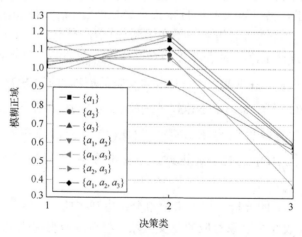

(a) 7个属性子集下中观-中层-2的模糊正域

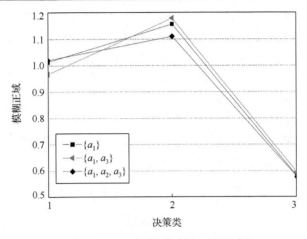

(b) 3个属性子集下中观-中层-2的模糊正域

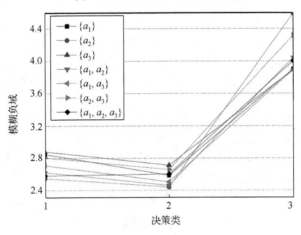

(c) 7个属性子集下中观-中层-2的模糊负域

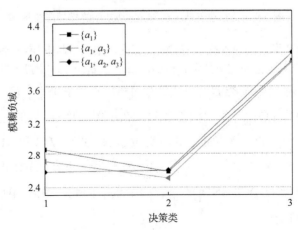

(d) 3个属性子集下中观-中层-2的模糊负域

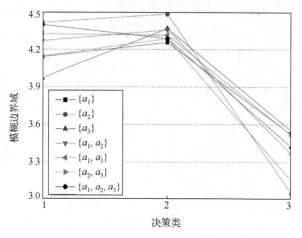

(e) 7个属性子集下中观-中层-2的模糊边界域

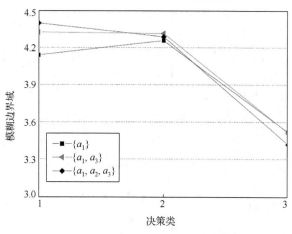

(f) 3个属性子集下中观-中层-2的模糊边界域

图 5.9　从角度 II 观察的中观-中层-2 的模糊三支区域

同样地,图 5.8 和图 5.9 揭示了模糊三支区域在中观-中层-2 不具有粒化单调性。具体地,可以直接关注属性增链 $\{a_1\} \subseteq \{a_1, a_3\} \subseteq \{a_1, a_2, a_3\}$ 对应的子图(b)(d)(f)。①在子图(b)中,存在决策类 D_j ($j = 1, 2, 3$) 的模糊正域 $\mathrm{POS}_{\{a_1, a_3\}}^{(\alpha, \beta)}(D_j)$ 对应的点并没有位于 $\mathrm{POS}_{\{a_1\}}^{(\alpha, \beta)}(D_j)$ 和 $\mathrm{POS}_{\{a_1, a_2, a_3\}}^{(\alpha, \beta)}(D_j)$ 之间;②在子图(d)中,存在决策类 D_j ($j = 1, 2, 3$) 的模糊负域 $\mathrm{NEG}_{\{a_1, a_3\}}^{(\alpha, \beta)}(D_j)$ 对应的点并没有位于 $\mathrm{NEG}_{\{a_1\}}^{(\alpha, \beta)}(D_j)$ 和 $\mathrm{NEG}_{\{a_1, a_2, a_3\}}^{(\alpha, \beta)}(D_j)$ 的中间;③在子图(f)中,存在决策类 D_j ($j = 1, 2, 3$) 的模糊边界域 $\mathrm{BND}_{\{a_1, a_3\}}^{(\alpha, \beta)}(D_j)$ 对应的点仍然没有在 $\mathrm{BND}_{\{a_1\}}^{(\alpha, \beta)}(D_j)$ 和 $\mathrm{BND}_{\{a_1, a_2, a_3\}}^{(\alpha, \beta)}(D_j)$ 之间。因此,中观-中层-2 的模糊三支区域也不具备粒化单调性。

根据式(5.25),可以通过集成 8 个中观-中层-1 的模糊三支区域得到唯一宏观-

高层所对应的三支区域, 也可以通过集成 3 个中观-中层-2 的模糊三支区域得到相应的宏观-高层所对应的三支区域。基于 7 个属性子集, 宏观-高层 $(U / \mathrm{IND}(B)^{(\alpha,\beta)}$, $U / \mathrm{IND}(D))$ 所对应的模糊三支区域如表 5.12 和图 5.10。

表 5.12　宏观-高层的模糊三支区域

属性子集	$(\mathrm{POS}_B^{(\alpha,\beta)}, \mathrm{NEG}_B^{(\alpha,\beta)}, \mathrm{BND}_B^{(\alpha,\beta)})$
1：$\{a_1\}$	(2.75,9.34,11.92)
2：$\{a_2\}$	(2.47,9.58,11.95)
3：$\{a_3\}$	(2.63,9.48,11.88)
4：$\{a_1, a_2\}$	(2.88,9.13,11.99)
5：$\{a_1, a_3\}$	(2.74,9.11,12.15)
6：$\{a_2, a_3\}$	(2.64,9.78,11.58)
7：$\{a_1, a_2, a_3\}$	(2.71,9.19,12.10)

在图 5.10 中, 横坐标为 7 个属性子集, 关于正域、负域和边界域共有 3 条线。

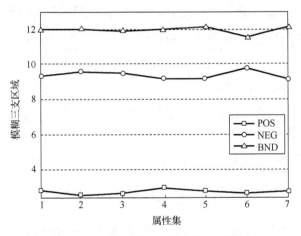

图 5.10　宏观-高层上的模糊三支区域

关于 $\{a_1\} \subseteq \{a_1, a_3\} \subseteq \{a_1, a_2, a_3\}$, 对应的模糊三支区域的趋势如下:

$$\begin{cases} \mathrm{POS}_{\{a_1\}}^{(\alpha,\beta)}(D) = 2.75 > \mathrm{POS}_{\{a_1,a_3\}}^{(\alpha,\beta)}(D) = 2.74 > \mathrm{POS}_{\{a_1,a_2,a_3\}}^{(\alpha,\beta)}(D) = 2.71 \\ \mathrm{NEG}_{\{a_1\}}^{(\alpha,\beta)}(D) = 9.34 > \mathrm{NEG}_{\{a_1,a_3\}}^{(\alpha,\beta)}(D) = 9.11 < \mathrm{NEG}_{\{a_1,a_2,a_3\}}^{(\alpha,\beta)}(D) = 9.19 \\ \mathrm{BNG}_{\{a_1\}}^{(\alpha,\beta)}(D) = 11.92 > \mathrm{BNG}_{\{a_1,a_3\}}^{(\alpha,\beta)}(D) = 12.15 > \mathrm{BNG}_{\{a_1,a_2,a_3\}}^{(\alpha,\beta)}(D) = 12.10 \end{cases}$$

因此, 可知模糊负域和模糊边界域是非单调的。关于模糊正域非单调的例子, 可以观察 $\{a_1\} \subseteq \{a_1, a_2\} \subseteq \{a_1, a_2, a_3\}$ 上:

$$\mathrm{POS}_{\{a_1\}}^{(\alpha,\beta)}(D) = 2.75 < \mathrm{POS}_{\{a_1,a_2\}}^{(\alpha,\beta)}(D) = 2.88 > \mathrm{POS}_{\{a_1,a_2,a_3\}}^{(\alpha,\beta)}(D) = 2.71$$

因此，类似于并来源于中观-中层和微观-底层的情形，宏观-高层模糊三支区域不具备粒化单调性。

最后，利用属性集 $A = \{a_1, a_2, a_3\}$ 来系统说明模糊三支区域求和的数值特征：

(1) 在微观-底层 $([x_i]_B^{(\alpha,\beta)}, D_j)$，一个模糊三支区域的和为 1 (式(5.17))。例如，对象 x_1 关于决策类 D_1 的模糊三支区域有：

$$\mathrm{POS}_A^{(\alpha,\beta)}(D_1)(x_1) + \mathrm{NEG}_A^{(\alpha,\beta)}(D_1)(x_1) + \mathrm{BND}_A^{(\alpha,\beta)}(D_1)(x_1) = 1$$

(2) 在中观-中层-1 $([x_i]_B^{(\alpha,\beta)}, U/\mathrm{IND}(D))$，对应的一个模糊三支区域的和为 $m = 3$ (公式(5.21))。例如，对象 x_1 关于决策分类 $U/\mathrm{IND}(D)$ 的模糊三支区域有：

$$\sum_{j=1}^{3} \mathrm{POS}_A^{(\alpha,\beta)}(D_j)(x_1) + \sum_{j=1}^{3} \mathrm{NEG}_A^{(\alpha,\beta)}(D_j)(x_1) + \sum_{j=1}^{3} \mathrm{BND}_A^{(\alpha,\beta)}(D_j)(x_1)$$
$$= \mathrm{POS}_A^{(\alpha,\beta)}(D)(x_1) + \mathrm{NEG}_A^{(\alpha,\beta)}(D)(x_1) + \mathrm{BND}_A^{(\alpha,\beta)}(D)(x_1)$$
$$= 0.412 + 1.254 + 1.334 = 3$$

(3) 在中观-中层-2 $(U/\mathrm{IND}(B)^{(\alpha,\beta)}, D_j)$，对应的一个模糊三支区域的和为 $n = 8$ (式(5.23))。例如，所有对象关于决策类 D_1 的模糊三支区域有：

$$\sum_{i=1}^{8} \mathrm{POS}_A^{(\alpha,\beta)}(D_1)(x_i) + \sum_{i=1}^{8} \mathrm{NEG}_A^{(\alpha,\beta)}(D_1)(x_i) + \sum_{i=1}^{8} \mathrm{BND}_A^{(\alpha,\beta)}(D_1)(x_i)$$
$$= \mathrm{POS}_A^{(\alpha,\beta)}(D_1) + \mathrm{NEG}_A^{(\alpha,\beta)}(D_1) + \mathrm{BND}_A^{(\alpha,\beta)}(D_1)$$
$$= 1.020 + 2.582 + 4.398 = 8$$

(4) 在宏观-高层，唯一模糊三支区域的和为 $n \times m = 24$ (式(5.27))，可分别通过中观-中层-1 和中观-中层-2 进行证实，即：

$$\sum_{i=1}^{8} \sum_{j=1}^{3} \mathrm{POS}_A^{(\alpha,\beta)}(D_j)(x_i) + \sum_{i=1}^{8} \sum_{j=1}^{3} \mathrm{NEG}_A^{(\alpha,\beta)}(D_j)(x_i)$$
$$+ \sum_{i=1}^{8} \sum_{j=1}^{3} \mathrm{BND}_A^{(\alpha,\beta)}(D_j)(x_i) = 2.707 + 9.189 + 12.104 = 24$$

$$\sum_{j=1}^{3} \sum_{i=1}^{8} \mathrm{POS}_A^{(\alpha,\beta)}(D_j)(x_i) + \sum_{j=1}^{3} \sum_{i=1}^{8} \mathrm{NEG}_A^{(\alpha,\beta)}(D_j)(x_i)$$
$$+ \sum_{j=1}^{3} \sum_{i=1}^{8} \mathrm{BND}_A^{(\alpha,\beta)}(D_j)(x_i) = 2.707 + 9.189 + 12.104 = 24$$

事实上，表 5.12 可以直接验证在所有属性子集下，宏观-高层的模糊三支区域的和都为 24，即满足式(5.27)。

5.6　本章小结

模糊粗糙集是模糊集和粗糙集的融合，包含着模糊性和粗糙性的双重刻画，是处理不确定性问题的基本方法之一。在实际应用中，传统模糊粗糙集模型存在一定缺陷：一是原始模糊相似度对噪声比较敏感，二是经典模型不能很好保证对象在所属类别的上下近似是最大隶属度。因此，文献[19]引入参数 ε 到模糊相似关系，并改进上下近似，建立了可调的模糊粗糙集模型。在此基础上，本章通过引入三支决策理论中的三支策略，分别改进模糊相似关系和上下近似，提出基于三支决策的改进可调模糊粗糙集模型，并进行相关模糊三支区域的三层分析。

引入双参数 (α, β) 建立了基于三支决策的三支模糊相似关系，其改进并囊括了基于二支决策的 ε-模糊相似关系。通过 1-强化、0-弱化、居中保持三种机制，改进后的模糊相似关系具有更好的鲁棒性，这一优点也被理论与实例所证实。利用基于三支决策理论的三支策略，对文献[19]的上下近似进行了改进，新建上下近似不但能保证对象在所属决策类中具有最大隶属度，还能刻画出对象关于所有决策类存在的不确定性。从而，改进可调模糊粗糙集模型变得更为合理。基于改进模型，构建了三层粒结构，并确立了每层的模糊三支区域。讨论了三层粒结构中的模糊三支区域的分解和集成，给出了每个层次上模糊三支区域的解析公式与求和特征。在实例分析中，验证了所提模型的有效性和合理性，并分析了三层粒结构的模糊三支区域及其粒化非单调性。接下来，改进可调模糊粗糙集模型及其三层分析结果还值得广泛应用，相关的属性约简方法与规则提取算法可以依托三层粒结构进行深入研究。

参 考 文 献

[1] Pawlak Z. Rough Sets: Theoretical Aspects of Reasoning about Data[M]. Dordrecht: Kluwer Academic Publishers, 1991.

[2] Wang C Z, Hu Q H, Wang X Z, et al. Feature selection based on neighborhood discrimination index[J]. IEEE Transactions on Neural Networks and Learning Systems, 2018, 29(7): 2986-2999.

[3] Wu W Z, Leung Y, Shao M W. Generalized fuzzy rough approximation operators determined by fuzzy implicators[J]. International Journal of Approximate Reasoning, 2013, 54: 1388-1409.

[4] Yuan Z, Zhang X Y, Feng S. Hybrid data-driven outlier detection based on neighborhood information entropy and its developmental measures[J]. Expert Systems with Applications, 2018, 112: 243-257.

[5] Dubois D, Prade H. Rough fuzzy sets and fuzzy rough sets[J]. International Journal of General Systems, 1990, 17: 191-208.

[6] Yao Y Y. Combination of rough and fuzzy sets based on α-level sets[M]//Rough Sets and Data Mining. Boston: Springer 1997: 301-321.

[7] Feng T, Fan H T, Mi J S. Uncertainty and reduction of variable precision multigranulation fuzzy rough sets based on three-way decisions[J]. International Journal of Approximate Reasoning,

2017, 85: 36-58.

[8]   Singh P K. Three-way fuzzy concept lattice representation using neutrosophic set[J]. International Journal of Machine Learning & Cybernetics, 2017, 8: 69-79.

[9]   Cornelis C, Medina J, Verbiest N. Multi-adjoint fuzzy rough sets: Definition, properties and attribute selection[J]. International Journal of Approximate Reasoning, 2014, 55: 412-426.

[10] Lin Y J, Li Y W, Wang C X, et al. Attribute reduction for multi-label learning with fuzzy rough set[J]. Knowledge-Based Systems, 2018, 152: 51-61.

[11] Liu G L. Axiomatic systems for rough sets and fuzzy rough sets[J]. International Journal of Approximate Reasoning, 2008, 48: 857-867.

[12] Tiwari A K, Shreevastava S, Som T, et al. Tolerance-based intuitionistic fuzzy-rough set approach for attribute reduction[J]. Expert Systems with Applications, 2018, 101: 205-212.

[13] Hu Q H, Zhang L, Chen D G, et al. Gaussian Kernel based fuzzy rough sets: Model, uncertainty measures and applications[J]. International Journal of Approximate Reasoning, 2010, 51: 453-471.

[14] Wang C Y, Hu B Q. Granular variable precision fuzzy rough sets with general fuzzy relations[J]. Fuzzy Sets and Systems, 2015, 275: 39-57.

[15] Chen D G, Hu Q H, Yang Y P. Parameterized attribute reduction with Gaussian kernel based fuzzy rough sets[J]. Information Sciences, 2011, 26: 5169-5179.

[16] Hu Q H, Xie Z X, Yu D R. Hybrid attribute reduction based on a novel fuzzy-rough model and information granulation[J]. Pattern Recognition, 2007, 40: 3509-3521.

[17] Mieszkowicz-Rolka A, Rolka L. Variable precision fuzzy rough sets[J]. Lecture Notes in Computer Science, 2004, 3100: 144-160.

[18] Zhao S Y, Tsang E C C, Chen D G. The model of fuzzy variable precision rough sets[J]. IEEE Transactions on Fuzzy System, 2009, 17: 451-467.

[19] Wang C Z, Qi Y L, Shao M W, et al. A fitting model for feature selection with fuzzy rough sets[J]. IEEE Transaction on Fuzzy Systems, 2017, 25: 741-753.

[20] Yao Y Y. An outline of a theory of three-way decisions[C]//Yao J, Yang Y, Slowinski R, et al. Proceedings of the 8th International RSCTC Conference, LNCS (LNAI), 2012, 7413: 1-17.

[21] Yao Y Y. Three-way decisions and cognitive computing[J]. Cognitive Computation, 2016, 8(4): 543-554.

[22] Yao Y Y. Tri-level thinking: Models of three-way decision[J]. International Journal of Machine Learning & Cybernetics, 2020, 11: 948-959.

[23] Yao Y Y. Set-theoretic models of three-way decision[J]. Granular Computing, 2021, 6(1): 133-148.

[24] Azam N, Zhang Y, Yao J T. Evaluation functions and decision condition soft three-way decisions

with game-theoretic rough sets[J]. European Journal of Operational Research, 2017, 261: 704-714.

[25] Cabitza F, Ciucci D, Locoro A. Exploiting collective knowledge with three-way decision theory: Cases from the questionnaire-based research[J]. International Journal of Approximate Reasoning, 2017, 83: 356-370.

[26] Min F, Zhang Z H, Zhai W J, et al. Frequent pattern discovery with tri-partition alphabets[J]. Information Sciences, 2018, 507: 715-732.

[27] Zhou J, Lai Z H, Miao D Q, et al. Multigranulation rough fuzzy clustering based on shadowed sets[J]. Information Sciences, 2020, 507: 553-573.

[28] Greco S, Matarazzo B, Slowinski R. Distinguishing vagueness from ambiguity in rough set approximations[J]. International Journal of Uncertainty, Fuzziness and Knowledge-Based Systems, 2018, 26: 89-125.

[29] Yao Y Y. Three-way decision with probabilistic rough sets[J]. Information Sciences, 2010, 180: 341-353.

[30] Afridi M K, Azam N, Yao J T, et al. A three-way clustering approach for handling missing data using GTRS[J]. International Journal of Approximate Reasoning, 2018, 98: 11-24.

[31] Wang P X, Yao Y Y. CE3: A three-way clustering method based on mathematical morphology[J]. Knowledge-Based System, 2018, 155: 54-65.

[32] Yu H, Wang X C, Wang G Y, et al. An active three-way clustering method via low-rank matrices for multi-view data[J]. Information Sciences, 2018, 507: 823-839.

[33] Qi J J, Qian T, Wei L, The connections between three-way and classical concept lattices[J]. Knowledge-Based System, 2016, 91: 143-151.

[34] Yao Y Y. Interval sets and three-way concept analysis in incomplete contexts[J]. International Journal of Machine Learning & Cybernetics, 2017, 8: 3-20.

[35] Lang G M, Miao D Q, Cai M J. Three-way decision approaches to conflict analysis using decision-theoretic rough set theory[J]. Information Sciences, 2017, 406-407: 185-207.

[36] Lang G M, Miao D Q, Fujita H. Three-way group conflict analysis based on Pythagorean fuzzy set theory[J]. IEEE Transactions on Fuzzy Systems, 2020, 28: 447-461.

[37] Sun B Z, Chen X T, Zhang L Y, et al. Three-way decision making approach to conflict analysis and resolution using probabilistic rough set over two universes[J]. Information Sciences, 2020, 507: 809-822.

[38] Huang C C, Li J H, Mei C L, et al. Three-way concept learning based on cognitive operators: An information fusion viewpoint[J]. International Journal of Approximate Reasoning, 2017, 83: 218-242.

[39] Li J H, Huang C C, Qi J J, et al. Three-way cognitive concept learning via multi-granularity[J].

Information Sciences, 2017, 378: 244-263.

[40] Li H X, Zhang L B, Huang B, et al. Sequential three-way decision and granulation for cost-sensitive face recognition[J]. Knowledge-Based Systems, 2016, 91: 241-251.

[41] Ma X A, Zhao X R. Cost-sensitive three-way class-specific attribute reduction[J]. International Journal of Approximate Reasoning, 2019,105: 153-174.

[42] Zhang H R, Min F. Three-way recommender systems based on random forests[J]. Knowledge-Based Systems, 2016, 91: 275-286.

[43] Ju H R, Pedrycz W, Li H X, et al. Sequential three-way classifier with justifiable granularity[J]. Knowledge-Based Systems, 2019, 163: 103-119.

[44] Qian J, Liu C H, Miao D Q, et al. Sequential three-way decisions via multi-granularity[J]. Information Sciences, 2020, 507: 606-629.

[45] Yang J, Wang G Y, Zhang Q H, et al. Optimal granularity selection based on cost-sensitive sequential three-way decisions with rough fuzzy sets[J]. Knowledge-Based Systems, 2019, 163: 131-144.

[46] Yang X, Li T R, Fujita H, et al. A unified model of sequential three-way decisions and multilevel incremental processing[J]. Knowledge-Based Systems, 2017, 134: 172-188.

[47] Hu M J, Yao Y Y. Structured approximations as a basis for three-way decisions in rough set theory[J]. Knowledge-Based Systems, 2019, 165: 92-109.

[48] Lin Y J, Hu Q H, Liu J H, et al. Streaming feature selection for multilabel learning based on fuzzy mutual information[J]. IEEE Transactions on Fuzzy Systems, 2017, 25: 1491-1507.

[49] Sun L, Wang L Y, Ding W P, et al. Feature selection using fuzzy neighborhood entropy-based uncertainty measures for fuzzy neighborhood multigranulation rough sets[J]. IEEE Transactions on Fuzzy Systems, 2020, 29(1): 19-33.

[50] Yang J L, Yao Y Y. A three-way decision based construction of shadowed sets from Atanassov intuitionistic fuzzy sets[J]. Information Sciences, 2021, 577: 1-21.

[51] Yang J L, Yao Y Y. Semantics of soft sets and three-way decision with soft sets[J]. Knowledge-Based Systems, 2020, 194: 105538.

[52] Zhang X Y, Yao Y Y, Lv Z Y, et al. Class-specific information measures and attribute reducts for hierarchy and systematicness[J]. Information Sciences, 2021, 563: 196-225.

[53] Zhang X Y, Miao D Q. Three-layer granular structures and three-way informational measures of a decision table[J]. Information Sciences, 2017, 412-413: 67-86.

[54] Ferone A. Feature selection based on composition of rough sets induced by feature granulation[J]. International Journal of Approximate Reasoning, 2018, 101: 276-292.

[55] Gao C, Lai Z H, Zhou J, et al. Maximum decision entropy-based attribute reduction in decision-theoretic rough set model[J]. Knowledge-Based Systems, 2018, 143: 179-191.

[56] Jia X Y, Shang L, Zhou B, et al. Generalized attribute reduct rough set theory[J]. Knowledge-Based Systems, 2016, 91: 204-218.

[57] Miao D Q, Zhao Y, Yao Y Y, et al. Relative reducts inconsistent and inconsistent decision tables of the Pawlak rough set model[J]. Information Sciences, 2009, 4140-4150.

[58] Sheeja T K, Kuriakose A S. A novel feature selection method using fuzzy rough sets[J]. Computers in Industry, 2018, 97: 111-116.

[59] Wang G Y, Ma X A, Yu H, et al. Monotonic uncertainty measures for attribute reduction in probabilistic rough set model[J]. International Journal of Approximate Reasoning, 2015, 59: 41-67.

[60] Yang X B, Yao Y Y. Ensemble selector for attribute reduction[J]. Applied Soft Computing, 2018, 70: 1-11.

[61] Zhang X, Mei C L, Chen D G, et al. A fuzzy rough set-based feature selection method using representative instances[J]. Knowledge Based Systems, 2018, 151: 216-229.

[62] Zhang X Y, Miao D Q. Quantitative/qualitative region change uncertainty/certainty in attribute reduction: Comparative region change analyses based on granular computing[J]. Information Sciences, 2016, 334-335: 174-204.

[63] Lin G P, Liang J Y, Qian Y H, et al. A fuzzy multigranulation decision-theoretic approach to multi-source fuzzy information systems[J]. Knowledge-Based Systems, 2016, 91: 102-113.

[64] 张清华, 王进, 王国胤. 粗糙模糊集的近似表示[J]. 计算机学报, 2015, 38(7): 1484-1496.

第6章 三支思想的渗透

三支决策[1-4]是一类特殊的人类认知和思维方式，由加拿大学者姚一豫提出，其主要思想是三分而治，即将一个整体合理地分为三个部分，并采取有效的策略治理每个部分，从而获得所期待的效果。从分类和概念学习的角度看，三支决策对边界域的考虑打破了传统二支决策非此即彼的硬性决策的弊端，通过边界域的缓冲作用，避免了二支决策所带来的不必要的损失。目前，三支决策的思想已经渗透到各个学科领域，本章主要通过在已有模型中找寻"三支"的踪迹，进一步揭示三支思想无处不在、无时不有。

6.1 三支决策简述与 TAO 模型

三支决策的思想来源于粗糙集，旨在对粗糙集的三个域(即正域、负域、边界域)提供合理的语义解释，这也使得早期的三支决策研究大多通过粗糙集模型实现[5-7]。1990 年，姚一豫教授将贝叶斯最小风险决策理论引入粗糙集模型中，构建了基于决策粗糙集的三支决策模型[5]。决策粗糙集模型由决策规则出发，依据决策风险最小原则来确定正域、负域和边界域。决策粗糙集模型因其简单、易操作且具有明确的语义解释等优点得到了广大学者的青睐[8-16]。2009 年，姚教授明确提出"三支决策"这一概念，并建立了基于评价函数的三支决策模型[6,17]；随后，三支决策逐渐从一个基于粗糙集的狭义模型上升为一个广义三支决策理论[1-4,18,19]，即基于"三"的问题处理与研究方法。2015 年，姚教授对三支决策的本质要素进行提炼，提出了基于"分-治"的三支决策模型[20]；考虑到对分与治的结果进行效用评估的必要性，姚教授于 2018 年进一步提出了三支决策 TAO 模型[2]，即"分-治-效"模型(见图 6.1)。其中，"分"是指将一个整体进行三分(trisecting)，"治"是指对于不同的模块采取不同的治略(acting)，"效"是指通过建立合理的评价体系对于分和治的结果进行效用评估(outcome evaluation)。

用集合论来描述，假设 U 为一个有限非空论域，三分的结果是一个由三个子集组成的三元组 (P_1, P_2, P_3)，一般要求满足如下关系：

$$P_1 \bigcap P_2 = \varnothing,\ P_1 \bigcap P_3 = \varnothing,\ P_2 \bigcap P_3 = \varnothing$$

$$P_1 \bigcup P_2 \bigcup P_3 = U \tag{6.1}$$

本章工作获得国家自然科学基金项目(11571010、11971365、62006172)资助。

即三个部分两两不相交且覆盖整体。分、治、效三者既可按照先后顺序逐一完成，也可反向指导博弈出最优结果。一方面，我们可以先分后治再效用评估，称为以三分驱动的三支决策；另一方面，我们也可以通过治和效用评估来进一步更新分的结果，使我们获得某种意义上的最优，称为以策略驱动的三支决策。

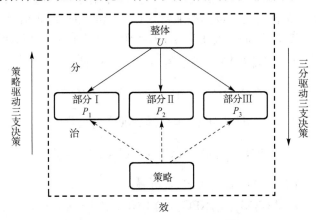

图 6.1　三支决策 TAO 模型[2]

关于如何"分"已有较多成果[8-16]。一般而言，我们可从实际问题出发构造评价函数，通过比较评估值与给定阈值之间的关系，获得整体的一个三分[17,21,22]。评价函数需满足什么条件以及如何构造评价函数是基于评价函数的三支决策模型需要解决的重点问题。胡宝清[21,22]基于模糊格与偏序集给出了评价函数的公理化定义。为了便于应用，下面我们给出基于偏序集的评价函数定义。

假设 U 是由需要做决策的对象构成，称为决策论域；V 是由做决策时需要考虑的条件构成(如属性集)，称为条件论域。$(L_C, \leq_{L_C}, N_{L_C}, 0_{L_C}, 1_{L_C})$ 与 $(L_D, \leq_{L_D}, N_{L_D}, 0_{L_D}, 1_{L_D})$ 是两个有界偏序集，分别对应条件论域和决策论域的取值范围。其中，$\leq_{L_C}$ 与 $\leq_{L_D}$ 分别是 L_C 与 L_D 上的偏序关系，N_{L_C} 与 N_{L_D} 分别是 L_C 与 L_D 上的逆否算子，0_{L_C} 和 1_{L_C} 分别是 L_C 上的最小元和最大元，0_{L_D} 和 1_{L_D} 分别是 L_D 上的最小元和最大元。记 $\mathrm{Map}(V, L_C)$ 与 $\mathrm{Map}(U, L_D)$ 为关于条件论域和决策论域的全体映射集。当 $L_C = L_D = \{0,1\}$ 时，$\mathrm{Map}(V, L_C)$ 与 $\mathrm{Map}(U, L_D)$ 分别对应论域 V 与 U 的全体经典子集；当 $L_C = L_D = [0,1]$ 时，$\mathrm{Map}(V, L_C)$ 与 $\mathrm{Map}(U, L_D)$ 分别对应论域 V 与 U 的全体模糊子集，等等。

定义 6.1[22]　设 U 为决策论域，V 为条件论域，称映射 $E: \mathrm{Map}(V, L_C) \to \mathrm{Map}(U, L_D)$ 为 U 上的评价函数，如果 E 满足如下三条公理：

(1) 最小元性：$E((0_{L_C})_V) = (0_{L_D})_U$，即 $E((0_{L_C})_V)(x) = 0_{L_D}$，$\forall x \in U$。

(2) 单调性：若 $A \subseteq_{L_C} B$，则 $E(A) \subseteq_{L_D} E(B)$，即 $(\forall x \in V)(A(x) \leq_{L_C} B(x)) \Rightarrow (\forall x \in U)(E(A)(x) \leq_{L_D} E(B)(x))$。

(3)互补性: $N_{L_D}(E(A)) = E(N_{L_C}(A))$,即 $N_{L_D}(E(A)(x)) = E(N_{L_C}(A))(x)$, $\forall x \in U$ 。此时,称 $(U, \mathrm{Map}(V, L_C), L_D, E)$ 为一个决策空间。

根据实际问题,偏序集 L_C 与 L_D 可以有不同的取值,如针对某项服务的评分系统($L_* = \{$很好,好,一般,差,很差$\}$)、学生百分制考核评价体系($L_* = [0,100]$),等等。基于评价函数的三支决策模型通常由评价函数和一对阈值确定。

定义 6.2[22] 设 $(U, \mathrm{Map}(V, L_C), L_D, E)$ 为一个决策空间, $A \in \mathrm{Map}(V, L_C)$,对于给定的阈值 $\alpha, \beta \in L_D$ 且 $\beta <_{L_D} \alpha$ (即 $\beta \leqslant_{L_D} \alpha$ 且 $\beta \neq \alpha$),称

$$\mathrm{POS}_\alpha(A) = \{x \in U \mid E(A)(x) \geqslant_{L_D} \alpha\}$$

$$\mathrm{NEG}_\beta(A) = \{x \in U \mid E(A)(x) \leqslant_{L_D} \beta\}$$

$$\mathrm{BND}_{\beta,\alpha}(A) = (\mathrm{POS}_\alpha(A) \bigcup \mathrm{NEG}_\beta(A))^c$$

为基于 A 的 α -正域、 β -负域、 (β, α) -边界域。

不难看出,三元组 $(\mathrm{POS}_\alpha(A), \mathrm{NEG}_\beta(A), \mathrm{BND}_{\beta,\alpha}(A))$ 满足式(6.1),即将论域 U 划分为三个两两不相交的部分。若 $\leqslant_{L_D}$ 为 L 上的一个全序或线性序,则:

$$\mathrm{BND}_{\beta,\alpha}(U) = \{x \in U \mid \beta <_L E(x) <_L \alpha\}$$

对于分的结果,可以根据具体的问题背景对三个部分采取不同的行为,从而实现"治"的目标,如常用的决策策略:接受正域中的对象、拒绝负域中的对象以及暂时不考虑边界域中的对象。在"效"的研究方面,Gao 和 Yao 在 2017 年提出了定量计算三分质量的度量方法,构建了基于行为策略的三支决策模型[23],Jiang 和 Yao 建立了基于移动对象的策略和行为有效性评价模型[24]等。本章重点研究已有模型中渗透的"三支"思想,对于"治"和"效"不做特别研究说明。

6.2 经典集合中出现的三支

为了给粗糙集三域提供合理的语义解释,姚一豫教授提出了三支决策模型,其中的每个域对应一种决策规则[17]。具体来说,正域对应着接受、负域对应着拒绝、边界域对应着不做决策。随着三支决策模型和应用的发展,三支决策逐渐成为一个独立的研究领域。本节重点揭示由经典集合描述的一些概念(如粗糙集、Flou 集、区间集、随机集、正交对)的三支思想。

6.2.1 粗糙集

粗糙集由波兰学者 Pawlak[25]于 1982 年提出,主要用于处理以信息表形式存储的数据。对于不能被现有知识精确表示的概念,通过一对上、下近似来逼近。其中,

下近似是由确定属于该概念的对象构成，上近似由确定属于和可能属于该概念的对象构成。

定义 6.3[25] 设 U 为非空论域，R 为 U 上的等价关系，称 (U,R) 为一个近似空间。A 为 U 的任一子集，则子集 A 的下近似与上近似分别为：

$$\underline{R}(A) = \{x \in U \mid [x]_R \subseteq A\}$$
$$\overline{R}(A) = \{x \in U \mid [x]_R \bigcap A \neq \varnothing\}$$

其中，$[x]_R$ 是元素 x 的 R-等价类，即：

$$[x]_R = \{y \in U \mid (x,y) \in R\}$$

一般，若 $\underline{R}(A) \neq \overline{R}(A)$，则称集合 A 是粗糙集，也称集对 $(\underline{R}(A), \overline{R}(A))$ 为粗糙集。由上、下近似可以得到如下三个域：

$$\mathrm{POS}_R(A) = \underline{R}(A)$$
$$\mathrm{BND}_R(A) = \overline{R}(A) - \underline{R}(A)$$
$$\mathrm{NEG}_R(A) = (\overline{R}(A))^c$$

分别称为基于集合 A 的正域、边界域、负域(见图 6.2)。正域 $\mathrm{POS}_R(A)$ 中的元素确定属于 A，负域 $\mathrm{NEG}_R(A)$ 中的元素确定不属于 A，边界域 $\mathrm{BND}_R(A)$ 中的元素可能属于也可能不属于 A。

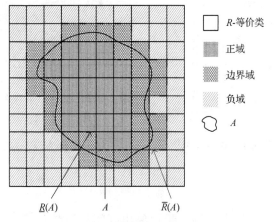

图 6.2 粗糙集 A 及其三域

6.2.2 Flou 集

Flou 集[26]由 Gentihommn 提出，其思想源于对自然语言的研究。例如，从"act"开始，人们可以通过添加前缀"in""un""re"等和(或)添加后缀"ive""ivity""ion"

等来形成其他的词汇。也就是说，我们可以考虑如下的树形结构(如图 6.3) [27]。这树上的一些组合可以产生出常用的词汇(例如，inactive，action，activate，actable)，有些组合是不常用的词(例如，inactable)，有些组合看似可以接受但不在字典的收录范围内(例如，inactor)。

　　Gentihommn 将这种现象抽象化，将所研究的论域分成三类：第一类由中心元素构成，即这些元素一定满足某种属性；第二类是周边元素，即可疑元素；第三类是非元素，即一定不满足所给的属性。

　　定义 6.4[26]　设 U 为非空论域，称 $F = (C, M)$ 为 U 上的一个 Flou 集，其中，$C \subseteq M \subseteq U$。集合 C 称为 Flou 集 F 的确定域(certain domain)，M 称为 Flou 集 F 的最大域(maximum domain)，$M - C$ 称为 Flou 域。

　　一个 Flou 集 F 可将论域 U 分为以下三个部分：

$$POS(F) = C$$
$$BND(F) = M - C$$
$$NEG(F) = M^c$$

分别称为基于 Flou 集 F 的正域、边界域、负域(见图 6.4)。其中，正域 $POS(F)$ 由 Flou 集 F 的核元素构成，负域 $NEG(F)$ 由确定不属于 Flou 集 F 的元素构成，边界域 $BND(F)$ 由 Flou 集 F 的边缘元素构成。

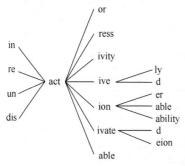

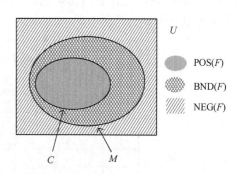

图 6.3　英文单词 act 的树形结构[27]　　　图 6.4　Flou 集 $F = (C, M)$ 及其三域

6.2.3　区间集

　　从粗糙集的近似结构上，姚一豫抽象出区间集的概念[28,29]。一个区间集由所有介于一对最小元素和最大元素之间的集合构成。

　　定义 6.5[28,29]　设 U 为非空论域，称

$$I = [A_l, A_u] = \{ A \subseteq U \mid A_l \subseteq A \subseteq A_u \}$$

为 U 上的一个闭区间集(closed interval set)，其中，$A_l \subseteq A_u \subseteq U$。集合 A_l 称为

区间集 I 的最小元素(minimum element)，A_u 称为区间集 I 的最大元素(maximum element)。

显然，论域 U 上的一个区间集 $I=[A_l,A_u]$ 由它的最小元素 A_l 和最大元素 A_u 唯一确定。从三支的角度来看，一个区间集将论域 U 分为如下三个部分：

$$POS(I)=A_l$$
$$BND(I)=A_u-A_l$$
$$NEG(I)=(A_u)^c$$

分别称为基于区间集 I 的正域、边界域、负域(见图 6.5)。其中，正域 $POS(I)$ 由区间集 I 的最小元素中的元素构成，边界域 $BND(I)$ 由区间集 I 的最大元素与最小元素之差构成，负域 $NEG(I)$ 由不在区间集 I 的最大元素中的所有元素构成。图 6.5 中四个七角星组成了区间集 I 的最小元素 A_l，四个七角星和两个四角星组成了区间集 I 的最大元素 A_u，所有包含四个七角星和任意多个四角星的集合构成了区间集 I 的元素。

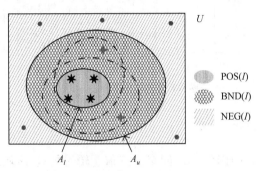

图 6.5　区间集 $I=[A_l,A_u]$ 及其三域

6.2.4　随机集

随机集或可测多值映射，是随机变量的一个有用的推广。从数学上来说，随机集是取值为集合(而不是点)的随机变量。随机集在与各类不确定性度量的关系中扮演着一个有趣的角色，并且已经被成功地应用于不同领域。

定义 6.6[30]　设 $(\Omega,\mathcal{A},P)$ 表示一个概率空间，其中，$\mathcal{A}$ 是 Ω 的一个 σ-代数，P 是一个概率测度；$(U,\mathcal{B})$ 是另一个可测空间(称为目标空间)。如果映射 $\Gamma:\Omega\to 2^U$ 是 $(\mathcal{A},\mathcal{B})$ 可测的，即对于任意 $A\in\mathcal{B}$，有：

$$\Gamma_*(A)=\{\omega\in\Omega\mid\varnothing\neq\Gamma(\omega)\subseteq A\}\in\mathcal{A}$$
$$\Gamma^*(A)=\{\omega\in\Omega\mid\Gamma(\omega)\bigcap A\neq\varnothing\}\in\mathcal{A}$$

则称映射 Γ 是一个随机集(random set)。

$\Gamma_*(A)$ 和 $\Gamma^*(A)$ 分别称为集合 A 关于随机集 Γ 的下逆（lower inverse）和上逆（upper inverse），分别由关于集合 A 的必然事件和可能事件构成。集合 A 的下逆和上逆将 Ω 划分为三个互不相交的部分：

$$\mathrm{POS}_\Gamma(A) = \Gamma_*(A)$$

$$\mathrm{BND}_\Gamma(A) = \Gamma^*(A) - \Gamma_*(A)$$

$$\mathrm{NEG}_\Gamma(A) = (\Gamma^*(A))^c$$

分别称为基于集合 A 的正域、边界域、负域（见图 6.6），其中，正域 $\mathrm{POS}_\Gamma(A)$ 由关于 A 的所有必然事件构成，负域 $\mathrm{NEG}_\Gamma(A)$ 由关于 A 的全体不可能事件构成，边界域 $\mathrm{BND}_\Gamma(A)$ 由全体可能事件构成。

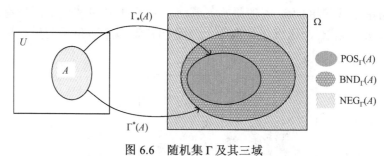

图 6.6   随机集 Γ 及其三域

6.2.5   正交对

通过分析粗糙集、阴影集、区间集、三值逻辑等处理不确定性的常见概念的特征，意大利学者 Ciucci 提出了正交对的概念[31-33]。

定义 6.7[31-33]   设 U 为非空论域，$P, N \subseteq U$ 且 $P \bigcap N = \varnothing$，称 $O = (P, N)$ 为 U 上的一个正交对（orthopair）。

论域 U 上的一个正交对 $O = (P, N)$ 将 U 分为互不相交的三个部分：

$$\mathrm{POS}(O) = P$$

$$\mathrm{BND}(O) = (P \bigcup N)^c$$

$$\mathrm{NEG}(O) = N$$

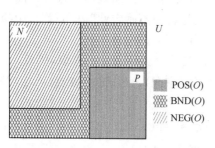

图 6.7   正交对 $O = (P, N)$ 及其三域

分别称为基于正交对 O 的正域、边界域、负域（见图 6.7）。反之，这三个域中的任意两个集合都构成 U 上的一个正交对，如 $(\mathrm{POS}(O), \mathrm{BND}(O))$。

6.3   模糊集中出现的三支

对于经典集合，不仅可以用集合的外延直接说明这个集合由什么元素构成，同时，还可以通过特征函数来记录论域中每个对象对该集合的隶属度。通过将取值为 0 和 1 的特征函数推广为取值于不同真值集的隶属函数，便有了模糊集、区间值模糊集、二型模糊集、直觉模糊集等概念。本节主要探讨模糊集及其各种推广的三支思想。

6.3.1   模糊集

Zadeh 于 1965 年提出的模糊集[34]是集合发展史上一次质的飞跃,他第一次将"部分属于"这个概念提出并用数学语言简单地刻画出来。

定义 6.8[34]   设 U 为非空论域，称映射

$$A : U \to [0,1]$$

为 U 上的一个模糊集。对任意的 $x \in U$ ， $A(x)$ 表示对象 x 对模糊集 A 的隶属度。

论域 U 上的全体模糊集记为 $\mathcal{F}(U)$ ，设 $A \in \mathcal{F}(U)$ ，称

$$\text{Core}(A) = \{x \in U \mid A(x) = 1\}$$
$$\text{Support}(A) = \{x \in U \mid A(x) > 0\}$$

为模糊集 A 的核与支撑集。由核与支撑集可以得到如下三个域：

$$\text{POS}(A) = \{x \in U \mid A(x) \geqslant 1\} = \text{Core}(A)$$
$$\text{BND}(A) = \{x \in U \mid 0 < A(x) < 1\} = \text{Support}(A) - \text{Core}(A)$$
$$\text{NEG}(A) = \{x \in U \mid A(x) \leqslant 0\} = (\text{Support}(A))^c$$

分别称为基于模糊集 A 的正域、边界域、负域(见图 6.8(a))。其中，正域 POS(A) 中的元素确定属于模糊集 A ，负域 NEG(A) 中的元素确定不属于模糊集 A ，边界域 BND(A) 中的元素可能属于也可能不属于模糊集 A 。

由核与支撑集所得的三个域过于严格，当且仅当对象的隶属度为 1 才视为 A 中的元素，当且仅当对象的隶属度为 0 才排除为 A 中的元素。为了避免这种极端划分，令评价函数 $E(A)(x) = A(x)$ ， $L_D = [0,1]$ ，对于参数 $0 \leqslant \beta < \alpha \leqslant 1$ ，由定义 6.2 可得：

$$\text{POS}_\alpha(A) = \{x \in U \mid A(x) \geqslant \alpha\}$$
$$\text{NEG}_\beta(A) = \{x \in U \mid A(x) \leqslant \beta\}$$
$$\text{BND}_{\beta,\alpha}(A) = \{x \in U \mid \beta < A(x) < \alpha\}$$

分别称为基于模糊集 A 的 α -正域、 β -负域、 (β,α) -边界域(见图 6.8(b))。对于

$\text{POS}_\alpha(A)$ 中的元素我们认为确定属于模糊集 A，$\text{NEG}_\beta(A)$ 中的元素我们认为不属于模糊集 A，$\text{BND}_{(\beta,\alpha)}(A)$ 中的元素我们认为可能属于也可能不属于模糊集 A。

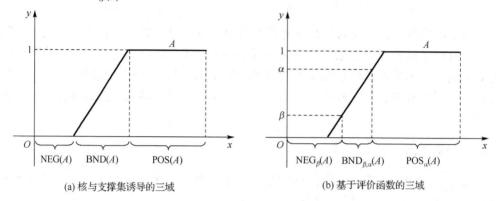

(a) 核与支撑集诱导的三域　　　　　　　(b) 基于评价函数的三域

图 6.8　模糊集 A 及其三域

6.3.2　区间值模糊集

区间值模糊集是取值为区间数的模糊集，是模糊集的一种推广。记

$$I^{[1]} = \{[a^-, a^+] \mid 0 \leqslant a^- \leqslant a^+ \leqslant 1\}$$

为 $[0,1]$ 上全体区间数的集合。特别地，若 $a^- = a^+ = a$，则区间数 $[a^-, a^+]$ 退化为实数 a，记为 $\bar{a}$。对任意的 $[a^-, a^+], [b^-, b^+] \in I^{[1]}$，$I^{[1]}$ 上的序关系定义如下：

(1) $[a^-, a^+] = [b^-, b^+]$ 当且仅当 $a^- = b^-, a^+ = b^+$；

(2) $[a^-, a^+] \leqslant [b^-, b^+]$ 当且仅当 $a^- \leqslant b^-, a^+ \leqslant b^+$；

(3) $[a^-, a^+] < [b^-, b^+]$ 当且仅当 $[a^-, a^+] \leqslant [b^-, b^+]$ 且 $[a^-, a^+] \neq [b^-, b^+]$；

(4) $[a^-, a^+] \geqslant [b^-, b^+]$ 当且仅当 $[b^-, b^+] \leqslant [a^-, a^+]$。

定义 6.9[35]　设 U 为非空论域，称映射

$$A : U \to I^{[1]}$$

为 U 上的一个区间值模糊集(interval-valued fuzzy set)。

事实上，任一个区间值模糊集都由一对模糊集唯一确定。对任意的 $x \in U$，$A(x) = [a^-, a^+]$ 表示对象 x 对区间值模糊集 A 的隶属度，记 $A^-(x) = a^-$，$A^+(x) = a^+$。按这种对应法则，便得到 U 上的两个模糊集 A^- 与 A^+，分别称为区间值模糊集 A 的下模糊集(lower fuzzy set)与上模糊集(upper fuzzy set)。因此，区间值模糊集也记为 $A = [A^-, A^+]$。对任意的 $x \in U$，令：

$$A^{\text{m}}(x) = \frac{A^-(x) + A^+(x)}{2}$$

称 A^m 为区间值模糊集 A 的中心模糊集[21]。

由中心模糊集易得论域 U 关于区间值模糊集的三分。设 $A = [A^-, A^+]$ 为 U 上的区间值模糊集，$0 \le \beta < \alpha \le 1$，令评价函数 $E(A)(x) = A^m(x)$，$L_D = [0,1]$，由定义 6.2 可得：

$$\text{POS}_\alpha^m(A) = \{x \in U \mid A^m(x) \ge \alpha\}$$
$$\text{BND}_{\beta,\alpha}^m(A) = \{x \in U \mid \beta < A^m(x) < \alpha\}$$
$$\text{NEG}_\beta^m(A) = \{x \in U \mid A^m(x) \le \beta\}$$

分别称为由中心模糊集 A^m 诱导的 α-正域、(β,α)-边界域、β-负域（见图 6.9(a)）。

此外，基于区间数的序关系，我们还有如下的三分方法。设 $\overline{0} \le [\beta^-, \beta^+] < [\alpha^-, \alpha^+] \le \overline{1}$，令评价函数 $E(A)(x) = A(x)$，$L_D = I^{[1]}$，由定义 6.2 可得：

$$\text{POS}_{[\alpha^-,\alpha^+]}(A) = \{x \in U \mid A(x) \ge [\alpha^-,\alpha^+]\}$$
$$\text{NEG}_{[\beta^-,\beta^+]}(A) = \{x \in U \mid A(x) \le [\beta^-,\beta^+]\}$$
$$\text{BND}_{[\beta^-,\beta^+],[\alpha^-,\alpha^+]}(A) = (\text{POS}_{[\alpha^-,\alpha^+]}(A) \bigcup \text{NEG}_{[\beta^-,\beta^+]}(A))^c$$

分别称为基于区间值模糊集 A 的 $[\alpha^-,\alpha^+]$-正域，$[\beta^-,\beta^+]$-负域和 $([\beta^-,\beta^+],[\alpha^-,\alpha^+])$-边界域（见图 6.9(b)）。

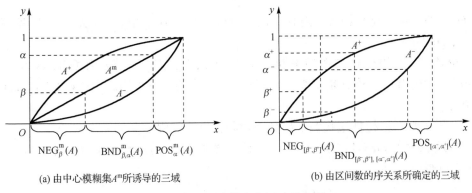

(a) 由中心模糊集 A^m 所诱导的三域　　(b) 由区间数的序关系所确定的三域

图 6.9　区间值模糊集 A 及其三域

6.3.3　二型模糊集

模糊集的隶属度是一个确定的数，这个数一旦取定，对象的隶属度就确定下来。在某种意义上，这限制了模糊集处理不确定性的能力。为了克服这个弊端，Zadeh 在 1975 年提出了二型模糊集的概念[36,37]，其隶属度取值为[0,1]上的模糊集。

设 $\mathcal{F}([0,1])$ 表示单位区间[0,1]上的全体模糊集。关于模糊集取大、取小的扩张运算定义如下：设 $A, B \in \mathcal{F}([0,1])$，

$$(A \,\tilde{\wedge}\, B)(u) = \sup_{u = u_1 \wedge u_2} \big(A(u_1) \wedge B(u_2) \big)$$
$$(A \,\tilde{\vee}\, B)(u) = \sup_{u = u_1 \vee u_2} \big(A(u_1) \wedge B(u_2) \big) \tag{6.2}$$

基于式 (6.2) 中的运算,模糊集之间的序关系[38-40]定义如下,对任意的 $A, B \in \mathcal{F}([0,1])$:

(1) $A = B$ 当且仅当 $A(u) = B(u)$,$\forall u \in [0,1]$;

(2) $A \leqslant B$ 当且仅当 $A \,\tilde{\wedge}\, B = A$,$A \,\tilde{\vee}\, B = B$;

(3) $A < B$ 当且仅当 $A \leqslant B$ 且 $A \neq B$;

(4) $A \geqslant B$ 当且仅当 $B \leqslant A$。

设 $A \in \mathcal{F}([0,1])$,如果 $\sup\limits_{u \in [0,1]} A(u) = 1$,则称 A 是正则的 (normal)。记区间 $[0,1]$ 上的全体正则模糊集为 $\mathcal{F}_{\mathrm{N}}([0,1])$。定义如下两个特殊的模糊集:

$$\tilde{0}(u) = \begin{cases} 1, & u = 0 \\ 0, & u \neq 0 \end{cases} \ \text{和} \ \tilde{1}(u) = \begin{cases} 1, & u = 1 \\ 0, & u \neq 1 \end{cases}$$

称为单点模糊集。易证,$\tilde{0}$ 和 $\tilde{1}$ 是正则的,且对任意的 $A \in \mathcal{F}_{\mathrm{N}}([0,1])$,有 $\tilde{0} \leqslant A \leqslant \tilde{1}$。

定义 6.10[39]　设 U 为非空论域,称映射:

$$\tilde{A} : U \to \mathcal{F}([0,1])$$

为 U 上的一个二型模糊集。对任意的 $x \in U$,称 $\tilde{A}(x) \in \mathcal{F}([0,1])$ 为关于 x 的模糊度 (fuzzy grade)。

论域 U 上的全体二型模糊集记为 $\mathrm{Map}(U, \mathcal{F}([0,1]))$。若对任意的 $x \in U$,有 $\tilde{A}(x) \in \mathcal{F}_{\mathrm{N}}([0,1])$,则称 $\tilde{A}$ 是正则的,记论域 U 上的全体正则二型模糊集为 $\mathrm{Map}(U, \mathcal{F}_{\mathrm{N}}([0,1]))$。

对于正则二型模糊集我们给出如下两种三分方法[41]:

(1) 设 $0 \leqslant \beta < \alpha \leqslant 1$,$0 \leqslant \gamma < 1$,令评价函数 $E(\tilde{A})(x) = \tilde{A}_\gamma(x)$,$L_D = [0,1]$,由定义 6.2 可得:

$$\mathrm{POS}_\alpha^\gamma(\tilde{A}) = \{ x \in U \mid \tilde{A}_\gamma(x) \geqslant \alpha \}$$
$$\mathrm{NEG}_\beta^\gamma(\tilde{A}) = \{ x \in U \mid \tilde{A}_\gamma(x) \leqslant \beta \}$$
$$\mathrm{BND}_{\beta,\alpha}^\gamma(\tilde{A}) = \{ x \in U \mid \beta < \tilde{A}_\gamma(x) < \alpha \}$$

分别称为由二型模糊集 $\tilde{A}$ 间接诱导的 (α, γ)-正域、(β, γ)-负域、(β, α, γ)-边界域。其中,

$$\tilde{A}_\gamma(x) = \frac{\inf(\tilde{A}(x))_{\bar{\gamma}} + \sup(\tilde{A}(x))_{\bar{\gamma}}}{2}$$

$$(\tilde{A}(x))_{\bar{\gamma}} = \{a \in [0,1] \mid \tilde{A}(x)(a) > \gamma\}$$

(2) 设 $\tilde{\alpha}, \tilde{\beta} \in \mathcal{F}_N([0,1])$ 且 $\tilde{0} \leqslant \tilde{\beta} < \tilde{\alpha} \leqslant \tilde{1}$ ， $\tilde{A} \in \mathrm{Map}(U, \mathcal{F}_N([0,1]))$ ，令评价函数 $E(\tilde{A})(x) = \tilde{A}(x)$ ， $L_D = \mathcal{F}_N([0,1])$ ，由定义 6.2 可得：

$$\mathrm{POS}_{\tilde{\alpha}}(\tilde{A}) = \{x \in U \mid \tilde{A}(x) \geqslant \tilde{\alpha}\}$$

$$\mathrm{NEG}_{\tilde{\beta}}(\tilde{A}) = \{x \in U \mid \tilde{A}(x) \leqslant \tilde{\beta}\}$$

$$\mathrm{BND}_{\tilde{\beta}, \tilde{\alpha}}(\tilde{A}) = (\mathrm{POS}_{\tilde{\alpha}}(\tilde{A}) \bigcup \mathrm{NEG}_{\tilde{\beta}}(\tilde{A}))^c$$

分别称为基于二型模糊集 $\tilde{A}$ 的 $\tilde{\alpha}$ -正域、$\tilde{\beta}$ -负域、$(\tilde{\beta}, \tilde{\alpha})$ -边界域（见图 6.10）。

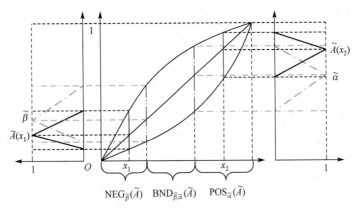

图 6.10 二型模糊集 $\tilde{A}$ 及其三域

6.3.4 直觉模糊集与区间值直觉模糊集

模糊集的隶属函数仅描述了对象隶属于某个概念的程度，在一些实际问题中，我们往往需要考察元素对概念的非隶属度，即不属于某概念的程度。以此为背景，Atanassov 提出了直觉模糊集。

定义 6.11[42,43] 设 U 为非空论域，称

$$A = \{< x, \mu_A(x), \nu_A(x) > \mid x \in U, 0 \leqslant \mu_A(x) + \nu_A(x) \leqslant 1\}$$

为 U 上的一个直觉模糊集 (intuitionistic fuzzy set)，简记为 $A = (\mu_A, \nu_A)$，其中，μ_A, ν_A：$U \to [0,1]$。对任意的 $x \in U$， $\mu_A(x)$ 与 $\nu_A(x)$ 分别表示对象 x 对直觉模糊集 A 的隶属度 (membership degree) 与非隶属度 (non-membership degree)， $\pi_A(x) = 1 - \mu_A(x) - \nu_A(x)$ 表示对象 x 对直觉模糊集 A 的犹豫度 (hesitation degree)。

设 $A = (\mu_A, \nu_A)$ 为 U 上的直觉模糊集， $0 \leqslant \beta < \alpha \leqslant 1$，令评价函数 $E(A)(x) = \dfrac{1 + \mu_A(x) - \nu_A(x)}{2}$， $L_D = [0,1]$，由定义 6.2 可得：

$$\text{POS}_\alpha(A) = \left\{ x \in U \left| \frac{1 + \mu_A(x) - \nu_A(x)}{2} \geqslant \alpha \right. \right\}$$

$$\text{BND}_{\beta,\alpha}(A) = \left\{ x \in U \left| \beta < \frac{1 + \mu_A(x) - \nu_A(x)}{2} < \alpha \right. \right\}$$

$$\text{NEG}_\beta(A) = \left\{ x \in U \left| \frac{1 + \mu_A(x) - \nu_A(x)}{2} \leqslant \beta \right. \right\}$$

分别称为由直觉模糊集 A 间接诱导的 α -正域、(β,α) -边界域、β -负域。

记 $I^2 = \{(a,b) \,|\, a,b \in [0,1], a+b \leqslant 1\}$，则论域 U 上的直觉模糊集是 U 到 I^2 的映射。对任意的 $(a_1,a_2),(b_1,b_2) \in I^2$，$I^2$ 上的序关系定义如下：

(1) $(a_1,a_2) = (b_1,b_2)$ 当且仅当 $a_1 = b_1, a_2 = b_2$；

(2) $(a_1,a_2) \leqslant (b_1,b_2)$ 当且仅当 $a_1 \leqslant b_1, a_2 \geqslant b_2$；

(3) $(a_1,a_2) < (b_1,b_2)$ 当且仅当 $(a_1,a_2) \leqslant (b_1,b_2)$ 且 $(a_1,a_2) \neq (b_1,b_2)$；

(4) $(a_1,a_2) \geqslant (b_1,b_2)$ 当且仅当 $(b_1,b_2) \leqslant (a_1,a_2)$。

基于上述序关系，我们给出基于直觉模糊集的另一种三分法。设 $(\alpha_1,\alpha_2),(\beta_1,\beta_2) \in I^2$ 且 $(0,1) \leqslant (\beta_1,\beta_2) < (\alpha_1,\alpha_2) \leqslant (1,0)$，令评价函数 $E(A)(x) = (\mu_A(x),\nu_A(x))$，$L_D = I^2$，由定义 6.2 可得：

$$\text{POS}_{(\alpha_1,\alpha_2)}(A) = \{x \in U \,|\, (\mu_A(x),\nu_A(x)) \geqslant (\alpha_1,\alpha_2)\}$$

$$\text{NEG}_{(\beta_1,\beta_2)}(A) = \{x \in U \,|\, (\mu_A(x),\nu_A(x)) \leqslant (\beta_1,\beta_2)\}$$

$$\text{BND}_{(\beta_1,\beta_2),(\alpha_1,\alpha_2)}(A) = (\text{POS}_{(\alpha_1,\alpha_2)}(A) \bigcup \text{NEG}_{(\beta_1,\beta_2)}(A))^c$$

分别称为基于直觉模糊集 A 的 (α_1,α_2) -正域、(β_1,β_2) -负域、$((\beta_1,\beta_2),(\alpha_1,\alpha_2))$ -边界域（见图 6.11）。

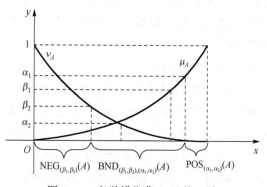

图 6.11　直觉模糊集 A 及其三域

事实上，对任意的 $x \in U$，有 $\mu_A(x) \leqslant 1 - \nu_A(x)$，因此，$[\mu_A(x), 1 - \nu_A(x)] \in I^{[1]}$。也就是说，直觉模糊集与区间值模糊集在数学上是等价的概念。所以，直觉模糊集

的三分问题可以等价地转化为区间值模糊集的三分问题。当隶属度与非隶属度均取值为区间数时，便得到区间值直觉模糊集。

定义 6.12[44] 设 U 为非空论域，称

$$A = \{< x, [\mu_A^-(x), \mu_A^+(x)], [v_A^-(x), v_A^+(x)] >|\ x \in U, 0 \leqslant \mu_A^+(x) + v_A^+(x) \leqslant 1\}$$

为 U 上的一个区间值直觉模糊集(interval-valued intuitionistic fuzzy set)，简记为 $A = (\mu_A, v_A) = ([\mu_A^-, \mu_A^+], [v_A^-, v_A^+])$，其中，$\mu_A^-, \mu_A^+, v_A^-, v_A^+ : U \to [0, 1]$。对任意的 $x \in U$，$[\mu_A^-(x), \mu_A^+(x)]$ 与 $[v_A^-(x), v_A^+(x)]$ 分别表示对象 x 关于区间值直觉模糊集 A 的隶属度与非隶属度，$\pi_A(x) = [1 - \mu_A^+(x) - v_A^+(x), 1 - \mu_A^-(x) - v_A^-(x)]$ 表示对象 x 关于区间值直觉模糊集 A 的犹豫度。

记 $I^{[2]} = \{([a^-, a^+], [b^-, b^+]) |\ [a^-, a^+], [b^-, b^+] \in I^{[1]}, a^+ + b^+ \leqslant 1\}$，则论域 U 上的区间值直觉模糊集是论域 U 到 $I^{[2]}$ 的映射。对任意的 $([a_1^-, a_1^+], [a_2^-, a_2^+]), ([b_1^-, b_1^+], [b_2^-, b_2^+]) \in I^{[2]}$，$I^{[2]}$ 上的序关系定义如下：

(1) $([a_1^-, a_1^+], [a_2^-, a_2^+]) = ([b_1^-, b_1^+], [b_2^-, b_2^+])$ 当且仅当 $[a_1^-, a_1^+] = [b_1^-, b_1^+]$ 且 $[a_2^-, a_2^+] = [b_2^-, b_2^+]$；

(2) $([a_1^-, a_1^+], [a_2^-, a_2^+]) \leqslant ([b_1^-, b_1^+], [b_2^-, b_2^+])$ 当且仅当 $[a_1^-, a_1^+] \leqslant [b_1^-, b_1^+]$ 且 $[a_2^-, a_2^+] \geqslant [b_2^-, b_2^+]$；

(3) $([a_1^-, a_1^+], [a_2^-, a_2^+]) < ([b_1^-, b_1^+], [b_2^-, b_2^+])$ 当且仅当 $([a_1^-, a_1^+], [a_2^-, a_2^+]) \leqslant ([b_1^-, b_1^+], [b_2^-, b_2^+])$ 且 $([a_1^-, a_1^+], [a_2^-, a_2^+]) \neq ([b_1^-, b_1^+], [b_2^-, b_2^+])$；

(4) $([a_1^-, a_1^+], [a_2^-, a_2^+]) \geqslant ([b_1^-, b_1^+], [b_2^-, b_2^+])$ 当且仅当 $([b_1^-, b_1^+], [b_2^-, b_2^+]) \leqslant ([a_1^-, a_1^+], [a_2^-, a_2^+])$。

设 $A = (\mu_A, v_A) = ([\mu_A^-, \mu_A^+], [v_A^-, v_A^+])$ 为 U 上的一个区间值直觉模糊集，$([\alpha_1^-, \alpha_1^+], [\alpha_2^-, \alpha_2^+])$，$([\beta_1^-, \beta_1^+], [\beta_2^-, \beta_2^+]) \in I^{[2]}$ 且 $(\bar{0}, \bar{1}) \leqslant ([\beta_1^-, \beta_1^+], [\beta_2^-, \beta_2^+]) < ([\alpha_1^-, \alpha_1^+], [\alpha_2^-, \alpha_2^+]) \leqslant (\bar{1}, \bar{0})$，令评价函数 $E(A)(x) = ([\mu_A^-(x), \mu_A^+(x)], [v_A^-(x), v_A^+(x)])$，$L_D = I^{[2]}$，由定义 6.2 可得：

$$\text{POS}_{([\alpha_1^-, \alpha_1^+], [\alpha_2^-, \alpha_2^+])}(A) = \{x \in U\ |\ ([\mu_A^-(x), \mu_A^+(x)], [v_A^-(x), v_A^+(x)]) \geqslant ([\alpha_1^-, \alpha_1^+], [\alpha_2^-, \alpha_2^+])\}$$

$$\text{NEG}_{([\beta_1^-, \beta_1^+], [\beta_2^-, \beta_2^+])}(A) = \{x \in U\ |\ ([\mu_A^-(x), \mu_A^+(x)], [v_A^-(x), v_A^+(x)]) \leqslant ([\beta_1^-, \beta_1^+], [\beta_2^-, \beta_2^+])\}$$

$$\text{BND}_{([\beta_1^-, \beta_1^+], [\beta_2^-, \beta_2^+]), ([\alpha_1^-, \alpha_1^+], [\alpha_2^-, \alpha_2^+])}(A) = (\text{POS}_{([\alpha_1^-, \alpha_1^+], [\alpha_2^-, \alpha_2^+])}(A) \bigcup \text{NEG}_{([\beta_1^-, \beta_1^+], [\beta_2^-, \beta_2^+])}(A))^c$$

分别称为基于区间值直觉模糊集 A 的 $([\alpha_1^-, \alpha_1^+], [\alpha_2^-, \alpha_2^+])$-正域、$([\beta_1^-, \beta_1^+], [\beta_2^-, \beta_2^+])$-负域、$(([\beta_1^-, \beta_1^+], [\beta_2^-, \beta_2^+]), ([\alpha_1^-, \alpha_1^+], [\alpha_2^-, \alpha_2^+]))$-边界域(见图 6.12)。

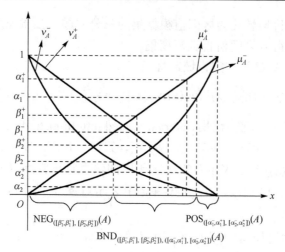

图 6.12   区间值直觉模糊集 A 及其三域

6.3.5 正交模糊集

正交模糊集[45,46]作为直觉模糊集的一种推广，亦是通过隶属度和非隶属度来刻画一个概念的不确定性。与直觉模糊集不同的是正交模糊集要求对象的隶属度与非隶属度的 $q(\geqslant 1)$ 次方和不超过 1，从而扩大了真值范围。

定义 6.13[45-47]   设 $a,b \in [0,1]$，若

$$a^q + b^q \leqslant 1$$

则称 (a,b) 为一个 q-阶正交模糊数（q-rung orthopair fuzzy number），其中 $q \geqslant 1$。

当 $q=1$ 时，(a,b) 为直觉模糊数；当 $q=2$ 时，(a,b) 为 Pythagorean 模糊数[48,49]。记 $I_q = \{(a,b) \mid a,b \in [0,1], a^q + b^q \leqslant 1\}$，$q \geqslant 1$，即 I_q 为 $[0,1]$ 上全体 q-阶正交模糊数的集合。

定义 6.14[45-47]   设 U 为非空论域，称映射

$$A:U \to I_q$$

为 U 上的一个 q-阶正交模糊集（q-rung orthopair fuzzy set），简称正交模糊集。对任意的 $x \in U$，$A(x)=(\mu_A^q(x), \nu_A^q(x)) \in I_q$，其中，$\mu_A^q(x)$ 和 $\nu_A^q(x)$ 分别表示对象 x 对 q-阶正交模糊集 A 的隶属度和非隶属度。

当 $q=1$ 时，q-阶正交模糊集 A 即为直觉模糊集；当 $q=2$ 时，q-阶正交模糊集 A 即为 Pythagorean 模糊集[48,49]。

设 $A=(\mu_A^q, \nu_A^q)$ 为 U 上的 q-阶正交模糊集，$0 \leqslant \beta < \alpha \leqslant 1$，令评价函数 $E(A)(x) = \dfrac{1 + \mu_A^q(x) - \nu_A^q(x)}{2}$，$L_D = [0,1]$，由定义 6.2 可得：

$$\mathrm{POS}_{\alpha}(A) = \left\{ x \in U \left| \frac{1 + \mu_A^q(x) - \nu_A^q(x)}{2} \geqslant \alpha \right. \right\}$$

$$\mathrm{BND}_{\beta,\alpha}(A) = \left\{ x \in U \left| \beta < \frac{1 + \mu_A^q(x) - \nu_A^q(x)}{2} < \alpha \right. \right\}$$

$$\mathrm{NEG}_{\beta}(A) = \left\{ x \in U \left| \frac{1 + \mu_A^q(x) - \nu_A^q(x)}{2} \leqslant \beta \right. \right\}$$

分别称为由正交模糊集 A 间接诱导的 α -正域、(β,α) -边界域、β -负域。

对任意的 $(a_1, a_2), (b_1, b_2) \in I_q$，$I_q$ 上的序关系定义如下：

(1) $(a_1, a_2) = (b_1, b_2)$ 当且仅当 $a_1 = b_1, a_2 = b_2$；

(2) $(a_1, a_2) \leqslant (b_1, b_2)$ 当且仅当 $a_1 \leqslant b_1, a_2 \geqslant b_2$；

(3) $(a_1, a_2) < (b_1, b_2)$ 当且仅当 $(a_1, a_2) \leqslant (b_1, b_2)$ 且 $(a_1, a_2) \neq (b_1, b_2)$；

(4) $(a_1, a_2) \geqslant (b_1, b_2)$ 当且仅当 $(b_1, b_2) \leqslant (a_1, a_2)$。

基于上述序关系，我们给出论域 U 关于正交模糊集的另一种三分方法。设 $A = (\mu_A^q, \nu_A^q)$ 为 U 上的正交模糊集，$(\alpha_1, \alpha_2), (\beta_1, \beta_2) \in I_q$ 且 $(0,1) \leqslant (\beta_1, \beta_2) < (\alpha_1, \alpha_2) \leqslant (1,0)$，令评价函数 $E(A)(x) = (\mu_A^q(x), \nu_A^q(x))$，$L_D = I_q$，由定义 6.2 可得：

$$\mathrm{POS}_{(\alpha_1, \alpha_2)}(A) = \{ x \in U \mid (\mu_A^q(x), \nu_A^q(x)) \geqslant (\alpha_1, \alpha_2) \}$$

$$\mathrm{NEG}_{(\beta_1, \beta_2)}(A) = \{ x \in U \mid (\mu_A^q(x), \nu_A^q(x)) \leqslant (\beta_1, \beta_2) \}$$

$$\mathrm{BND}_{(\beta_1, \beta_2), (\alpha_1, \alpha_2)}(A) = (\mathrm{POS}_{(\alpha_1, \alpha_2)}(A) \bigcup \mathrm{NEG}_{(\beta_1, \beta_2)}(A))^c$$

分别称为基于正交模糊集 A 的 (α_1, α_2) -正域、(β_1, β_2) -负域、$((\beta_1, \beta_2), (\alpha_1, \alpha_2))$ -边界域。

6.3.6 犹豫集与区间值犹豫集

犹豫模糊集[50]由西班牙学者 Torra 在 2009 年提出的，它作为模糊集的一种推广形式，将隶属度由原来的单点值推广为集值。

定义 6.15[50,51] 设 U 为非空论域，称映射

$$A: U \to 2^{[0,1]}$$

为 U 上的一个犹豫模糊集(hesitant fuzzy set)。其中，$2^{[0,1]}$ 表示闭区间 $[0,1]$ 的幂集，即 $\forall x \in U$，$A(x) \subseteq [0,1]$。

胡宝清[52]从真值的角度分析了犹豫模糊集取值为空集的不合理性，并修正了犹豫模糊集这个概念。

定义 6.16[52] 设 U 为非空论域，称映射

$$A:U \to 2^{[0,1]} - \{\varnothing\}$$

为 U 上的一个犹豫集（hesitant set）。

对于隶属度取值分别为有限和无限两种情形，我们有不同的三分方法[52]。设 A 为 U 上的犹豫集，$0 \leqslant \beta < \alpha \leqslant 1$。

（1）若 A 有限，即 $\forall x \in U$，$A(x)$ 是一个有限集合，则令评价函数 $E(A)(x) = \dfrac{1}{|A(x)|} \sum\limits_{\gamma \in A(x)} \gamma$，$L_D = [0,1]$，由定义 6.2 可得：

$$\mathrm{POS}_\alpha(A) = \left\{ x \in U \,\middle|\, \frac{1}{|A(x)|} \sum_{\gamma \in A(x)} \gamma \geqslant \alpha \right\}$$

$$\mathrm{BND}_{\beta,\alpha}(A) = \left\{ x \in U \,\middle|\, \beta < \frac{1}{|A(x)|} \sum_{\gamma \in A(x)} \gamma < \alpha \right\}$$

$$\mathrm{NEG}_\beta(A) = \left\{ x \in U \,\middle|\, \frac{1}{|A(x)|} \sum_{\gamma \in A(x)} \gamma \leqslant \beta \right\}$$

分别称为由有限犹豫集 A 间接诱导的 α-正域、(β,α)-边界域、β-负域。

（2）若至少存在一个 $x \in U$，使得 $A(x)$ 为无限集合，则令评价函数 $E(A)(x) = \dfrac{\inf A(x) + \sup A(x)}{2}$，$L_D = [0,1]$，由定义 6.2 可得：

$$\mathrm{POS}_\alpha(A) = \left\{ x \in U \,\middle|\, \frac{\inf A(x) + \sup A(x)}{2} \geqslant \alpha \right\}$$

$$\mathrm{BND}_{\beta,\alpha}(A) = \left\{ x \in U \,\middle|\, \beta < \frac{\inf A(x) + \sup A(x)}{2} < \alpha \right\}$$

$$\mathrm{NEG}_\beta(A) = \left\{ x \in U \,\middle|\, \frac{\inf A(x) + \sup A(x)}{2} \leqslant \beta \right\}$$

分别称为由无限犹豫集 A 间接诱导的 α-正域、(β,α)-边界域、β-负域。

定义 6.17[52,53]　设 U 为非空论域，称映射

$$A:U \to 2^{I^{[1]}} - \{\varnothing\}$$

为 U 上的一个区间值犹豫集（interval-valued hesitant set）。其中，$2^{I^{[1]}}$ 表示为 $I^{[1]}$ 的幂集，即 $\forall x \in U$，$A(x) \subseteq I^{[1]}$。

同样地，根据隶属度取值为有限和无限两种情形，我们给出不同的三分方法。设 A 为 U 上的区间值犹豫模糊集，$0 \leqslant \beta < \alpha \leqslant 1$。

(1) 若 A 有限，即 $\forall x \in U$，$A(x)$ 是一个有限集合，则令评价函数 $E(A)(x) = \dfrac{1}{|A(x)|} \displaystyle\sum_{[\gamma^-, \gamma^+] \in A(x)} \dfrac{\gamma^- + \gamma^+}{2}$，$L_D = [0,1]$，由定义 6.2 可得：

$$\text{POS}_\alpha(A) = \left\{ x \in U \left| \frac{1}{|A(x)|} \sum_{[\gamma^-, \gamma^+] \in A(x)} \frac{\gamma^- + \gamma^+}{2} \geq \alpha \right. \right\}$$

$$\text{BND}_{\beta, \alpha}(A) = \left\{ x \in U \left| \beta < \frac{1}{|A(x)|} \sum_{[\gamma^-, \gamma^+] \in A(x)} \frac{\gamma^- + \gamma^+}{2} < \alpha \right. \right\}$$

$$\text{NEG}_\beta(A) = \left\{ x \in U \left| \frac{1}{|A(x)|} \sum_{[\gamma^-, \gamma^+] \in A(x)} \frac{\gamma^- + \gamma^+}{2} \leq \beta \right. \right\}$$

分别称为由有限区间值犹豫集 A 间接诱导的 α-正域、(β, α)-边界域、β-负域。

(2) 若至少存在一个 $x \in U$，使得 $A(x)$ 为无限集合，则令评价函数 $E_A(x) = \dfrac{\displaystyle\inf_{[\gamma^-, \gamma^+] \in A(x)} \gamma^- + \sup_{[\gamma^-, \gamma^+] \in A(x)} \gamma^-}{2}$，$L_D = [0,1]$，由定义 6.2 可得：

$$\text{POS}_\alpha^{\text{P}}(A) = \left\{ x \in U \left| \frac{\displaystyle\inf_{[\gamma^-, \gamma^+] \in A(x)} \gamma^- + \sup_{[\gamma^-, \gamma^+] \in A(x)} \gamma^-}{2} \geq \alpha \right. \right\}$$

$$\text{BND}_{\beta, \alpha}^{\text{P}}(A) = \left\{ x \in U \left| \beta < \frac{\displaystyle\inf_{[\gamma^-, \gamma^+] \in A(x)} \gamma^- + \sup_{[\gamma^-, \gamma^+] \in A(x)} \gamma^-}{2} < \alpha \right. \right\}$$

$$\text{NEG}_\beta^{\text{P}}(A) = \left\{ x \in U \left| \frac{\displaystyle\inf_{[\gamma^-, \gamma^+] \in A(x)} \gamma^- + \sup_{[\gamma^-, \gamma^+] \in A(x)} \gamma^-}{2} \leq \beta \right. \right\}$$

分别称为由无限区间值犹豫模糊集 A 间接诱导的悲观 α-正域、悲观 (β, α)-边界域、悲观 β-负域；若令评价函数 $E(A)(x) = \dfrac{\displaystyle\inf_{[\gamma^-, \gamma^+] \in A(x)} \gamma^+ + \sup_{[\gamma^-, \gamma^+] \in A(x)} \gamma^+}{2}$，则可得：

$$\text{POS}_\alpha^{\text{O}}(A) = \left\{ x \in U \left| \frac{\displaystyle\inf_{[\gamma^-, \gamma^+] \in A(x)} \gamma^+ + \sup_{[\gamma^-, \gamma^+] \in A(x)} \gamma^+}{2} \geq \alpha \right. \right\}$$

$$\text{BND}_{\beta, \alpha}^{\text{O}}(A) = \left\{ x \in U \left| \beta < \frac{\displaystyle\inf_{[\gamma^-, \gamma^+] \in A(x)} \gamma^+ + \sup_{[\gamma^-, \gamma^+] \in A(x)} \gamma^+}{2} < \alpha \right. \right\}$$

$$\text{NEG}_\beta^{\text{O}}(A) = \left\{ x \in U \left| \frac{\displaystyle\inf_{[\gamma^-, \gamma^+] \in A(x)} \gamma^+ + \sup_{[\gamma^-, \gamma^+] \in A(x)} \gamma^+}{2} \leq \beta \right. \right\}$$

分别称为由无限区间值犹豫模糊集 A 间接诱导的乐观 α -正域、乐观 (β,α) -边界域、乐观 β -负域。

6.3.7　对偶犹豫模糊集

考虑到对象的非隶属度，朱斌等提出了对偶犹豫模糊集[54]。

定义 6.18[54]　设 U 为非空论域，称

$$A = \{< x, h_A(x), g_A(x) >| x \in U, h_A(x), g_A(x) \in 2^{[0,1]} - \{\varnothing\}, \sup h_A(x) + \sup g_A(x) \leqslant 1\}$$

为 U 上的一个对偶犹豫模糊集 (dual hesitant fuzzy set)。其中，$h_A(x)$ 与 $g_A(x)$ 分别表示对象 x 的隶属度集合与非隶属度集合。

设 A 为 U 上的对偶犹豫模糊集，$0 \leqslant \beta < \alpha \leqslant 1$，令评价函数 $E(A)(x) = \dfrac{1 + \inf h_A(x) - \sup g_A(x)}{2}$，$L_D = [0,1]$，由定义 6.2 可得：

$$\text{POS}_\alpha^P(A) = \left\{ x \in U \left| \frac{1 + \inf h_A(x) - \sup g_A(x)}{2} \geqslant \alpha \right. \right\}$$

$$\text{BND}_{\beta,\alpha}^P(A) = \left\{ x \in U \left| \beta < \frac{1 + \inf h_A(x) - \sup g_A(x)}{2} < \alpha \right. \right\}$$

$$\text{NEG}_\beta^P(A) = \left\{ x \in U \left| \frac{1 + \inf h_A(x) - \sup g_A(x)}{2} \leqslant \beta \right. \right\}$$

分别称为由对偶犹豫模糊集 A 间接诱导的悲观 α -正域、悲观 (β,α) -边界域、悲观 β -负域；若令评价函数为 $E(A)(x) = \dfrac{1 + \sup h_A(x) - \inf g_A(x)}{2}$，则可得：

$$\text{POS}_\alpha^O(A) = \left\{ x \in U \left| \frac{1 + \sup h_A(x) - \inf g_A(x)}{2} \geqslant \alpha \right. \right\}$$

$$\text{BND}_{\beta,\alpha}^O(A) = \left\{ x \in U \left| \beta < \frac{1 + \sup h_A(x) - \inf g_A(x)}{2} < \alpha \right. \right\}$$

$$\text{NEG}_\beta^O(A) = \left\{ x \in U \left| \frac{1 + \sup h_A(x) - \inf g_A(x)}{2} \leqslant \beta \right. \right\}$$

分别称为由对偶犹豫模糊集 A 间接诱导的乐观 α -正域、乐观 (β,α) -边界域、乐观 β -负域。

6.3.8　双极模糊集

很多时候，人的决策制定基于双向(即正面和负面)评判思维。如药效包括积极的治疗效果与可能产生的副作用；对一个政策的实施既有支持者也有反对者；对某

一事件的评论既有正面也有负面，等等。基于此，张文然[55,56]提出了双极模糊集的概念，将真值范围由[0,1]推广到了[0,1]×[-1,0]。

定义 6.19[55,56]　设 U 为非空论域，称映射

$$A : U \to [0,1] \times [-1,0]$$

为 U 上的一个双极模糊集(bipolar-valued fuzzy set)。对任意的 $x \in U$，$A(x) = (A^+(x),$ $A^-(x))$，其中，$A^+(x) \in [0,1]$ 表示对象 x 对 A 的正隶属度(positive membership degree)，$A^-(x) \in [-1,0]$ 表示对象 x 对 A 的负隶属度(negative membership degree)。

正隶属度表明对象对属性正面效用的隶属度，负隶属度表明对象对于属性负面效用的隶属度。设 $(a^+,a^-),(b^+,b^-) \in [0,1] \times [-1,0]$，定义如下的序关系：

(1) $(a^+,a^-) \leqslant (b^+,b^-) \Leftrightarrow a^+ \leqslant b^+, a^- \leqslant b^-$；

(2) $(a^+,a^-) = (b^+,b^-) \Leftrightarrow a^+ = b^+, a^- = b^-$；

(3) $(a^+,a^-) < (b^+,b^-) \Leftrightarrow (a^+,a^-) \leqslant (b^+,b^-), (a^+,a^-) \neq (b^+,b^-)$；

(4) $(a^+,a^-) \geqslant (b^+,b^-) \Leftrightarrow (b^+,b^-) \leqslant (a^+,a^-)$。

设 $(\alpha^+,\alpha^-),(\beta^+,\beta^-) \in [0,1] \times [-1,0]$ 且 $(0,-1) \leqslant (\beta^+,\beta^-) < (\alpha^+,\alpha^-) \leqslant (1,0)$，令评价函数 $E(A)(x) = A(x) = (A^+(x),A^-(x))$，$L_D = [0,1] \times [-1,0]$，由定义 6.2 可得：

$$\text{POS}_{(\alpha^+,\alpha^-)}(A) = \{x \in U \mid (A^+(x),A^-(x)) \geqslant (\alpha^+,\alpha^-)\}$$

$$\text{NEG}_{(\beta^+,\beta^-)}(A) = \{x \in U \mid (A^+(x),A^-(x)) \leqslant (\beta^+,\beta^-)\}$$

$$\text{BND}_{(\beta^+,\beta^-),(\alpha^+,\alpha^-)}(A) = (\text{POS}_{(\alpha^+,\alpha^-)}(A) \bigcup \text{NEG}_{(\beta^+,\beta^-)}(A))^c$$

分别称为基于双极模糊集 A 的 (α^+,α^-)-正域、(β^+,β^-)-负域、$((\beta^+,\beta^-),(\alpha^+,\alpha^-))$-边界域(见图 6.13)。

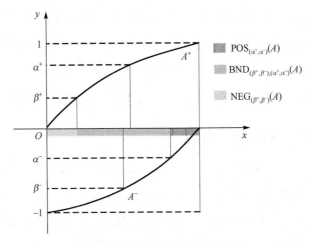

图 6.13　双极模糊集 A 及其三域

6.3.9　图形模糊集

作为直觉模糊集的一种推广形式，Cuong 提出了图形模糊集[57,58]，从正隶属度、负隶属度和中性隶属度的角度来衡量一个对象隶属于某个概念的程度。

定义 6.20[57,58]　设 U 为非空论域，称

$$A = \{< x, \mu_A(x), \eta_A(x), \nu_A(x) >| x \in U, \mu_A(x) + \eta_A(x) + \nu_A(x) \leqslant 1\}$$

为 U 上的一个图形模糊集（picture fuzzy set），简记为 $A = (\mu_A, \eta_A, \nu_A)$ 或 $A(x) = (\mu_A(x), \eta_A(x), \nu_A(x))$，$\forall x \in U$。其中，$\mu_A, \eta_A, \nu_A : U \to [0,1]$。对任意的 $x \in U$，$\mu_A(x)$ 表示 x 对图形模糊集 A 的正隶属度（degree of positive membership），$\eta_A(x)$ 表示 x 对图形模糊集 A 的中性隶属度（degree of neutral membership），$\nu_A(x)$ 表示 x 对图形模糊集 A 的负隶属度（degree of negative membership），$1 - \mu_A(x) - \eta_A(x) - \nu_A(x)$ 表示 x 对图形模糊集 A 的拒绝隶属度（degree of refusal membership）。

记 $I^3 = \{(a,b,c) \,|\, a,b,c \in [0,1], a + b + c \leqslant 1\}$，则论域 U 上的图形模糊集实际上是 U 到 I^3 上的映射。对任意的 $(a_1, b_1, c_1), (a_2, b_2, c_2) \in I^3$，定义 I^3 上的序关系如下：

(1) $(a_1, b_1, c_1) \leqslant (a_2, b_2, c_2) \Leftrightarrow a_1 \leqslant a_2, b_1 \leqslant b_2, c_1 \geqslant c_2$；

(2) $(a_1, b_1, c_1) = (a_2, b_2, c_2) \Leftrightarrow a_1 = a_2, b_1 = b_2, c_1 = c_2$；

(3) $(a_1, b_1, c_1) < (a_2, b_2, c_2) \Leftrightarrow (a_1, b_1, c_1) \leqslant (a_2, b_2, c_2)$ 且 $(a_1, b_1, c_1) \neq (a_2, b_2, c_2)$；

(4) $(a_1, b_1, c_1) \geqslant (a_2, b_2, c_2) \Leftrightarrow (a_2, b_2, c_2) \leqslant (a_1, b_1, c_1)$。

设 $A = (\mu_A, \eta_A, \nu_A)$ 为 U 上的一个图形模糊集，参数 $(\alpha_1, \beta_1, \gamma_1), (\alpha_2, \beta_2, \gamma_2) \in I^3$ 且 $(\alpha_1, \beta_1, \gamma_1) < (\alpha_2, \beta_2, \gamma_2)$，令评价函数 $E(A)(x) = A(x) = (\mu_A(x), \eta_A(x), \nu_A(x))$，$L_D = I^3$，由定义 6.2 可得：

$$\mathrm{POS}_{(\alpha_2, \beta_2, \gamma_2)}(A) = \{x \in U \,|\, A(x) = (\mu_A(x), \eta_A(x), \nu_A(x)) \geqslant (\alpha_2, \beta_2, \gamma_2)\}$$

$$\mathrm{NEG}_{(\alpha_1, \beta_1, \gamma_1)}(A) = \{x \in U \,|\, A(x) = (\mu_A(x), \eta_A(x), \nu_A(x)) \leqslant (\alpha_1, \beta_1, \gamma_1)\}$$

$$\mathrm{BND}_{(\alpha_1, \beta_1, \gamma_1),(\alpha_2, \beta_2, \gamma_2)}(A) = (\mathrm{POS}_{(\alpha_2, \beta_2, \gamma_2)}(A) \bigcup \mathrm{NEG}_{(\alpha_1, \beta_1, \gamma_1)}(A))^c$$

分别称为基于图形模糊集 A 的 $(\alpha_2, \beta_2, \gamma_2)$-正域、$(\alpha_1, \beta_1, \gamma_1)$-负域、$((\alpha_1, \beta_1, \gamma_1), (\alpha_2, \beta_2, \gamma_2))$-边界域。

定义 6.21[57,58]　设 U 为非空论域，称

$$A = \{< x, M_A(x), L_A(x), N_A(x) >| x \in U\}$$

为 U 上的一个区间值图形模糊集（interval-valued picture fuzzy set），简记为 $A = (M_A, L_A, N_A)$ 或 $A(x) = (M_A(x), L_A(x), N_A(x)) = ([M_A^-(x), M_A^+(x)], [L_A^-(x), L_A^+(x)], [N_A^-(x), N_A^+(x)])$，$\forall x \in U$。其中，$M_A, L_A, N_A : U \to I^{(2)}$，满足 $M_A^+(x) + L_A^+(x) + N_A^+(x) \leqslant 1$，$\forall x \in U$。

记 $I^{[3]} = \{([a^-, a^+], [b^-, b^+], [c^-, c^+]) \,|\, [a^-, a^+], [b^-, b^+], [c^-, c^+] \in I^{[1]}, a^+ + b^+ + c^+ \leqslant 1\}$，

则论域 U 上的区间值图形模糊集是 U 到 $I^{[3]}$ 的映射，即 $I^{[3]}$ 是区间值图形模糊集的真值集合。对任意的 $([a_1^-,a_1^+],[b_1^-,b_1^+],[c_1^-,c_1^+]),([a_2^-,a_2^+],[b_2^-,b_2^+],[c_2^-,c_2^+]) \in I^{[3]}$，定义 $I^{[3]}$ 上的序关系如下：

(1) $([a_1^-,a_1^+],[b_1^-,b_1^+],[c_1^-,c_1^+]) = ([a_2^-,a_2^+],[b_2^-,b_2^+],[c_2^-,c_2^+]) \Leftrightarrow [a_1^-,a_1^+] = [a_2^-,a_2^+]$，$[b_1^-,b_1^+] = [b_2^-,b_2^+]$，$[c_1^-,c_1^+] = [c_2^-,c_2^+]$；

(2) $([a_1^-,a_1^+],[b_1^-,b_1^+],[c_1^-,c_1^+]) \leqslant ([a_2^-,a_2^+],[b_2^-,b_2^+],[c_2^-,c_2^+]) \Leftrightarrow [a_1^-,a_1^+] \leqslant [a_2^-,a_2^+]$，$[b_1^-,b_1^+] \leqslant [b_2^-,b_2^+]$，$[c_1^-,c_1^+] \geqslant [c_2^-,c_2^+]$；

(3) $([a_1^-,a_1^+],[b_1^-,b_1^+],[c_1^-,c_1^+]) < ([a_2^-,a_2^+],[b_2^-,b_2^+],[c_2^-,c_2^+]) \Leftrightarrow ([a_1^-,a_1^+],[b_1^-,b_1^+],[c_1^-,c_1^+]) \leqslant ([a_2^-,a_2^+],[b_2^-,b_2^+],[c_2^-,c_2^+])$ 且 $([a_1^-,a_1^+],[b_1^-,b_1^+],[c_1^-,c_1^+]) \neq ([a_2^-,a_2^+],[b_2^-,b_2^+],[c_2^-,c_2^+])$；

(4) $([a_1^-,a_1^+],[b_1^-,b_1^+],[c_1^-,c_1^+]) \geqslant ([a_2^-,a_2^+],[b_2^-,b_2^+],[c_2^-,c_2^+]) \Leftrightarrow ([a_2^-,a_2^+],[b_2^-,b_2^+],[c_2^-,c_2^+]) \leqslant ([a_1^-,a_1^+],[b_1^-,b_1^+],[c_1^-,c_1^+])$。

设 $A = (M_A, L_A, N_A)$ 为 U 上的一个区间值图形模糊集，参数 $([\alpha_1^-,\alpha_1^+],[\beta_1^-,\beta_1^+],[\gamma_1^-,\gamma_1^+])$，$([\alpha_2^-,\alpha_2^+],[\beta_2^-,\beta_2^+],[\gamma_2^-,\gamma_2^+]) \in I^{[3]}$ 且 $([\alpha_1^-,\alpha_1^+],[\beta_1^-,\beta_1^+],[\gamma_1^-,\gamma_1^+]) < ([\alpha_2^-,\alpha_2^+],[\beta_2^-,\beta_2^+],[\gamma_2^-,\gamma_2^+])$，令评价函数 $E(A)(x) = A(x) = (M_A(x), L_A(x), N_A(x))$，$L_D = I^{[3]}$，由定义 6.2 可得：

$$\text{POS}_{([\alpha_2^-,\alpha_2^+],[\beta_2^-,\beta_2^+],[\gamma_2^-,\gamma_2^+])}(A) = \{x \in U \mid A(x) \geqslant ([\alpha_2^-,\alpha_2^+],[\beta_2^-,\beta_2^+],[\gamma_2^-,\gamma_2^+])\}$$

$$\text{NEG}_{([\alpha_1^-,\alpha_1^+],[\beta_1^-,\beta_1^+],[\gamma_1^-,\gamma_1^+])}(A) = \{x \in U \mid A(x) \leqslant ([\alpha_1^-,\alpha_1^+],[\beta_1^-,\beta_1^+],[\gamma_1^-,\gamma_1^+])\}$$

$$\text{BND}_{([\alpha_1^-,\alpha_1^+],[\beta_1^-,\beta_1^+],[\gamma_1^-,\gamma_1^+]),([\alpha_2^-,\alpha_2^+],[\beta_2^-,\beta_2^+],[\gamma_2^-,\gamma_2^+])}(A)$$
$$= (\text{POS}_{([\alpha_2^-,\alpha_2^+],[\beta_2^-,\beta_2^+],[\gamma_2^-,\gamma_2^+])}(A) \bigcup \text{NEG}_{([\alpha_1^-,\alpha_1^+],[\beta_1^-,\beta_1^+],[\gamma_1^-,\gamma_1^+])}(A))^c$$

称为基于区间值图形模糊集 A 的 $([\alpha_2^-,\alpha_2^+],[\beta_2^-,\beta_2^+],[\gamma_2^-,\gamma_2^+])$-正域、$([\alpha_1^-,\alpha_1^+],[\beta_1^-,\beta_1^+],[\gamma_1^-,\gamma_1^+])$-负域、$(([\alpha_1^-,\alpha_1^+],[\beta_1^-,\beta_1^+],[\gamma_1^-,\gamma_1^+]),([\alpha_2^-,\alpha_2^+],[\beta_2^-,\beta_2^+],[\gamma_2^-,\gamma_2^+]))$-边界域。

6.3.10 L-模糊集

通过将真值集由单位区间 $[0,1]$ 推广到一般的序结构上，Goguen 提出了 L-模糊集[59]。

定义 6.22[59] 设 U 为非空论域，$(L, \leqslant_L)$ 为偏序集，称映射

$$A: U \to L$$

为 U 上的一个 L-模糊集。

不难发现，本节出现的各种集合的推广形式都是 L-模糊集的一种特殊形式。例如，当 $L = [0,1]$ 时，L-模糊集即为模糊集；当 $L = I^{[1]}$ 时，L-模糊集即为区间值模糊集；当 $L = I^2$ 时，L-模糊集即为直觉模糊集；当 $L = \mathcal{F}([0,1])$ 时，L-模糊集即为二型模糊集，等等。

设 A 是 U 上的一个 L-模糊集, $\alpha, \beta \in L$ 且 $0_L \leqslant_L \beta <_L \alpha \leqslant_L 1_L$, 令评价函数 $E(A)(x)$ $= A(x)$, $L_D = L$, 由定义 6.2 可得:

$$\mathrm{POS}_\alpha(A) = \{x \in U \mid A(x) \geqslant_L \alpha\}$$

$$\mathrm{NEG}_\beta(A) = \{x \in U \mid A(x) \leqslant_L \beta\}$$

$$\mathrm{BND}_{\beta,\alpha}(A) = (\mathrm{POS}_\alpha(A) \bigcup \mathrm{NEG}_\beta(A))^c$$

分别称为基于 L-模糊集 A 的 α-正域、(β, α)-负域、β-边界域。

6.4 三值集中出现的三支

从隶属度的角度来看, 一个经典集合是论域 U 到 $\{0,1\}$ 上的一个二值映射, 一个模糊集是论域 U 到单位区间 $[0,1]$ 上的多值映射(或连续映射)。前者对应着非此即彼的二值判断, 结果过于强硬; 后者虽增强了集合的表达能力, 使得描述更加精确, 但却增加了问题处理的复杂度。作为二者的折中以及考虑到人类认知能力的有限性, 三值集的出现缓解和沟通了二者的局限性。本节主要探讨三值集的三支思想。

6.4.1 三值集

三值集即论域 U 上的一个三值映射, 由意大利学者 Ciucci 提出[60]。

定义 6.23[60] 设 U 为非空论域, 称映射 $f: U \to \{F, N, T\}$ 为 U 上的一个三值集。其中, $\{F, N, T\}$ 为三值真值集, 且具有序关系 $F < N < T$。

T 代表真(true), F 代表假(false), N 代表介于真假之间的一种状态, 可解释为可能(possible)、未定义(undefined)或未知(unknown), 等等。论域 U 上的一个三值集将论域 U 自然地划分为两两不相交的三个部分:

$$\mathrm{POS}(f) = \{x \in U \mid f(x) = T\}$$

$$\mathrm{BND}(f) = \{x \in U \mid f(x) = N\}$$

$$\mathrm{NEG}(f) = \{x \in U \mid f(x) = F\}$$

分别称为基于三值集 f 的正域、边界域、负域(如图 6.14)。

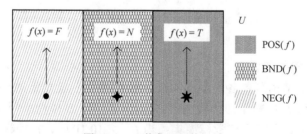

图 6.14 三值集 f 及其三域

6.4.2　阴影集

Pedrycz 在 1998 年提出了阴影集的概念[61]，为模糊集提供了一种定性表示方法，通过引入阈值对 (β, α) 将模糊集转变成一个三值集。隶属度不低于 α 的对象，将其隶属度提升为 1；隶属度不高于 β 的对象，将其隶属度降为 0；隶属度介于 α 与 β 之间的对象，其隶属度规定为 $[0,1]$，即最模糊的状态。从真值集的角度看，阴影集是三值集的一个特例。

定义 6.24[61]　设 U 为非空论域，称映射

$$S : U \to \{0, 1, [0,1]\}$$

为 U 上的一个阴影集。

对任意的 $x \in U$，$S(x) = 0$ 表示元素 x 不属于阴影集 S，$S(x) = 1$ 表示元素 x 属于阴影集 S，$S(x) = [0,1]$ 表示元素 x 不确定是否属于阴影集 S。如图 6.15，阴影集 S 由三部分构成，表示隶属度分别为 0 和 1 的线段以及隶属度为 $[0,1]$ 的阴影部分。根据三种不同的隶属度及其语义解释，可以得到如下三个域：

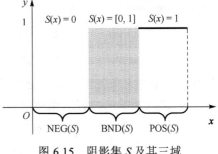

$$\text{POS}(S) = \{x \in U \mid S(x) = 1\}$$
$$\text{BND}(S) = \{x \in U \mid S(x) = [0,1]\}$$
$$\text{NEG}(S) = \{x \in U \mid S(x) = 0\}$$

分别称为基于阴影集 S 的正域、边界域、负域(见图 6.15)。

图 6.15　阴影集 S 及其三域

6.5　其他理论中出现的三支

本节主要介绍一些与三支决策思想不谋而合的概念，它们在处理不确定性问题中占据着重要的地位。

6.5.1　形式概念分析

形式概念分析(formal concept analysis)是由 Wille[62]提出的一种从形式背景进行数据分析和规则提取的不确定性数据处理方法。首先，对组成本体的概念、属性以及关系等用形式化的语境表述出来，然后根据语境构造概念格，从而清楚地表达本体的结构。

一个形式背景(formal context)可以表示为一个三元组 (U, V, R)，其中，U 为非

空有限对象集，V 为非空有限属性集，R 为 $U \times V$ 上的一个二元关系。在形式背景 (U,V,R) 下定义如下概念诱导算子 $*$：

$$X^* = \{a \in V \mid \forall x \in X(xRa)\}$$

$$A^* = \{x \in U \mid \forall a \in A(xRa)\}$$

称为正向算子（positive operator）。其中，$X \subseteq U$，$A \subseteq V$。X^* 由 X 中全体对象所共有的属性构成，A^* 由具有 A 中所有属性的对象构成。

定义 6.25[62] 设 (U,V,R) 为形式背景，$X \subseteq U,\ A \subseteq V$，如果 $X^* = A$ 且 $A^* = X$，则称序对 (X,A) 为 (U,V,R) 的一个形式概念（formal concept）。集合 X 和 A 分别称为形式概念 (X,A) 的外延和内涵。

定义 6.25 中的形式概念仅仅考虑了"共同具有"这层语义，未能体现"共同不具有"。鉴于此，祁建军等[63,64]提出了一种新的概念构造形式——三支概念，每个概念的外延或者内涵以正交对的形式给出，可以用来同时表达"共同具有"与"共同不具有"两种语义。为体现"共同不具有"这层语义，他们定义了如下的负向算子（negative operator）$\overline{*}$：

$$X^{\overline{*}} = \{a \in V \mid \forall x \in X(\neg(xRa))\}$$

$$A^{\overline{*}} = \{x \in U \mid \forall a \in A(\neg(xRa))\}$$

$X^{\overline{*}}$ 由 X 中全体对象都不具有的属性构成，$A^{\overline{*}}$ 由不具有 A 中任何一个属性的对象构成。进一步，基于正向算子和负向算子，他们提出了三支算子 $\triangleleft$ 及其逆算子 $\triangleright$：

$$X^{\triangleleft} = (X^*, X^{\overline{*}}), \qquad B^{\triangleleft} = (B^*, B^{\overline{*}})$$

$$(X,Y)^{\triangleright} = X^* \bigcap Y^{\overline{*}}, \quad (A,B)^{\triangleright} = A^* \bigcap B^{\overline{*}}$$

其中，$X,Y \subseteq U,\ A,B \subseteq V$。$X^{\triangleleft} = (X^*, X^{\overline{*}})$ 与 $B^{\triangleleft} = (B^*, B^{\overline{*}})$ 分别为属性论域 V 和对象论域 U 上的正交对[31-33]，$(X,Y)^{\triangleright}$ 由 X 中所有对象共同具有且 Y 中任何一个对象都不具有的属性构成，$(A,B)^{\triangleright}$ 由具有 A 中所有属性且不具有 B 中任何一个属性的对象构成。

定义 6.26[63] 设 (U,V,R) 为形式背景，$X \subseteq U,\ A,B \subseteq V$。如果 $X^{\triangleleft} = (A,B)$ 且 $(A,B)^{\triangleright} = X$，则称序对 $(X,(A,B))$ 为由对象诱导的三支概念（object-induced three-way concept）。集合 X 和 (A,B) 分别称为三支概念 $(X,(A,B))$ 的外延和内涵。

定义 6.27[63] 设 (U,V,R) 为形式背景，$X,Y \subseteq U$，$A \subseteq V$。如果 $(X,Y)^{\triangleright} = A$ 且 $A^{\triangleleft} = (X,Y)$，则称序对 $((X,Y),A)$ 为由属性诱导的三支概念（attribute-induced three-way concept）。集合 (X,Y) 和 A 分别称为三支概念 $((X,Y),A)$ 的外延和内涵。

值得注意的是，基于三支概念我们可以把对象论域和属性论域进行三分，从而进行三支决策。正交对 $(X^*, X^{\overline{*}})$ 将属性论域三分，称

$$\text{POS}_V(X) = X^*$$

$$\text{NEG}_V(X) = X^{\bar{*}}$$

$$\text{BND}_V(X) = V - (X^* \bigcup X^{\bar{*}})$$

为属性论域 V 基于对象集 X 的正域、负域、边界域。其中, $\text{POS}_V(X)$ 中的每一个属性都被 X 中的对象共有, X 中的每一个对象都不具备 $\text{NEG}_V(X)$ 中的任何一个属性, X 中的对象只具有 $\text{BND}_V(X)$ 中的部分属性。正交对 $(A^*, A^{\bar{*}})$ 将对象论域三分, 称

$$\text{POS}_U(A) = A^*$$

$$\text{NEG}_U(A) = A^{\bar{*}}$$

$$\text{BND}_U(A) = U - (A^* \bigcup A^{\bar{*}})$$

为对象论域 U 基于属性集 A 的正域、负域、边界域。其中, $\text{POS}_U(A)$ 中的每一个对象都具有 A 中的所有属性, $\text{NEG}_U(A)$ 中每一个对象都不具有 A 中的任何一个属性, $\text{BND}_U(A)$ 中的对象只具有 A 中的部分属性。

例 6.1[63]   设 $U = \{x_1, x_2, x_3, x_4\}$ 是一论域, $V = \{a, b, c, d, e\}$ 是属性集(见表 6.1)。令 $X = \{x_2, x_4\}$, $A = \{a, b, c\}$, $B = \{d, e\}$, 则:

$$X^* = \{a, b, c\}, \quad A^* = \{x_2, x_4\}, \quad B^* = \{x_1\}$$

$$X^{\bar{*}} = \{d, e\}, \quad A^{\bar{*}} = \{x_3\}, \quad B^{\bar{*}} = \{x_2, x_4\}$$

因为, $X^{\triangleleft} = (X^*, X^{\bar{*}}) = (\{a, b, c\}, \{d, e\}) = (A, B)$ 且 $(A, B)^{\triangleright} = A^* \bigcap B^{\bar{*}} = \{x_2, x_4\} = X$, 故 $(X, (A, B))$ 是一个由对象集 X 诱导的三支概念, 且:

$$\text{POS}_V(X) = \{a, b, c\}$$

$$\text{NEG}_V(X) = \{d, e\}$$

$$\text{BND}_V(X) = \varnothing$$

若令 $A = \{a, b, c\}$, $X = \{x_2, x_4\}$, $Y = \{x_3\}$, 则:

$$A^* = \{x_2, x_4\}, \quad X^* = \{a, b, c\}, \quad Y^* = \{d\}$$

$$A^{\bar{*}} = \{x_3\}, \quad X^{\bar{*}} = \{d, e\}, \quad Y^{\bar{*}} = \{a, b, c, e\}$$

因为, $A^{\triangleleft} = (A^*, A^{\bar{*}}) = (\{x_2, x_4\}, \{x_3\}) = (X, Y)$ 且 $(X, Y)^{\triangleright} = X^* \bigcap Y^{\bar{*}} = \{a, b, c\} = A$, 故 $((X, Y), A)$ 是一个由属性集 A 诱导的三支概念, 且:

$$\text{POS}_U(A) = \{x_2, x_4\}$$

$$\text{NEG}_U(A) = \{x_3\}$$

$$\text{BND}_U(A) = \{x_1\}$$

表 6.1　　一个形式背景

	a	b	c	d	e
x_1	1	1	0	1	1
x_2	1	1	1	0	0
x_3	0	0	0	1	0
x_4	1	1	1	0	0

6.5.2　集对分析

集对分析是处理系统确定性与不确定性相互作用的数学理论，由中国学者赵克勤[65]于 1989 年提出。集对是由具有一定联系的两个集合组成的基本单位，如评价标准与评价对象、设计要求和实物、教师与学生、月亮与星星、2 个图形、2 个方程、2 个函数，等等。集对分析是在一定的问题背景下，对集对中 2 个集合的确定性与不确定性以及确定性与不确定性的相互作用所进行的一种系统和数学分析。通常包括对集对中 2 个集合的特性、关系、结构、状态、趋势，以及相互联系模式所进行的分析；这种分析一般通过建立所论 2 个集合的联系数进行。

设 A，B 是具有内在联系的两个集合，记作 $H=(A,B)$，W 为一具体的问题。根据问题 W 对集对 H 的特性展开分析，共得到 N 个特征，其中有 S 个为集对 H 中两个集合所共有，而在其中的 P 个特征上这两个集合相互对立，在其余的 $F=N-S-P$ 个特性上既不对立又不统一。称

$$\mu_W(A,B)=\frac{S}{N}+\frac{F}{N}i+\frac{P}{N}j \tag{6.3}$$

为集合 A、B 在问题 W 下的联系度，简记为 $\mu(A,B)$。其中，$\dfrac{S}{N}$ 表示集合 A、B 在问题 W 下的同一度，$\dfrac{F}{N}$ 表示集合 A、B 在问题 W 下的差异度，$\dfrac{P}{N}$ 表示集合 A、B 在问题 W 下的对立度，i 为差异度系数（视具体情况在 $[-1,1]$ 内取值），j 为对立度系数（规定 j 取值恒为 -1）。显然，式（6.3）中的元素满足如下关系：

(1) $\dfrac{S}{N}+\dfrac{F}{N}+\dfrac{P}{N}=1$；

(2) $\mu_W(A,B)\in[-1,1]$。

在集对分析中，我们将所有的特征视为一个整体，则共有特征集、对立特征集和差异特征集构成了全体特征的一个三分，这与三支思想不谋而合。

6.5.3　软集

Molodtsov[66]在 1999 年从参数的角度提出了软集的概念，它是处理不确定问题

的另一种数学工具。目前软集理论在很多学科中发挥着作用，如工程学、概率论、企业管理、文本分类、数据分析、决策理论，等等。

定义 6.28[66]　设 U 为非空论域，称集对 (F,E) 是 U 上的一个软集，其中 E 是一个参数集，F 是参数集 E 到幂集 2^U 的一个映射，即：

$$F : E \rightarrow 2^U$$

这里的参数集 E 可以是由词组或句子组成的集合，如{大，重，价格昂贵}，也可以是一个数集，如{1,2,3,4,5}、[0,1]等。对任意的 $\varepsilon \in E$，$F(\varepsilon) \subseteq U$。也就是说，软集 (F,E) 实际上是论域 U 的子集参数系，$F(\varepsilon)$ 可以被考虑为软集 (F,E) 的 ε-近似元所构成的集合。值得注意的是 $F(\varepsilon)$ 也可能是空集。Molodtsov 指出模糊集可以看成一个特殊的软集。事实上，设 A 是论域 U 上的一个模糊集，A_α 是 A 的 α-截集，则 $(A_\alpha, [0,1])$ 是 U 上的一个软集。

例 6.2[66]　设 $U = \{h_1, h_2, \cdots, h_6\}$ 是所考虑的房屋，$E = \{\varepsilon_1, \varepsilon_2, \cdots, \varepsilon_8\}$ 是参数集，其中，$\varepsilon_1 =$ 价格昂贵，$\varepsilon_2 =$ 房屋美观，$\varepsilon_3 =$ 木制房屋，$\varepsilon_4 =$ 价格较低，$\varepsilon_5 =$ 环境宜人，$\varepsilon_6 =$ 风格时尚，$\varepsilon_7 =$ 保养良好，$\varepsilon_8 =$ 保养较差。假设：

$$F(\varepsilon_1) = \{h_2, h_3, h_6\}, \qquad F(\varepsilon_5) = \{h_1, h_3, h_4, h_6\}$$
$$F(\varepsilon_2) = \{h_1, h_2, h_4, h_6\}, \qquad F(\varepsilon_6) = \{h_2, h_3, h_6\}$$
$$F(\varepsilon_3) = \{h_1, h_2, h_5\}, \qquad F(\varepsilon_7) = \{h_1, h_3, h_5, h_6\}$$
$$F(\varepsilon_4) = \{h_1, h_4, h_5\}, \qquad F(\varepsilon_8) = \{h_2, h_4\}$$

则 (F,E) 是 U 上的一个软集。

设 (F,E) 是论域 U 上的一个软集，$A \subseteq E$，称

$$\text{POS}(A) = \bigcap_{\varepsilon \in A} F(\varepsilon)$$
$$\text{NEG}(A) = \bigcap_{\varepsilon \in A^c} F(\varepsilon) \qquad (6.4)$$
$$\text{BND}(A) = U - (\text{POS}(A) \bigcup \text{NEG}(A))$$

为基于集合 A 的正域、负域和边界域。

例 6.3　假设某一顾客有意向购买房屋，$A = \{\varepsilon_2, \varepsilon_4, \varepsilon_5, \varepsilon_7\}$ 是该顾客所看重的房屋参数，根据公式(6.4)，得到论域 U 的三分如下：

$$\text{POS}(A) = \{x_1\}$$
$$\text{NEG}(A) = \{x_2\}$$
$$\text{BND}(A) = \{x_3, x_4, x_5, x_6\}$$

即 x_1 是最符合顾客要求的房屋，x_2 不在顾客的考虑范围内，房屋 x_3, x_4, x_5 和 x_6 为顾客的意向房屋。

6.5.4　云模型

通过将模糊概念的隶属度看成是定性概念的一个定量实现，李德毅教授[67]于1995年提出了一个定性定量转化的认知模型——云模型。

定义 6.29[67,68]　设 U 为一个简单有序的定量论域，A 是 U 上的一个定性概念。若定量值 $x \in U$ 是定性概念 A 的一次随机实现，且 x 对 A 的确定度 $\mu_A(x)$ 是具有稳定倾向的随机数，则 x 在论域 U 上的分布称为由概念 A 所引发的云(cloud)，记为 $C_A(X)$。每一个 x 称为一个云滴(cloud drop)。

一般，云模型用期望 Ex(expected value)、熵 En(entropy) 和超熵 He(hyper entropy) 三个数字特征来刻画。

定义 6.30[69]　设 U 为一个简单有序的定量论域，A 是 U 上的一个定性概念。若定量值 $x \in U$ 是定性概念 A 的一次随机实现，满足 $x \sim N(\text{Ex}, (\text{En}')^2)$，其中，$\text{En}' \sim N(\text{En}, \text{He}^2)$，且 x 对 A 的确定度满足：

$$\mu_A(x) = \exp\left\{-\frac{(x - \text{Ex})^2}{2(\text{En}')^2}\right\}$$

则 x 在论域 U 上的分布称为高斯云或正态云(见图 6.16)。

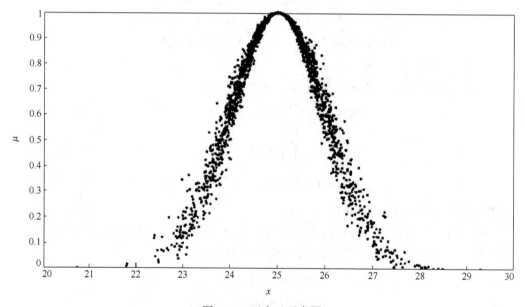

图 6.16　正态云示意图

设 $C_A(X)$ 为由定性概念 A 所引发的论域 U 上的正态云。对于 $0 \leqslant \beta < \alpha \leqslant 1$，令评价函数 $E(A)(x) = \mu_A(x)$，$L_D = [0,1]$，则由定义 6.2 可得：

$$\mathrm{POS}_{\alpha}(A) = \{x \in U \mid \mu_A(x) \geqslant \alpha\}$$

$$\mathrm{BND}_{\beta,\alpha}(A) = \{x \in U \mid \beta < \mu_A(x) < \alpha\}$$

$$\mathrm{NEG}_{\beta}(A) = \{x \in U \mid \mu_A(x) \leqslant \beta\}$$

分别称为基于定性概念 A 的 α-正域、(β,α)-边界域、β-负域。

6.5.5　可拓集

可拓学是我国学者蔡文所创立的新学科。1983 年他在《科学探索学报》上发表了论文《可拓集合和不相容问题》，标志着可拓学的诞生。

定义 6.31[70]　设 U 为非空论域，$\mathcal{A} \subseteq 2^U$，若对 $\mathcal{A}$ 中任一子集 A，都有一实数 $r(A) \in \mathbf{R}$ 与之对应，则称

$$K = \{(A,r) \mid A \in \mathcal{A}, r = r(A) \in \mathbf{R}\}$$

为论域 U 上子集类 $\mathcal{A}$ 的一个可拓集合(extension set)。其中，r 为 $\mathcal{A}$ 的关联函数，$r(A)$ 为 A 关于 K 的关联度。分别称

$$K^+ = \bigcup\{A \mid A \in \mathcal{A}, r(A) \geqslant 0\}$$

$$K^- = \bigcup\{A \mid A \in \mathcal{A}, r(A) \leqslant 0\}$$

$$K^0 = \bigcup\{A \mid A \in \mathcal{A}, r(A) = 0\}$$

为基于可拓集 K 的正域、负域和零界。

定义 6.31 中的关于可拓集 K 的正域、负域和零界有非空交集，为了避免相交的情形，我们给出如下改进，称

$$\mathrm{POS}(K) = \bigcup\{A \mid A \in \mathcal{A}, r(A) > 0\}$$

$$\mathrm{BND}(K) = \bigcup\{A \mid A \in \mathcal{A}, r(A) = 0\}$$

$$\mathrm{NEG}(K) = \bigcup\{A \mid A \in \mathcal{A}, r(A) < 0\}$$

为基于可拓集 K 的正域、边界域、负域。

6.6　本 章 小 结

本章主要探讨了一些常见的不确定性理论与三支决策之间的关联性，分别从经典集、模糊集、三值集和其他不确定性理论四个角度进行阐述分析。分析结果表明大量的不确定性研究中都有三支的思想。基于评价函数的三支决策模型是最基本也是重要的三支决策模型之一。在 6.3 节中，我们只探讨了模糊集及其各种推广的三分模型的最简单形式；通过讨论，我们不难发现各种三分模型的不同之处仅在于隶属函数的不同，这也为基于集合理论的三支决策模型的统一研究提供了思路。

参 考 文 献

[1] Yao Y Y. Three-way decisions and cognitive computing[J]. Cognitive Computation, 2016, 8(4): 543-554.

[2] Yao Y Y. Three-way decision and granular computing[J]. International Journal of Approximate Reasoning, 2018, 103: 107-123.

[3] Yao Y Y. Set-theoretic models of three-way decision[J]. Granular Computing, 2021, 6: 133-148.

[4] Yao Y Y. Tri-level thinking: models of three-way decision[J]. International Journal of Machine Learning and Cybernetics, 2020, 11: 947-959.

[5] Yao Y Y, Wong S K M, Lingras P. A decision-theoretic rough set model[C]//Proceedings of the 5th International Symposium on Methodologies for Intelligent Systems, Knoxville, Tennessee, USA, 1990: 17-25.

[6] Yao Y Y. Three-way decision: Interpretation of rules in rough set theory[C]//Rough Sets and Knowledge Technology, Fourth International Conference, Gold Coast, Australia, 2009: 642-649.

[7] Yao Y Y. Three-way decisions with probabilistic rough sets[J]. Information Sciences, 2010, 180 (3): 341-353.

[8] Liang D C, Xu Z, Liu D. Three-way decisions with intuitionistic fuzzy decision-theoretic rough sets based on point operators[J]. Information Sciences, 2017, 375: 183-201.

[9] Liang D C, Liu D, Pedrycz W, et al. Risk appetite dual hesitant fuzzy three-way decisions with TODIM[J]. Information Sciences, 2020, 507: 585-605.

[10] Yang X, Li T, Fujita H, et al. A sequential three-way approach to multi-class decision[J]. International Journal of Approximate Reasoning, 2019, 104: 10-825.

[11] Liu D, Liang D, Wang C. A novel three-way decision model based on incomplete information system[J]. Knowledge-Based Systems, 2016, 91(1): 32-45.

[12] Qiao J, Hu B Q. On decision evaluation functions in generalized three-way decision spaces[J]. Information Sciences, 2020, 507: 50-54.

[13] Lang G M, Miao D Q, Fujita H. Three-way group conflict analysis based on pythagorean fuzzy set theory[J]. IEEE Transactions on Fuzzy Systems, 2020, 28(3): 447-461.

[14] Zhao X R, Hu B Q. Three-way decisions with decision-theoretic rough sets in multiset-valued information tables[J]. Information Sciences, 2020, 507: 684-699.

[15] Jiang H B, Hu B Q. A decision-theoretic fuzzy rough set in hesitant fuzzy information systems and its application in multi-attribute decision-making. Information Sciences, 2021.579: 103-127.

[16] Jia F, Liu P. A novel three-way decision model under multiple-criteria environment[J]. Information Sciences, 2019, 471: 29-51.

[17] Yao Y Y. An outline of a theory of three-way decisions[C]//Rough Sets and Current Trends in Computing-8th International Conference, Chengdu, China, 2012: 1-17.

[18] Yang B, Li J H. Complex network analysis of three-way decision researches[J]. International Journal of Machine Learning and Cybernetics, 2020, 11: 973-987.

[19] Liu D, Yang X, Li T R. Three-way decisions: Beyond rough sets and granular computing[C]// International Journal of Machine Learning and Cybernetics, 2020, 11: 989-1002.

[20] Yao Y Y. Rough sets and three-way decisions[C]//Ciucci D, Wang G Y, Mitra S, et al. RSKT 2015, LNCS(LNAI), 2015: 62-73.

[21] Hu B Q. Three-way decisions space and three-way decisions[J]. Information Sciences, 2014, 281: 21-52.

[22] Hu B Q. Three-way decision spaces based on partially ordered sets and three-way decisions based on hesitant fuzzy sets[J]. Knowledge-Based Systems, 2016, 91: 16-31.

[23] Gao C, Yao Y Y. Actionable strategies in three-way decisions[J]. Knowledge-Based Systems, 2017, 133: 141-155.

[24] Jiang C, Yao Y Y. Effectiveness measures in movement-based three-way decisions[J]. Knowledge-Based Systems, 2018, 160: 136-143.

[25] Pawlak Z. Rough sets[J]. International Journal of Computer and Information Sciences, 1982, 11(5): 342-356.

[26] Gentilhomme Y. Les ensembles flous en linguistique[J]. Cahiers de Linguistique Théorique et Appliquée, 1968, 5: 47-65.

[27] 胡宝清. 基于区间集的粗糙集[M]//刘盾, 李天瑞, 苗夺谦, 等. 三支决策与粒计算. 北京: 科学出版社, 2016: 163-195.

[28] Yao Y Y. Interval-set algebra for qualitative knowledge representation[J]. International Conference on Computing and Information, 1993: 370-374.

[29] Yao Y Y. Interval sets and interval-set algebras[J]. IEEE International Conference on Cognitive Informatics, 2009: 307-314.

[30] Miranda E, Couso I, Gil P. Random sets as imprecise random variables[J]. Journal of Mathematical Analysis and Applications, 2005, 307: 32-47.

[31] Ciucci D. Orthopairs: A simple and widely used way to model uncertainty[J]. Fundamenta Informaticae, 2011, 108: 287-304.

[32] Ciucci D, Dubois D, Lawry J. Borderline vs. unknown: comparing three-valued representations of imperfect information[J]. International Journal of Approximate Reasoning, 2014, 55: 1866-1899.

[33] Ciucci D. Orthopairs and granular computing[J]. Granular Computing, 2016, 1: 159-170.

[34] Zadeh L A. Fuzzy sets[J]. Information and Control, 1965, 8: 338-353.

[35] Turksen I B. Interval valued fuzzy sets based on normal forms[J]. Fuzzy Sets and Systems, 1986,

20: 191-210.

[36] Zadeh L A. The concept of a linguistic variable and its application to approximate reasoning—I[J]. Information Sciences, 1975, 8(3): 199-249.

[37] Zadeh L A. The concept of a linguistic variable and its application to approximate reasoning—II[J]. Information Sciences, 1975, 8(4): 301-357.

[38] Walker C L, Walker E A. The algebra of fuzzy truth values[J]. Fuzzy Sets and Systems, 2005, 149: 309-347.

[39] Hu B Q, Kwong C K. On type-2 fuzzy sets and their t-norm operations[J]. Information Sciences, 2014, 255: 58-81.

[40] Hu B Q, Wang C Y. On type-2 fuzzy relations and interval-valued type-2 fuzzy sets[J]. Fuzzy Sets and Systems, 2014, 236: 1-32.

[41] Xiao Y C, Hu B Q, Zhao X R. Three-way decisions based on type-2 fuzzy sets and interval-valued type-2 fuzzy sets[J]. Journal of Intelligent & Fuzzy Systems, 2016, 31: 1385-1395.

[42] Atanassov K T. Intuitionistic fuzzy sets[C]//VII ITKR's Session, Sofia(deposed in Central Sci. and Techn. Library, Bulg. Academy of Sciences, 1697/84), Bulgarian, 1983.

[43] Atanassov K T. Intuitionistic fuzzy sets[J]. Fuzzy Sets and Systems, 1986, 20: 87-96.

[44] Atanassov K T, Gargov G. Interval valued intuitionistic fuzzy sets[J]. Fuzzy Sets and Systems, 1989, 31: 343-349.

[45] Yager R R. Generalized orthopair fuzzy sets[J]. IEEE Transactions on Fuzzy Systems, 2017, 25(5): 1222-1230.

[46] Yager R R, Alajlan N. Approximate reasoning with generalized orthopair fuzzy sets[J]. Information Fusion, 2017, 38: 65-73.

[47] Du W S. Research on arithmetic operations over generalized orthopair fuzzy sets[J]. International Journal of Intelligent Systems, 2019, 34: 709-732.

[48] Yager R R, Abbasov A M. Pythagorean membership grades, complex numbers, and decision making[J]. International Journal of Intelligent Systems, 2013, 28(5): 436-452.

[49] Yager R R. Pythagorean membership grades in multicriteria decision making[J]. IEEE Transactions on Fuzzy Systems, 2014, 22(4): 958-965.

[50] Torra V, Narukawa Y. On hesitant fuzzy sets and decision[J]. IEEE International Conference on Fuzzy Systems, 2009: 1378-1382.

[51] Torra V. Hesitant fuzzy sets[J]. International Journal of Intelligent Systems, 2010, 25(6): 529-539.

[52] Hu B Q. Hesitant sets and hesitant relations[J]. Journal of Intelligent & Fuzzy Systems, 2017, 33: 3629-3640.

[53] Chen N, Xu Z, Xia M. Interval-valued hesitant preference relations and their applications to

group decision making[J]. Knowledge-Based Systems, 2013, 37: 528-540.

[54] Zhu B, Xu Z, Xia M. Dual hesitant fuzzy sets[J]. Journal of Applied Mathematics, 2012. doi: 10.1155/2012/879629.

[55] Zhang W R. Bipolar fuzzy sets and relations: A computational framework for cognitive modeling and multiagent decision analysis[J]. Proceedings of the First International Joint Conference of the North American Fuzzy Information Processing Society Biannual Conference, 1994: 305-309.

[56] Zhang W R. NPN fuzzy sets and NPN qualitative algebra: A computational framework for bipolar cognitive modeling and multiagent decision analysis[J]. IEEE Transactions on Systems, Man, and Cybernetics—Part B: Cybernetics, 1996, 26(4): 561-574.

[57] Cuong B C, Kreinovich V. Picture fuzzy sets—a new concept for computational intelligent problems[C]//Proceedings of the Third World Congress on Information and Communication Technologies WICT'2013, Hanoi, Vietnam, 2013, 16.

[58] Cuong B C. Picture fuzzy sets[J]. Journal of Computer Science and Cybernetics, 2014, 30(4): 409-420.

[59] Goguen J A. L-fuzzy sets[J]. Journal of mathematical analysis and applications, 1967, 18(1): 145-174.

[60] Ciucci D, Dubois D. A map of dependencies among three-valued logics[J]. Information Sciences, 2013, 250: 162-177.

[61] Pedrycz W. Shadowed Sets: Representing and Processing Fuzzy Sets[J]. IEEE Transactions on Systems, Man, and Cybernetics—Part B: Cybernetics, 1998, 28(1): 103-109.

[62] Wille R. Restructuring lattice theory: An approach based on hierarchies of concepts[J]. Ordered sets, Springer, Dordrecht, 1982: 445-470.

[63] Qi J, Wei L, Yao Y. Three-way formal concept analysis[C]//International Conference on Rough Sets and Knowledge Technology, Springer, Cham, 2014: 732-741.

[64] Ren R, Wei L, Yao Y. An analysis of three types of partially-known formal concepts[J]. International Journal of Machine Learning and Cybernetics, 2018, 9(11): 176-783.

[65] 赵克勤. 集对分析及其应用[M]. 浙江: 浙江科学技术出版社, 2000.

[66] Molodtsov D. Soft set theory—First results[J]. Computers & Mathematics with Applications, 1999, 37: 19-31.

[67] Li D, Meng H, Shi X. Membership clouds and membership cloud generators[J]. Journal of computer research and development, 1995, 32(6): 15-20.

[68] Li D, Liu C, Gan W. A new cognitive model: Cloud model[J]. International Journal of Intelligent Systems, 2009, 24(3): 357-375.

[69] 胡宝清. 云模型与相近概念的关系[M]//王国胤, 李德毅, 姚一豫, 等. 云模型与粒计算. 北京: 科学出版社, 2012: 40-73.

[70] 蔡文. 物元模型及其应用[M]. 北京: 科学技术文献出版社, 1994.

第 7 章　面向不完备混合数据的动态三支决策方法

在实际应用中普遍存在着具有异构性和不完备性等特征的不完备混合数据，如医疗数据、交通数据和社交数据。不完备混合数据的复杂结构给大数据环境下的知识发现造成了巨大的困难。三支决策，作为一种分析和解决不确定问题的有效认知方法，已被成功用于处理完备的混合数据或含有一种语义解释的缺失值（"不关心值"或"丢失值"）的不完备混合数据，但针对两种缺失值共存的不完备混合数据的研究却相对较少。因此，本章首先通过整合邻域关系和特征关系的特点，构造一种新型的二元关系，即邻域特征关系，并提出面向不完备混合数据的新型三支决策模型。同时，通过引入决策矩阵、关系矩阵和相关诱导矩阵的概念，给出该模型的三支区域（正域、边界域、负域）的矩阵计算表达方法。此外，针对属性集动态增加和移除，介绍维护基于邻域特征关系的三支决策模型中三支决策区域的增量机制和方法。最后，通过实例验证所提模型和方法的有效性。

7.1　引　　言

随着科学技术的快速发展，实际应用中获得的数据常常表现出异构性和不完备性等特点，其中名义型属性和数值型属性共存的不完备混合数据是最为普遍的。然而，传统的数据分析理论、方法与技术并不能直接应用于不完备混合数据的处理，这无疑给不完备混合数据智能处理带来了严峻的挑战。因此，如何高效实时地从不完备混合数据中挖掘和获取有价值的知识以便为经济社会生活各个方面提供决策支持，已然成为亟待解决的问题。

三支决策理论[1-3]，作为一种新的用于处理不精确、不一致和不完备信息与知识的决策分析方法，由加拿大学者姚一豫教授在粒计算和粗糙集理论基础上提出。该理论的主要目的是为粗糙集中的正域、负域和边界域合理地赋予了决策语义解释，其分别为接受、拒绝和延迟（不承诺）三种不同的规则。作为一种符合人类实际认识能力的决策模式，三支决策理论已被广泛应用于图像识别[4]、推荐系统[5]、聚类分析[6]和医疗诊断[7]等多个研究领域。

为了完善和扩展三支决策理论，诸多学者对其模型和应用进行了深入的研究。

本章工作获得了国家自然科学基金项目（61573292，61572406，61603313，61773324）、教育部人文社会科学青年基金（20YJC630191）、中央高校基本科研业务费项目（2682017CX097、JBK2001004）的资助。

Hu 系统地研究三支决策空间理论，并分别讨论基于模糊格和偏序集的三支决策问题[8]。Herbert 和 Yao 通过优化代价损失函数的博弈问题提出博弈粗糙集模型，并利用纳什均衡思想优化相应的阈值[9]。Yang 和 Yao 采用三支决策构建关于直觉模糊的阴影集[10]。Liang 和 Liu 通过将区间信息、有序信息和模糊信息的概念引入到决策粗糙集中构造了一系列新颖的三支决策模型[11-14]。Zhao 和 Hu 通过将损失函数推广到多值集提出一种面向多值信息表的多值决策粗糙集模型[15]。Zhang 等利用三支决策及其三层分析法，基于邻域系统三层粒结构提出双量化的三层分析框架[16]。Li 等通过将包含关系推广到一般的评价函数上，提出基于双论域的三支决策模型[17]。Yang 等基于一种新的优势度量，设计了面向区间值决策系统的三支决策模型[18]。Li 等为了处理包含噪声和数值型数据拓展了决策粗糙集模型，并提出基于三支决策的邻域分类器[19]。与此同时，Chen 等详细讨论了邻域决策系统中三支决策约简[20]。Qian 等通过将粒计算理论融入到决策粗糙集中建立了基于乐观和悲观的多粒度决策粗糙集模型[21]，同时，他们将局部粗糙集的概念引入到多粒度决策粗糙集模型，提出局部多粒度决策粗糙集模型[22]。Liu 等利用由不完备信息和损失函数组成的混合决策表，建立面向不完备信息的新型三支决策模型[23]。Yang 等在不完备信息系统中对决策风险代价进行加权平均，提出相应的多粒度决策粗糙集模型[24]。钱文彬等基于一种新的完备邻域容差关系，通过改进损失函数区间值的获取方法，研究了不完备混合决策系统下的三支决策模型[25]。基于上述研究工作，我们发现这些扩展的三支决策模型无法有效地处理"不关心值"和"丢失值"共存的不完备混合决策信息系统。因此，本章将邻域概念引入到特征关系，提出邻域特征关系用于计算不完备混合数据的不可区分类。进而，构建基于邻域特征关系的三支决策模型来解决不完备混合数据的分类问题。

随着信息技术的快速发展，各种各样的数据观测工具、实验设备以及网络传感器的性能不断增强，实际应用中获取的数据普遍呈现出快速增长、不断更新的动态现象，即数据的对象规模、数据的特征维度和数据的内容取值随着时间的变化而变化。面对不完备混合数据，传统的批量式学习方法需要耗费大量的时间和空间，这使得传统批量式学习算法很难及时、高效地从动态不完备混合数据中挖掘出有用的信息和知识。因此，为了克服传统批量式学习方法的缺点，增量学习技术通过模拟人类的认知机理，能够在不断变化的动态数据环境中进行知识的更新、修正、加强和维护，使得更新之后的知识能有效地适应更新之后的数据，避免重新学习全部数据，极大地降低动态数据分析处理对时间和空间的需求，更能满足实际的需求。在对动态环境下三支决策理论和方法的研究中，Yao 最早提出了基于概率粗糙集的序贯三支决策模型，其主要目的是通过不断增加新信息，将位于边界域等待进一步决策的对象逐渐划分到正域和负域中[26]。Liu 等针对决策粗糙集模型中损失函数的动态变化情况，讨论了基于决策粗糙集动态三支决策模型[27]。Yang 等通过系统地分析多维粒度变化下的动态决策信息系统，构建了一种序贯三支粒计算增量更新框架[28]。Luo 等详细讨论了数据尺度变化时基于相似关系的决策粒度和条件概率的更新机制，研究了不完备多尺度信息系统中三支决策动态更新问题[29]。因此，本章针对不完备混合信息系统中属性集的动态变化，提出基于矩阵的计算三支决策区域的增量更新原则，构建有效的动态三支邻域决策模型。

7.2　相关知识

本节主要简单回顾基于特征关系的粗糙集模型、邻域粗糙集模型和决策粗糙集模型的相关知识和结论。

7.2.1　基于特征关系的粗糙集模型

在传统粗糙集理论中，通常用四元组 $S=(U,A,V,f)$ 表示一个信息系统，其中，$U=\{u_1,u_2,\cdots,u_n\}$ 表示由非空有限个对象组成的集合，又被称为论域；$A=\{a_1,a_2,\cdots,a_l\}$ 表示由非空有限个属性组成的集合集；$V=\bigcup_{a\in A}V_a$ 为所有属性值组成的集合，V_a 表示属性 a 的值域；$f:U\times A\to V$ 为一个信息函数，即对于任意 $u\in U$ 和 $a\in A$ 有：$f(u,a)\in V_a$。特别地，若 $A=C\cup D$ 且 $C\cap D=\varnothing$，C 和 D 分别为条件属性集和决策属性集，那么该信息系统又被称为决策表。

定义 7.1[30]　给定一个信息系统 S，对于任意子集 $Q\subseteq C$，论域上关于 Q 的不可区分关系定义为：

$$R_Q=\{(u,v)\in U^2\,|\,\forall a\in Q,f(u,a)=f(v,a)\} \tag{7.1}$$

显然，不可区分关系 R_B 满足自反性、对称性和传递性，因此又被称为等价关系。若在一个信息系统中，存在 $a\in C$ 和 $u\in U$ 使得 $f(u,a)=*$ 或 $f(u,a)=?$，那么该信息系统被称为不完备信息系统，其中"*"和"?"分别表示"不关心值"和"丢失值"。由于等价关系只能处理完备的信息系统，所以并不适合处理具有缺失值的不完备信息系统。因此，为了丰富和推广粗糙集的理论和应用，基于两种缺失值的语义解释，Grzymala-Busse 提出了特征关系[31]，其可被视为容差关系[32]和相似关系[33]的一种泛化表现形式。

定义 7.2[31]　设 S 为不完备信息系统，对于任意子集 $Q\subseteq C$，论域上关于 Q 的特征关系定义为：

$$K_Q=\{(u,v)\in U^2\,|\,\forall a\in Q,f(u,a)=?\vee(f(u,a)=f(v,a)\vee f(u,a)=*\vee f(v,a)=*)\} \tag{7.2}$$

由上述定义可知，特征关系 K_Q 仅仅满足自反性，不一定满足对称性和传递性。

对于任意一个概念集 X ，则 X 基于特征关系 K_Q 的上、下近似集可被表示为：

$$\begin{cases} \underline{K_Q}(X) = \{u \in U \mid K_Q(u) \subseteq X\} \\ \overline{K_Q}(X) = \{u \in U \mid K_Q(u) \bigcap X \neq \varnothing\} \end{cases} \quad (7.3)$$

其中，$K_Q(u)$ 表示对象 u 的特征类，即 $K_Q(u) = \{v \in U \mid (u,v) \in K_Q\}$ 。通过一对近似集可将论域划分成 3 个互不相交的区域，分别是正域、边界域和负域，具体定义如下：

$$\begin{cases} \mathrm{POS}_Q(X) = \underline{K_Q}(X) = \{u \in U \mid K_Q(u) \subseteq X\} \\ \mathrm{BND}_Q(X) = \overline{K_Q}(X) - \underline{K_Q}(X) = \{u \in U \mid K_Q(u) \bigcap X \neq \varnothing \wedge K_Q(u) \not\subset X\} \\ \mathrm{NEG}_Q(X) = U - \overline{K_Q}(X) = \{u \in U \mid K_Q(u) \bigcap X = \varnothing\} \end{cases} \quad (7.4)$$

7.2.2　邻域粗糙集模型

为了有效处理由名义型属性和数值型属性组成的混合信息系统，Hu 基于拓扑空间的邻域概念提出了邻域关系[34]。给定一个信息系统 S 和一个阈值 δ ，其中 $Q \subseteq C$ 。对于任一对象 $u \in U$ ，u 关于 Q 的邻域可被表示为：

$$\delta_Q(u) = \{v \in U \mid \Delta_Q(u,v) \leqslant \delta\} \quad (7.5)$$

其中，Δ 为一个距离函数。对于任意 $u,v,w \in U$ ，距离函数满足如下性质：

（1）正则性：$\Delta(u,v) \geqslant 0$ ，且 $\Delta(u,v) = 0$ 当且仅当 $u = v$ ；

（2）对称性：$\Delta(u,v) = \Delta(v,u)$ ；

（3）三角不等性：$\Delta(u,w) \leqslant \Delta(u,v) + \Delta(v,w)$ 。

Minkowski 距离作为一个重要的度量函数，已被广泛应用于多个研究领域，如机器学习、模式识别等，其具体的定义如下：

$$\Delta_Q(u,v) = \left(\sum_{a \in Q} |f(u,a) - f(v,a)|^p \right)^{1/p} \quad (7.6)$$

当 $p = 1$ 时，称为 Manhattan 距离；当 $p = 2$ 时，称为 Euclidean 距离；当 $p = \infty$ 时，称为 Chebychev 距离。

定义 7.3[34]　设 S 为一个信息系统，对任意子集 $Q = Q^N \bigcup Q^S \subseteq C$ ，其中 Q^N 和 Q^S 分别表示名义型属性集和数值型属性集，则论域上关于 Q 的邻域关系可被定义为：

$$\mathrm{NR}_Q = \{(u,v) \in U^2 \mid \Delta_{Q^N}(u,v) = 0 \wedge \Delta_{Q^S}(u,v) \leqslant \delta\} \quad (7.7)$$

显然，邻域关系 NR_Q 仅满足自反性和对称性，不一定满足传递性。此外，$\mathrm{NR}_Q(u) = \{v \mid (u,v) \in \mathrm{NR}_Q\}$ 表示对象 u 的邻域类，则 X 基于邻域关系的一对近似集可被表示为：

$$
\begin{cases}
\text{NR}_Q(X) = \{u \in U \mid \text{NR}_Q(u) \subseteq X\} \\
\overline{\text{NR}_Q}(X) = \{u \in U \mid \text{NR}_Q(u) \bigcap X \neq \varnothing\}
\end{cases}
\tag{7.8}
$$

7.2.3 决策粗糙集模型

基于贝叶斯决策风险理论,通过利用 2 个状态集和 3 个行动集来描述决策过程, Yao 提出了决策粗糙集模型[35]。状态集 $\Omega = (X, \neg X)$ 分别表示对象属于 X 和不属于 X,行动集 $\Lambda = (\Lambda_P, \Lambda_B, \Lambda_N)$ 来描述决策过程分别表示将对象划分到正域、边界域和负域的三种决策行为。考虑到采取不同的行动会导致不同损失,令 λ_{PP}、λ_{BP} 和 λ_{NP} 分别表示对象属于目标概念集 X 时,采取 Λ_P、Λ_B 和 Λ_N 三种行动时所对应的损失。相似地,令 λ_{PN}、λ_{BN} 和 λ_{NN} 分别表示对象不属于目标概念集 X 时,采取 Λ_P、Λ_B 和 Λ_N 三种行动时所对应的损失。

设 $S = (U, C \cup D, V, f)$ 为一个决策系统,$\forall Q \subseteq C$,$R_Q(u)$ 为对象 u 的等价类。因此,对于对象 u,采取所有行动所得到的期望损失可表示为:

$$
\begin{cases}
L(\Lambda_P \mid R_Q(u)) = \lambda_{PP} \Pr(X \mid R_Q(u)) + \lambda_{PN} \Pr(\neg X \mid R_Q(u)) \\
L(\Lambda_B \mid R_Q(u)) = \lambda_{BP} \Pr(X \mid R_Q(u)) + \lambda_{BN} \Pr(\neg X \mid R_Q(u)) \\
L(\Lambda_N \mid R_Q(u)) = \lambda_{NP} \Pr(X \mid R_Q(u)) + \lambda_{NN} \Pr(\neg X \mid R_Q(u))
\end{cases}
\tag{7.9}
$$

其中,$\Pr(X \mid R_Q(u)) = \dfrac{\left|X \bigcap R_Q(u)\right|}{\left|R_Q(u)\right|}$ 和 $\Pr(\neg X \mid R_Q(u)) = \dfrac{\left|\neg X \bigcap R_Q(u)\right|}{\left|R_Q(u)\right|} = 1 - \dfrac{\left|X \bigcap R_Q(u)\right|}{\left|R_Q(u)\right|}$

考虑损失函数的一种合理假设 $\lambda_{PP} \leq \lambda_{BP} < \lambda_{NP}$ 和 $\lambda_{NN} \leq \lambda_{BN} < \lambda_{PN}$,根据贝叶斯最小风险准则,则得到如下的三支决策规则:

(1)若 $\Pr(X \mid R_Q(u)) \geq \alpha$ 和 $\Pr(X \mid R_Q(u)) \geq \gamma$ 成立,则有 $u \in \text{POS}(X)$;

(2)若 $\Pr(X \mid R_Q(u)) \leq \alpha$ 和 $\Pr(X \mid R_Q(u)) \geq \beta$ 成立,则有 $u \in \text{BND}(X)$;

(3)若 $\Pr(X \mid R_Q(u)) \leq \beta$ 和 $\Pr(X \mid R_Q(u)) \leq \gamma$ 成立,则有 $u \in \text{NEG}(X)$。

其中,$\alpha = \dfrac{\lambda_{PN} - \lambda_{BN}}{(\lambda_{PN} - \lambda_{BN}) + (\lambda_{BP} - \lambda_{PP})}$、$\beta = \dfrac{\lambda_{BN} - \lambda_{NN}}{(\lambda_{BN} - \lambda_{NN}) + (\lambda_{NP} - \lambda_{BP})}$ 和 $\gamma = \dfrac{\lambda_{PN} - \lambda_{NN}}{(\lambda_{PN} - \lambda_{NN}) + (\lambda_{NP} - \lambda_{PP})}$。

通过简单地推导,易得 $0 \leq \beta < \gamma < \alpha \leq 1$,则三支决策规则可被简化为:

(1)若 $\Pr(X \mid R_Q(u)) \geq \alpha$ 成立,则有 $u \in \text{POS}(X)$;

(2)若 $\beta < \Pr(X \mid R_Q(u)) < \alpha$ 成立,则有 $u \in \text{BND}(X)$;

(3)若 $\Pr(X \mid R_Q(u)) \leq \beta$ 成立,则有 $u \in \text{NEG}(X)$。

基于以上分析,则 X 的正域、边界域和负域可表示为:

$$\begin{cases} \mathrm{POS}_Q^{(\alpha,\beta)}(X) = \{u \in U \mid \Pr(X \mid R_Q(u)) \geqslant \alpha\} \\ \mathrm{BND}_Q^{(\alpha,\beta)}(X) = \{u \in U \mid \beta < \Pr(X \mid R_Q(u)) < \alpha\} \\ \mathrm{NEG}_Q^{(\alpha,\beta)}(X) = \{u \in U \mid \Pr(X \mid R_Q(u)) \leqslant \beta\} \end{cases} \quad (7.10)$$

7.3　不完备混合信息系统下的三支邻域决策模型

为了有效处理具有缺失名义型数据和数值型数据的不完备混合信息系统，本节首先定义了一种新颖的不可区分关系，即邻域特征关系。然后，基于决策粗糙集模型，介绍面向不完备混合数据的三支决策模型。

首先，我们简单介绍不完备混合信息系统的概念。

定义 7.4　设 $S=(U,A,V,f)$ 是不完备混合信息系统，其中：

(1) $U=\{u_1,u_2,\cdots,u_n\}$ 表示非空有限对象集合，称为论域；

(2) $A=A^N \bigcup A^S$（$A^N \bigcap A^S = \varnothing$）表示非空有限的属性集合，$A^N$ 和 A^S 分别为名义型属性集和数值型属性集；

(3) $V=\bigcup_{a \in A} V_a$，V_a 表示在属性 a 下所有属性值组成的集合；

(4) $f:U \times A \to V$ 为一个映射函数，使得 $\forall a \in A$，$u \in U$ 有 $f(u,a) \in V_a$；

(5) 存在某个属性 $a \in A$，使得 $f(u,a)=*$ 或 $f(u,a)=?$。

特别地，若属性集由条件属性集和决策属性集组成，即 $\hat{S}=(U,A \bigcup D,V,f)$，那么 $\hat{S}$ 被称为不完备混合决策系统。接下来，通过一个具体的例子来解释以上的概念。

例 7.1　表 7.1 描述了一个不完备混合决策系统 $\hat{S}$，其中 $U=\{u_i \mid 1 \leqslant i \leqslant 6\}$ 为论域；$A=\{a_j \mid 1 \leqslant j \leqslant 4\}$ 为条件属性集，$A^N=\{a_1,a_2\}$ 是名义型属性集，$A^S=\{a_3,a_4\}$ 是数值型属性集；$D=\{d\}$ 是决策属性集。对于 A^N，存在对象 u_3，u_4 和 u_6 使得 $f(u_3,a_1)=*$，$f(u_4,a_2)=?$ 和 $f(u_6,a_2)=*$；对于 A^S，存在对象 u_5 和 u_6 使得 $f(u_5,a_3)=?$ 和 $f(u_6,a_4)=*$。

表 7.1　一个不完备混合决策系统

U	a_1	a_2	a_3	a_4	d
u_1	1	2	1.5	1.0	N
u_2	0	2	1.7	0.8	Y
u_3	*	1	1.5	0.5	Y
u_4	0	?	1.9	1.1	N
u_5	0	1	?	0.9	Y
u_6	1	*	1.2	*	N

针对不完备混合信息系统，当所有的未知属性值都为"不关心值"时，Jing 等定义了一种新的距离函数，并结合概率方法，提出了基于容差关系的变精度容差邻域粗糙集模型[36]。Zhao 和 Qin 通过将邻域概念引入至容差关系中构造了邻域容差关系，进而提出了基于邻域容差关系的一种拓展的粗糙集模型[37]。姚晟等基于数据的概率分布来构建距离函数，提出了一种拓展的不完备邻域粗糙集模型[38]。然而，这些推广的粗糙集模型并不适合处理"不关心值"和"丢失值"共存的不完备混合信息系统。为此，本节首先通过结合特征关系和邻域关系的特点，提出一种邻域特征关系。

定义 7.5 设 S 是一个不完备混合信息系统，对任意属性子集 $Q = Q^N \cup Q^S \subseteq A$，论域上关于 Q 的邻域特征关系的定义为：

$$\mathrm{NK}_Q^\delta = \{(u,v) \in U^2 \mid \forall a \in Q, f(u,a) = ? \vee f(u,a) = * \vee f(v,a) = *$$
$$\vee ((a \in Q^N \to \Delta_a(u,v) = 0) \wedge (a \in Q^S \to \Delta_a(u,v) \leqslant \delta))\} \tag{7.11}$$

其中，δ 表示一个给定的阈值。

显然，邻域特征关系 NK_Q^δ 仅满足自反性，不一定满足对称性和传递性。此外，当条件属性集仅仅包含名义型属性，则邻域特征关系可以退化为特征关系[31]；当未知属性值都是"不关心值"时，则邻域关系可以退化到邻域容忍关系[37]。

为了描述方便，令 $\mathrm{NK}_Q^\delta(u) = \{v \in U \mid (u,v) \in \mathrm{NK}_Q^\delta\}$ 表示对象 u 基于 NK_Q^δ 的邻域特征类。因此，通过将特征邻域关系引入至决策粗糙集模型中，可以重新定义不完备混合信息系统中三支决策规则。

定义 7.6 设 S 是一个不完备混合信息系统，$\forall Q \subseteq A$。对于任意一个子集 $X \subseteq U$，则基于邻域特征关系 NK_Q^δ 的三支决策规则定义为：

(1) 若 $\Pr(X \mid \mathrm{NK}_Q^\delta(u)) \geqslant \alpha$ 成立，则有 $u \in \mathrm{POS}(X)$；

(2) 若 $\beta < \Pr(X \mid \mathrm{NK}_Q^\delta(u)) < \alpha$ 成立，则有 $u \in \mathrm{BND}(X)$；

(3) 若 $\Pr(X \mid \mathrm{NK}_Q^\delta(u)) \leqslant \beta$ 成立，则有 $u \in \mathrm{NEG}(X)$。

其中阈值 α 和 β 是由决策损失函数决定的，且 $0 \leqslant \beta < \alpha \leqslant 1$。

定义 7.7 设 S 是一个不完备混合信息系统，对于任意一个子集 $X \subseteq U$，则 X 基于邻域特征关系 NK_Q^δ 的三支决策区域可定义为：

$$\begin{cases} \mathrm{POS}_Q^{(\alpha,\beta)}(X) = \{u \in U \mid \Pr(X \mid \mathrm{NK}_Q^\delta(u)) \geqslant \alpha\} \\ \mathrm{BND}_Q^{(\alpha,\beta)}(X) = \{u \in U \mid \beta < \Pr(X \mid \mathrm{NK}_Q^\delta(u)) < \alpha\} \\ \mathrm{NEG}_Q^{(\alpha,\beta)}(X) = \{u \in U \mid \Pr(X \mid \mathrm{NK}_Q^\delta(u)) \leqslant \beta\} \end{cases} \tag{7.12}$$

定义 7.8　设 $\hat{S}$ 是一个不完备混合决策系统，$\forall Q \subseteq A$，且 $U / D = \{D_1, D_2, \cdots D_m\}$，则决策属性 D 基于 NK_Q^δ 的三支决策区域定义为：

$$
\begin{cases}
\mathrm{POS}_Q^{(\alpha,\beta)}(D) = \bigcup_{j=1}^{m} \mathrm{POS}_Q^{(\alpha,\beta)}(D_j) = \bigcup_{j=1}^{m} \{u \in U \mid \Pr(D_j \mid \mathrm{NK}_Q^\delta(u)) \geqslant \alpha\} \\
\mathrm{BND}_Q^{(\alpha,\beta)}(D) = \bigcup_{j=1}^{m} \mathrm{BND}_Q^{(\alpha,\beta)}(D_j) = \bigcup_{j=1}^{m} \{u \in U \mid \beta < \Pr(D_j \mid \mathrm{NK}_Q^\delta(u)) < \alpha\} \\
\mathrm{NEG}_Q^{(\alpha,\beta)}(D) = U - (\mathrm{POS}_Q^{(\alpha,\beta)}(D) \bigcup \mathrm{BND}_Q^{(\alpha,\beta)}(D)) = \bigcap_{j=1}^{m} \{u \in U \mid \Pr(D_j \mid \mathrm{NK}_Q^\delta(u)) \leqslant \beta\}
\end{cases}
\tag{7.13}
$$

性质 7.1　给定一个不完备混合决策系统 $\hat{S}$，$\forall Q \subseteq A$，且 $U / D = \{D_1, D_2, \cdots D_m\}$。令 $\alpha_1 \leqslant \alpha_2$ 和 $\beta_1 \leqslant \beta_2$，则：

(1) $\mathrm{POS}_Q^{(\alpha_2,\beta)}(D) \subseteq \mathrm{POS}_Q^{(\alpha_1,\beta)}(D)$，$\mathrm{POS}_Q^{(\alpha,\beta_1)}(D) \subseteq \mathrm{POS}_Q^{(\alpha,\beta_2)}(D)$；

(2) $\mathrm{BND}_Q^{(\alpha_1,\beta)}(D) \subseteq \mathrm{BND}_Q^{(\alpha_2,\beta)}(D)$，$\mathrm{BND}_Q^{(\alpha,\beta_2)}(D) \subseteq \mathrm{BND}_Q^{(\alpha,\beta_1)}(D)$；

(3) $\mathrm{NEG}_Q^{(\alpha_1,\beta)}(D) \subseteq \mathrm{NEG}_Q^{(\alpha_2,\beta)}(D)$，$\mathrm{NEG}_Q^{(\alpha,\beta_1)}(D) \subseteq \mathrm{NEG}_Q^{(\alpha,\beta_2)}(D)$。

证明　由定义 7.8，易得结论成立，故此省略证明过程。

例 7.2　表 7.1 给出了一个不完备混合决策系统，令 $\delta = 0.3$。首先，基于决策属性集 $D = \{d\}$，可得 $U / D = \{D_1, D_2\}$，$D_1 = \{u_1, u_4, u_6\}$ 和 $D_2 = \{u_2, u_3, u_5\}$。其次，根据定义 7.5 有：

$$
\mathrm{NK}_A^\delta(u_1) = \{u_1, u_6\}, \quad \mathrm{NK}_A^\delta(u_2) = \{u_2\}, \quad \mathrm{NK}_A^\delta(u_3) = \{u_3, u_6\}
$$

$$
\mathrm{NK}_A^\delta(u_4) = \{u_2, u_4\}, \quad \mathrm{NK}_A^\delta(u_5) = \{u_5\}, \quad \mathrm{NK}_A^\delta(u_6) = \{u_1, u_3, u_6\}
$$

设 $\lambda_{PP} = 0$，$\lambda_{BP} = 1$，$\lambda_{NP} = 5$，$\lambda_{PN} = 6$，$\lambda_{BN} = 2$ 和 $\lambda_{NN} = 0$，则 $\alpha = \dfrac{4}{5}$ 和 $\beta = \dfrac{1}{3}$。再根据定义 7.7，可得关于 D_1 和 D_2 的三支决策区域：

$$
\mathrm{POS}_A^{(\alpha,\beta)}(D_1) = \{u_1\}, \quad \mathrm{BND}_A^{(\alpha,\beta)}(D_1) = \{u_3, u_4, u_6\}, \quad \mathrm{NEG}_A^{(\alpha,\beta)}(D_1) = \{u_2, u_5\}
$$

$$
\mathrm{POS}_A^{(\alpha,\beta)}(D_2) = \{u_2, u_5\}, \quad \mathrm{BND}_A^{(\alpha,\beta)}(D_2) = \{u_3, u_4\}, \quad \mathrm{NEG}_A^{(\alpha,\beta)}(D_2) = \{u_1, u_6\}
$$

最后，由定义 7.8 可得 D 的三支决策区域：

$$
\mathrm{POS}_A^{(\alpha,\beta)}(D) = \{u_1, u_2, u_5\}, \quad \mathrm{BND}_A^{(\alpha,\beta)}(D) = \{u_3, u_4, u_6\}, \quad \mathrm{NEG}_A^{(\alpha,\beta)}(D) = \varnothing
$$

7.4　基于矩阵的三支决策区域计算方法

矩阵方法作为一门十分有用的数学工具，已被广泛地应用于粗糙集理论研究中。

Liu 首先从矩阵角度构造了一组用来描述传统粗糙集模型中上近似算子的公理[39]。Zhang 等通过介绍相关概念的矩阵形式提出计算复合粗糙集模型中近似集的矩阵方法[40]。Huang 等基于新型的矩阵运算给出了刻画粗糙模糊粗糙集中近似集的矩阵方法[41]。与此同时，他们通过定义两种新型的矩阵运算给出了多源复合粗糙集模型中近似集的矩阵计算方法[42]。Huang 等通过引入优势(劣势)矩阵和其他诱导矩阵提出了计算复合优势粗糙集模型中近似集的矩阵方法[43]。Hu 等基于相关概念的矩阵形式给出刻画概率邻域粗糙集模型中正域、边界域和负域的矩阵方法[44]。然而，这些矩阵方法并不适合用来计算三支邻域决策模型的三支决策区域。因此，本节通过介绍决策矩阵、关系矩阵和相关的诱导矩阵概念，给出在不完备混合决策系统中计算三支决策区域的矩阵方法。

定义 7.9　设 $\hat{S}$ 是一个不完备混合决策系统，其中 $U = \{u_1, u_2, \cdots, u_n\}$。$\forall X \subseteq U$，则称 $G(X) = [g_1, g_2, \cdots, g_n]^\top$ 为 X 的特征向量，其中：

$$g_i = \begin{cases} 1, \ u_i \in X \\ 0, \ u_i \notin X \end{cases} (1 \leqslant i \leqslant n) \tag{7.14}$$

定义 7.10　设 $\hat{S}$ 是一个不完备混合决策系统。若 $U/D = \{D_1, D_2, \cdots D_m\}$，则称 $\mathrm{DM} = [d_{ij}]_{n \times m}$ 为决策矩阵，其中：

$$d_{ij} = \begin{cases} 1, \ u_i \in D_j \\ 0, \ u_i \notin D_j \end{cases} (1 \leqslant i \leqslant n, 1 \leqslant j \leqslant m) \tag{7.15}$$

性质 7.2　给定一个不完备混合决策系统 $\hat{S}$。若 $U/D = \{D_1, D_2, \cdots D_m\}$，则：

(1) $\mathrm{DM} = [G(D_1), G(D_2), \cdots, G(D_m)]$；

(2) $\sum_{j=1}^{m} d_{ij} = 1$。

证明：基于定义 7.9 和定义 7.10，易得结论成立，故此省略证明过程。

定义 7.11　设 $\hat{S}$ 是一个不完备混合决策系统且 $Q \subseteq A$，NR_Q^δ 为关于 Q 的邻域特征关系，则称 $M_Q = [m_{ij}]_{n \times n}$ 为关于 Q 的关系矩阵，其中：

$$m_{ij} = \begin{cases} 1, u_j \in \mathrm{NR}_Q^\delta(u_i) \\ 0, u_j \notin \mathrm{NR}_Q^\delta(u_i) \end{cases} (1 \leqslant i \leqslant n, 1 \leqslant j \leqslant m) \tag{7.16}$$

性质 7.3　给定一个不完备混合决策系统 $\hat{S}$ 且 $Q \subseteq A$，则：

(1) $m_{ii} = 1$；

(2) $M_Q = [G(\mathrm{NR}_Q^\delta(u_1)), G(\mathrm{NR}_Q^\delta(u_2)), \cdots, G(\mathrm{NR}_Q^\delta(u_n))]^\top$。

证明：(1) 由于邻域特征关系 NR_Q^δ 仅仅满足自反性，即 $u_i \in \mathrm{NR}_Q^\delta(u_i)$，因此 $m_{ii} = 1$。

（2）令 $M_Q(i,\bullet)=[m_{i1},m_{i2},\cdots,m_{im}]$。根据定义 7.9 和定义 7.11，可知对于任意一个对象 u_i，有 $M_Q(i,\bullet)=[G(\mathrm{NR}_Q^\delta(u_i))]^\top$。因此，$M_Q=[G(\mathrm{NR}_Q^\delta(u_1)),G(\mathrm{NR}_Q^\delta(u_2)),\cdots,G(\mathrm{NR}_Q^\delta(u_n))]^\top$。

定义 7.12　设 $\hat{S}$ 是一个不完备混合决策系统，且 $Q\subseteq A$。若 $M_Q=[m_{ij}]_{n\times n}$ 为关于邻域特征关系 NR_Q^δ 的关系矩阵，则称 $\varGamma_Q=\mathrm{diag}\left[\dfrac{1}{\gamma_1},\dfrac{1}{\gamma_2},\cdots,\dfrac{1}{\gamma_n}\right]$ 是由 M_Q 所诱导的对角矩阵，其中 $\gamma_i=\sum_{k=1}^{n}m_{ik}\ (1\leqslant i\leqslant n)$。

定义 7.13　设 $\hat{S}$ 是一个不完备混合决策系统且 $Q\subseteq A$。令 $\mathrm{DM}=[d_{ij}]_{n\times m}$ 是由决策属性 D 决定的决策矩阵，$M_Q=[m_{ij}]_{n\times n}$ 是基于 NR_Q^δ 的关系矩阵，$\varGamma_Q=\mathrm{diag}\left[\dfrac{1}{\gamma_1},\dfrac{1}{\gamma_2},\cdots,\dfrac{1}{\gamma_n}\right]$ 是由 M_Q 所诱导的对角矩阵，则条件矩阵 $\varPhi_Q=[\phi_{ij}]_{n\times m}$ 定义为：

$$\varPhi_Q=\varGamma_Q\cdot(M_Q\cdot\mathrm{DM})\tag{7.17}$$

其中，$\phi_{ij}=\left(\sum_{k=1}^{n}m_{ik}d_{kj}\right)\Big/\gamma_i$ 且 "·" 表示矩阵内积运算。

注意，$\sum_{k=1}^{n}m_{ik}d_{kj}$ 表示邻域特征关系类 $\mathrm{NR}_Q^\delta(u_i)$ 与决策类 D_j 相交的个数，即 $\sum_{k=1}^{n}m_{ik}d_{kj}=\left|\mathrm{NR}_Q^\delta(u_i)\bigcap D_j\right|$。因此，对象 u_i 属于 D_j 的条件概率 $\mathrm{Pr}(D_j\,|\,\mathrm{NR}_Q^\delta(u_i))$ 可以由条件矩阵的元素 ϕ_{ij} 直观地表示出来，即 $\phi_{ij}=\mathrm{Pr}(D_j\,|\,\mathrm{NR}_Q^\delta(u_i))=\left|\mathrm{NR}_Q^\delta(u_i)\bigcap D_j\right|/\left|\mathrm{NR}_Q^\delta(u_i)\right|$。

定义 7.14　设 $\hat{S}$ 是一个不完备混合决策系统且 $Q\subseteq A$。令 $\varPhi_Q=[\phi_{ij}]_{n\times m}$ 表示条件矩阵，则关于 $\varPhi_Q$ 的两个截矩阵分别定义为 $\hat{H}_Q=[\hat{h}_{ij}]_{n\times m}$ 和 $\check{H}_Q=[\check{h}_{ij}]_{n\times m}$，其中：

$$\hat{h}_{ij}=\begin{cases}1,&\phi_{ij}\geqslant\alpha\\0,&\mathrm{else}\end{cases}(1\leqslant i\leqslant n,1\leqslant j\leqslant m)\tag{7.18}$$

$$\check{h}_{ij}=\begin{cases}1,&\beta<\phi_{ij}<\alpha\\0,&\mathrm{else}\end{cases}(1\leqslant i\leqslant n,1\leqslant j\leqslant m)\tag{7.19}$$

定理 7.1　设 $\hat{S}$ 是一个不完备混合决策系统且 $Q\subseteq A$。令 $\hat{H}_Q=[\hat{h}_{ij}]_{n\times m}$ 和 $\check{H}_Q=[\check{h}_{ij}]_{n\times m}$ 为两个截矩阵，则关于 D 的三支决策区域的特征向量可通过下式得出：

$$G(\mathrm{POS}_Q^{(\alpha,\beta)}(D))=[\xi_i]_{n\times1},\ \text{其中}\ \xi_i=\begin{cases}1,&\vee_{1\leqslant j\leqslant m}\hat{h}_{ij}=1\\0,&\mathrm{else}\end{cases}\tag{7.20}$$

$$G(\mathrm{BND}_Q^{(\alpha,\beta)}(D)) = [\psi_i]_{n\times1}, \quad \text{其中 } \psi_i = \begin{cases} 1, & \vee_{1\leq j\leq m}\breve{h}_{ij}=1 \\ 0, & \text{else} \end{cases} \tag{7.21}$$

$$G(\mathrm{NEG}_Q^{(\alpha,\beta)}(D)) = [\xi_i]_{n\times1}, \quad \text{其中 } \zeta_i = \begin{cases} 1, & \xi_i=0 \wedge \psi_i=0 \\ 0, & \text{else} \end{cases} \tag{7.22}$$

证明：一方面，若 $\vee_{1\leq j\leq m}\widehat{h}_{ij}=1 \Leftrightarrow \exists j \ \text{s.t.} \ \widehat{h}_{ij}=1$

$$\Leftrightarrow \exists j \ \text{s.t.} \ \phi_{ij}\geq\alpha$$

$$\Leftrightarrow \exists D_j \ \text{s.t.} \ \Pr(D_j\,|\,\mathrm{NR}_Q^\delta(u_i))\geq\alpha$$

$$\Leftrightarrow \exists D_j \ \text{s.t.} \ \frac{\left|\mathrm{NR}_Q^\delta(u_i)\cap D_j\right|}{\left|\mathrm{NR}_Q^\delta(u_i)\right|}\geq\alpha$$

$$\Leftrightarrow u_i \in \mathrm{POS}_Q^{(\alpha,\beta)}(D) \Leftrightarrow \xi_i=1$$

另一方面，若 $\vee_{1\leq j\leq m}\widehat{h}_{ij}=0 \Leftrightarrow \forall j \ \text{s.t.} \ \widehat{h}_{ij}=0$

$$\Leftrightarrow \forall j \ \text{s.t.} \ \phi_{ij}<\alpha$$

$$\Leftrightarrow \forall D_j \ \text{s.t.} \ \Pr(D_j\,|\,\mathrm{NR}_Q^\delta(u_i))<\alpha$$

$$\Leftrightarrow u_i \notin \mathrm{POS}_Q^{(\alpha,\beta)}(D) \Leftrightarrow \xi_i=0$$

综上所述，式(7.20)成立。类似可证式(7.21)和式(7.22)。证毕。

例 7.3 由表 7.1 所示，可知 $D_1=\{u_1,u_4,u_6\}$，$D_2=\{u_2,u_3,u_5\}$，根据定义 7.10 有：

$$\mathrm{DM} = \begin{bmatrix} 1 & 0 & 0 & 1 & 0 & 1 \\ 0 & 1 & 1 & 0 & 1 & 0 \end{bmatrix}$$

若令 M_A 为关于 NK_A^δ 的关系矩阵，由定义 7.11，可得：

$$M_A = \begin{bmatrix} 1 & 0 & 0 & 0 & 0 & 1 \\ 0 & 1 & 0 & 0 & 0 & 0 \\ 0 & 0 & 1 & 0 & 0 & 1 \\ 0 & 1 & 0 & 1 & 0 & 0 \\ 0 & 0 & 0 & 0 & 1 & 0 \\ 1 & 0 & 1 & 0 & 0 & 1 \end{bmatrix}$$

基于定义 7.12，有：

$$\Gamma_A = \begin{bmatrix} 1/2 & 0 & 0 & 0 & 0 & 0 \\ 0 & 1 & 0 & 0 & 0 & 0 \\ 0 & 0 & 1/2 & 0 & 0 & 0 \\ 0 & 0 & 0 & 1/2 & 0 & 0 \\ 0 & 0 & 0 & 0 & 1 & 0 \\ 0 & 0 & 0 & 0 & 0 & 1/3 \end{bmatrix}$$

根据定义 7.13，可得关于 NK_A^δ 的条件矩阵：

$$\Phi_A = \begin{bmatrix} 1 & 0 \\ 0 & 1 \\ 1/2 & 1/2 \\ 1/2 & 1/2 \\ 0 & 1 \\ 2/3 & 1/3 \end{bmatrix}$$

已知 $\alpha = \dfrac{4}{5}$ 和 $\beta = \dfrac{1}{3}$，由定义 7.14 可得：

$$\widehat{H}_A = \begin{bmatrix} 1 & 0 & 0 & 0 & 0 & 0 \\ 0 & 1 & 0 & 0 & 1 & 0 \end{bmatrix}^\top$$

$$\breve{H}_A = \begin{bmatrix} 0 & 0 & 1 & 1 & 0 & 1 \\ 0 & 0 & 1 & 1 & 0 & 0 \end{bmatrix}^\top$$

因此，根据定理 7.1 可计算关于 D 的三支决策区域的特征向量为：

$$G(\mathrm{POS}_A^{(\alpha,\beta)}(D)) = [1 \quad 1 \quad 0 \quad 0 \quad 1 \quad 0]^\top$$

$$G(\mathrm{BND}_A^{(\alpha,\beta)}(D)) = [0 \quad 0 \quad 1 \quad 1 \quad 0 \quad 1]^\top$$

$$G(\mathrm{NEG}_A^{(\alpha,\beta)}(D)) = [0 \quad 0 \quad 0 \quad 0 \quad 0 \quad 0]^\top$$

通过以上分析，基于决策矩阵、关系矩阵和内积运算，很容易获得不完备决策系统的三支决策区域的矩阵计算方法。

7.5　属性集变化时基于矩阵的三支决策区域增量更新方法

由于数据的获取是一个动态的过程，不完备混合信息系统的对象、属性或属性值总是随着时间发生变化，这势必会引起信息粒度和三支决策区域的变化。因此，如何在动态环境下充分利用获得的知识有效地提高知识更新的效率已成为重要的研究课题。本节针对不完备混合决策系统中属性的动态变化，提出动态维护三支决策区域的增量更新方法。基于前面的介绍，很容易发现关系矩阵的计算在整个计算三支决策区域过程中是十分重要的。因此，接下来我们将重点讨论当属性动态增加和减少时关系矩阵的更新规则。

7.5.1　属性集增加的情形

假设 $\widehat{S}^{t_0} = (U, A^{t_0} \bigcup D, V^{t_0}, f^{t_0})$ 是 t_0 时刻的不完备混合决策系统。在 t_1 时刻，当原

始条件属性集 A^{t_0} 中增加一组新的属性集 A^+，$\hat{S}^{t_0}$ 被更新为 $\hat{S}^{t_1} = (U, A^{t_1} \bigcup D, V^{t_1}, f^{t_1})$，其中 $A^{t_1} = A^{t_0} \bigcup A^+$ 且 $A^{t_0} \bigcap A^+ = \varnothing$。此外，$\mathrm{NR}_{A^{t_0}}^{\delta}(u_i)$ 和 $\mathrm{NR}_{A^{t_1}}^{\delta}(u_i)$ 分别表示 t_0 和 t_1 时刻下对象 u_i 的邻域特征关系类。

定理 7.2　设 $M_{A^{t_0}} = [m_{ij}]_{n \times n}$ 和 $M_{A^{t_1}} = [\tilde{m}_{ij}]_{n \times n}$ 分别表示关于 A^{t_0} 和 A^{t_1} 的关系矩阵。当属性集 A^+ 被添加到 $\hat{S}^{t_0}$ 中，则：

$$\tilde{m}_{ij} = \begin{cases} 0, & m_{ij} = 0 \vee u_j \notin \mathrm{NR}_{A^+}^{\delta}(u_i) \\ 1, & m_{ij} = 1 \wedge u_j \in \mathrm{NR}_{A^+}^{\delta}(u_i) \end{cases} (1 \leqslant i, j \leqslant n) \tag{7.23}$$

其中，$\mathrm{NR}_{A^+}^{\delta}(u_i)$ 为对象 u_i 关于属性集 A^+ 的邻域特征关系类。

证明： 对于任意一个对象 $u_i \in U$，易得 $\mathrm{NR}_{A^{t_1}}^{\delta}(u_i) = \mathrm{NR}_{A^{t_0}}^{\delta}(u_i) \bigcap \mathrm{NR}_{A^+}^{\delta}(u_i)$。

(1)若 $m_{ij} = 0$ 时，可知 $u_j \notin \mathrm{NR}_{A^{t_0}}^{\delta}(u_i)$，则 $u_j \notin \mathrm{NR}_{A^{t_1}}^{\delta}(u_i)$，从而 $\tilde{m}_{ij} = 0$；

(2)若 $u_j \notin \mathrm{NR}_{A^+}^{\delta}(u_i)$ 时，易得 $u_j \notin \mathrm{NR}_{A^{t_1}}^{\delta}(u_i)$，则 $\tilde{m}_{ij} = 0$；

(3)若 $m_{ij} = 1$，易知 $u_j \in \mathrm{NR}_{A^{t_0}}^{\delta}(u_i)$，又因 $u_j \in \mathrm{NR}_{A^+}^{\delta}(u_i)$，则 $u_j \in \mathrm{NR}_{A^{t_1}}^{\delta}(u_i)$，从而 $\tilde{m}_{ij} = 1$。

综上所述，结论得证。证毕。

推论 7.1　设 $\Gamma_{A^{t_0}} = \mathrm{diag}\left[\dfrac{1}{\gamma_1}, \dfrac{1}{\gamma_2}, \cdots, \dfrac{1}{\gamma_n}\right]$ 和 $\Gamma_{A^{t_1}} = \mathrm{diag}\left[\dfrac{1}{\tilde{\gamma}_1}, \dfrac{1}{\tilde{\gamma}_2}, \cdots, \dfrac{1}{\tilde{\gamma}_n}\right]$ 分别为由 $M_{A^{t_0}}$ 和 $M_{A^{t_1}}$ 所诱导的对角矩阵。当属性集 A^+ 被添加到 $\hat{S}^{t_0}$ 中，则：

$$\tilde{\gamma}_i = \gamma_i - \sum_{j=1}^{n} m_{ij} \oplus \tilde{m}_{ij} \ (1 \leqslant i \leqslant n) \tag{7.24}$$

其中，"$\oplus$" 表示异或运算。

推论 7.2　设 $\mathrm{DM} = [d_{ij}]_{n \times m}$ 为决策矩阵，$M_{A^{t_0}} = [m_{ij}]_{n \times n}$ 和 $M_{A^{t_1}} = [\tilde{m}_{ij}]_{n \times n}$ 分别为时刻 t_0 和 t_1 下的关系矩阵。令 $M_{A^{t_0}} \cdot \mathrm{DM} = [\sigma_{ij}]_{m \times n}$ 和 $M_{A^{t_1}} \cdot \mathrm{DM} = [\tilde{\sigma}_{ij}]_{m \times n}$。当属性集 A^+ 被添加到 $\hat{S}^{t_0}$ 中，则：

$$\tilde{\sigma}_{ij} = \sigma_{ij} - \sum_{j=1}^{n} (d_{ji}(m_{ij} \oplus \tilde{m}_{ij})) \ (1 \leqslant i \leqslant n, 1 \leqslant j \leqslant m) \tag{7.25}$$

推论 7.3　当属性集 A^+ 被添加到 $\hat{S}^{t_0}$ 中，令 $\Gamma_{A^{t_1}} = \mathrm{diag}\left[\dfrac{1}{\tilde{\gamma}_1}, \dfrac{1}{\tilde{\gamma}_2}, \cdots, \dfrac{1}{\tilde{\gamma}_n}\right]$ 和 $M_{A^{t_1}} \cdot \mathrm{DM} = [\tilde{\sigma}_{ij}]_{m \times n}$。设 $\Phi_{A^{t_1}} = [\tilde{\phi}_{ij}]_{n \times m}$ 为 t_1 时刻的条件矩阵，则 $\tilde{\phi}_{ij} = \dfrac{\tilde{\sigma}_{ij}}{\tilde{\gamma}_i}$ $(1 \leqslant i \leqslant n, 1 \leqslant j \leqslant m)$。

表 7.2　属性增加时不完备混合决策系统(灰底表示新增的属性)

U	a_1	a_2	a_3	a_4	a_5	a_6	d
u_1	2	1	0.5	2.0	0	1.9	N
u_2	1	1	0.7	1.8	2	*	Y
u_3	*	0	0.5	1.5	1	1.6	Y
u_4	1	?	0.9	2.1	1	?	N
u_5	1	0	?	1.9	2	1.5	Y
u_6	2	*	0.2	*	0	1.6	N

例 7.4　在表 7.1 的基础上，假设新增属性集 $A^+ = \{a_5, a_6\}$，则新形成的决策系统 $\widehat{S}^h$ 见表 7.2。由定义 7.11，可得到关于邻域特征关系 $\mathrm{NK}_{A'^0}^\delta$ 的关系矩阵：

$$M_{A'^0} = \begin{bmatrix} 1 & 0 & 0 & 0 & 0 & \underline{1} \\ 0 & 1 & 0 & 0 & 0 & 0 \\ 0 & 0 & 1 & 0 & 0 & \underline{1} \\ 0 & \underline{1} & 0 & 1 & 0 & 0 \\ 0 & 0 & 0 & 0 & 1 & 0 \\ \underline{1} & 0 & \underline{1} & 0 & 0 & 1 \end{bmatrix}$$

由于 $\mathrm{NK}_{A'^0}^\delta$ 满足自反性，因此 $m_{ii} = \tilde{m}_{ii} = 1\,(1 \leqslant i \leqslant n)$。根据定理 7.2 的关系矩阵的更新规则，我们仅仅考虑画横线的元素，即 "$\underline{1}$"。根据定义 7.5，有 $u_6 \in \mathrm{NR}_{A^+}^\delta(u_1)$，$u_6 \notin \mathrm{NR}_{A^+}^\delta(u_3)$，$u_2 \notin \mathrm{NR}_{A^+}^\delta(u_4)$，$u_1 \in \mathrm{NR}_{A^+}^\delta(u_6)$ 和 $u_3 \notin \mathrm{NR}_{A^+}^\delta(u_6)$。因此，当属性增加时，关系矩阵被更新为：

$$M_{A^h} = \begin{bmatrix} 1 & 0 & 0 & 0 & 0 & 1 \\ 0 & 1 & 0 & 0 & 0 & 0 \\ 0 & 0 & 1 & 0 & 0 & 0 \\ 0 & 0 & 0 & 1 & 0 & 0 \\ 0 & 0 & 0 & 0 & 1 & 0 \\ 1 & 0 & 0 & 0 & 0 & 1 \end{bmatrix}$$

基于推论 7.1，由关系矩阵 M_{A^h} 诱导的对角矩阵被更新为：

$$\Gamma_{A^h} = \mathrm{diag}\left[\frac{1}{2}, 1, 1, 1, 1, \frac{1}{2}\right]$$

再根据推论 7.2 和推论 7.3，条件矩阵被更新为：

$$\Phi_{A^h} = \begin{bmatrix} 1 & 0 & 0 & 1 & 0 & 1 \\ 0 & 1 & 1 & 0 & 1 & 0 \end{bmatrix}^\top$$

已知 $\alpha = \dfrac{4}{5}$ 和 $\beta = \dfrac{1}{3}$，基于定义 7.14，两个截矩阵被更新为：

$$\widehat{H}_{A^h} = \begin{bmatrix} 1 & 0 & 0 & 1 & 0 & 1 \\ 0 & 1 & 1 & 0 & 1 & 0 \end{bmatrix}^{\top}$$

$$\widecheck{H}_{A^h} = \begin{bmatrix} 0 & 0 & 0 & 0 & 0 & 0 \\ 0 & 0 & 0 & 0 & 0 & 0 \end{bmatrix}^{\top}$$

根据定理 7.1，关于 D 的三支决策区域的特征向量被更新为：

$$G(\mathrm{POS}_{A^h}^{(\alpha,\beta)}(D)) = \begin{bmatrix} 1 & 1 & 1 & 1 & 1 & 1 \end{bmatrix}^{\top}$$

$$G(\mathrm{BND}_{A^h}^{(\alpha,\beta)}(D)) = \begin{bmatrix} 0 & 0 & 0 & 0 & 0 & 0 \end{bmatrix}^{\top}$$

$$G(\mathrm{NEG}_{A^h}^{(\alpha,\beta)}(D)) = \begin{bmatrix} 0 & 0 & 0 & 0 & 0 & 0 \end{bmatrix}^{\top}$$

7.5.2 属性集删除的情形

假设 $\widehat{S}^{t_0} = (U, A^{t_0} \bigcup D, V^{t_0}, f^{t_0})$ 是 t_0 时刻的不完备混合决策系统。在 t_1 时刻，当原始条件属性集 A^{t_0} 中删除一组无用的属性集 A^-，$\widehat{S}^{t_0}$ 被更新为 $\widehat{S}^{t_1} = (U, A^{t_1} \bigcup D, V^{t_1}, f^{t_1})$，其中 $A^{t_1} = A^{t_0} - A^-$ 且 $A^{t_1} \bigcap A^- = \varnothing$。

定理 7.3 设 $M_{A^{t_0}} = [m_{ij}]_{n \times n}$ 和 $M_{A^{t_1}} = [\tilde{m}_{ij}]_{n \times n}$ 分别表示关于 A^{t_0} 和 A^{t_1} 的关系矩阵。当从 $\widehat{S}^{t_0}$ 中删除属性集 A^-，则：

$$\tilde{m}_{ij} = \begin{cases} 0, & m_{ij} = 0 \wedge u_j \notin \mathrm{NR}_{A^h}^{\delta}(u_i) \\ 1, & m_{ij} = 1 \vee u_j \in \mathrm{NR}_{A^h}^{\delta}(u_i) \end{cases} (1 \leqslant i, j \leqslant n) \tag{7.26}$$

证明：证明过程与定理 7.2 的证明过程类似，故略。

推论 7.4 设 $\varGamma_{A^{t_0}} = \mathrm{diag}\left[\dfrac{1}{\gamma_1}, \dfrac{1}{\gamma_2}, \cdots, \dfrac{1}{\gamma_n}\right]$ 和 $\varGamma_{A^{t_1}} = \mathrm{diag}\left[\dfrac{1}{\tilde{\gamma}_1}, \dfrac{1}{\tilde{\gamma}_2}, \cdots, \dfrac{1}{\tilde{\gamma}_n}\right]$ 分别为由 $M_{A^{t_0}}$ 和 $M_{A^{t_1}}$ 所诱导的对角矩阵。当从 $\widehat{S}^{t_0}$ 中删除属性集 A^-，则：

$$\tilde{\gamma}_i = \gamma_i + \sum_{j=1}^{n} m_{ij} \oplus \tilde{m}_{ij} \ (1 \leqslant i \leqslant n) \tag{7.27}$$

推论 7.5 设 $\mathrm{DM} = [d_{ij}]_{n \times m}$ 为决策矩阵，$M_{A^{t_0}} = [m_{ij}]_{n \times n}$ 和 $M_{A^{t_1}} = [\tilde{m}_{ij}]_{n \times n}$ 分别为时刻 t_0 和 t_1 下的关系矩阵。令 $M_{A^{t_0}} \cdot \mathrm{DM} = [\sigma_{ij}]_{n \times m}$ 和 $M_{A^{t_1}} \cdot \mathrm{DM} = [\tilde{\sigma}_{ij}]_{n \times m}$。当从 $\widehat{S}^{t_0}$ 中删除属性集 A^-，则：

$$\tilde{\sigma}_{ij} = \sigma_{ij} + \sum_{j=1}^{n} \left(d_{ji}(m_{ij} \oplus \tilde{m}_{ij})\right) (1 \leqslant i \leqslant n, 1 \leqslant j \leqslant m) \tag{7.28}$$

推论 7.6　当从 $\widehat{S}^{t_0}$ 中删除属性集 A^-，令 $\Gamma_{A^{t_1}} = \mathrm{diag}\left[\dfrac{1}{\tilde{\gamma}_1}, \dfrac{1}{\tilde{\gamma}_2}, \cdots, \dfrac{1}{\tilde{\gamma}_n}\right]$ 和 $M_{A^{t_1}} \cdot DM =$

$[\tilde{\sigma}_{ij}]_{n\times m}$。设 $\Phi_{A^{t_1}} = [\tilde{\phi}_{ij}]_{n\times m}$ 为 t_1 时刻的条件矩阵，则 $\tilde{\phi}_{ij} = \dfrac{\tilde{\sigma}_{ij}}{\tilde{\gamma}_i}(1 \leqslant i \leqslant n, 1 \leqslant j \leqslant m)$。

例 7.5　在表 7.1 的基础上，表 7.3 给出了删除属性集 $A^- = \{a_1\}$ 之后的不完备混合信息系统。已知关于 $\mathrm{NK}_{A^{t_0}}^{\delta}$ 的关系矩阵为：

$$M_{A^{t_0}} = \begin{bmatrix} 1 & \underline{0} & \underline{0} & \underline{0} & \underline{0} & 1 \\ \underline{0} & 1 & \underline{0} & \underline{0} & \underline{0} & \underline{0} \\ \underline{0} & \underline{0} & 1 & \underline{0} & \underline{0} & 1 \\ \underline{0} & 1 & \underline{0} & 1 & \underline{0} & \underline{0} \\ \underline{0} & \underline{0} & \underline{0} & \underline{0} & 1 & \underline{0} \\ 1 & \underline{0} & 1 & \underline{0} & \underline{0} & 1 \end{bmatrix}$$

表 7.3　属性删除时不完备混合决策系统

U	a_2	a_3	a_4	d
u_1	1	0.5	2.0	N
u_2	1	0.7	1.8	Y
u_3	0	0.5	1.5	Y
u_4	?	0.9	2.1	N
u_5	0	?	1.9	Y
u_6	*	0.2	*	N

由定理 7.3 的更新规则可知，我们仅仅需要考虑值为 0 的元素(即 "$\underline{0}$")是否满足关于 A^{t_1} 的邻域特征关系 $\mathrm{NK}_{A^{t_1}}^{\delta}$。因此，关系矩阵被更新为：

$$M_{A^{t_1}} = \begin{bmatrix} 1 & 1 & 0 & 0 & 0 & 1 \\ 1 & 1 & 0 & 0 & 0 & 1 \\ 0 & 0 & 1 & 0 & 0 & 1 \\ 0 & 1 & 0 & 1 & 0 & 0 \\ 0 & 0 & 0 & 0 & 1 & 1 \\ 1 & 0 & 1 & 0 & 0 & 1 \end{bmatrix}$$

基于推论 7.4，由关系矩阵 $M_{A^{t_1}}$ 诱导的对角矩阵被更新为：

$$\Gamma_{A^{t_1}} = \mathrm{diag}\left[\frac{1}{3}, \frac{1}{3}, \frac{1}{2}, \frac{1}{2}, \frac{1}{2}, \frac{1}{3}\right]$$

再结合推论 7.5 和推论 7.6，条件矩阵被更新为：

$$\Phi_{A^n} = \begin{bmatrix} \dfrac{2}{3} & \dfrac{2}{3} & \dfrac{1}{2} & \dfrac{1}{2} & \dfrac{1}{2} & \dfrac{2}{3} \\ \dfrac{1}{3} & \dfrac{1}{3} & \dfrac{1}{2} & \dfrac{1}{2} & \dfrac{1}{2} & \dfrac{1}{3} \end{bmatrix}^\top$$

已知 $\alpha = \dfrac{4}{5}$ 和 $\beta = \dfrac{1}{3}$，基于定义 7.14，两个截矩阵被更新为：

$$\widehat{H}_{A^n} = \begin{bmatrix} 0 & 0 & 0 & 0 & 0 & 0 \\ 0 & 0 & 0 & 0 & 0 & 0 \end{bmatrix}^\top$$

$$\breve{H}_{A^n} = \begin{bmatrix} 1 & 1 & 1 & 1 & 1 & 1 \\ 0 & 0 & 1 & 1 & 1 & 0 \end{bmatrix}^\top$$

由定理 7.1，可知关于 D 的三支决策区域的特征向量被更新为：

$$G(\mathrm{POS}_{A^n}^{(\alpha,\beta)}(D)) = \begin{bmatrix} 0 & 0 & 0 & 0 & 0 & 0 \end{bmatrix}^\top$$

$$G(\mathrm{BND}_{A^n}^{(\alpha,\beta)}(D)) = \begin{bmatrix} 1 & 1 & 1 & 1 & 1 & 1 \end{bmatrix}^\top$$

$$G(\mathrm{NEG}_{A^n}^{(\alpha,\beta)}(D)) = \begin{bmatrix} 0 & 0 & 0 & 0 & 0 & 0 \end{bmatrix}^\top$$

7.6 本 章 小 结

　　本章以具有缺失的名义型数据和数值型数据的不完备混合信息系统为研究对象，通过整合邻域关系和特征关系的特点，提出邻域特征关系，并构建面向不完备混合数据的新型三支决策模型，即三支邻域决策模型。此外，通过引入决策矩阵、关系矩阵等相关矩阵，介绍了基于矩阵的粗糙邻域近似知识的计算方法。

　　随着信息技术的快速发展，实际环境中所收集的数据总是呈现出动态性变化，如何利用已有的结果高效、及时地获取知识已然成为亟待解决的问题。因此，针对不完备混合信息系统中属性集的增加和删除，提出基于矩阵的动态维护三支邻域决策模型三支决策区域的增量机制，并通过具体的实例展现了所提方法的有效性。

参 考 文 献

[1]　Yao Y Y. Three-way decisions in probabilistic rough set models[J]. Information Sciences, 2010, 180: 341-353.

[2]　Yao Y Y. The superiority of three-way decisions in probabilistic rough set models[J]. Information Sciences, 2011, 181(6): 1080-1096.

[3]　Yao Y Y. Three-way decision and granular computing[J]. International Journal of Approximate Reasoning, 2018, 103: 107-123.

[4]　Li H X, Zhang L B, Huang B, et al. Sequential three-way decision and granulation for cost-sensitive face recognition[J]. Knowledge-Based Systems, 2016, 91: 241-251.

[5]　Zhang H R, Min F, Shi B. Regression-based three-way recommendation. Information Sciences[J], 2017, 378: 444-461.

[6]　Yu H, Wang X C, Wang G Y, et al. An active three-way clustering method via low-rank matrices for multi-view data[J]. Information Sciences, 2020, 507: 823-839.

[7]　Yao J T, Azam N. Web-based medical decision support systems for three-way medical decision making with game-theoretic rough sets[J]. IEEE Transactions on Fuzzy Systems, 2015, 23(1): 3-15.

[8]　Hu B Q. Three-way decision spaces based on partially ordered sets and three-way decisions based on hesitant fuzzy sets[J]. Knowledge-Based Systems, 2016, 91: 16-31.

[9]　Herbert J P, Yao J T. Game-theoretic rough sets[J]. Fundamenta Informaticae, 2011, 108(3): 267-286.

[10]　Yang J L, Yao Y Y. A three-way decision based construction of shadowed sets from Atanassov intuitionistic fuzzy sets[J]. Information Sciences, 2021, 577: 1-21.

[11]　Liang D C, Liu D. Systematic studies on three-way decisions with interval-valued decision-theoretic rough sets[J]. Information Sciences, 2014, 276: 186-203.

[12]　Liang D C, Liu D. Deriving three-way decisions from intuitionistic fuzzy decision-theoretic rough sets[J]. Information Sciences, 2015, 300: 28-48.

[13]　Liang D C, Xu Z S, Liu D. Three-way decisions based on decision-theoretic rough sets with dual hesitant fuzzy information[J]. Information Sciences, 2017, 396: 127-143.

[14]　Liu D, Liang D C. Three-way decisions in ordered decision system[J]. Knowledge-Based Systems, 2017, 137: 182-195.

[15]　Zhao X R, Hu B Q. Three-way decisions with decision-theoretic rough sets in multiset-valued information tables[J]. Information Sciences, 2020, 507: 684-699.

[16]　Zhang X Y, Gou H Y, Lv Z Y, et al. Double-quantitative distance measurement and classification learning based on the tri-level granular structure of neighborhood system[J]. Knowledge-Based Systems, 2021, 217: 106799.

[17]　Li X N, Sun Q Q, Chen HM, et al. Three-way decision on two universes[J]. Information Sciences, 2020, 515: 263-279.

[18]　Yang D D, Deng T Q, Fujita H. Partial-overall dominance three-way decision models in interval-valued decision systems[J]. International Journal of Approximate Reasoning, 2020, 126: 308-325.

[19] Li W W, Huang Z Q, Jia X Y, et al. Neighborhood based decision-theoretic rough set models[J]. International Journal of Approximate Reasoning, 2016, 69: 1-17.

[20] Chen Y M, Zeng Z Q, Zhu Q X, et al. Three-way decision reduction in neighborhood systems[J]. Applied Soft Computing, 2016, 38: 942-954.

[21] Qian Y H, Zhang H, Sang Y L, et al. Multigranulation decision-theoretic rough sets[J]. International Journal of Approximate Reasoning, 2014, 55: 225-237.

[22] Qian Y H, Liang X Y, Lin G P, et al. Local multigranulation decision-theoretic rough sets[J]. International Journal of Approximate Reasoning, 2017, 82: 119-137.

[23] Liu D, Liang D C, Wang C C. A novel three-way decision model based on incomplete information system[J]. Knowledge-Based Systems, 2016, 91: 32-45.

[24] Yang H L, Guo Z L. Multigranulation decision-theoretic rough sets in complete information systems[J]. International Journal of Machine Learning and Cybernetics, 2015, 6(6): 1005-1018.

[25] 钱文彬, 彭莉莎, 王映龙, 等. 不完备混合决策系统的三支决策模型与规则获取方法[J]. 计算机应用研究, 2020, 37(5): 1421-1427.

[26] Yao Y Y, Deng X F. Sequential three-way decisions with probabilistic rough sets[C]// Proceedings of International Conference on Cognitive Informatics and Cognitive Computing, 2011:120-125.

[27] Liu D, Li T R, Liang D C. Three-way decisions in dynamic decision-theoretic rough sets[C]// Proceedings of International Conference on Rough Sets and Knowledge Technology, 2013: 291-301.

[28] Yang X, Li T R, Liu D, et al. A unified framework of dynamic three-way probabilistic rough sets[J]. Information Sciences, 2017, 420: 126-147.

[29] Luo C, Li T R, Huang Y Y, et al. Updating three-way decisions in incomplete multi-scale information systems[J]. Information Sciences, 2019, 476: 274-289.

[30] Pawlak Z. Rough sets[J]. International Journal of Information and Computer Science, 1982, 11 (5): 341-356.

[31] Grzymala-Busse J. Characteristic relations for incomplete data: A generalization of the indiscernibility relation[M]//Skowron P A. Transactions on Rough Sets IV, Lecture Notes in Computer Science.Berlin: Springer, 2005: 58-68.

[32] Kryszkiewicz M. Rough set approach to incomplete information systems[J]. Information Sciences, 1998, 112: 39-49.

[33] Stefanowski J. Incomplete information tables and rough classification[J]. Computational Intelligence, 2001, 17(3): 546-564.

[34] Hu Q H, Yu D R, Liu J F, et al. Neighborhood rough set based heterogeneous feature subset selection[J]. Information Sciences, 2008, 178(18): 3577-3594.

[35] Yao Y Y, Wong S K M, Lingras P. A decision-theoretic rough set model[C]//Proceedings of the 5th International Symposium on Methodologies for Intelligent Systems, 1990: 17-25.

[36] Jing S Y, She K, Ali S. A universal neighbourhood rough sets model for knowledge discovering from incomplete heterogeneous data[J]. Expert Systems, 2012, 30(1): 89-96.

[37] Zhao H, Qin K Y. Mixed feature selection in incomplete decision table[J]. Knowledge-Based Systems, 2014, 57(2): 181-190.

[38] 姚晟, 汪杰, 徐凤, 等. 不完备邻域粗糙集的不确定性度量和属性约简[J]. 计算机应用, 2018, 38(1): 97-103.

[39] Liu G L. The axiomatization of the rough set upper approximation operation[J]. Fundamenta Informaticae, 2006, 69(3): 331-342.

[40] Zhang J B, Li T R, Chen H M. Composite rough sets for dynamic data mining[J]. Information Sciences, 2014, 257: 81-100.

[41] Huang Y Y, Li T R, Luo C, et al. Matrix-based dynamic updating rough fuzzy approximations for data mining[J]. Knowledge-Based Systems, 2017, 119: 273-283.

[42] Huang Y Y, Li T R, Luo C, et al. Dynamic maintenance of rough approximations in multi-source hybrid information systems[J]. Information Sciences, 2020, 530: 108-127.

[43] Huang Q Q, Li T R, Huang Y Y, et al. Dynamic dominance rough set approach for processing composite ordered data[J]. Knowledge-Based Systems, 2020, 187: 104-829.

[44] Hu C X, Zhang L. Incremental updating probabilistic neighborhood three-way regions with time-evolving attributes[J]. International Journal of Approximate Reasoning, 2020, 120: 1-23.

第 8 章 基于模糊邻域覆盖的三支分类

邻域覆盖是同质邻域的并集，并提供数据分布的集合层面近似。由于邻域覆盖对复杂数据具有非参数和鲁棒性等优点，其广泛用于数据分类。目前大多数方法借助近邻划分数据样本，但是在处理不确定性数据方面，某些分类方法存在硬划分问题，可能导致严重的分类错误。为解决该问题，本章将传统邻域覆盖扩展为模糊邻域覆盖，从而提出基于模糊邻域覆盖的三支分类方法(three-way classification- fuzzy neighborhood covering，3WC-FNC)。模糊邻域覆盖由隶属度函数组成，形成邻域从属关系的近似分布。基于模糊邻域覆盖隶属度得到的软划分区域，数据样本被分类为正(确定属于)、负(确定不属于)和不确定情况。实验验证了所提出的三支分类方法对处理不确定数据是有效的，同时降低了分类风险。

8.1 引 言

邻域系统是通过近邻策略扩展提出的[1]。在邻域系统中，对象与其邻域相关联而不是最近邻[2]。并且基于邻域的分类被证明比基于最近邻搜索的分类更有效[3]。邻域空间已被用于研究如何近似全局数据分布[4]。从拓扑学角度，已经证明邻域空间比数据层空间更通用[5,6]。这表明将原始数据转换为邻域系统有助于数据泛化[7]。

通过邻域扩展粗糙集[8,9]，提出利用邻域粗糙集构造数据的近似空间[5,7,10]。与经典粗糙集符号定义的等价类不同，邻域粗糙集的基本粒子是在数值型或标称型数据空间中的邻域，从而模型能够表示混合型数据[10,11]。利用邻域粗糙集表示数据空间，数据分布由邻域覆盖(neighborhood covering，NC)近似，邻域覆盖由一组同质邻域组成，即邻域中所有数据样本属于同类。邻域覆盖为邻域层面的数据分布[12,13]提供有效的表示方法。此外，为获得数据分布的简洁表示，使用邻域覆盖约简(neighborhood covering reduction，NCR)方法可以从初始邻域覆盖中去除冗余邻域[13-15]。

基于数据分布的邻域覆盖，其学习方法可用于分类[16,17]和特征选择[10,18,19]。与其他类型的学习方法相比，基于邻域覆盖的方法不需要参数设置，并对复杂数据具有鲁棒性。对于邻域覆盖的分类，现有方法根据近邻策略将未知样本分类。然而，该策略对数据分类属于硬划分，当对不确定性数据分类时，可能导致严重分类错误。由于训练数据与未知世界存在不可避免的不一致问题，数据分类中通常存在不确定的类别。因此，需要基于邻域覆盖为不确定性数据设计代价更小的分类器，以降低分类风险。

为实现基于邻域覆盖的不确定分类，本章希望构建关于模糊邻域覆盖从属关系的可能性度量,从而设计三支分类策略。该解决方案受三支决策(3WD)[20,21]方法启发,在三支决策中,对数据空间划分为三分区(正、负和边界区域),从具有不确定性的数据中提取决策规则[22,23]。从分类度看,该三个划分区域对应于确定属于某类、确定不属于某类以及不确定是否属于某类[24-27]。

鉴于模糊集对不确定数据学习任务的优越性[28-30],本章采用模糊隶属函数计算样本与邻域的从属可能性。基于样本的邻域隶属度,本章借助三分方法重新构造基于邻域的分类,并提出一种基于模糊邻域覆盖的三支分类方法(3WC-FNC)。该方法包括两部分:邻域覆盖的模糊扩展和基于模糊邻域覆盖的三支分类。与传统的邻域覆盖模型不同,模糊邻域覆盖由一组邻域隶属函数组成,这些函数被整合以形成邻域覆盖的隶属度分布。不同类别邻域覆盖的隶属度分布是对数据空间的软划分。根据邻域覆盖隶属度,数据样本分为确定类别和不确定的情况。本章贡献总结如下:

(1)将邻域覆盖扩展到模糊邻域覆盖(FNC)。模糊邻域覆盖由一组邻域隶属度函数构成,形成邻域覆盖隶属关系的不确定度量。与邻域覆盖的集合层面近似相反,模糊邻域覆盖提供数据分布的隶属度层面近似。

(2)提出基于模糊邻域覆盖三支分类方法(3WC-FNC)。借助某类的模糊邻域覆盖,数据样本依据隶属度分为正(确定属于某类)、负(确定不属于某类)和不确定情况。从而利用三支策略将不确定样本分开,以降低分类风险。

8.2　三支决策相关理论

8.2.1　邻域覆盖模型

邻域覆盖是同质邻域的并集,并提供数据分布的集合级近似。由于对复杂数据具有非参数属性和鲁棒性的优势,改进邻域覆盖模型已广泛用于数据挖掘任务。目前有两种基于邻域覆盖的学习方法:一种方法是在分类中邻域覆盖近似不同类别的数据分布[13,14,16,17,31];另一种方法旨在通过移除覆盖族[10,18,19]中与冗余特征相关的覆盖来选择独立特征。在本章中,我们关注基于邻域覆盖的分类。接下来我们简要介绍邻域覆盖模型的相关理论。

定义 8.1　(邻域覆盖)假设 $U = \{x_1, x_2, \cdots, x_n\}$ 是数据空间,$O(x) = \{y \in U \mid \Delta(x,y) \leqslant \eta\}$ 是 $x \in U$ 的邻域,其中 $\Delta(\cdot)$ 是距离测度函数以及 η 是阈值。邻域集合 $O_U = \{O(x) \mid x \in U\}$ 构成数据空间 U 的覆盖,并且 $C = <U, O_U>$ 表示邻域覆盖得到的近似数据空间。

覆盖中的邻域彼此重叠,其中存在冗余的邻域。为获取数据分布基本结构,应减少冗余邻域以生成简洁的邻域覆盖。

定义 8.2　(邻域覆盖约简) $C = <U, O_U>$ 是邻域覆盖表示的近似空间,对于任意

$x \in U$，如果 $\bigcup_{y \in U-\{x\}} O(y) = U$，则 $O(x)$ 可约简，否则不可约简。另外，当且仅当任意 $x \in U$，$O(x)$ 不可约简时，C 不可约简。

对同类样本，邻域的相对减少将产生该类简洁的近似数据分布，因此可用于数据分类。

定义 8.3　（相对邻域覆盖约简）$C = <U, O_U>$ 是邻域覆盖的近似空间，$X \subseteq U$ 以及 $x_i \in U$。如果 $\exists x_j \in U$ 其中 $j \neq i$，使得 $O(x_i) \subseteq O(x_j) \subseteq X$，则 $O(x_i)$ 是关于 X 的相对邻域约简，否则 $O(x_i)$ 相对不可约。

目前基于邻域覆盖的分类方法是根据最近邻划分数据样本，会导致数据空间硬划分，无法很好地处理不确定数据。为了解决这个问题，本章希望通过模糊扩展构建一个灵活的邻域覆盖模型，用于不确定数据分类。

8.2.2　三分方法论

三分方法的基本思想是将全集划分为三个成对的不相交区域，这些区域表示问题域中确定与不确定的部分[21,32]。三分方法建立在坚实的认知基础之上，并为现实问题的解决和信息处理提供了有效方法[4,23]。作为典型方法，三支决策 (3WD)[20, 21]、正交对 (Orthopair) 以及六边形观点分析 (Hexagon of Opposition) 通过对全集的三分实现知识表示和推理[33]。这些方法已被用于扩展智能系统的设计和实现，并且三分方法的研究正引起人们兴趣[34-39]。

三支决策是通过添加第三个选项对二元决策模型进行扩展[20]。该方法将全集划分为正区域、负区域以及边界区域，这些区域表示三支分类的接受、拒绝和歧义区域[21]。具体而言，样本部分满足分类标准，无法给出确定的类别时，我们不再使用二元决策，而是使用可满足度的阈值来做出三个决策之一：接受、拒绝和歧义。第三种选择也可称为延期决定，需要进一步判断。通过有序的验收评估，这三个区域被正式定义如下。

定义 8.4　（基于有序集的三支决策）假设 $(L, \leqslant)$ 是完全有序集，其中 $\leqslant$ 是总序。对于两个阈值 α, β $(\alpha \leqslant \beta)$，假设接受的指定值集合由 $L^+ = \{t \in L | t \geqslant \alpha\}$ 给出，并且拒绝集是 $L^- = \{b \in L | b \leqslant \beta\}$。对于一个评价函数 $v : U \to L$，它的三个区域由式 (8.1) 定义：

$$
\begin{aligned}
&\text{POS}_{\alpha,\beta}(v) = \{x \in U \mid v(x) \geqslant \alpha\} \\
&\text{NEG}_{\alpha,\beta}(v) = \{x \in U \mid v(x) \leqslant \beta\} \\
&\text{BND}_{\alpha,\beta}(v) = \{x \in U \mid \alpha < v(x) < \beta\}
\end{aligned}
\tag{8.1}
$$

存在较多软计算模型（如区间集、多值逻辑、粗糙集、模糊集和阴影集）可用于学习不确定性概念，此类模型具有三分属性，可在三支决策的框架内重新研究[21]。

Orthopair 由一对不相交的集合 $O = (P, N)$ 组成，这些集合存在于管理数据不确定性的工具中。集合 P 和 N 代表正域和负域，Orthopair 三分将全集划为三个区域 $O = (P, N, (P \cup N)^c)$，其中最后一项表示边界区域 Bnd。合并三个区域构建 Orthopair，如 (P, Bnd) 和 (P, N^c)，可以在多个层次上获得集合近似去抽象概念。Orthopair 与三值逻辑有着严格的联系，可以推广到 Atanassov 直觉模糊集、可能性理论和三支决策[32]。它为我们提供了一个共同的表示形式，并公式化了部分知识、正面/负面的例子以及对不确定推理的信任/不信任。粒度计算也讨论了 orthopair 层次结构[33,40]。

对当关系是表达相反观点的两个逻辑陈述间的关系。对当方阵表示四个命题或四个概念之间关系图，对当方阵(逻辑方阵)起源可以追溯到亚里士多德，其为了区分两种对立：否认和反对。通过在关系图中加入新的反对意见，传统的反对方被推广到 Hexagon of Opposition。正如 Dubois 和 Prade 所解释，Hexagon of Opposition 都可以通过对全集的任意三分获得。给定正交对 (P, N)，六边形的六个顶点是 $(P, N, \mathrm{Bnd}, \mathrm{Upp}, P \cup N, P^c)$。顶点之间的不同链接代表不同类型的对立。Hexagon of Opposition 已被用于发现形式概念分析中的新范式。

虽然三分方法已在许多领域研究，但其在邻域系统中的应用仍有限。本章中，我们将邻域覆盖扩展为模糊邻域覆盖，并应用三分方法实现基于模糊邻域覆盖的三支分类，其中根据邻域隶属度将数据样本分类为确定和不确定情况。

8.3　基于模糊邻域覆盖的三支分类整体框架

本节将介绍基于模糊邻域覆盖的三支分类方法的流程。图 8.1 是整体流程概述，可以分为三个阶段：邻域覆盖构建、邻域覆盖的模糊扩展和基于模糊邻域覆盖的三支分类。与邻域并集不同，模糊邻域覆盖由邻域隶属度函数组成，其将邻域归属关系量化为连续隶属度。基于模糊邻域隶属度，本章制定不同类别的隶属度分布对数据分类。参考三支决策，对于特定类，基于模糊邻域覆盖的三支分类器根据邻域的隶属度将数据样本判为正(确定属于该类)、负(确定不属于该类)和不确定情况，并对不确定样本进一步处理以降低分类风险。

邻域覆盖构建过程包括：邻域构建与邻域约简。如 8.2 节介绍，根据距离度量构建邻域，并且邻域中数据样本类别一致，即邻域具有同质性。邻域覆盖的并集形成了数据样本的覆盖，并且同类邻域的覆盖本质是生成类的近似数据分布。此外，为获取更简单的近似的数据分布，应减少冗余邻域以生成简洁的邻域覆盖。在第二阶段，本章将邻域覆盖扩展为模糊覆盖。具体而言，我们计算样本和邻域之间的距离，从而将属于邻域数据样本的可能性映射为模糊隶属度。此外，通过整合邻域隶属度，本章制定了属于邻域覆盖的数据隶属度分布。

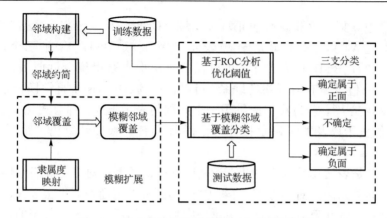

图 8.1　基于模糊邻域覆盖的三支分类框架图

基于不同类别邻域覆盖的隶属度分布，本章在最后阶段实施三支分类。三支分类阶段涉及分类和优化模块。基于模糊邻域覆盖的三支分类器根据不同类别的隶属度对未知样本完成分类，同时采用隶属度阈值将分类样本划分为确定和不确定的情况。隶属度阈值在三支分类中起重要作用，可获取不同类别间的不确定边界。将样本分类为不确定的案例有助于避免严重的错误分类，但对不确定样本的过度分类将导致模型崩塌。为了优化三支分类的不确定边界，在算法实现中，本章采用受试者工作特征曲线（ROC）[41,42]搜索最优隶属度阈值。ROC 由真阳率（TP）和假阳率（FP）组成，不同阈值下的 ROC 曲线反映了阈值参数对分类的影响。在数据训练的 ROC 曲线中，选择与高 TP 率和低 FP 率对应的隶属度阈值作为不确定分类的最优参数。

8.4　基于模糊邻域覆盖的三支分类模型

8.4.1　邻域覆盖的构建

基于样本之间的相似性/距离构建邻域。为了处理具有标称值和数值型的混合型数据，采用异构欧几里得-重叠度量（HEOM）[43]度量样本距离：

$$\Delta(x,y) = \sqrt{\sum_{i=1}^{m} w_{a_i} \times d_{a_i}^2(x_{a_i}, y_{a_i})} \tag{8.2}$$

其中，m 是属性个数，w_{a_i} 表示属性 a_i 重要性，d_{a_i} 表示样本 x 和 y 相对于属性 a_i 的距离，定义为：

$$d_{a_i}(x,y) = \begin{cases} \text{overlap}_{a_i}(x,y), & \text{如果 } a_i \text{是符号特征} \\ \text{rn\_diff}_{a_i}(x,y), & \text{如果 } a_i \text{是数值特征} \end{cases}$$

$$\text{overlap}_{a_i}(x,y) = \begin{cases} 0, & \text{如果}\, a_i(x) = a_i(y) \\ 1, & \text{否则} \end{cases} \tag{8.3}$$

$$\text{rn\_diff}_{a_i}(x,y) = \frac{|a_i(x) - a_i(y)|}{\max_{a_i} - \min_{a_i}}$$

为了简化邻域构造，我们将所有属性权重 $w_{a_i} = 1$ 设置为默认值。

基于 HEOM 距离，本章对近邻样本分组构建邻域。给定样本 x，邻域 $O(x)$ 由围绕 x 的样本组成，$O(x) = \{y \,|\, \Delta(x,y) \le \eta\}$，$\eta$ 表示邻域半径（距离阈值）。为保证邻域同质性，邻域 $O(x)$ 的半径是根据 x 与其最近的同质和异质样本之间的距离计算[13,44]。具体而言，对于样本 x，其最近邻中 $\text{NH}(x)$ 被定义为属于同类的距离最近样本。对于仅包含单个样本的类，我们设置 $\text{NH}(x) = x$。相反，$\text{NM}(x)$ 表示距离 x 最近的不同类别标签样本，并被命名为最近缺失。邻域半径由 $\eta = \Delta(x, \text{NM}(x)) - \text{constant} \times \Delta(x, \text{NH}(x))$ 计算。显然，位于半径内的所有样本都与 x 类别相同。

如 8.2 节所述，对于一组数据样本 $\{x_1, x_2, \cdots, x_n\}$，所有邻域 $O = \bigcup_{i=1}^n O(x_i)$ 并集形成覆盖，也形成了全局数据分布的集合级近似。特别地，属于同类 d 的同质邻域覆盖 $O_d = \bigcup \{O(x_i) \,|\, \forall x \in O(x_i), \text{class}(x) = d\}$ 形成近似 d 类的数据分布。邻域覆盖可以近似数据分布，但由于包含冗余邻域，会导致模型的高复杂性。因此，有必要去除初始邻域覆盖中的冗余邻域，以简化数据分布的近似。参考定义 8.2 和定义 8.3，$\forall O(x_i), O(x_j) \in O_d$，如果 $O(x_i) \subseteq O(x_j)$，那么 $O(x_i)$ 对于 d 类相对可约。通过邻域覆盖约简以生成简洁的邻域覆盖数据分布[13]。

上面介绍的邻域覆盖实际上提供了数据分布的集合级近似。数据样本必须分配到邻域中，从而导致数据空间的硬划分。该策略在区分不确定数据方面存在风险。为了解决该问题，本章希望将不同类的集合级邻域覆盖扩展为隶属度映射。

8.4.2　邻域覆盖的模糊扩展

区分不确定样本需要形成数据空间的软划分。因此，我们期望构建不同类别的隶属度映射以用于不确定数据的分类。为实现该目标，我们将传统的邻域覆盖扩展到模糊邻域覆盖。该扩展的基本思想是将邻域离散的隶属值 $\{0,1\}$ 量化为模糊隶属度。数据样本将根据其带有的不确定性隶属度分配到邻域。与传统邻域覆盖模型相比，模糊邻域覆盖由一组邻域隶属函数构成，而不是样本集的邻域。

定义 8.5　（模糊邻域覆盖）假设 $U = \{x_1, x_2, \cdots, x_n\}$ 是数据集，$O_U = \{O(x_1), O(x_2), \cdots, O(x_n)\}$ 是数据样本的邻域集合。与传统邻域覆盖 $<U, O_U>$ 相比，模糊邻域覆盖包括邻域的模糊隶属函数 $P_{O_U} = \{P_{O(x_1)}, P_{O(x_2)}, \cdots, P_{O(x_n)}\}$，其中 $P_{O(x_i)}$ 表示邻域 $O(x_i)$ 的隶属度函数，简称为 P_{O_i}。

邻域隶属函数用于测量样本属于邻域的可能性，并基于样本和邻域间的距离计算，该测量方法使得远离邻域的样本应具有较低隶属度，而近邻的样本应具有较高隶属度。对于邻域内的数据样本，其隶属度应接近 1。

定义 8.6 （邻域隶属度）给定数据样本 x 和邻域 $O(x_i)$，x_i 是邻域中心，x 属于 $O(x_i)$ 的可能性是基于 x 和 x_i 之间的距离定义：

$$P_{O(x_i)}(x) = P_{O_i}(x) = 1 - \frac{1}{1 + e^{-\lambda[d(x,x_i)-\eta-r]}} = \frac{e^{-\lambda[d(x,x_i)-\eta-r]}}{1 + e^{-\lambda[d(x,x_i)-\eta-r]}} \tag{8.4}$$

其中，$d(x,x_i)$ 是 x 和 x_i 之间的距离，$\eta > 0$ 是邻域半径，$\lambda \geq 1$ 表示距离顺序，$r \geq 0$ 表示距离偏差。邻域隶属度 $P_{O(x_i)}$ 的公式类似于 sigmoid 函数，$\forall x_i, x$，$P_{O(x_i)}(x) \in [0,1]$。

通过研究邻域隶属度的可能性度量，本章得到样本邻域的距离与邻域隶属度之间的相关性，参见定理 8.1。

定理 8.1 假设 $O(x_i)$ 是邻域，d 是邻域中心 x_i 和样本 x 之间的距离，η 是邻域的半径，将距离顺序 $\lambda > 1$ 设置为正整数，距离偏差作为邻域半径的比率 $r = \tau \cdot \eta$，$0 \leq \tau < 1$，我们推断出关于邻域隶属度 $P_{O(x_i)}(x)$ 具有以下结果：

(1) 如果距离 $d(x_i,x) = (1+\tau) \cdot \eta$，那么 $P_{O(x_i)}(x) = 0.5$。

(2) 如果距离 $d(x_i,x) = \eta$，那么 $P_{O(x_i)}(x) = \dfrac{e^{\lambda \cdot \tau \eta}}{1 + e^{\lambda \cdot \tau \eta}}$。

(3) 在距离 $\eta + C$，其中 $C \in [-\eta, \tau \cdot \eta)$ 上，$P_{O(x_i)}(x) \to 1$。

证明 (1) 和 (2) 可以根据式 (8.4) 直接获得，我们用以下方式证明 (3)。假设 d 是样本与邻域中心的距离，$\varepsilon \to 0$ 是取值偏小的正常数，我们有：

$$P_{O(x_i)}(x) \to 1 \Rightarrow \frac{e^{-\lambda \cdot (d-\eta-\tau \cdot \eta)}}{1 + e^{-\lambda \cdot (d-\eta-\tau \cdot \eta)}} = 1 - \varepsilon$$

$$\Rightarrow e^{-\lambda \cdot (d-(1+\tau)\cdot\eta)} = (1-\varepsilon) \cdot 1 + (e^{-\lambda \cdot (d-(1+\tau)\cdot\eta)})$$

$$\Rightarrow \varepsilon \cdot [1 + e^{-\lambda \cdot (d-(1+\tau)\cdot\eta)}] = 1$$

$$\Rightarrow e^{-\lambda \cdot (d-(1+\tau)\cdot\eta)} = \frac{1-\varepsilon}{\varepsilon}$$

$$\Rightarrow -\lambda \cdot (d - (1+\tau) \cdot \eta) = \ln\left(\frac{1-\varepsilon}{\varepsilon}\right)$$

$$\Rightarrow d = -\frac{1}{\lambda}\ln\left(\frac{1-\varepsilon}{\varepsilon}\right) + (1+\tau) \cdot \eta$$

$$\Rightarrow d = \eta + \left[\tau \cdot \eta - \frac{1}{\lambda}\ln\left(\frac{1-\varepsilon}{\varepsilon}\right)\right]$$

因为 $\varepsilon \to 0$ 是一个取值偏小的正常数且 $\lambda \geq 1$，我们有 $\dfrac{1}{\lambda}\ln\left(\dfrac{1-\varepsilon}{\varepsilon}\right) > 0$，因此 $d < \eta +$

$\tau \cdot \eta$。对于任何给定的 ε，$\exists \lambda$，使得 $\dfrac{1}{\lambda}\ln\left(\dfrac{1-\varepsilon}{\varepsilon}\right) \leqslant (1+\tau)\cdot \eta$，要求距离 $d \geqslant 0$，因此我们有 $\left[\tau\cdot\eta - \dfrac{1}{\lambda}\ln\left(\dfrac{1-\varepsilon}{\varepsilon}\right)\right] \geqslant -\eta$ 与 $d \geqslant \eta + (-\eta)$。

从定理 8.1，我们可得邻域隶属度与样本邻域距离成反比。距离偏差 r 决定邻域隶属度的位置。对于邻域之外的样本，如果样本与邻域边界之间的距离等于 r，则邻域隶属度为 0.5。当样本距离更大时，它们对邻域的隶属度将变得更小。距离顺序 λ 控制隶属度与距离的变化率。设置一个合适的 λ，我们可以使邻域内（或几乎在其内）样本的隶属度接近 1。图 8.2 显示在多个顺序下邻域隶属度随距离的变化。在本章的工作中，我们设置距离顺序 $\lambda = 1$ 和偏差 $r = \eta/3$。基于邻域隶属度，我们可以进一步定义样本属于邻域覆盖的可能性度量。

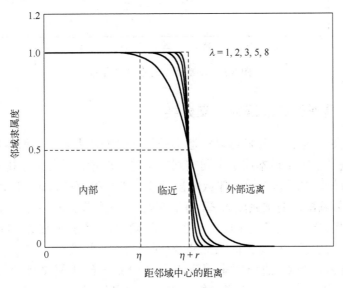

图 8.2　邻域隶属度

定义 8.7　（邻域覆盖隶属度）给定邻域 $C = <U, O_U>$，$P_{O_U} = \{P_{O(x_1)}, P_{O(x_2)}, \cdots, P_{O(x_n)}\}$ 是对应的模糊邻域覆盖，样本 x 属于 C 的隶属度由最大邻域隶属度定义：

$$P_C(x) = \max_{O(x_i) \in O_U}\{P_{O(x_i)}(x)\} = \max_{O_i \in O_U}\{P_{O_i}(x)\} \tag{8.5}$$

基于邻域覆盖的隶属度表示数据样本属于指定类的可能性。对具有类别标签 d 的所有样本 $U_d = \{x \mid x \in U \wedge \mathrm{class}(x) = d\}$，我们构造邻域覆盖 C_d 并进一步将 C_d 扩展到模糊邻域覆盖 $P_{C_d}(x) = \max_{O_i \in O_{U_d}}\{P_{O_i}(x)\}$，$P_{C_d}(x)$ 表示数据样本 x 属于类 d 的可能性。图 8.3 显示了某类邻域覆盖的隶属度分布。

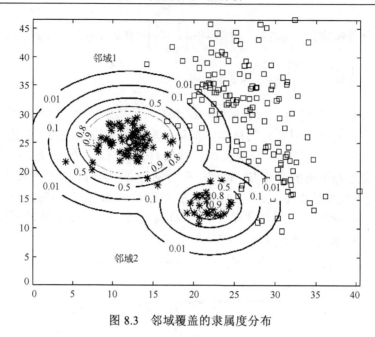

图 8.3　邻域覆盖的隶属度分布

8.4.3　基于模糊邻域覆盖的三支分类

　　基于模糊邻域覆盖，我们可以构造不同类的可能性表示，从而实现数据分类。邻域隶属度提供了关于样本属于不同类别的不确定度量，并促进不确定分类。参考三支决策的方法，本章基于模糊邻域覆盖设计三支分类模型（3WC-FNC）。类似于三支决策，通过邻域覆盖的隶属度阈值，基于 FNC 的三支分类器将样本分为三种情况：正（确定属于某类）、负（确定不属于某类）和不确定（样本属于某类存在歧义性）。

　　定义 8.8　（基于邻域覆盖的三支分类）对于类 d，假设 $C_d = <U_d, O_{U_d}>$ 是 d 的邻域覆盖，而 $P_{C_d}(x)$ 是 C_d 的模糊隶属度表示。给定一组隶属度阈值 α 和 β，并且 $0 \leqslant \beta < \alpha \leqslant 1$，那么样本 x 关于类 d 的三支分类定义如下：

$$C_{\alpha,\beta}(x,d) = \begin{cases} \text{Positive (确定属于} d), & P_{C_d}(x) \geqslant \alpha \\ \text{Uncertain (不确定是否属于} d), & \beta < P_{C_d}(x) < \alpha \\ \text{Negative (确定不属于} d), & P_{C_d}(x) \leqslant \beta \end{cases} \tag{8.6}$$

　　如果只关注一个特定类 d 的分类，可以根据式 (8.6) 直接三支分类。如果 x 属于邻域覆盖 C_d 的隶属度不小于阈值 $P_{C_d}(x) \geqslant \alpha$，则 x 确定属于 d 类。如果 $P_{C_d}(x) \leqslant \beta$，$x$ 确定不属于 d 类。如果 $\beta < P_{C_d}(x) < \alpha$，则 x 被判断为相对于 d 类的不确定样本。图 8.4 说明基于模糊邻域覆盖的三支分类。

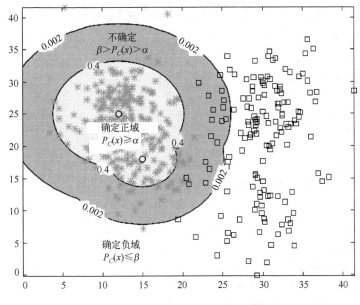

图 8.4　基于 FNC 的三支分类

在多类问题中，对未知样本 x 分类，我们计算其属于不同类别邻域覆盖的隶属度 $\{P_{C_{d_1}}(x), P_{C_{d_2}}(x), \cdots, P_{C_{d_m}}(x)\}$，并根据隶属度完成三支分类。如果至少存在一个邻域覆盖判断 x 为确定正(Positive)，那么将样本 x 划为某类是确定的。如果只有一个邻域覆盖 P_{C_d} 来判断 x 是为正，我们会将 x 划为 d 类。对于基于异质邻域覆盖的多个确定判断的情况，我们将 x 分配给具有最大隶属度的 d 类，$d = \arg\max_{d_i}\{P_{C_{d_i}} \mid P_{C_{d_i}}(x) \geqslant \alpha_{d_i}\}$。对于非正面的情况，如果样本 x 被判断为对于一个类别 d 是不确定的，并且同时对所有其他等级判断为否定，则分类标准将被放宽，x 可以被分类为等级 d。如果所有邻域覆盖判断 x 为负值，即 $\forall C_{d_i}, P_{C_{d_i}}(x) < \beta_{d_i}$，则样本 x 被判断为所有类别为负。否则，x 被归类为不确定样本。为了避免盲区的分类，所有类拒绝的负样本在算法实现中也可以被认为是不确定的。在算法 8.1 中正式提出了具有模糊邻域覆盖的多类三支分类(3WC-FNC)过程。

算法 8.1　基于模糊邻域覆盖的多类三支分类(3WC-FNC)

输入：m 个类 P_C 的模糊邻域覆盖，$C = C_{d_1} \bigcup \cdots \bigcup C_{d_m}$；

　　　　m 个类的隶属度阈值，$< \alpha_{d_1}, \beta_{d_1} >, \cdots, < \alpha_{d_m}, \beta_{d_m} >$；

　　　　未知样本 x。

输出：x 的三支分类结果，$\mathrm{Cls}(x)$。

1. 将 P_C 分成不同类别的 m 个模糊邻域覆盖，$P_C = \{P_{C_{d_1}}, \cdots, P_{C_{d_m}}\}$；

2. 为邻域覆盖 $P_{C_{d_1}}(x), \cdots, P_{C_{d_m}}(x)$ 计算 x 的隶属度；

3. 为 m 类初始化 x 的分类结果，$\mathrm{Cls}(x,d_1),\cdots,\mathrm{Cls}(x,d_m) \leftarrow \Theta$;

4.　**for**　each class　$d_i, i = 1,\cdots,m$　**do**

5.　　**if**　$P_{C_{d_i}}(x) \geqslant \alpha_{d_i}$　**then**

6.　　　　$\mathrm{Cls}(x,d_i) = $ positive ;

7.　　**else**

8.　　　　**if**　$P_{C_{d_i}}(x) \leqslant \beta_{d_i}$　**then**

9.　　　　　　$\mathrm{Cls}(x,d_i) = $ negative ;

10.　　　**else**

11.　　　　　$\mathrm{Cls}(x,d_i) = $ uncertain ;

12.　　　**end if**

13.　　**end if**

14.　**end for**
　　　　$\mathrm{PD} = \{d_i \mid \mathrm{Cls}(x,d_i) = $ positive $\}$

15.　　$\mathrm{ND} = \{d_j \mid \mathrm{Cls}(x,d_j) = $ negative $\}$;
　　　　$\mathrm{UD} = \{d_j \mid \mathrm{Cls}(x,d_j) = $ uncertain $\}$

16.　**if** $\left| \mathrm{PD} = \{d\}\right| = 1$ **then**

17.　　$\mathrm{Cls}(x) = $ positive d ;

18.　**else**

19.　　**if** $\left| \mathrm{PD} \right| > 1$ **then**

20.　　　　$d = \underset{d_1 \in PD}{\arg\max} \{P_{C_{d_i}}(x)\}, \mathrm{Cls}(x) = $ positive d ;

21.　　**else**

22.　　　　**if** $\left| \mathrm{UD} = \{d\}\right| = 1$ **and** $\left| \mathrm{ND} \right| = m-1$ **then**

23.　　　　　$\mathrm{Cls}(x) = $ positive d ;

24.　　　**else**

25.　　　　　$\mathrm{Cls}(x) = $ uncertain

26.　　　**end if**

27.　　**end if**

28.　**end if**

29. **return** $\mathrm{Cls}(x)$

8.5　实　验　结　果

　　模糊邻域覆盖是集合级邻域的模糊扩展，提供了一种更灵活的方法近似数据分布。基于不同类别的模糊邻域覆盖，我们提出了三支分类方法 3WC-FNC。与传统的某些分类器相比，所提出的三支分类器将不确定数据分离并得到更稳健的分类结果。我们通过两个实验验证 3WC-FNC，第一个实验旨在测试 3WC-FNC 对不确定数据分类的能力。在第二个实验中，我们通过与其他典型分类方法的比较，总体评估 3WC-FNC 的性能。为了证明三支策略有效降低分类风险，我们在实验中采用了多个医学和经济数据集。数据集来自加州大学欧文分校(UCI)的机器学习数据库。对于所有分类测试，每个数据集执行 10 倍交叉验证。所采用的 UCI 数据集的描述见表 8.1。

表 8.1　实验数据集

数据集	特征数量	样本个数	类别比率	属性类型
Australian Credit	14	600	45% vs. 55%	Mixed
Banknote Authentication	4	1372	44% vs. 56%	Numerical
Breast Cancer (Diagnostic)	32	569	37% vs. 63%	Numerical
Breast Cancer (Original)	10	699	35% vs. 65%	Mixed
Diabetes	8	768	35% vs. 65%	Mixed
Mammographic Mass	6	961	49% vs. 51%	Numerical
Sonar	60	208	47% vs. 53%	Numerical
Vertebral Column	6	310	32% vs. 68%	Numerical

为了全面评估所提出的三支分类方法的性能，我们采用准确率、查准率、召回率、F1 值、不确定比率(UR)和分类代价等度量作为评价标准。给定数据集，假设正类样本的数量为 P 且负类样本的数量为 N，使用分类器对数据样本进行分类，TP 和 FP 表示真阳性分类样本的数量和假阳性分类样本的数量，TN 和 FN 分别表示真阴性样本的数量和假阴性样本的数量。基于上述统计，准确率、查准率、召回率和 F1 值计算如下，以评估分类结果的质量。

$$\text{accuracy} = (\text{TP} + \text{TN}) / (P + N)$$
$$\text{precision} = \text{TP} / (\text{TP} + \text{FP})$$
$$\text{recall} = \text{TP} / (\text{TP} + \text{FN})$$
$$\text{F1} = 2 \cdot \text{precision} \cdot \text{recall} / (\text{precision} + \text{recall})$$

除了分类精度的测量，我们还采用如下不确定比率，即分类不确定样本的比率，来评估分类器区分不确定样本的能力。

$$\text{ur} = |\text{Uncertain}(U)| / |U|$$

假设正确的分类没有损失，λ_{NP}、λ_{PN} 和 λ_{U} 分别表示假阳性分类、假阴性分类和不确定样本分类的代价，总分类代价在下面的公式中定义，以测量分类风险。

$$cost = \lambda_{NP} \cdot \frac{FP}{P+N} + \lambda_{PN} \cdot \frac{FN}{P+N} + \lambda_{U} \cdot ur$$

在医学和经济数据集中，最小类别通常表示高分类风险的类别，例如乳腺癌数据中的类别"恶性的"。因此，我们假设最小类为正类，并在以下实验中设置 λ_{PN} / λ_{NP} / $\lambda_{U} = 5 / 1 / 0.5$。

8.5.1　不确定分类的评估

该实验涉及两个测试，以验证所提出的 3WC-FNC 的不确定分类能力。首先，我们希望证明邻域覆盖的模糊扩展有助于改善不确定情况的分类。由于训练数据和测试数据之间的不一致将带来不确定的分类情况，我们通过在测试数据中加入噪声来产生不确定的分类案例。将多级噪声添加到测试数据中以产生多级不确定数据，我们将基于传统邻域覆盖(NC)的分类和基于模糊邻域覆盖(3WC-FNC)的三支分类比较。图 8.5～图 8.8 分别显示了 NC 和 3WC-FNC 方法在噪声水平从 0%到 50%的分类代价、F1 值、召回率和准确度，表 8.2 给出了相应的分类结果。

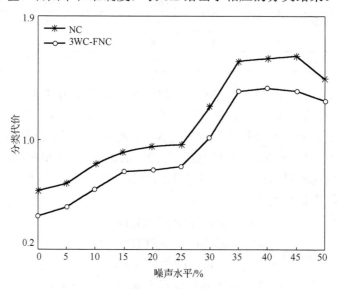

图 8.5　在多级噪声数据上 3WC-FNC 与 NC 的分类代价

可以发现，对于多级不确定数据，基于 FNC 的三支分类比基于 NC 的确定分类具有更好的性能。模糊邻域隶属度和三支分类策略有助于区分不确定情况，从而大大降低分类代价。此外，3WC-FNC 产生更高的查准率和召回率，这意味着对正类(风险类)的分类更精确。在不指定类的情况下将不确定的情况分离出来，与确定的分类方法相比，3WC-FNC 对低噪声数据的精度较低。但是对于高等级噪声数据的分类，随着某些误分类的增加，3WC-FNC 达到了与某些基于 NC 的分类相似的精度。

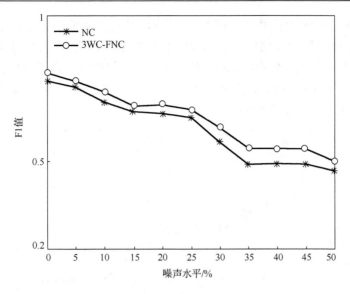

图 8.6　在多级噪声数据上 3WC-FNC 与 NC 的 F1 值

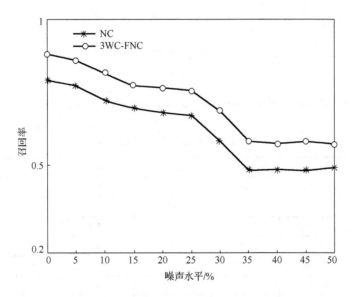

图 8.7　在多级噪声数据上 3WC-FNC 与 NC 的召回率

在第二个测试中，我们进一步将提出的 3WC-FNC 与基于概率属性约简的典型三支决策 (3WD) 模型比较[20]。概率属性约简通过构造概率属性约简来制定三支决策规则，给定类别后，其将样本划分为正、负和边界情况。与处理混合型数据的邻域覆盖不同，概率属性约简用于离散数据中提取决策规则。对于混合/数值数据的测试，我们采用有监督的多区间离散化方法 (multi-interval discretization, MDL) 和无监督的

等宽离散化方法(5 个区间和 3 个区间)[45,46]来将数值属性值离散化为离散值。图 8.9
显示了具有不同离散化策略的 3WC-FNC 和 3WD 的分类结果,表 8.3 给出了详细信
息。我们发现基于属性约简的 3WD 对离散化方法很敏感。离散化的预处理可能导
致信息丢失,从而产生低质量的决策规则。根据混合型数据的邻域覆盖优势,
3WC-FNC 可以获得更好的性能。

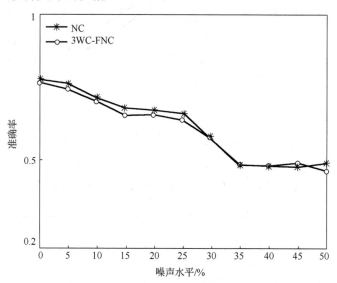

图 8.8　在多级噪声数据上 3WC-FNC 与 NC 的分类准确率

表 8.2　多级噪声下的分类结果

噪声等级	方法	代价(10^{-2})	准确率/%	查准率/%	召回率/%	F1 值/%
No noise	3WC-FNC	44.8	76.7	73.5	88.3	80.1
	NC	62.6	77.8	76.3	79.2	77.5
5%	3WC-FNC	51	74.5	71.1	86.3	77.8
	NC	67.2	76.1	74.3	77.7	75.7
10%	3WC-FNC	63.3	70.3	67.6	81.9	73.9
	NC	81.9	71.1	69	72.5	70.5
15%	3WC-FNC	76.9	65.4	62.7	77.2	69
	NC	91.1	67.7	65.5	69.4	67.1
20%	3WC-FNC	78.1	65.6	63.7	76.7	69.4
	NC	95	67.1	65.6	68.1	66.6
25%	3WC-FNC	80.6	64.1	61.6	75.8	67.7
	NC	96.6	66	63.9	67.4	65.4

续表

噪声等级	方法	代价 (10^{-2})	准确率/%	查准率/%	召回率/%	F1 值/%
30%	3WC-FNC	101.7	57.5	56.4	68.6	61.6
	NC	124.1	57.3	55.8	58.5	56.7
35%	3WC-FNC	135.1	48.7	51.6	58.2	54.6
	NC	157.5	48.6	50.2	48.5	49.3
40%	3WC-FNC	138.1	48.1	51.7	57.6	54.3
	NC	159.3	48.2	50.6	48.7	49.5
45%	3WC-FNC	135.6	48.7	52	58.3	54.5
	NC	161	48	50.9	48.4	49.2
50%	3WC-FNC	128.8	46.7	44.8	57.3	50.1
	NC	144.4	49.2	45.4	49.3	47.2

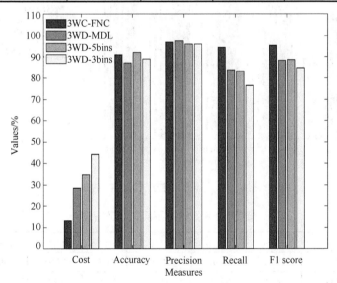

图 8.9　模糊邻域覆盖(3WC-FNC)和概率属性约简(3WD-离散化)的分类结果

表 8.3　3WC-FNC 与 3WD 的分类结果

方法	TP/%	FN/%	ur/%	Cost (10^{-2})	Acc/%	Prec/%	Recall/%	F1/%
3WC-FNC	85	4.72	6.12	13.11	90.88	96.74	94.63	95.48
3WD-MDL	76.36	13.39	7.42	28.28	86.97	97.39	83.71	88.27
3WD-5bins	83.13	16.87	0	34.58	92.1	95.93	83.13	88.62
3WD-3bins	74.6	22.28	1.4	44.29	88.75	96.11	76.59	84.58

8.5.2　综合评估

第二个实验总体评估了所提出的 3WC-FNC 方法。针对分类风险评估,我们将 3WC-FNC 与三种简洁的分类方法进行比较:朴素贝叶斯、支持向量机(SVM)和决策树(J48),以及其他三种典型的代价敏感分类方法:代价敏感的贝叶斯、代价敏感的决策树和代价敏感的贝叶斯网络。我们对所有测试数据集执行分类方法,图 8.10 显示了每种方法的平均分类结果,详细信息如表 8.4 所示。

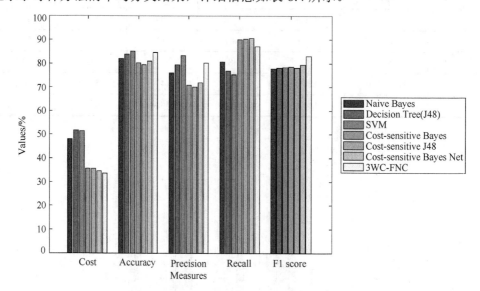

图 8.10　不同分类方法的分类结果

表 8.4　综合评价不同的分类方法

方法	TP/%	FN/%	Cost(10^{-2})	Acc/%	Prec/%	Recall/%	F1/%
Naive Bayes	80.65	82.01	48.03	81.89	75.93	80.65	77.76
Decision Tree(J48)	76.76	87.59	51.63	83.69	79.5	76.76	78.04
SVM	75.36	**89.79**	51.29	**85.06**	**83.2**	75.36	78.36
Cost-sensitive Bayes	89.99	73.29	35.55	80.12	70.8	89.99	78.7
Cost-sensitive J48	90.39	72.45	35.51	79.29	70.12	90.39	78.15
Cost-sensitive Bayes Net	**90.41**	74.94	34.59	80.88	71.96	**90.41**	79.43
3WC-FNC	85.75	82.96	**33.49**	84.56	80.19	87.26	**83.10**

注:黑体表示每列指标中的最优值。

从实验结果可以看出,3WC-FNC 和 SVM 获得了最精确的结果,3WC-FNC 具有最低的分类代价。由于三支分类中的不确定样本,3WC-FNC 产生的准确率和查准率略低于 SVM。但是,在不考虑分类风险的情况下,SVM 的分类代价很高。考虑到不同类别的分类风险，所有代价敏感方法都可以降低分类代价。为了降低分类代价，代价敏感的方法倾向于将负样本过度分类为正类(风险类)，从而导致精度下降。通过根据隶属度分离不确定样本，3WC-FNC 可以平衡分类精度和召回率，从而获得最高的 F1 值。通常，基于模糊邻域覆盖的三支分类器比某些分类器具有更好的性能。三支策略和邻域隶属的模糊表示有效降低分类代价，同时保证精确的分类结果。

8.6　本 章 小 结

为了改进不确定数据的邻域覆盖分类，本章提出了一种基于模糊邻域覆盖的三支分类方法 3WC-FNC。研究工作涉及两个部分：邻域覆盖的模糊扩展和模糊邻域覆盖的三支分类。模糊邻域覆盖不是邻域，而是由邻域隶属函数组成，邻域归属关系被量化为连续隶属度。基于模糊邻域隶属度，我们进一步制定了三支分类。数据样本分为三种情况：正(确定属于该类别)、负(确定不属于该类别)和不确定情况。不确定样本的分离有助于降低分类风险。实验验证了所提出的三支不确定数据分类方法的有效性。我们未来的工作将集中在以下问题上：第一个问题是进一步研究涉及不确定分类结果的参数优化策略；其次，隶属度是根据欧几里得距离计算的，这在极高维数据空间中无效，因此我们尝试利用核方法构建邻域覆盖，以实现对高维数据的不确定分类。

参 考 文 献

[1] Short R, Fukunaga K. The optimal distance measure for nearest neighbor classification[J]. IEEE Transactions on Information Theory, 1981, 27 (5): 622-627.

[2] Owen A. A neighbourhood-based classifier for LANDSAT data[J]. Canadian Journal of Statistics, 1984, 12 (3): 191-200.

[3] Wettschereck D, Dietterich T G. An experimental comparison of the nearest-neighbor and nearest-hyperrectangle algorithms[J]. Machine Learning, 1995, 19 (1): 5-27.

[4] Wang M, Min F, Zhang Z H, et al. Active learning through density clustering[J]. Expert Systems with Applications, 2017, 85: 305-317.

[5] Lin T Y. Neighborhood Systems: A Qualitative Theory for Fuzzy and Rough Sets[D]. Berkeley: University of California, 2007, 94720.

[6] Zhu W, Wang F Y. On three types of covering-based rough sets[J]. IEEE Transactions on Knowledge and Data Engineering, 2007, 19 (8): 1131-1144.

[7] Yao Y Y. Relational interpretations of neighborhood operators and rough set approximation

operators[J]. Information Sciences, 1998, 111 (1-4): 239-259.

[8] Pawlak Z. Rough sets[J]. International Journal of Computer & Information Sciences, 1982, 11(5): 341-356.

[9] Pawlak Z. Some issues on rough sets[M]//Transactions on Rough Sets I. Berlin: Springer, 2004: 1-58.

[10] Hu Q, Yu D, Liu J, et al. Neighborhood rough set based heterogeneous feature subset selection[J]. Information Sciences, 2008, 178 (18): 3577-3594.

[11] Hu Q, Yu D, Xie Z. Neighborhood classifiers[J]. Expert Systems with Applications, 2008, 34(2): 866-876.

[12] Zhu W, Wang F Y. Reduction and axiomization of covering generalized rough sets[J]. Information Sciences, 2003, 152: 217-230.

[13] Du Y, Hu Q, Zhu P, et al. Rule learning for classification based on neighborhood covering reduction[J]. Information Sciences, 2011, 181 (24): 5457-5467.

[14] Yang T, Li Q. Reduction about approximation spaces of covering generalized rough sets[J]. International Journal of Approximate Reasoning, 2010, 51 (3): 335-345.

[15] Yue X, Chen Y, Miao D, et al. Tri-partition neighborhood covering reduction for robust classification[J]. International Journal of Approximate Reasoning, 2017, 83: 371-384.

[16] Hong T P, Wang T T, Wang S L, et al. Learning a coverage set of maximally general fuzzy rules by rough sets[J]. Expert Systems with Applications, 2000, 19 (2): 97-103.

[17] Younsi R, Bagnall A. An efficient randomised sphere cover classifier[J]. International Journal of Data Mining, Modelling and Management 11, 2012, 4 (2): 156-171.

[18] Hu Q, Pedrycz W, Yu D, et al. Selecting discrete and continuous features based on neighborhood decision error minimization[J]. IEEE Transactions on Systems, 2009, 40 (1): 137-150.

[19] Wang C, Hu Q, Wang X, et al. Feature selection based on neighborhood discrimination index[J]. IEEE Transactions on Neural Networks and Learning Systems, 2017, 29 (7): 2986-2999.

[20] Yao Y. Three-way decisions with probabilistic rough sets[J]. Information Sciences, 2010, 180(3): 341-353.

[21] Yao Y. The superiority of three-way decisions in probabilistic rough set models[J]. Information Sciences, 2011, 181 (6): 1080-1096.

[22] Chen J, Zhang Y P, Zhao S. Multi-granular mining for boundary regions in three-way decision theory[J]. Knowledge-Based Systems, 2016, 91: 287-292.

[23] Ma M. Advances in three-way decisions and granular computing[J]. Knowledge-Based Systems, 2016, 91: 1-3.

[24] Deng X, Yao Y. Decision-theoretic three-way approximations of fuzzy sets[J]. Information Sciences, 2014, 279: 702-715.

[25] Liang D, Liu D. Deriving three-way decisions from intuitionistic fuzzy decision-theoretic rough sets[J]. Information Sciences, 2015, 300: 28-48.

[26] Xu J, Zhang Y, Miao D. Three-way confusion matrix for classification: a measure driven view[J]. Information Sciences, 2020, 507: 772-794.

[27] Fang Y, Gao C, Yao Y. Granularity-driven sequential three-way decisions: A cost-sensitive approach to classification[J]. Information Sciences, 2020, 507: 644-664.

[28] Aliev R A, Pedrycz W, Guirimov B G, et al. Type-2 fuzzy neural networks with fuzzy clustering and differential evolution optimization[J]. Information Sciences, 2011, 181 (9): 1591-1608.

[29] Deng Z, Choi K S, Cao L, et al. T2fela: type-2 fuzzy extreme learning algorithm for fast training of interval type-2 TSK fuzzy logic system[J]. IEEE Transactions on Neural Networks and Learing Systerms, 2013, 25 (4): 664-676.

[30] Pedrycz W. Collaborative fuzzy clustering[J]. Pattern Recognition Letters, 2002, 23 (14): 1675-1686.

[31] Zhang B W, Min F, Ciucci D. Representative-based classification through covering-based neighborhood rough sets[J]. Applied Intelligence, 2015, 43 (4): 840-854.

[32] Ciucci D, Dubois D, Lawry J. Borderline vs. unknown: Comparing three-valued representations of imperfect information[J]. International Journal of Approximate Reasoning, 2014, 55 (9): 1866-1889.

[33] Ciucci D. Orthopairs and granular computing[J]. Granular Computing, 2016, 1 (3): 159-170.

[34] Chen Y, Yue X, Fujita H, et al. Three-way decision support for diagnosis on focal liver lesions[J]. Knowledge-Based Systems, 2017, 127: 85-99.

[35] Yue X D, Chen Y F, Yuan B, et al. Three-way image classification with evidential deep convolutional neural networks[J]. Cognitive Computation, 2021, doi: 10.1007/s12559-021-09869-y.

[36] Peters J F, Ramanna S. Proximal three-way decisions: Theory and applications in social networks[J]. Knowledge-Based Systems, 2016, 91: 4-15.

[37] Zhang X Y, Gou H Y, Lv Z Y, et al. Double-quantitative distance measurement and classification learning based on the tri-level granular structure of neighborhood system[J]. Knowledge-Based Systems, 2021, 217: 106799.

[38] Zhang L, Li H, Zhou X, et al. Sequential three-way decision based on multi-granular autoencoder features[J]. Information Sciences, 2020, 507: 630-643.

[39] Zhang Q, Pang G, Wang G. A novel sequential three-way decisions model based on penalty function[J]. Knowledge-Based Systems, 2020, 192: 105350.

[40] Yao J T, Vasilakos A V, Pedrycz W. Granular computing: Perspectives and challenges[J]. IEEE Transactions on Cybernetics, 2013, 43 (6): 1977-1989.

[41] Elkan C. The foundations of cost-sensitive learning[C]//International Joint Conference on Artificial Intelligence. Lawrence Erlbaum Associates Ltd, 2001, 17 (1): 973-978.

[42] Flach P A, Wu S. Repairing concavities in ROC curves[C]//IJCAI. 2005: 702-707.

[43] Wilson D R, Martinez T R. Improved heterogeneous distance functions[J]. Journal of Artificial Intelligence Research, 1997, 6: 1-34.

[44] Gilad-Bachrach R, Navot A, Tishby N. Margin based feature selection-theory and algorithms[C]// Proceedings of the Twenty-first International Conference on Machine Learning. 2004: 43.

[45] Fayyad U, Irani K. Multi-interval discretization of continuous-valued attributes for classification learning[C]//Proceedings of the 13th International Joint Conference on Artificial Intelligence. 1993: 1022-1029.

[46] Ian H W, Eibe F. Data Mining: Practical Machine Learning Tools and Techniques[M]. Burlington: Morgan Kaufmann, 2005.

第9章 基于低秩表示的多视图主动三支聚类算法

在传统的聚类算法中，数据对象与类簇之间的关系是数据对象属于某个类簇或者不属于该类簇，这种划分称为二支聚类，即对象与类簇之间表现出单一而且明确的隶属关系。然而，在实际生活中，数据对象与类簇之间往往存在着不确定性关系，即数据对象与类簇之间没有明确的归属关系，此时二支聚类结果的表示形式并不能完整地展现数据对象与类簇间的关系。与经典二支聚类算法不同，三支聚类算法通过两个集合来表示类簇，即核心域、边缘域。这种三支聚类结果，能够有效地刻画数据对象与类簇之间的确定属于、确定不属于以及可能属于的关系，并且能够有效地解决重叠聚类的问题。在边界不明确时或者着重于研究带有不确定信息的对象时，基于三支决策思想的聚类算法，能够更好地表示对象之间的差异性和关联性。本章首先阐述了三支聚类的形式化描述，然后详细描述了基于多视图数据的三支聚类方法，最后讨论了基于三支聚类分析的未来研究方向。

9.1 引　　言

人类认知不是机械地掌握一个粒度，而是通过对每个粒度的信息的掌握，以多粒度的处理方式将信息进行细化、更新，达到对事物的结构化认识[1]。从本质上讲，聚类实质上是定义一种对象间的等价关系，聚类的过程就是根据等价关系寻找等价类的过程。不同的等价条件会有不同的等价关系，也就得到不同的划分，用粒度的思想看这种等价条件就是决定划分结果的粒度。

聚类分析作为数据挖掘算法中常用的一种无监督技术方法，已经广泛地应用于许多实际应用领域中，其优势在于不需要人为添加许多额外的信息来增加计算量[2]。但是在传统的聚类问题中，聚类结果通常为二支决策的结果，即考虑了数据对象与类的两种关系，无论是硬聚类还是软聚类都表现出一个对象要么属于某个类簇，要么不属于该类簇。然而，实际生活中划分并没有这么明确，处处充满着不确定性。例如，在社交网络中，随着时间的迁移，用户所属的社区不断在发生变化，并且随着接触人群的不同，用户可能同时属于几个不同的社区。并且当对象带有不确定信息，或者信息不完全时，则不能准确地将该对象划分到某一个类簇中。

倘若有若干个对象组成一个论域，如图 9.1 所示。此时，信息量庞大能够得到

本章工作获得国家自然科学基金项目（62136002、61876027）资助。

最细粒度下的聚类结果，即每个对象独立为一个类；倘若信息量贫乏则得到最粗粒度下的聚类结果。在某一粒度下，如果信息不完全，那么在聚类过程中就无法判断对象对于某一类簇的归属性。

在某一粒度下观察图 9.1，该论域明显有两个类簇，如图 9.2 所示。观察对象 x_3 和 x_4，它们可能属于左边的类，也可能属于右边的类。第一个解决方法就是把这两个对象分别划分到这两个类簇中，其中两个类簇不能重叠，比如硬聚类方法。此时一个对象有且只能属于一个类簇，对象划分如图 9.3 所示。第二个解决方法就是将这些对象都划分到这两个类簇中，比如软聚类、模糊聚类方法。与上一种方法不同的是，这种方法中的对象可以属于不同的类簇。继续观察 x_1、x_2、x_5、x_6，将它们分别划入左边或者右边的类簇中，如图 9.4 所示。事实上，无论是硬聚类还是软聚类结果都是二支决策结果，即对象确定属于或者不属于这个类簇。然而，二支聚类结果无法直观地表示对象 x_3 和 x_4 准确的类簇归属。然而，如图 9.5 所示，每个类簇采用两个集合表示 x_1、x_2、x_3、x_4，都被划分到左侧的类簇中。

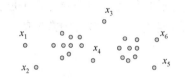

图 9.1 原始论域

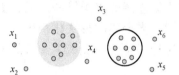

图 9.2 某一粒度下的聚类结果

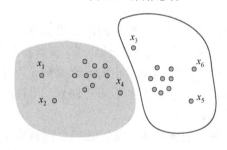

图 9.3 硬聚类结果

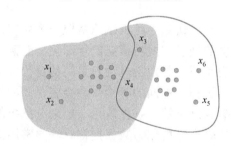

图 9.4 软聚类结果

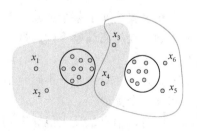

图 9.5 三支聚类结果

与传统的硬、软聚类使用一个域的类簇表示不同，基于三支聚类表示的每个类由核心域、边缘域两个域表示。每个类的核心域中的对象确定属于该类簇，边缘域中的对象可能属于该类簇。因此更为切合实际，每个类可以由一系列核心域对象和边缘域对象构成，使得通过三支聚类表示可以更为直观地刻画处于类簇边缘的对象。这种三支聚类结果，能够有效地刻画数据对象与类簇之间的确定属于、确定不属于以及可能属于的关系，并且能够有效地解决重叠聚类的问题。在实际生产中，信息是动态获取的，随着信息的增长，三支聚类算法能够对边缘域中的对象进行进一步划分，挖掘存在于数据对象与类簇之间的这种不确定性关系[3]。

9.2　三　支　聚　类

设论域 $U = \{x_1, x_2, \cdots, x_N\}$ 是 N 个数据对象的集合，x_i 是一个有 D 个属性的对象，其中 $x_i = \{x_i^1, x_i^2, \cdots, x_i^{D-1}, x_i^D\}$ 表示为该论域中第 i 个对象，而上标表示第 i 个对象的第 j 个属性，$i \in [1, N]$，$j \in [1, D]$。聚类结果 $C = \{C_1, C_2, \cdots, C_K\}$ 表示论域中的对象 U 划分至 K 个类簇中。

目前的研究，一个类簇通常由集合表示，但是单一集合的表示意味着集合中的对象绝对属于该类簇，集合外的对象绝对不属于该类簇，这是典型的二支决策的结果。这种表示不能够表现出哪些对象可能属于这个类簇，而且也不能直观地表现出对象对构建类簇的影响程度。所以相较于集合形式表示类簇，利用区间集表示类簇能更好地表达出数据的不确定性信息。因此，使用三个域来表示一个类簇比使用明确集合要更为合理，由此得到基于三支决策的类簇表示[4]。

与上面清晰的集合相反，Yu 提出类簇的三支表示[5]：该表示利用三支决策思想通过以下三个域（核心域、边缘域、琐碎域）来表示 C 这个类簇：

$$C = \{\mathrm{Co}(C), \mathrm{Fr}(C)\} \tag{9.1}$$

在这里有 $\mathrm{Co}(C) \subseteq U$，$\mathrm{Fr}(C) \subseteq U$，琐碎域表示为：

$$\mathrm{Tr}(C) = U - \mathrm{Co}(C) - \mathrm{Fr}(C) \tag{9.2}$$

然后自然形成上述所说的 $\mathrm{Co}(C), \mathrm{Fr}(C), \mathrm{Tr}(C)$ 三个区域：核心域（CoreRegion）、边缘域（FringeRegion）和琐碎域（TrivialRegion）。

$$
\begin{aligned}
\mathrm{CoreRegion}(C) &= \mathrm{Co}(C) \\
\mathrm{FringeRegion}(C) &= \mathrm{Fr}(C) \\
\mathrm{TrivialRegion}(C) &= U - \mathrm{Co}(C) - \mathrm{Fr}(C)
\end{aligned} \tag{9.3}
$$

当 $x \in \mathrm{CoreRegion}(C)$，则对象 x 绝对属于 C；当 $x \in \mathrm{FringeRegion}(C)$，则对象 x 可能属于 C；当 $x \in \mathrm{TrivialRegion}(C)$，则对象 x 一定不属于 C。

这些子集具有以下四个属性：

$$
\begin{aligned}
U &= \mathrm{Co}(C) \bigcup \mathrm{Fr}(C) \bigcup \mathrm{Tr}(C) \\
\mathrm{Co}(C) &\bigcap \mathrm{Fr}(C) = \varnothing \\
\mathrm{Fr}(C) &\bigcap \mathrm{Tr}(C) = \varnothing \\
\mathrm{Tr}(C) &\bigcap \mathrm{Co}(C) = \varnothing
\end{aligned} \tag{9.4}
$$

如果 $Fr(C) = \varnothing$ 则公式 $C = \{Co(C), Fr(C)\}$ 可以退化为 $C = \{Co(C)\}$ ，它是一个单一的集合，并且 $Tr(C) = U - Co(C)$ ，这样的表示是二支决策，即单个集合表示是三支决策表示的特殊情况。此外，根据式 (9.1) 可知，通过核心区域和边缘区域表示聚类是足够的。另一种方式，可以通过以下属性定义一个类簇方案：

$$(1)\ Co(C_k) \neq \varnothing, \quad 1 \leq k \leq K \tag{9.5}$$

$$(2)\ \bigcup_{1 \leq k \leq K}[Co(C_k) \bigcup Fr(C_k)] = U$$

属性 (1) 意味着集群不能为空，这样可以确保群集具有实际意义；属性 (2) 指出，U 的任何对象必须一定属于或可能属于一个类簇，这样可以确定每个对象都被正确聚类。

对于聚类结果 C ，由以下方式表示集群：

$$C = \{\{Co(C_1), Fr(C_1)\}, \{Co(C_2), Fr(C_2)\}, \cdots, \{Co(C_K), Fr(C_K)\}\} \tag{9.6}$$

显然，对于二支决策的表示为：

$$C = \{Co(C_1), Co(C_2), \cdots, Co(C_K)\} \tag{9.7}$$

9.3   基于低秩表示的多视图主动三支聚类

目前，随着数据采集设备的发展和新采集手段的出现，现实应用中已经存在大量的多视图数据。例如，在网页数据中，网页包含的超链接信息和文本信息可以看作是网页的两个不同视图；一段视频片段也可以由它的音频信号和视觉信息来描述[6]。在多视图数据中，一个视图可以表示为一个数据源、一种数据表现形式或一个特征集。同时，由于每个视图都包含了对所有对象的数据描述，因此可以独立完成各种学习任务。多视图聚类旨在将每个视图的结构特性考虑在内，充分利用不同视图之间的关联和互补信息来提高聚类性能[7]。

多视图聚类作为多视图学习的基本任务之一，其最大的挑战在于如何有效地挖掘并利用各个视图之间的关联和互补信息。根据聚类过程中对多源信息处理方式的不同，大致可将多视图聚类算法分为三类：第一类是基于子空间的方法；第二类是在聚类过程中直接融合不同视图数据的方法；第三类则是采用后期融合的方法。

由于多视图数据中广泛存在多媒体信息和文本信息，因此某些视图数据通常表现为高维数据。数据的高维性不仅增加了算法的计算时间和存储需求，并且由于环境空间中噪声的存在和数据样本的不充分，从而降低了聚类准确率。对于高维数据，其特征分布通常较为稀疏，传统的相似性度量方法在原始空间中直接计算距离变得不再适用，如 k 近邻、高斯核函数等。基于低秩表示 (low rank representation，LRR) 的多视图聚类方法可以从高维多视图数据中学习其共享的低维子空间，并且所有对象均能够被同一子空间中的其他对象线性表示。这种从高维数据中恢复出低维结构的方式不仅有助于减少计算成本，并能够有效地提高对噪声污染的鲁棒性。利用稀疏和低秩等技术，稀疏子空间聚类和低秩表示算法将聚类问题表示为利用数据集本身作为字典来进行数据的稀疏或低秩表示。相关的全局最优问题的解用来构建相似性图，然后利用高相似性图进行数据分割。这类方法的优点是能够处理包含噪声或例外点的数据集，并且原则上这些算法不需要提前知道子空间的维数和子空间数目。

　　针对多视图数据中对象与类簇之间的不确定性聚类问题，本章提出一种基于低秩表示的多视图三支聚类方法 (active three-way clustering via low-rank matrices，ATCLM)[4]，如图 9.6 所示。该方法主要包括两个阶段：①基于低秩表示的多视图数据融合算法，用于从多个视图数据中获取满足所有视图的一致性信息；②主动三支聚类算法。对数据中存在的对象和类簇之间的不确定性进行表示，并通过主动学习对不确定性进行度量并获取信息量丰富的成对约束信息，调整聚类结构以提高聚类性能[4]。

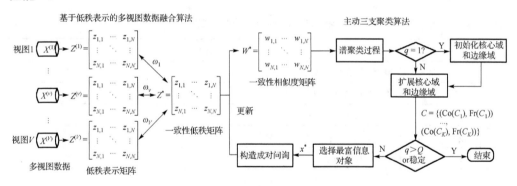

图 9.6　基于低秩表示的多视图三支聚类方法

　　多视图聚类最主要的困难在于，如何充分地获取并利用视图之间存在的关联信息和互补信息。因此，为了更好地描述各个视图之间的差异性，我们引入一致性低秩矩阵表示所有视图所共享的潜在聚类结构。通过衡量一致性低秩矩阵与各个视图低秩矩阵的差异性，动态更新每个视图的权重信息。

　　为了使谱聚类的类簇划分更为清晰，充分表达对象与类簇之间的三种关系。本章提出一种三支聚类算法，将确定性的数据对象划分到相应类的核心域，而具有不确定性的对象划分到相应类的边缘域。通过这种三支聚类表示可以较为直观地刻画处于类簇边缘的对象。

　　另外，本章提出一种基于三支决策的主动学习策略，用于对边缘域中的不确定性对象进行进一步的划分。需要注意的是，当无需提供任何监督信息时，我们可以省略第二阶段，即主动学习过程，此时模型是一个无监督聚类算法。当需要对那些不确定对象进行进一步的决策时，模型是一个迭代过程；当结果达到稳定或问询次数 q 达到最大问询次数 Q 时，算法迭代停止。另外，当所有类簇的边缘域为空时，聚类结果是一个二支表示结果，即每个类由一个核心域表示。否则，输出的聚类结果是一个三支表示结果，每个类由一个核心域和一个边缘域表示。

9.3.1　基于低秩表示的多视图数据融合算法

在多视图数据中，一个对象 x 由多个不同的特征子集描述。$X = \{x_1, \cdots, x_i, \cdots, x_N\}$ 是 N 个数据对象的集合，V 表示为视图的个数，$X^{(1)}, X^{(2)}, \cdots, X^{(v)}, \cdots, X^{(V)}$ 是每个视图的数据矩阵。

对于第 v 个视图 $X^{(v)} \in \mathbb{R}^{N \times d^{(v)}}$，$d^{(v)}$ 是第 v 个视图的特征个数。$X^{(v)} = (x_1^{(v)}, x_2^{(v)}, \cdots, x_i^{(v)}, \cdots, x_N^{(v)})$，其中 $x_i^{(v)} = (x_{i,v}^1, x_{i,v}^2, \cdots, x_{i,v}^j, \cdots, x_{i,v}^{d(h)})$ 表示该视图中的第 i 个数据对象，$x_{i,v}^j$ 表示第 v 个视图中第 i 个对象的第 j 个特征属性。表 9.1 总结了本章所用到的符号以及含义。

表 9.1　本章中的符号及含义

符号	含义
X	整个多视图数据集
N	每个视图数据的对象个数
$d^{(v)}$	第 v 个视图的特征数
$X^{(v)}$	第 v 个视图数据且 $X^{(v)} \in \mathbb{R}^{N \times d^{(v)}}$
$x_i^{(v)}$	第 v 个视图的第 i 个对象且 $x_i^{(v)} \in \mathbb{R}^{d^{(v)}}$
ω_v	第 v 个视图的权重
λ	平衡参数，用来控制噪声项的影响
γ	尺度参数，避免权重过拟合于一个视图上

当数据维度较高时，基于距离的相似性度量方式变得不再适用。基于低秩表示的多视图聚类方法能够将多个视图映射到一个共同的低维子空间。因此，针对高维多视图数据，我们通过计算每个视图的低秩表示来反映对象之间的相似度。由于基于低秩表示的子空间聚类算法将聚类问题表示为利用数据集本身作为字典来进行数据的低秩表示，因此其相关的全局最优问题的解可以用来构建相似性图。

另外，为了更好地获取并利用各个视图之间的差异性，我们引入一致性低秩矩阵来表示所有视图共享的潜在聚类结构。对大多数的多视图聚类算法来讲，它们将所有视图视为同等重要性。然而，随着视图个数的增多，一些冗余视图或数据污染较重的视图不仅对求解目标任务起不到积极作用，甚至会降低学习性能。因此，为了充分挖掘视图之间的歧义信息以增加学习的正面作用，我们通过衡量每个视图对一致性信息的贡献程度分别对其赋予不同的权重信息。

图 9.7 为本章提出的基于低秩表示的多视图数据融合算法，用于从多个视图数据中获取满足所有视图的一致性信息。其主要思想是：给定多视图数据 $\{X^{(1)},\cdots,X^{(V)}\}$，针对每个视图发现其秩最小的低秩表示矩阵 $\{Z^{(1)},\cdots,Z^{(V)}\}$，每个视图的低秩表示矩阵可以捕获相应视图数据的全局结构特征并减弱噪声数据的影响。为了获取不同视图共享的潜在聚类结构，我们将从多个视图中学习到的低秩矩阵规范为一致性低秩矩阵 Z^*。同时，考虑到不同视图可能取样于不同的数据分布，为了充分挖掘视图之间的歧义信息，我们对所有视图赋予不同的权重信息 $\omega = \{\omega_1,\cdots,\omega_V\}$。

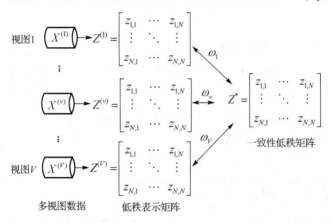

图 9.7　基于低秩表示的多视图数据融合

对于单视图聚类，Lin 等[8]提出了低秩表示算法，其目的是通过获得数据集的最低秩表示来准确地恢复出子空间结构。在低秩表示中，每个对象都能由字典中的基向量进行线性表示，而数据矩阵 X 一般将自己作为字典。另外，在现实应用中，采集到的数据往往会受到噪声或奇异点的影响。因此，我们可以给出 LRR 的目标函数：$\min\|Z\|_* + \lambda\|E\|_{2,1}$ s.t. $X = XZ + E$。其中，$\|Z\|_*$ 是 Z 的核范数；$\|E\|_{2,1} = \sum_{j=1}^{n}\sqrt{\sum_{i=1}^{n}\left(|E|_{i,j}\right)^2}$ 是噪声 E 的 $\ell_{2,1}$ 范数，参数 $\lambda > 0$ 用来平衡目标函数中两部分的影响。

当处理多视图数据时，我们可以很自然地获得其相应的低秩表示模型：

$$\min_{Z^{(v)},E^{(v)}} \sum_{v=1}^{V}\{\|Z^{(v)}\|_* + \lambda\|E^{(v)}\|_{2,1}\} \tag{9.8}$$
$$\text{s.t.} X^{(v)} = X^{(v)}Z^{(v)} + E^{(v)}, \ Z^{(v)} \geqslant 0$$

其中，$Z^{(v)}$ 是第 v 个视图数据 $X^{(v)}$ 的低秩表示矩阵，$Z^{(v)} \geqslant 0$ 是一个非负约束。

由于各个视图之间往往存在一定的关联信息和互补信息，因此简单地使用单视图聚类方法来处理多视图数据得到的聚类质量往往达不到理想的效果。因此，为了充分获取并利用各个视图之间的差异性，我们引入满足所有视图数据结构的一致性低秩矩阵并计算其与每个视图的低秩矩阵的差异程度。同时，考虑到有些数据缺失或污染较严重的视图会影响学习性能，赋予每个视图不同的权重。目标函数如下：

$$\min_{Z^{(v)}} \sum_{v=1}^{V} \left\{ \left\| Z^{(v)} \right\|_* + \lambda \left\| E^{(v)} \right\|_{2,1} + \frac{\omega_v}{2} \left\| Z^{(v)} - Z^* \right\|_F^2 \right\} + \gamma \left\| \omega \right\|_2^2$$

$$\text{s.t.} \quad X^{(v)} = X^{(v)} Z^{(v)} + E^{(v)}, Z^{(v)} \geqslant 0 \tag{9.9}$$

$$\omega = (\omega_1, \omega_2, \cdots, \omega_v)^\top, \omega_v > 0, \sum_{v=1}^{V} \omega_v = 1$$

其中：

(1) $Z^{(v)}$ 表示第 v 个视图 $X^{(v)}$ 的低秩表示，并揭示其全局聚类结构。

(2) $E^{(v)}$ 表示 $X^{(v)}$ 可能存在的噪声，通过 $\ell_{2,1}$ 范数来提高对噪声的鲁棒性。

(3) $\left\| Z^{(v)} - Z^* \right\|_F^2$ 用来衡量每个视图的低秩矩阵与一致性矩阵的不一致。

(4) ω_v 表示每个视图的重要性程度，尺度参数 γ 避免权重过拟合于一个视图上。

(5) $Z^{(v)} \geqslant 0$ 是一个非负约束。

(6) λ 是一个平衡参数，用来控制噪声项的影响。

算法 9.1　基于低秩表示的多视图数据融合算法

输入：多视图数据 $X^{(v)} \in \mathbb{R}^{d^{(v)} \times N} (v = 1, \cdots, V)$，正则参数 λ，尺度参数 γ。

输出：一致性低秩矩阵 Z^*。

初始化：$t = 0$，$Z_0^{(v)} = Q_0^{(v)} = Y_{2,0}^{(v)} = 0$，$E_0^{(v)} = Y_{1,0}^{(v)} = 0$，$\mu_0 = 10^{-6}$，$\mu_{\max} = 10^{10}$，$\rho = 1.9$，$\omega_v = 1/V$，$\varepsilon = 10^{-9}$

1. **Repeat**
2. 　　**for** $v=1:V$ **do**
3. 　　　　利用式 (9.12) ～ 式 (9.14) 更新变量 $Q_{t+1}^{(v)}, Z_{t+1}^{(v)}, E_{t+1}^{(v)}$；
4. 　　　　利用式 (9.16) 更新权重系数 $\omega_{v,t+1}$；
5. 　　　　利用式 (9.18)、式 (9.19) 更新拉格朗日乘子 $Y_{1,t+1}^{(v)}$、$Y_{2,t+1}^{(v)}$；
6. 　　**end for**
7. 　　利用式 (9.15) 更新变量 Z_{t+1}^*；
8. 　　更新 μ：$\mu_{t+1} = \min(\mu_{\max}, \rho \mu_t)$；
9. 　　更新 t：$t \leftarrow t+1$；
10. **Until** $\min(\left\| X^{(v)} - X^{(v)} Z^{(v)} - E^{(v)} \right\|_\infty, \left\| Z^{(v)} - Q^{(v)} \right\|_\infty) \leqslant \varepsilon$

算法 9.1 给出了求解一致性低秩矩阵 Z^* 的主要过程。为了便于对目标函数 (9.9)

中的每个变量进行优化求解,我们引入辅助矩阵 $Q^{(v)} \in \mathbb{R}^{N \times N}$,并在目标函数中加入其等价约束。因此,目标函数变为:

$$\min_{Q^*} \sum_{v=1}^{V} \left(\left\| Q^{(v)} \right\|_* + \lambda \left\| E^{(v)} \right\|_{2,1} + \frac{\omega_v}{2} \left\| Z^{(v)} - Z^* \right\|_F^2 \right) + \gamma \left\| \omega \right\|_2^2$$

$$+ \sum_{v=1}^{V} \left(\left\langle Y_1^{(v)}, X^{(v)} - X^{(v)} Z^{(v)} - E^{(v)} \right\rangle + \frac{\mu}{2} \left\| X^{(v)} - X^{(v)} Z^{(v)} - E^{(v)} \right\|_F^2 \right)$$

$$+ \sum_{v=1}^{V} \left(\left\langle Y_2^{(v)}, Z^{(v)} - Q^{(v)} \right\rangle + \frac{\mu}{2} \left\| Z^{(v)} - Q^{(v)} \right\|_F^2 \right)$$

$$\text{s.t.} \quad X^{(v)} = X^{(v)} Z^{(v)} + E^{(v)}, Z^{(v)} \geqslant 0, Z^{(v)} = Q^{(v)}$$

$$\omega = (\omega_1, \omega_2, \cdots, \omega_v)^\top, \omega_v > 0, \sum_{v=1}^{V} \omega_v = 1 \tag{9.10}$$

其中, $Y_1^{(v)} \in \mathbb{R}^{d(v) \times N}, Y_2^{(v)} \in \mathbb{R}^{N \times N}$ 是拉格朗日乘子, $\langle \cdot, \cdot \rangle$ 表示两个矩阵的内积, $\mu > 0$ 是自适应惩罚参数。

在算法 9.1 中,其最大的计算量就是在求解变量 $Q^{(v)}$ 时需要进行奇异值分解,因此算法 9.1 的复杂度大约为 $O(N^3)$。

由于核范式和 $\ell_{2,1}$ 范式的存在使得对目标函数 (9.10) 的优化较为困难,因此在本节中,我们采用增广拉格朗日乘子方法 (augmented lagrange multipliers, ALM)[9]进行求解。增广拉格朗日乘子法是在拉格朗日乘子法的基础上,联系了罚函数外点法的一种方式。它的基本思想就是把拉格朗日乘子放入惩罚函数中去,来建立增广拉格朗日函数。在寻找最优解的过程中,通过求解无约束最小优化问题来得到拉格朗日函数的极小值点。

而对权重的求解则是一个单位单纯形上的凸优化问题,因此可以采用熵镜像下降算法 (entropic mirror descent algorithm, EMDA)[10]来求解。EMDA 可看作一种非线性投影子梯度类型方法,它没有利用通常的欧氏距离而采用一种更通用的距离度量函数。EMDA 能很好地解决单位单纯形上的凸问题,如 $\triangle = \left\{ \omega \in \mathbb{R}^V : \sum_{v=1}^{V} \omega_v = 1, \omega \geqslant 0 \right\}$。为了应用该方法,目标函数 f 必须是一个凸 Lipschitz 连续函数,且 Lipschitz 常数 L_f 限定为固定的范式。在这里,我们使用范式 $\| \cdot \|_1$,即 $\| \nabla f(\omega) \|_1 \leqslant 2\beta + \| s \|_1 = L_f$,其中 $s = \{s_1, \cdots, s_v\}$。

从多变量优化角度来看,目标函数 (9.10) 是一个非凸函数。但当仅考虑一个变量而其他变量都固定时,目标函数则是一个凸函数,因此我们通过最小化目标函数来交替求解每个变量。由于每个视图中的变量都有着相同的求解模式,因此,我们只给出第 v 个视图的求解过程,详细的求解过程如下。

(1) 固定 $E^{(v)}, Z^*, Z^{(v)}, \omega$，更新 $Q^{(v)}$。

当其他变量都固定时，对于 $Q^{(v)}$ 的子问题为：

$$Q_{t+1}^{(v)} = \underset{Q^{(v)}}{\arg\min} \left\| Q^{(v)} \right\|_* + \frac{\mu}{2} \left\| Q^{(v)} - (Z^{(v)} + Y_2^{(v)} / \mu) \right\|_F^2 \tag{9.11}$$

该问题可以通过奇异值阈值方法[11]求得。假设 $U\Sigma V^\top$ 是 $(Z^{(v)} + Y_2^{(v)} / \mu)$ 的奇异值分解形式，那么：

$$Q_{t+1}^{(v)} = U S_{1/\mu_t}(\Sigma) V^\top \tag{9.12}$$

(2) 固定 $Q^{(v)}, E^{(v)}, Z^*, \omega$，更新 $Z^{(v)}$：

$$\begin{aligned} Z_{t+1}^{(v)} = &\left((\omega_{v,t} + \mu_t)I + \mu_t (X^{(v)})^\top X^{(v)}\right)^{-1} \\ &(\omega_{v,t} Z_t^* + \mu_t (X^{(v)})^\top (X^{(v)} - E_t^{(v)} + Y_{1,t}^{(v)} / \mu_t) + \mu_t Q_{t+1}^{(v)} - Y_{2,t}^{(v)}) \end{aligned} \tag{9.13}$$

(3) 固定 $Q^{(v)}, Z^*, Z^{(v)}, \omega$，更新 $E^{(v)}$：

$$\begin{aligned} E_{t+1}^{(v)} &= \underset{E^{(v)}}{\arg\min} \lambda \left\| E^{(v)} \right\|_{2,1} + <Y_1^{(v)}, X^{(v)} - X^{(v)} Z^{(v)} - E^{(v)}> + \frac{\mu}{2} \left\| X^{(v)} - X^{(v)} Z^{(v)} - E^{(v)} \right\|_F^2 \\ &= \underset{E^{(v)}}{\arg\min} \lambda \left\| E^{(v)} \right\|_{2,1} + \frac{\mu}{2} \left\| E^{(v)} - (X^{(v)} - X^{(v)} Z^{(v)} + Y_1^{(v)} / \mu) \right\|_F^2 \\ &= \Omega_{\lambda\mu_t^{-1}}(X^{(v)} - X^{(v)} Z_{t+1}^{(v)} + Y_t^{(v)} / \mu_t) \end{aligned}$$

$$\tag{9.14}$$

其中，Ω 是 $\ell_{2,1}$ 最小化算子[8]。

(4) 固定 $Q^{(v)}, E^{(v)}, Z^{(v)}, \omega$，更新 Z^*：

$$\begin{aligned} Z_{t+1}^* &= \underset{Z^*}{\arg\min} \sum_{v=1}^V \omega_v \left\| Z^{(v)} - Z^* \right\|_F^2 \\ &= \frac{\sum_{v=1}^V \omega_{v,t} Z_{t+1}^{(v)}}{\sum_{v=1}^V \omega_{v,t}} \end{aligned} \tag{9.15}$$

(5) 固定 $Q^{(v)}, Z^*, Z^{(v)}, E^{(v)}$，更新 ω_v：

$$\underset{\omega_v}{\arg\min} \sum_{v=1}^V \omega_v \left\| Z^{(v)} - Z^* \right\|_F^2 + \gamma \left\| \omega \right\|^2 \tag{9.16}$$

$$\text{s.t. } \omega = (\omega_1, \omega_2, \cdots, \omega_V), \sum_{v=1}^V \omega_v = 1, \omega_v > 0$$

通过熵镜像下降算法 (entropy mirror descent algorithm, EMDA) 来求解权重。为

了应用该方法,目标函数 f 必须是一个凸 Lipschitz 连续函数,且 Lipschitz 常数 L_f 限定为固定的范式。本章中 ω 的 Lipschitz 常数为:

$$L_f(\omega) = \sum_{v=1}^{V} \left\| Z^{(v)} - Z^* \right\|_F^2 + 2\gamma \tag{9.17}$$

(6) 更新 $Y_1^{(v)}$ 和 $Y_2^{(v)}$:

$$Y_{1,t+1}^{(v)} = Y_{1,t}^{(v)} + \mu_t (X^{(v)} - X^{(v)} Z_{t+1}^{(v)} - E_{t+1}^{(v)}) \tag{9.18}$$

$$Y_{2,t+1}^{(v)} = Y_{2,t}^{(v)} + \mu_t (Z_{t+1}^{(v)} - Q_{t+1}^{(v)}) \tag{9.19}$$

9.3.2　主动三支聚类算法

　　与半监督学习不同的是,主动学习模拟了人的学习过程,通过启发式学习策略主动选择信息量较大的对象进行标记,并利用获得的监督信息对聚类过程进行调整,通过迭代训练逐步提高聚类算法的性能。为了使得谱聚类的类簇划分更为清晰,充分表达出数据对象的不确定性,本章借助三支决策的思想,将确定性的数据对象划分到相应类的核心域,而具有不确定性的对象划分到相应类的边缘域,待进一步的决策。对于主动学习而言,借助于核心域,可以通过成对约束的传递性获取更多的成对约束信息。通过边缘域来刻画数据的不确定性,可以极大地缩小主动学习对不确定性数据的搜索空间。

　　图 9.8 给出了主动三支聚类算法的过程。当需要对所选择出来的不确定对象进行进一步的决策时,模型是一个迭代过程,当结果达到稳定或问询次数 q 达到最大次数 Q 时,算法迭代停止。当所有类簇的边缘域为空时,聚类结果是一个二支表示结果,即每个类由一个核心域表示。否则,输出的聚类结果是一个三支表示结果,每个类由一个核心域和一个边缘域表示。

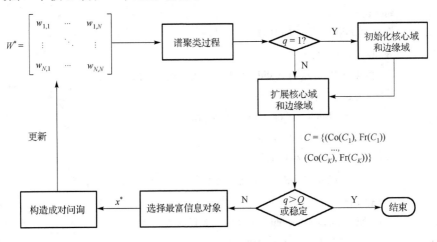

图 9.8　主动三支聚类算法

　　为了获得一种三支聚类表示，我们需要通过搜索和扩展两个过程来对每个类簇的核心域和边缘域分别进行构造。对于多类别数据的聚类问题，位于类边缘的数据对象往往要比类中心对象含有更多的信息量。因此在本节中，我们采用文献[12]中的最远优先的遍历方法(farthest-first traversal scheme)选择类边缘对象来构造 K 个初始核心域，然后借助于三支决策的思想对每个类的核心域和边缘域分别进行扩展。

算法 9.2　主动三支聚类算法

输入：一致性相似度矩阵 W^*，类簇个数 K。

输出：最终聚类结果 $C = \{(\mathrm{Co}(C_1), \mathrm{Fr}(C_1)), \cdots, (\mathrm{Co}(C_k), \mathrm{Fr}(C_k)), \cdots, (\mathrm{Co}(C_K), \mathrm{Fr}(C_K))\}$。

---

1. **repeat**

　　/*谱聚类过程*/

2. 　　构造规范拉普拉斯矩阵 $L = I - D^{-1/2} W^* D^{-1/2}$；

3. 　　计算 L 的 K 个最小特征值对应的特征向量 $e_1, e_2, \cdots, e_K$，并构造矩阵
　　　$E = [e_1, e_2, \cdots, e_K] \in \mathbb{R}^{N \times K}$；

4. 　　将矩阵 E 规范化，每个行向量转变成单位向量：$E_{ij} = E_{ij} / \sqrt{\sum_j E_{ij}^2}$；

5. 　　使用 k-means 算法对矩阵 E 进行聚类 $\pi = \{C_1, \cdots, C_K\}$，若 E 的第 i 行分配到 C_j 类，则将数据对象 x_i 划分到 C_j 类；

6. 　　**if** $q = 0$ **then**

　　/*初始化核心域和边缘域*/

7. 　　　　CandidateSet $\leftarrow X; R \leftarrow \varnothing$；

8. 　　　　**for** $i = 1$ **to** K **do**

9. 　　　　　　$\mathrm{Co}(C_k) \leftarrow \varnothing$；$\mathrm{Fr}(C_k) \leftarrow \varnothing$；

10. 　　　　**end for**

11. 　　　　$x \leftarrow \mathrm{Random}(X)$；$\mathrm{Co}(C_1) \leftarrow x$；$l \leftarrow 1$；

12. 　　　　**while** $l < K$ **do**

13. 　　　　　　根据式(9.21)从 CandidateSet 中任选一点 x；$\mathrm{ML\_count} \leftarrow 0$；

14. 　　　　　　**for** $i = 1$ **to** l **do**

15. 　　　　　　　　$x_i \leftarrow \mathrm{Random}(\mathrm{Co}(C_i))$；$\mathrm{query}(x, x_i)$；

16. 　　　　　　　　**if** $(x, x_i) \in \mathrm{ML}$ **then**

17. 　　　　　　　　　　$\mathrm{Co}(C_i) \leftarrow \mathrm{Co}(C_i) \bigcup \{x\}$；

18. 　　　　　　　　　　CandidateSet $\leftarrow$ CandidateSet $- \{x\}$；$\mathrm{ML\_count} += 1$；

19. 　　　　　　**end for**

20. 　　　　　　**if** $\mathrm{ML\_count} \neq l$ **then** //没有构成 ML 约束

21. 　　　　　　　　$l + +; \mathrm{Co}(C_i) \leftarrow \mathrm{Co}(C_i) \bigcup \{x\}$；

22.　　　　　　　CandidateSet ← CandidateSet − {x} ；

23.　　　**end while**

/*扩展核心域和边界域*/

24.　　**for** 任意一点 $x \in$ CandidateSet　**do**

25.　　　　**for** $i = 1$ **to** K do

26.　　　　　x_i ← Random(Co(C_i)) ；

27.　　　　　**if** $x \in N(x_i)$　**then**

28.　　　　　　　根据三支规则(9.22)将 x_i 划分到 Co(C_i) 或 Fr(C_i) ；　**continue** ；

29.　　**end for**

30.　　**end for**

/*从边缘域中选择最富信息对象 x^**/

31.　　**for** 所有对象 $x \in \bigcup_{i=1}^{K}$Fr(C_i)　**do**

32.　　　　**for** 每个核心域 Co(C_k)　**do**

33.　　　　　　根据式(9.24)计算对象 x 的熵 $H(x)$ ；

34.　　　　**end for**

35.　　**end for**

36.　　$x^* \leftarrow \arg\max_{x} H(x)$

/*构造成对问询，获取成对约束*/

37.　　对 x^* 属于每个核心域的概率 $p(x^* \in$ Co(C_i)) 进行降序排($1 \leqslant k \leqslant K$)。

38.　　**for** $i = 1$ **to** K do

39.　　　　x_i ← Random(Co(C_i));query(x^*, x_i);q++；

40.　　　　**if** $(x^*, x_i) \in$ ML **then**　　Co(C_i) ← Co(C_i)$\bigcup$ {x^*} ；　**continue** ；

41.　　**end for**

42.　　更新约束集合 R；

43.　　根据式(9.20)更新一致性相似度矩阵 W^*；

44.　**Until** $q > Q$ 或结果稳定

　　　算法 9.2 描述了主动三支聚类算法的主要过程。在每一次迭代过程中，首先通过谱聚类算法对一致性相似度矩阵聚类获得二支聚类结果。然后，借助于三支决策思想，将每个类簇由传统的单一集合表示变为由核心域和边缘域两个集合来表示。核心域中的对象表示确定属于该类簇，而边缘域中的对象表示不确定属于该类簇。最后，为了对边缘域中的不确定性对象进一步处理，我们使用基于不确定性的主动学习方法从中选择不确定性最高的对象即最富有信息的对象；通过问询该对象与每个类簇的成对约束关系获得一定的监督信息，将其作用于一致性相似度矩阵进行调整。若当前问询次数 q 达到最大问询次数 Q 时，整个算法停止迭代。

三支谱聚类过程包括了初始的聚类以及后续对聚类过程的调整。由于初始时约束集合 $R=\varnothing$，没有任何先验知识的参与，此时的谱聚类过程是无监督学习。在后续迭代学习过程中，经由主动学习在每次迭代中依据算法 9.2 中的策略选出对当前分类决策最有用的未标记对象进行成对约束问询，通过问询产生的成对约束信息添加到约束集合 R 中。当一对对象满足 must-link 约束关系，即 $(x_i, x_j) \in \mathrm{ML}$，矩阵 R 中相应元素更新为 1。当一对对象满足 cannot-link 约束关系，即 $(x_i, x_j) \in \mathrm{CL}$，矩阵 R 中相应元素更新为 0。在每次迭代之后，我们根据专家的反馈信息来更新 R。然后，对谱聚类的相似度矩阵 W 采用如下策略进行调整。

$$\begin{aligned} &\mathrm{if}(x_i, x_j) \in \mathrm{ML}, \text{ then } w_{ij} = w_{ji} = 1 \\ &\mathrm{if}(x_i, x_j) \in \mathrm{CL}, \text{ then } w_{ij} = w_{ji} = 0 \end{aligned} \tag{9.20}$$

1）初始化核心域和边缘域

对于多类别数据的聚类问题，位于类边缘的数据对象往往要比类中心对象含有更多的信息量。因此在本章中，我们采用文献[13]中的最远优先的遍历方法（farthest-first traversal scheme）选择类边缘对象来构造 K 个初始核心域，然后借助于三支决策的思想对每个类的核心域和边缘域分别进行扩展。由此，得到一个更符合实际的聚类结果表示。

在初始核心域构造过程中，我们首先从数据集中随机选择一点（算法 9.2 第 11 行）。然后，根据式（9.21）从未遍历点集 CandidateSet 中选择最远的点（算法 9.2 第 13 行）。l 记录了当前构造的核心域的个数，假设 AllCo 表示所有的核心域中的对象集合，即 $\mathrm{AllCo} = \bigcup_{i=1}^{l} \mathrm{Co}(C_i)$。基于最小最大准则[14]，对象 x 和 AllCo 的距离为 $d(x, \mathrm{AllCo}(i)) = \min\limits_{y \in \mathrm{AllCo}(i)} \|x - y\|$。然后，距离当前核心域最远的对象选择如下：

$$x \leftarrow \underset{x \in \mathrm{CandidateSet}}{\arg\max} \ d(x, \mathrm{Allco}) = \underset{x \in \mathrm{CandidateSet}}{\arg\max} \ (\min\limits_{y \in \mathrm{AllCo}(i)} \|x - y\|) \tag{9.21}$$

然后，从当前每个核心域中 $\mathrm{Co}(C_i)(1 \leqslant i \leqslant l)$ 均任选一点 x_i 构造成对问询，其形式为：x_i 和 x_j 是否属于同一类？如果 $y_i = y_j$，则 x_i 和 x_j 满足 ML 约束，并将 x_j 加入到 $\mathrm{Co}(C_i)$ 中。若不等于，则 x_i 和 x_j 满足 CL 约束。若所有核心域均不满足 ML 约束，创建新的核心域 $\mathrm{Co}(C_{l+1})$，并使得 $\mathrm{Co}(C_{l+1}) = \{x\}$。

2）扩展核心域和边缘域

定义 $N_k(x)$ 为对象 x 的 k 个近邻对象集合。对于一个待划分对象 x 和已知对象 $x_i \in \mathrm{Co}(C_i)$，如果 $(x \in N_k(x_i)) \wedge (x_i \in N_k(x))$ 且 $\pi(x) = \pi(x_i)$，则将 x 划分到核心域 $\mathrm{Co}(C_i)$ 中；若 $(x \in N_k(x_i)) \wedge (x_i \notin N_k(x))$ 且 $\pi(x) = \pi(x_i)$，则将 x 划分到边缘域 $\mathrm{Fr}(C_i)$ 中。

若有待划分对象 x，已划分对象 $x_i \in \mathrm{Co}(C_i)$ 且 $\pi(x) = \pi(x_i)$，则对象 x 有如下的划分规则：

$$\text{if } (x \in N_k(x_i)) \wedge (x_i \in N_k(x)), \text{ then Co}(C_i) = \text{Co}(C_i) \bigcup \{x\}$$
$$\text{if } (x \in N_k(x_i)) \wedge (x_i \notin N_k(x)), \text{ then Fr}(C_i) = \text{Fr}(C_i) \bigcup \{x\}$$
(9.22)

到目前位置，已经完成了所有类簇的三支聚类表示，根据三支划分规则 (9.22) 每个类簇都由一个核心域 Co(C) 和一个边缘域 Fr(C) 表示。每个类核心域中的对象确定属于该类，而边缘域中的对象则具有不确定性。为了充分利用对象与类簇之间的不确定性实现更为准确的划分，接下来我们使用基于不确定性采样的主动学习方法选择不确定性最高的对象。

3）主动学习策略

聚类结果经过三支聚类表示后，每个类划分不明确的对象均被保存在边缘域中。因此，我们可以采用基于不确定性采样的主动学习策略对边缘域中对象的不确定性进行度量，并通过成对问询获取成对约束信息用于多视图数据的标记。

基于不确定性的采样策略是适用性最广的一类基于池的采样策略，针对未标记数据，挑选当前最无法确定其类别标签的对象交由专家进行标注。将新添加的约束信息加入到约束集合中可以有效提高聚类性能。在本小节中，我们将讨论一种基于相似度的方式来度量对象的不确定性。

不确定性对象 x 属于核心域 $\text{Co}(C_i)(1 \leqslant i \leqslant K)$ 的概率为：

$$p(x \in \text{Co}(C_i)) = \frac{\dfrac{1}{|\text{Co}(C_i)|} \displaystyle\sum_{x_j \in \text{Co}(C_i)} w_{\cdot j}}{\displaystyle\sum_{l=1}^{K} \dfrac{1}{|\text{Co}(C_i)|} \displaystyle\sum_{x_j \in \text{Co}(C_j)} w_{\cdot j}}$$
(9.23)

其中，$|\text{Co}(C_i)|$ 是核心集 $\text{Co}(C_i)$ 中的对象个数，$w_{\cdot j}$ 是 x 和 x_j 的相似度。

在得到边缘域中每个对象的划分概率后，我们计算每个对象的不确定性熵为：

$$H(x) = -\frac{1}{K} \sum_{i=1}^{K} (p(x \in \text{Co}(C_i)) \log_2 p(x \in \text{Co}(C_i)))$$
(9.24)

其中，$x \in \bigcup_{i=1}^{K} \text{Fr}(C_i)$。由此，可以得到最富信息对象：

$$x^* = \underset{x \in U}{\arg\max}\, H(x)$$
(9.25)

其中，U 表示未标记数据的集合。

另外，在获取最富信息对象 x^* 之后我们需要对其与每个类簇的核心域构造成对问询，在这一过程中由于所有的不确定性对象被保存在边缘域中，因此避免了主动学习从全局进行搜索，可以极大地缩短搜索代价。接下来，查询 x^* 与每个核心域的约束关系，获取成对约束。当概率 $P(x \in \text{Co}(C_k))$ 越大时，表明 x^* 越可能属于类簇 C_k。因此，为了进一步提高查询效率，我们在构造成对问询之前，先对 $P(x \in \text{Co}(C_k))$ 以降序进行排序，并将获得的成对约束信息保存在约束集合 R 中。借助于每个类的核心域以及成对约束的特性能够获取更多的成对约束信息；另外，由于将搜索范围限制在了每个类的边缘域中，可以极大地缩小主动学习对不确定性数据的搜索空间。

9.4　实验分析

9.4.1　评价指标与数据集

为了对实验结果进行评估，我们采用聚类准确度(cluster accuracy，ACC)和归一化互信息(normalized mutual information，NMI)以及 F-measure 这三种评估指标对聚类性能进行度量。

聚类准确率定义为划分正确的对象个数与所有对象个数的比值[15]，其公式为：

$$\text{ACC} = \frac{1}{N} \sum_{i=1}^{N} \delta(h_i, \text{map}(l_i)) \tag{9.26}$$

其中，N 是对象个数，h_i 和 l_i 分别表明第 i 个对象的真实类标和聚类类标。当 $x=y$ 时，函数 $\delta(x,y)$ 值等于 1，否则等于 0。

归一化互信息[16]定义为：

$$\text{NMI}(X,Y) = \frac{H(X) + H(Y) - H(X,Y)}{(H(X) + H(Y))/2} \tag{9.27}$$

其中，$H(X)$ 和 $H(Y)$ 分别是随机变量 X 和 Y 的熵，$H(X,Y)$ 是 X 和 Y 的联合熵。NMI 的值是 0 到 1 之间，当等于 1 时，表明聚类结果和真实结果完全符合。

F-measure 定义为精确率和召回率的调和平均数[17]：

$$\text{F-measure} = \frac{2 \times \text{precision} \times \text{recall}}{\text{precision} + \text{recall}} \tag{9.28}$$

其中，precision 和 recall 分别表示准确率和召回率。

同时，在本章实验中，使用了七个真实的多视图数据集，分别为 SensIT、3-Sources、Digits、Cora、WebKB、Citeseer、Movies617。数据集信息如表 9.2 所示：

表 9.2　数据集信息

数据集	数据集大小	特征数大小	视图个数	类簇个数
SensIT	300	{50,50}	2	3
3-Sources	169	{3068,3631,3560}	3	6
Digits	2000	{240,76}	2	10
Cora	2708	{2708,1433}	2	7

续表

数据集	数据集大小	特征数大小	视图个数	类簇个数
WebKB	187	{1703,187,187,187}	4	5
Citeseer	3312	{3703,3312}	2	6
Movies617	617	{1878,1398}	2	17

9.4.2　对比实验

为了展示本章提出的多视图数据融合算法(the multi-view information fusion，MIF)的有效性，我们将采用以下六个多视图聚类策略或算法进行对比。

(1)最优单视图策略(best single view，BSV)：对每个视图数据分别使用基于低秩表示的聚类算法，选择其中聚类性能的结果。

(2)特征串联策略(feature concatenation，FeatCon)：串联所有视图的特征构成一个单视图数据表示，然后对其使用基于低秩表示的聚类算法对其聚类。

(3)平均权重的多视图聚类策略(average weighted clustering，AWC)：对所有的视图赋予相同的权重，然后使用本章提出的基于低秩表示的多视图聚类算法对其聚类。

(4)基于协同正则化的多视图谱聚类算法(co-regularized spectral clustering，CRSC)[18]：在谱聚类中采用 co-regularization 框架，使用高斯核函数对每个视图构造亲密矩阵，并按照建议在算法中设置参数值为 0.01。

(5)基于特征选择的加权多视图聚类算法(weighted clustering with feature selection，WCFS)[19]：对视图和特征分别进行设计加权模式。在算法中的参数 p 和 β 分别设置为 10 和 0.1。

(6)基于低秩和矩阵引导正则化的多视图聚类算法(low-rank and matrix-induced regularization，LRMIR)[20]：基于低秩表示获取转移概率矩阵，通过矩阵引导正则项减少不同视图之间的冗余并增强差异性。在算法中设置两个参数均为 0.25。

在 9.3 节提出的多视图数据融合算法模型中，有两个参数 λ 和 γ 分别用来控制噪声项的影响以及避免权重过拟合于一个视图上。在这里，我们将在 3-Sources、Movies617 和 WebKB 三个数据集上测试这两个参数值的改变是如何影响聚类的性能。同时，在测试其中一个参数时，我们保证另一个参数是固定的。图 9.9 和图 9.10 分别展示了算法在三个数据集的聚类准确率和 NMI。

观察图 9.9 和图 9.10，我们可以得出如下结论。当参数 γ 取较大范围的值时，实验结果相对稳定，因此参数 γ 对模型的影响较小。而对于参数 λ，当其在 $[e^{-6}, e^{-3}]$ 的取值区间中能够取得一个稳定且性能较好的结果。当参数 $\lambda = e^{-4}$，$\gamma = 0.1$ 时，实验结果相对其他取值要优。另外，对最小化目标函数(式(9.10))的更新规则是迭过程，而其子问题是凸函数且有解，因此，基于低秩表示的多视图数据融合算法能够收敛到全局最优。

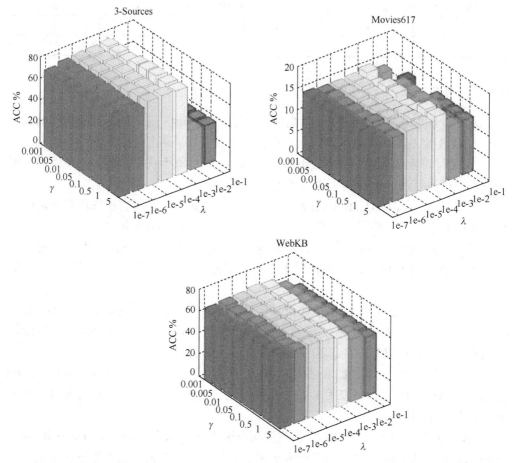

图 9.9　ATCLM 关于 λ 和 γ 在三个数据集上的 ACC

表 9.3 和表 9.4 分别展示了本章提出的 MIF 与六个对比算法在 4 个数据集上的聚类准确率和 NMI。由于算法都存在一定的随机性，每个算法均运行 10 次取平均值。

从总体上来看，MIF 算法要优于对比算法中所有的多视图聚类方法，主要是因为 MIF 不仅考虑了视图之间的关联性，同时考虑了多个视图之间的差异性。与算法 BSV 和 FeatCon 相比，多视图聚类算法能够获得更好的结果，这表明将多个有效的视图数据进行融合可以增强聚类性能。与算法 AWC 和 CRSC 相比，我们提出的方法可以获得更好的结果，原因是 MIF 算法根据每个视图对聚类结果的贡献度分配了不同的权重。特别地，MIF 算法和算法 LRMIR 总体上要优于 CRSC 和 WCFS 这两个算法。这表明相比于基于欧氏距离的高斯核函数，低秩表示更能够捕获数据集的潜在结构。

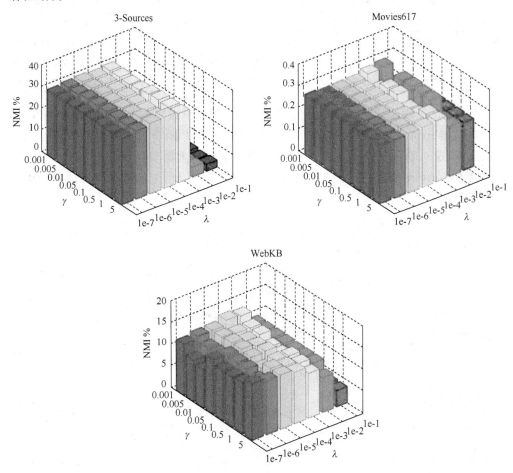

图 9.10 ATCLM 关于 λ 和 γ 在三个数据集上的 NMI

表 9.3 不同聚类算法在 4 个数据集上的 ACC

数据集	BSV	FeatCon	AWC	CRSC	WCFS	LRMIR	MIF
3-Sources	0.6118± 0.018	0.7041± 0.000	0.7485± 0.019	0.5047± 0.010	0.4018± 0.052	0.5846± 0.018	**0.7733±** 0.006
WebKB	0.6631± 0.000	0.6845± 0.000	**0.6989±** 0.004	0.4492± 0.000	0.6037± 0.049	0.5861± 0.006	0.6898± 0.011
SensIT	0.6600± 0.000	0.7433± 0.000	0.7433± 0.000	**0.7633±** 0.000	0.6530± 0.010	0.6593± 0.022	0.7133± 0.000
Movies617	0.2275± 0.008	0.2413± 0.007	0.2961± 0.009	0.2767± 0.014	0.1127± 0.010	0.2501± 0.007	**0.2985±** 0.010

表 9.4　　不同聚类算法在 4 个数据集上的 NMI

数据集	BSV	FeatCon	AWC	CRSC	WCFS	LRMIR	MIF
3-Sources	0.3804±0.034	0.5602±0.000	0.6233±0.017	0.3017±0.012	0.1307±0.052	0.4055±0.037	**0.6336**±0.004
WebKB	0.3010±0.000	**0.3217**±0.000	0.3150±0.005	0.1638±0.000	0.1539±0.089	0.1621±0.017	0.2654±0.010
SensIT	0.2697±0.000	**0.3678**±0.000	0.3660±0.000	0.1741±0.000	0.2739±0.018	0.2903±0.018	0.3229±0.000
Movies617	0.2066±0.007	0.2166±0.009	0.2713±0.007	0.2174±0.007	0.0820±0.019	0.2378±0.006	**0.2717**±0.009

　　为了测试本章提出的 ATCLM 策略的性能, 我们测试其与 R-ATCLM 和 NPU 两种策略在 SensIT、WebKB、3-Sources 和 Movies617 四个真实数据集上的性能。图 9.11 和图 9.12 分别呈现了三个算法在每个数据集上随着问询个数的增加算法的 NMI 和 F-measure 值。在 ATCLM 算法框架中, 如果采用随机方法选择成对约束, 称之为 R-ATCLM。

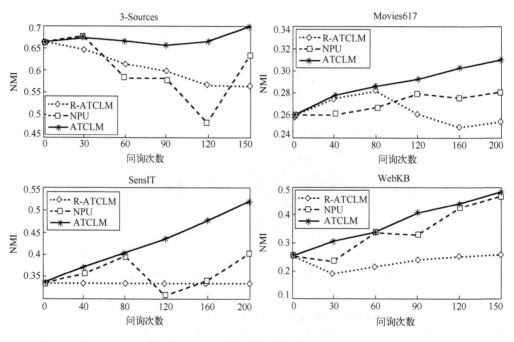

图 9.11　　三个算法在四个数据集上的 NMI

　　从图 9.11 和图 9.12 中, 可以看出在问询次数小的情况下, 三个算法在四个数据集上均获得较为接近的聚类性能。随着问询次数的增加, ATCLM 和 NPU 的性能优势变得越来越明显, 这是因为这两个主动学习方法能够在每次迭代过程中选择最富信息对象进行标记。特别地, 在大部分数据集上, ATCLM 的性能均超过了 NPU 策略。这是因为 NPU 在每次迭代中都要从整个数据集上进行搜索, 而 ATCLM 的搜索范围限制在了每个类簇的边缘域，因此在相同时间内能够获得更多的成对约束。同时在 SensIT 数据集上，R-ATCLM 策略对聚类性能没有任何提升作用。而在 3-Sources 和 Movies617 数据集上，随着问询次数增加，反而会降低聚类的性能。这可能是因为数据集中存在一些噪声，在每次迭代过程中，随机选择某些噪声数据进行标记并构造成对约束信息，因而降低了聚类精度。

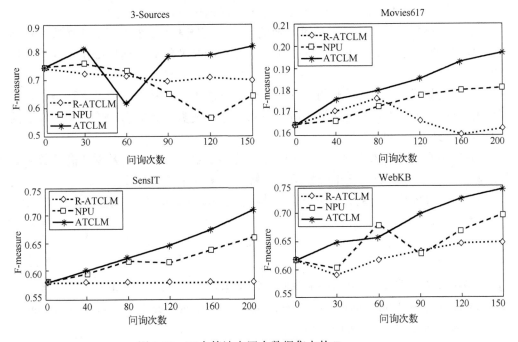

图 9.12　三个算法在四个数据集上的 F-measure

9.5　本章小结

　　本章主要解决了面向对象和类簇之间不确定性关系的多视图数据的聚类问题。由于基于低秩表示的方法能够捕获多视图数据的全局结构，并减弱噪声数据对聚类的影响，因此为了处理高维多视图数据，提出一种基于低秩表示的多视图三支聚类算法。针对多视图数据中存在的不确定性问题，采用三支决策对类簇进行重新表示，用核心域和边缘域两个集合来表示一个类簇。本章针对这种带有不确定性特征的聚类问题展开了研究，介绍了三支决策聚类分析方法，回顾了近年来关于三支聚类的一些研究工作，给出了三支聚类表示，一个簇由核心域、边缘域和琐碎域来描述，详细介绍了基于低秩表示的多视图主动三支聚类方法。

　　虽然本章取得了一定的成果，但是仍然存在一些问题亟待解决。在未来的工作中，可以从以下几个方面展开进一步的研究工作。基于低秩表示的多视图数据融合算法中，存在两个参数 λ 和 γ 分别用来控制噪声项的影响以及避免权重过拟合于一个视图上；虽然模型能够对高维多视图数据进行很好的处理并获得较高的聚类准确度，但参数的确定仍然是难点之一。如何更好地将样本的不确定性与主动学习进行结合也是一个值得研究的关系。

在有关三支聚类方面，存在下列一些重要问题可以进一步研究。

(1)三支聚类的表示：可以通过其他的形式对三支聚类进行表示，比如决策粗糙集、区间集等。对三支聚类的不同解释可以为不同类型的聚类问题提供不同的解决方案。

(2)三支聚类算法：从经典的二支决策聚类方法中推广从而获得三支聚类是一种很好的方法。但是目前三支聚类阈值的自动确定以及类簇数的自动确定和新算法的效率等问题还有一定的研究空间。

(3)复杂数据的聚类问题：针对增量、不完备数据、多源异构数据和高维数据等复杂数据研究一种新的三支聚类框架，以解决更多的不确定性问题。

(4)三个域的应用：针对类簇中三个域的进一步处理也还有一定的研究空间。

参 考 文 献

[1]　张铃，张钹. 模糊商空间理论(模糊粒度计算方法)[J]. 软件学报，2003, 14(4): 770-776.

[2]　Saxena A, Prasad M, Gupta A, et al. A review of clustering techniques and developments[J]. Neurocomputing, 2017, 267: 664-681.

[3]　Yu H, Zhang C, Wang G. A tree-based incremental overlapping clustering method using the three-way decision theory[J]. Knowledge-Based Systems, 2016, 91: 189-203.

[4]　Yu H, Wang X, Wang G, et al. An active three-way clustering method via low-rank matrices for multi-view data[J]. Information Sciences, 2020, 507: 823-839.

[5]　Yu H. A framwork of three-way cluster analysis[C]//International Joint Conference on Rough Sets. Berlin: Springer, 2017: 300-312.

[6]　Yang Y, Wang H. Multi-view clustering: A survey[J]. Big Data Mining and Analytics, 2018, 1(2): 83-107.

[7]　Zhang Z, Liu L, Shen F, et al. Binary multi-view clustering[J]. IEEE Transaction on Pattern Analysis and Machine Intelligence, 2018, 41(7): 1774-1782.

[8]　Liu G, Lin Z, Yan S, et al. Robust recovery of subspace structures by low-rank representation[J]. IEEE Transactions on Pattern Analysis and Machine Intelligence, 2013, 35(1): 171-184.

[9]　Lin Z, Chen M, Ma Y. The augmented lagrange multiplier method for exact recovery of corrupted low-rank matrices[J]. Eprint Arxiv, 2010, 9: 1-23.

[10] Doan T T, Bose S, Nguyen DH, et al. Convergence of the iterates in mirror descent methods[J]. IEEE Control Systems Letters, 2018, 3(1): 114-119.

[11] Cai J F, Candès E J, Shen Z. A singular value thresholding algorithm for matrix completion[J]. SIAM Journal on Optimization, 2010, 20(4): 1956-1982.

[12] Basu S, Banerjee A, Mooney R. Active semi-supervision for pairwise constrained clustering[C]// Proceedings of International Conference on Data Mining, Philadelphia: SIAM, 2004: 333-344.

[13] Pan J S, Kong L, Sung T W, et al. A clustering scheme for wireless sensor networks based on genetic algorithm and dominating set[J]. Journal of Internet Technology, 2018, 19(4): 1111-1118.

[14] Mallapragada P, Jin R, Jain A. Active query selection for semi-supervised clustering[C]// Proceedings of IEEE International Conference on Pattern Recognition, Piscataway, 2008: 1-4.

[15] Smith J S, Nebgen B T, Zubatyuk R, et al. Approaching coupled cluster accuracy with a general-purpose neural network potential through transfer learning[J]. Nature Communications, 2019, 10(1): 1-8.

[16] Sun K, Tian P, Qi H, et al. An improved normalized mutual information variable selection algorithm for neural network-based soft sensors[J]. Sensors, 2019, 19(24): 53-68.

[17] Larsen B, Aone C. Fast and effective text mining using linear time document clustering[C]// Proceedings of the 5th ACM SIGKDD International Conference on Knowledge Discovery and Data Mining. New York: ACM, 1999: 16-22.

[18] Kumar A, Rai P, Daume H. Co-regularized multi-view spectral clustering[C]//Proceedings of the 24th Annual Conference on neural information processing systems, Granada: Curran Associates, Inc., 2011: 1413-1421.

[19] Chen X, Xu X, Huang J Z, et al. TW-k-means: Automated two-level variable weighting clustering algorithm for multiview data[J]. IEEE Transactions on Knowledge and Data Engineering, 2013, 25(4): 932-944.

[20] Xia R, Pan Y, Du L, et al. Robust multi-view spectral clustering via low-rank and sparse decomposition[C]//Proceedings of the 28th AAAI Conference on Artifical Intelligence and the 26the Innovation Applications of Artifical Intelligence Conference and the 5th Symposium on Educational Advances in Artifical Intelligence. Palo Alto: AAAI, 2014: 2149-2155.

第 10 章 基于完备/不完备背景的三支概念分析基础

三支概念分析同时结合了形式概念分析与三支决策这两种理论的特点，是一种较新的知识发现理论与方法。该理论既是对形式概念分析的拓展，也是三支决策的一个具体模型。本章从三支概念构成形式的角度对三支概念分析理论的一些成果进行了阐述，主要包括两部分内容：一是基于完备形式背景的三支概念分析的基本概念、对象导出三支概念格与属性导出三支概念格的形成，以及对象导出三支概念格与普通三支概念格的关系，此框架下的三支概念具有正交对形式；二是基于不完备形式背景的三支概念分析的基本概念、不完备背景的完备化理论、部分已知概念，以及部分已知概念与形式概念的关系等，此种情形的三支概念具有区间集形式。

10.1 引　　言

形式概念分析(formal concept analysis，FCA)是一种有效的知识表示与知识发现的工具[1]，是由德国数学家 Wille 于 1982 年提出的。

形式概念分析建立在以描述对象与属性间关系的形式背景基础上，通过一对对偶的导出算子描述对象子集与属性子集之间的相互对应关系，产生形式概念，进而建立概念格。形式概念分析研究与概念格相关的各种知识获取，比如背景差异产生的概念差异、规则提取、属性约简、格间关系等。近些年来，该理论与粗糙集理论、模糊集理论、粒计算等理论相结合，产生了很多新颖的理论成果[2-10]，也成功应用于知识工程、机器学习、信息检索、数据挖掘、语义 Web、软件工程等许多领域[11-15]。

形式概念及其全体生成的概念格是形式概念分析的基础。形式概念一般表示为二元组 (X, A)，外延 X 是一个来自对象集合的子集，内涵 A 是一个来自属性集合的子集，两者之间能形成很好的匹配关系，以便能形式化地反映出哲学中"概念"的定义：X 的所有对象恰好共同具有 A 中所有属性，而共同具有 A 中所有属性的对象恰为 X 中所有对象。在获取全体形式概念之后，依据格论知识，可以建立概念之间的层次关系形成概念格，以反映概念的一般性与特异性。概念格就是形式概念分析理论中的数据结构，使得概念层次可视化。因此，我们认为，形式概念分析是一种

本章工作获得国家自然科学基金项目(12171392、61772021、62006190)资助。

新颖的、有趣的、在一定程度上描摹不可名状的哲学思想与其术语的形式化语言和有力工具。

而在一个形式概念 (X, A) 中，内涵 A 与外延 X 之间的对应与我们日常的二值决策思维模式类似，有一种非黑即白的绝对意义。这使得属性集被分为互斥的两部分：A 与 A^c，对象集被分为互斥的两部分：X 与 X^c，而对应的决策本质上也是一种二支决策的观点，即"共同具有"和"非共同具有"。这种我们所熟知的二支决策模型一般只考虑接受与拒绝两种选择：不接受即是拒绝，不拒绝即是接受。但在日常生活与实际应用中，我们经常会遇到非二值情形。比如，投票过程中可选择支持、反对或中立；对某种观点的态度可以是接受、拒绝或不表态；对服务质量进行评价可以是优秀、合格或恶劣；医疗诊断中可以选择治疗、进一步观察或者放弃治疗的决定；论文评审结论可以是接收、拒稿或者返修再审等。Yao 提出的三支决策理论 (three-way decision, 3WD) 恰恰为此类决策问题提供了一个很好的模型[16]。

三支决策的本质思想是一种基于接受、拒绝和不承诺的三分类。其目标是，根据一组评判准则将一个论域分为两两互不相交的三个部分，这三个区域在一个具体的决策问题中可以分别被看作是接受域、拒绝域和不承诺域。相应于这三个区域，可以建立三支决策规则。到目前为止，三支决策研究的主流是构建理论和数学模型、探索三支方法和应用[17-30]。

当我们用三支的观点回看形式概念的时候，就会发现，其语义"共同具有"并没有完整地体现出外延 X 中对象的共性。因为它只体现出了"共同具有"，却没有揭示出"共同不具有"这一层含义。而考虑到这层语义后，属性集或者对象集就可以被分为两两互斥的三部分，从而可以采用三支决策的思想做进一步的数据分析和知识获取。于是，我们利用三支决策的思想和正交对的表现形式[31]，提出了一种新的概念构造形式——三支概念[32,33]，并形成了三支概念分析 (three-way concept analysis，3WCA) 的基础理论。

所以，三支概念分析是结合了形式概念分析与三支决策这两种理论的一种较新的知识发现理论与方法，既是对形式概念分析的拓展，也是三支决策理论的一个具体模型。目前，此方面的工作包括三支概念格的构造、属性约简、规则提取、不完备背景上的近似概念获取等研究[34-63]。

本章从三支概念构成形式的角度给出三支概念分析理论的一些成果。后面具体内容安排如下：10.2 节介绍完备背景上基于正交对的三支概念以及对象（属性）导出三支概念格等基本术语，并给出三支概念的诸多性质，及其与形式概念、概念格的关系。10.3 节针对不完备背景，给出基于区间集的三支概念分析理论，讨论不完备背景的完备化与部分已知概念。10.4 节对本章内容进行总结。

10.2　完备背景上基于正交对的三支概念分析

10.2.1　基本概念

本节给出三支概念分析中的一些术语的定义，其中包括形式概念分析中的重要概念，它们也是产生三支概念分析的基础。

定义 10.1　称 (U, V, R) 为一个形式背景，其中 $U=\{u_1,\cdots, u_p\}$ 为对象集，每个 $u_i(i \leqslant p)$ 称为一个对象；$V=\{v_1,\cdots,v_q\}$ 为属性集，每个 $v_j(j \leqslant q)$ 称为一个属性；R 为 U 和 V 之间的二元关系，$R \subseteq U \times V$。若 $(u,v) \in R$，则表示对象 u 具有属性 v，记为 uRv。

一般的，形式背景表示为交叉表的形式，如果 uRv，则在属性 v 所在列与对象 u 所在行的交叉位置记为×，否则用空格表示。由于形式背景与信息系统刻画方式类似，其研究内容与方法也有众多可以相互借鉴之处，因此我们经常将形式背景表达为 0-1 二值信息系统的形式，如例 10.1 所示，如果 uRv，则在属性 v 所在列与对象 u 所在行的交叉位置记为 1，否则记为 0。

例 10.1　表 10.1 是一个形式背景 (U, V, R)，其中对象集为 $U=\{1, 2, 3, 4\}$，属性集为 $V=\{a, b, c, d, e\}$。

表 10.1　例 10.1 的形式背景

U	a	b	c	d	e
1	1	1	0	1	1
2	1	1	1	0	0
3	0	0	0	1	0
4	1	1	1	0	0

我们借用 Wille 在形式背景中定义的诱导算子作为三支概念分析中的正算子，以体现对象与属性之间"共同具有"的语义。其基本性质在文献[2]中有详细介绍。

定义 10.2　设 (U, V, R) 是一个形式背景。对于任意的对象子集 $X \subseteq U$ 和属性子集 $A \subseteq V$，一对正算子，$^*:\mathcal{P}(U) \to \mathcal{P}(V)$ 和 $^*:\mathcal{P}(V) \to \mathcal{P}(U)$，定义为：

$$X^* = \{v \in V \mid \forall x \in X, xRv\} \tag{10.1}$$

$$A^* = \{u \in U \mid \forall a \in A, uRa\} \tag{10.2}$$

X^* 代表的是 X 中所有对象共同具有的属性的集合，而 A^* 则表示共同具有 A 中所有属性的那些对象的集合。

相应的，我们为了讨论对象子集和属性子集间的"共同不具有"关系，定义了形式背景的一对负算子如下。

定义 10.3　设 (U, V, R) 是一个形式背景。对于任意的对象子集 $X \subseteq U$ 和属性子集 $A \subseteq V$，一对负算子，$\bar{*}: \mathcal{P}(U) \to \mathcal{P}(V)$ 和 $\bar{*}: \mathcal{P}(V) \to \mathcal{P}(U)$，定义为：

$$X^{\bar{*}} = \{v \in V \mid \forall x \in X, xR^c v\} \tag{10.3}$$

$$A^{\bar{*}} = \{u \in U \mid \forall a \in A, uR^c a\} \tag{10.4}$$

$X^{\bar{*}}$ 是 X 中的对象共同不具有的属性构成的集合，而 $A^{\bar{*}}$ 则是共同不具有 A 中所有属性的对象构成的集合。

从定义 10.2 和 10.3 可以看出，形式背景 (U, V, R) 的负算子正好是其补背景 (U, V, R^c) 的正算子，所以负算子具有与正算子相同的性质。

在形式概念分析理论中，Wille 针对一个形式背景 (U, V, R) 的所有概念定义了概念间的偏序关系，以及概念之间的上下确界，使得所有概念能够形成一个完备格，称作概念格，记为 $L(U, V, R)$。按照概念格的生成方式，我们也可以生成其补背景 (U, V, R^c) 的概念格 $\mathrm{NL}(U, V, R)$，并称此概念格为原背景的补概念格，其中的概念为负概念。

例 10.2　例 10.1 的概念格和补概念格分别如图 10.1、图 10.2 所示。

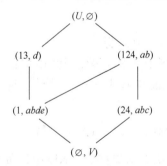 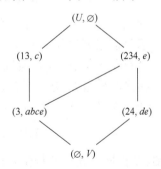

图 10.1　概念格 $L(U, V, R)$　　　　　图 10.2　补概念格 $\mathrm{NL}(U, V, R)$

需要说明的是，本章按照形式概念分析理论的习惯记法，内涵与外延（除全集与空集外）均用其中元素的序列来表示。

为了同时表达"共同具有"与"共同不具有"这两种语义，我们把正算子与负算子结合起来形成了两对新的算子：三支算子。它们分别是对象导出三支算子（OE 算子）和属性导出三支算子（AE 算子）。

为了后续表达方便，我们先定义一些符号与集对上的运算。

令 S 是一个非空有限集，$\mathcal{P}(S)$ 是其幂集，$\mathcal{DP}(S) = \mathcal{P}(S) \times \mathcal{P}(S)$。针对 S 的子集对 $(A, B), (C, D) \in \mathcal{DP}(S)$，我们定义：

$$(A, B) \bigcap (C, D) = (A \bigcap C, B \bigcap D)$$

$$(A,B)\bigcup(C,D)=(A\bigcup C,B\bigcup D)$$

$$(A,B)^{c}=(S-A,S-B)=(A^{c},B^{c})$$

$$(A,B)\subseteq(C,D)\Leftrightarrow(A\subseteq C且B\subseteq D)$$

定义 10.4　设 (U,V,R) 是一个形式背景。对于任意的对象子集 $X\subseteq U$ 和属性子集 $A,B\subseteq V$，一对 OE 算子，$(\text{OE1})^{\lessdot}$：$\mathcal{P}(U)\to\mathcal{DP}(V)$ 和 $(\text{OE2})^{\gtrdot}$：$\mathcal{DP}(V)\to\mathcal{P}(U)$，定义如下：

$$X^{\lessdot}=(X^{*},X^{\overline{*}}) \tag{10.5}$$

$$\begin{aligned}(A,B)^{\gtrdot}&=\{u\in U\,|\,u\in A^{*},u\in B^{\overline{*}})\\&=A^{*}\bigcap B^{\overline{*}}\end{aligned} \tag{10.6}$$

对于任意的属性子集 $A\subseteq V$ 和对象子集 $X,Y\subseteq U$，一对 AE 算子，$(\text{AE1})^{\lessdot}$：$\mathcal{P}(V)\to\mathcal{DP}(U)$ 和 $(\text{AE2})^{\gtrdot}$：$\mathcal{DP}(U)\to\mathcal{P}(V)$，定义如下：

$$A^{\lessdot}=(A^{*},A^{\overline{*}}) \tag{10.7}$$

$$\begin{aligned}(X,Y)^{\gtrdot}&=\{v\in V\,|\,v\in X^{*},v\in Y^{\overline{*}})\\&=X^{*}\bigcap Y^{\overline{*}}\end{aligned} \tag{10.8}$$

三支算子可以很好地揭示三支决策理论中的三分思想。

对于一个对象子集 $X\subseteq U$，我们可以利用算子 (OE1) 得到属性集 V 的一对子集 $(X^{*},X^{\overline{*}})$。显然，X^{*} 与 $X^{\overline{*}}$ 是互斥的，这就是 Ciucci 提出的正交对[31]。因此，属性集 V 很自然地被分为以下三个部分：

$$\text{POS}_{X}=X^{*},\qquad \text{NEG}_{X}=X^{\overline{*}},\qquad \text{MED}_{X}=V-(X^{*}\bigcup X^{\overline{*}})$$

其中，POS_{X} 是正域，其中的每个属性被 X 中的所有对象共有。NEG_{X} 是负域，其中每个属性都不被 X 中的任何对象所具有。那些被 X 中部分而非全部对象具有的属性就属于中间域 (有时候也称为混合域) MED_{X}。如果 $X\neq\varnothing$，则 POS_{X}，NEG_{X} 和 MED_{X} 这三个区域互不相交，形成 V 的一个三划分。其中，正域 POS_{X} 和负域 NEG_{X} 是由算子 (OE1) 显式给出的，而中间域 MED_{X} 则是通过这两者的补集隐含给出的，而这正是三支决策理论中三分的体现。

类似的，对于属性子集 $A\subseteq V$，可以利用算子 (AE1) 得到对象集 U 的一对子集 $(A^{*},A^{\overline{*}})$，进而将对象集 U 分为三部分：

$$\text{POS}_{A}=A^{*},\qquad \text{NEG}_{A}=A^{\overline{*}},\qquad \text{MED}_{A}=U-(A^{*}\bigcup A^{\overline{*}})$$

其中，POS_{A} 是正域，NEG_{A} 是负域，MED_{A} 是中间域。如果 $A\neq\varnothing$，那么 POS_{A}、NEG_{A} 和 MED_{A} 两两互不相交，形成 U 的一个三划分 (含空集)。

我们可得到三支算子的性质如下[33]。

性质 10.1　设 (U,V,R) 是一个形式背景。对于任意的 $X,Y,Z,W \subseteq U$ 和 $A,B,C,D \subseteq V$，三支算子有如下性质：

(E1) $X \subseteq X^{\lessgtr}, A \subseteq A^{\lessgtr}$

(E2) $X \subseteq Y \Rightarrow Y^< \subseteq X^<, A \subseteq B \Rightarrow B^< \subseteq A^<$

(E3) $X^< = X^{\lessgtr <}, A^< = A^{\lessgtr <}$

(E4) $X \subseteq (A,B)^> \Leftrightarrow (A,B) \subseteq X^<$

(E5) $(X \cup Y)^< = X^< \cap Y^<, (A \cup B)^< = A^< \cap B^<$

(E6) $(X \cap Y)^< \supseteq X^< \cup Y^<, (A \cap B)^< \supseteq A^< \cup B^<$

(EI1) $(X,Y) \subseteq (X,Y)^{><}, (A,B) \subseteq (A,B)^{><}$

(EI2) $(X,Y) \subseteq (Z,W) \Rightarrow (Z,W)^> \subseteq (X,Y)^>, (A,B) \subseteq (C,D) \Rightarrow (C,D)^> \subseteq (A,B)^>$

(EI3) $(X,Y)^> = (X,Y)^{><>}, (A,B)^> = (A,B)^{><>}$

(EI4) $(X,Y) \subseteq A^< \Leftrightarrow A \subseteq (X,Y)^>$

(EI5) $((X,Y) \cup (Z,W))^> = (X,Y)^> \cap (Z,W)^>, ((A,B) \cup (C,D))^> = (A,B)^> \cap (C,D)^>$

(EI6) $((X,Y) \cap (Z,W))^> \supseteq (X,Y)^> \cup (Z,W)^>, ((A,B) \cup (C,D))^> \supseteq (A,B)^> \cup (C,D)^>$

10.2.2　三支概念格

以两对三支算子为基础，我们可以定义两种三支概念格。

首先，基于 OE 算子，我们可以定义对象导出三支概念及相应的对象导出三支概念格。

定义 10.5　设 (U,V,R) 是一个形式背景。由一个对象子集 $X \subseteq U$ 和两个属性子集 $A,B \subseteq V$ 形成的集对 $(X,(A,B))$ 称为 (U,V,R) 的一个对象导出三支概念（简称 OE 概念），当且仅当，$X^< = (A,B)$ 与 $(A,B)^> = X$ 同时成立。X 称为 OE 概念 $(X,(A,B))$ 的外延，(A,B) 称为内涵。

设 $(X,(A,B))$ 和 $(Y,(C,D))$ 是 OE 概念，它们的偏序关系定义如下：

$$(X,(A,B)) \leqslant (Y,(C,D)) \Leftrightarrow X \subseteq Y \Leftrightarrow (C,D) \subseteq (A,B) \tag{10.9}$$

如果 $(X,(A,B)) \leqslant (Y,(C,D))$，那么 $(X,(A,B))$ 称为 $(Y,(C,D))$ 的亚概念，同时 $(Y,(C,D))$ 称为 $(X,(A,B))$ 的超概念。

由所有 OE 概念组成的集合记作 $\mathrm{OEL}(U,V,R)$，叫作对象导出三支概念格，简称为 OE 概念格。OE 概念格 $\mathrm{OEL}(U,V,R)$ 是一个完备格，其上、下确界定义为：对于任意的 $(X,(A,B)),(Y,(C,D)) \in \mathrm{OEL}(U,V,R)$：

$$(X,(A,B)) \vee (Y,(C,D)) = ((X \cup Y)^{\lessgtr},(A,B) \cap (C,D)) \tag{10.10}$$

$$(X,(A,B)) \wedge (Y,(C,D)) = (X \cap Y,((A,B) \cup (C,D))^{><}) \tag{10.11}$$

其次，基于 AE 算子，我们也可以定义属性导出三支概念及属性导出三支概念格。

定义 10.6　设 (U, V, R) 是一个形式背景。由两个对象子集 $X, Y \subseteq U$ 和一个属性子集 $A \subseteq V$ 形成的对 $((X, Y), A)$ 称为 (U, V, R) 的一个属性导出三支概念（简称 AE 概念），当且仅当，$(X, Y)^{\triangleright} = A$ 与 $A^{\triangleleft} = (X, Y)$ 同时成立。(X, Y) 称为 AE 概念 $((X, Y), A)$ 的外延，A 称为内涵。

设 $((X, Y), A)$ 和 $((Z, W), B)$ 是 AE 概念，它们之间的偏序关系定义如下：

$$((X, Y), A) \leqslant ((Z, W), B) \Leftrightarrow (X, Y) \subseteq (Z, W) \Leftrightarrow B \subseteq A \tag{10.12}$$

由所有 AE 概念组成的集合记作 AEL(U, V, R)，叫作属性导出三支概念格，简称为 AE 概念格。AE 概念格 AEL(U, V, R) 是一个完备格，其上、下确界定义为：对于任意的 $((X, Y), A)$，$((Z, W), B) \in$ AEL(U, V, R)，

$$((X, Y), A) \vee ((Z, W), B) = (((X, Y) \bigcup (Z, W))^{\triangleright \triangleleft}, A \bigcap B) \tag{10.13}$$

$$((X, Y), A) \wedge ((Z, W), B) = (((X, Y) \bigcap (Z, W)), (A \bigcup B)^{\triangleleft \triangleright}) \tag{10.14}$$

例 10.3　图 10.3 与 10.4 分别为例 10.1 的对象导出三支概念格与属性导出三支概念格。

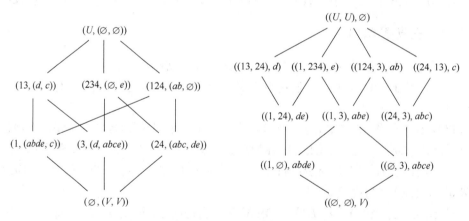

图 10.3　对象导出三支概念格 OEL(U, V, R)　　图 10.4　属性导出三支概念格 AEL(U, V, R)

我们以图 10.3 对象导出三支概念格 OEL(U, V, R) 中的三支概念 $(13, (d, c))$ 为例，解释三支概念的产生以及内涵形成的对属性全集 V 的三划分。设 $X = \{1, 3\}$，则 $X^{\triangleleft} = (\{d\}, \{c\})$，这表明：$X$ 中的两个对象 1 与 3 共同具有属性 d，共同不具有属性 c。进一步，又可得 $X^{\triangleleft \triangleright} = (\{d\}, \{c\})^{\triangleright} = \{1, 3\}$，这表明，共同具有 d 且共同不具有 c 的对象是 1 和 3。因此，$(13, (d, c))$ 是一个对象导出三支概念。于是，以对象子集 $\{1, 3\}$ 为基础，可以形成一个对象导出三支概念，其内涵为 (d, c)，由此可将属性集分为三部分：正域 $\text{POS}_X = \{d\}$、负域 $\text{NEG}_X = \{c\}$、中间域 $\text{MED}_X = \{a, b, e\}$，中间域是 X 中的对象 1 与 3 交错具有的属性。

10.2.3　OE 概念格与经典概念格的关系

三支概念与三支概念格的产生本质上是将三支决策的思想引入形式概念分析获得的，那么三支概念与经典的形式概念之间的联系是怎样的呢？本小节主要给出对象导出三支概念与经典形式概念之间的关系。

首先，我们给出 OE 概念与形式概念、负概念之间的关系。

定理 10.1　设 (U, V, R) 是一个形式背景。如果 (X, A) 是形式概念，而 (Y, B) 是负概念，那么 $(X, (A, X^{\bar{*}}))$ 和 $(Y, (Y^*, B))$ 都是 OE 概念。

证明：因为 (X, A) 是一个形式概念，所以 $X^* = A$，$A^* = X$。根据 $\bar{*}$ 算子的性质知 $X \subseteq X^{\bar{*}\bar{*}}$。于是可得，$A^* \cap X^{\bar{*}\bar{*}} = X$。所以，由 OE 概念的定义即可证明 $(X, (A, X^{\bar{*}}))$ 是一个 OE 概念。类似的，我们也可以证明 $(Y, (Y^*, B))$ 是一个 OE 概念。

定理 10.2　设 (U, V, R) 是一个形式背景。如果 $(X, (A, B))$ 是 OE 概念，则 (A^*, A) 是形式概念，而 $(B^{\bar{*}}, B)$ 是负概念。

证明：因为 $(X, (A, B))$ 是 OE 概念，所以有 $X^* = A$，$X^{\bar{*}} = B$。于是，$(A^*, A) = (X^{**}, X^*)$ 是一个形式概念，$(B^{\bar{*}}, B) = (X^{\bar{*}\bar{*}}, X^{\bar{*}})$ 是负概念。

进一步，我们考虑相应的几个概念格之间的关系。

为方便描述，我们记形式背景 (U, V, R) 的所有形式概念的外延的集合为 $L_E(U, V, R)$，内涵的集合为 $L_I(U, V, R)$；其所有负概念的外延的集合为 $\mathrm{NL}_E(U, V, R)$，内涵的集合为 $\mathrm{NL}_I(U, V, R)$；所有 OE 概念的外延的集合为 $\mathrm{OEL}_E(U, V, R)$，内涵第一部分的集合为 $\mathrm{OEL}_I^+(U, V, R)$，内涵第二部分的集合为 $\mathrm{OEL}_I^-(U, V, R)$。

定理 10.3　设 (U, V, R) 是一个形式背景，则其概念格、负概念格与对象导出三支概念格的内涵集、外延集之间有以下关系：

(1) $L_E(U, V, R) \subseteq \mathrm{OEL}_E(U, V, R)$

(2) $\mathrm{NL}_E(U, V, R) \subseteq \mathrm{OEL}_E(U, V, R)$

(3) $L_I(U, V, R) = \mathrm{OEL}_I^+(U, V, R)$

(4) $\mathrm{NL}_I(U, V, R) = \mathrm{OEL}_I^-(U, V, R)$

上述结论可以由例 10.1 来验证。下面，我们给出从序关系和代数结构的角度刻画的 OE 概念格与经典概念格之间的联系。

定理 10.4　设 (U, V, R) 是一个形式背景，则其经典概念格 $L(U, V, R)$ 与对象导出三支概念格 $\mathrm{OEL}(U, V, R)$ 之间存在保交序嵌入 φ_1：$L(U, V, R) \rightarrow \mathrm{OEL}(U, V, R)$；其负概念格 $\mathrm{NL}(U, V, R)$ 与对象导出三支概念格 $\mathrm{OEL}(U, V, R)$ 之间存在着保交序嵌入 φ_2：$\mathrm{NL}(U, V, R) \rightarrow \mathrm{OEL}(U, V, R)$。

事实上，只要我们定义映射 φ_1：$L(U, V, R) \rightarrow \mathrm{OEL}(U, V, R)$ 为 $\varphi_1((X, A)) = (X, (A, X^{\bar{*}}))$，$\varphi_2$：$\mathrm{NL}(U, V, R) \rightarrow \mathrm{OEL}(U, V, R)$ 为 $\varphi_2((Y, B)) = (Y, (Y^*, B))$，上述结论即可证明。

反之，我们也可以得到一个从三支概念格到概念格与负概念格叉积的保并序嵌入，如以下定理所示。

定理 10.5　设 (U, V, R) 是一个形式背景，则存在从 $\mathrm{OEL}(U,V,R)$ 到 $\mathcal{K}=L(U,V,R)\times \mathrm{NL}(U,V,R)$ 的保并序嵌入。

事实上，映射 ψ: $\mathrm{OEL}(U,V,R)\to\mathcal{K}$ 为 $\psi((X,(A,B)))=((A^*,A),(B^{\bar{*}},B))$。

对于形式上较为复杂的 $\mathcal{K}$，我们还有以下结论能体现三支概念格与经典概念格之间的联系。

定理 10.6　设 (U, V, R) 是一个形式背景。在 $\mathcal{K}$ 上定义一个二元关系 I:

$$((X,A),(Y,B))I((X',A'),(Y',B'))\Leftrightarrow X\bigcap Y=X'\bigcap Y'$$

其中 $((X,A),(Y,B))$，$((X',A'),(Y',B'))\in\mathcal{K}$，则有：

(1) I 是 $\mathcal{K}$ 上的等价关系。

(2) I 的每一个等价类是一个交半格。

(3) $((Z,C),(W,D))\in\mathcal{K}$ 是等价类 $[((Z,C),(W,D))]_I$ 的最小元，当且仅当 $(Z\bigcap W)^*=C$ 且 $(Z\bigcap W)^{\bar{*}}=D$。

定理 10.7　设 (U, V, R) 是一个形式背景，$\mathcal{D}$ 是划分 $\mathcal{K}/I$ 中所有等价类的最小元集合，则有 $\mathrm{OEL}(U,V,R)=\{(X\cap Y,(A,B))\mid ((X,A),(Y,B))\in\mathcal{D}\}$。

定理 10.7 本质上提出了一种从经典概念格出发构造 OE 概念格的方法，具体过程并不复杂：对于给定的形式背景 (U, V, R)，构造概念格 $L(U,V,R)$ 与负概念格 $\mathrm{NL}(U,V,R)$，根据定理 10.6 定义的等价关系 I 计算等价类，获取所有等价类的最小元。最后，按照定理 10.7 生成所有的 OE 概念。

AE 概念格与三支概念格的关系与上述结论类似[33,45]。

10.3　不完备背景上基于区间集的三支概念分析

我们基于正交对讨论了完备形式背景下的三支概念分析的基本思想与概念，相比于形式概念分析，它最大的特点就是同时刻画了对象与属性之间"共同具有"和"共同不具有"两种语义。然而，在实际生活或者研究中，由于获取技术有限或者信息损失等诸多原因，我们得到的数据可能是不完备的。因此，在不完备背景上探讨相关问题就很有意义和价值[56-63]。在本小节中，我们基于区间集来研究不完备形式背景上的三支概念分析。

10.3.1　基本概念

区间集理论是 Yao 于 1993 年提出的[56]，区间集可以看作是数域上区间概念的一种扩展与推广。

定义 10.7　设 U 为一个有限集, 2^U 为 U 的幂集。若 U 的子集对 $(\underline{A}, \overline{A})$ 满足 $\underline{A} \subseteq \overline{A}$, 则称 $[\underline{A}, \overline{A}] = \{A \subseteq U \mid \underline{A} \subseteq A \subseteq \overline{A}\} = \{A \in 2^U \mid \underline{A} \subseteq A \subseteq \overline{A}\}$ 为 U 上的一个闭区间集, $\underline{A}$ 和 $\overline{A}$ 分别称为区间集的下界和上界。 U 上的所有闭区间集记为 $I(2^U)$。

由区间集的定义可知：一个区间集就是集合的集合, 所以集合的交、并运算也可以作用在区间集上。设 $[\underline{A_1}, \overline{A_1}]$, $[\underline{A_2}, \overline{A_2}] \in I(2^U)$ 为两个区间集, 则有：

$$[\underline{A_1}, \overline{A_1}] \bigcap [\underline{A_2}, \overline{A_2}] = \{A \subseteq U \mid (\underline{A_1} \subseteq A \subseteq \overline{A_1}) \wedge (\underline{A_2} \subseteq A \subseteq \overline{A_2})\}$$

$$[\underline{A_1}, \overline{A_1}] \bigcup [\underline{A_2}, \overline{A_2}] = \{A \subseteq U \mid (\underline{A_1} \subseteq A \subseteq \overline{A_1}) \vee (\underline{A_2} \subseteq A \subseteq \overline{A_2})\}$$

但是, 我们也可以定义偏序关系 $\leqslant$ 如下：

$$[\underline{A_1}, \overline{A_1}] \leqslant [\underline{A_2}, \overline{A_2}] \Leftrightarrow \underline{A_1} \subseteq \underline{A_2} \text{ 且 } \overline{A_1} \subseteq \overline{A_2}$$

定义交 ($\sqcap$)、并 ($\sqcup$) 运算如下：

$$[\underline{A_1}, \overline{A_1}] \sqcap [\underline{A_2}, \overline{A_2}] = [\underline{A_1} \bigcap \underline{A_2}, \overline{A_1} \bigcap \overline{A_2}]$$

$$[\underline{A_1}, \overline{A_1}] \sqcup [\underline{A_2}, \overline{A_2}] = [\underline{A_1} \bigcup \underline{A_2}, \overline{A_1} \bigcup \overline{A_2}]$$

在形式概念分析中, 不完备数据是以不完备形式背景[57]的形式给出的, 其具体定义如下。

定义 10.8　称四元组 $IK = (U, V, \{0,1,?\}, J)$ 为一个不完备形式背景, 其中 $U = \{u_1, \cdots, u_p\}$ 为对象集, 每个 $u_i (i \leqslant p)$ 称为一个对象; $V = \{v_1, \cdots, v_q\}$ 为属性集, 每个 $v_j (j \leqslant q)$ 称为一个属性; $J \subseteq U \times V \times \{0,1,?\}$ 为 U, V 和 $\{0,1,?\}$ 之间的三元关系, 其具体解释如下：

$(u, v, 1) \in J$：已知对象 u 具有属性 v;

$(u, v, 0) \in J$：已知对象 u 不具有属性 v;

$(u, v, ?) \in J$：对象 u 是否具有属性 v 未知。

Lipski 在研究不完备数据库时引入了可能世界理论[58]。受此思想的启发, Krupka 与 Lastovicka 将可能世界语义用于不完备形式背景的研究中, 提出了不完备形式背景的完备化[59]这一概念。

定义 10.9　如果对于一个不完备背景 $IK = (U, V, \{0,1,?\}, J)$ 存在一个完备形式背景 $K = (U, V, I)$ 中的二元关系 I 满足条件：

$$(u, v, 1) \in J \Rightarrow (u, v) \in I$$

$$(u, v, 0) \in J \Rightarrow (u, v) \notin I$$

则它被称为不完备背景 IK 的一个完备化。

对照一个普通的不完备形式背景 $IK = (U, V, \{0,1,?\}, J)$, 我们可以看出, 所谓完备化形式背景中的二元关系 I 可以通过将不完备形式背景中的每个？替换为 0 或 1 来获得。

记 COMP(IK) 为不完备形式背景 IK 的所有完备化的集合。因为同一个不完备形式背景的所有完备化都具有相同的对象集和属性集，所以每一个完备化是被一个二元关系唯一决定的，故二元关系集上由集合的包含所定义的偏序关系可以诱导出所有完备化集族 COMP(IK) 上的偏序关系。基于这种偏序关系，所有完备化集族 COMP(IK) 可以表示为一个区间集，即 COMP(IK) = $[K_*, K^*]$。其中，K_* 称为不完备形式背景 IK 的最小完备化，K^* 称为不完备形式背景 IK 的最大完备化，分别定义如下：

$$K_* = (U, V, I_*)，\qquad I_* = \{(u,v) \mid (u,v,1) \in J\}$$

$$K^* = (U, V, I^*)，\qquad I^* = \{(u,v) \mid (u,v,1) \in J\} \bigcup \{(u,v) \mid (u,v,?) \in J\}$$

显然，最小完备化实际上是将不完备背景中的所有?替换为 0 的结果；而最大完备化则是将所有?替换为 1 的结果。

基于以上讨论，我们可以将一个不完备形式背景 IK = $(U,V,\{0,1,?\},J)$ 等价地解释为一个区间背景 $(U,V,[I_*,I^*])$。由导出算子*的定义可得下面的定理，即所有完备化上的导出算子可以表示为一个区间集，其下界为最小完备化上的导出算子，上界为最大完备化上的导出算子。

定理 10.8　设 IK = $(U,V,\{0,1,?\},J)$ 为一个不完备形式背景，COMP(IK) 为 IK 的所有完备化形成的集合，那么任意对象子集 $X \subseteq U$ 和属性子集 $A \subseteq V$ 满足：

$$[X^{*_{K_*}}, X^{*_{K^*}}] = \{X^{*_K} \mid K \in \mathrm{COMP(IK)}\}$$

$$[A^{*_{K_*}}, A^{*_{K^*}}] = \{A^{*_K} \mid K \in \mathrm{COMP(IK)}\}$$

其中，$*_{K_*}$ 为最小完备化 K_* 上的导出算子，$*_{K^*}$ 为最大完备化 K^* 上的导出算子。

由前面的讨论可知，一个不完备形式背景 IK 可以等价地用其所有完备化的集合 COMP(IK) 来解释，所以不完备形式背景上的导出算子也可以用其所有完备化上的导出算子来定义。

定义 10.10　设 IK 为一个不完备形式背景，一对对偶算子 $[\underline{i},\overline{i}]: 2^U \to I(2^V)$ 及 $[\underline{e},\overline{e}]: 2^V \to I(2^U)$ 定义为：对于任意的对象集 X 和属性集 A，有：

$$[\underline{i},\overline{i}](X) = [X^{*_{K_*}}, X^{*_{K^*}}]，\qquad [\underline{e},\overline{e}](A) = [A^{*_{K_*}}, A^{*_{K^*}}]$$

由定义 10.10 可知，算子 $[\underline{i},\overline{i}]$ 将对象子集 X 映射为一个属性区间集 $[X^{*_{K_*}}, X^{*_{K^*}}]$。其中属性区间集的下界 $X^{*_{K_*}}$ 是在不完备形式背景 IK 上对象集 X 中的对象确定共同拥有的属性形成的集合，而上界 $X^{*_{K^*}}$ 是在不完备形式背景 IK 上对象集 X 中的对象可能共同拥有的属性形成的集合。对偶地，算子 $[\underline{e},\overline{e}]$ 将属性子集 A 映射为一个对象

区间集 $[A^{*_{K}}, A^{*^{K}}]$。其中对象区间集的下界 $A^{*_{K}}$ 是在不完备形式背景 IK 中确定同时具有属性集 A 中的所有属性的对象形成的集合，而上界 $A^{*^{K}}$ 是在不完备形式背景 IK 中可能同时具有属性集 A 中所有属性的对象形成的集合。

Yao 进一步将定义 10.10 中给出的对偶算子的定义域从经典集推广到了区间集[60]，具体形式如下：

$$[\underline{i}, \overline{i}]([\underline{X}, \overline{X}]) = \bigcap\{[\underline{i}(X), \overline{i}(X)] \mid X \in [\underline{X}, \overline{X}]\} = [\underline{i}(\underline{X}), \overline{i}(\overline{X})]$$

$$[\underline{e}, \overline{e}]([\underline{A}, \overline{A}]) = \bigcap\{[\underline{e}(A), \overline{e}(A)] \mid A \in [\underline{A}, \overline{A}]\} = [\underline{e}(\underline{A}), \overline{e}(\overline{A})]$$

Yao[60]还定义了算子 $[\underline{i}, \overline{i}]$ 与 $[\underline{e}, \overline{e}]$ 的逆算子如下：

定义 10.11　设 IK 为一个不完备形式背景，$[\underline{i}, \overline{i}]$ 的逆算子 $\langle\underline{e}, \overline{e}\rangle : I(2^V) \to 2^U$ 及 $[\underline{e}, \overline{e}]$ 的逆算子 $\langle\underline{i}, \overline{i}\rangle : I(2^U) \to 2^V$ 为：

$$\langle\underline{e}, \overline{e}\rangle[\underline{A}, \overline{A}] = \underline{e}(\underline{A}) \bigcap \overline{e}(\overline{A}), \quad \langle\underline{i}, \overline{i}\rangle[\underline{X}, \overline{X}] = \underline{i}(\underline{X}) \bigcap \overline{i}(\overline{X})$$

10.3.2　部分已知概念

有了区间集这种形式和概念，在考虑不完备形式背景中概念的形式时，概念的外延与内涵可不再局限于经典集合，还可以是区间集的形式。于是，根据形式概念的内涵与外延的形式及语义，进行不同的组合，就可以形成如表 10.2 所示的四种不同的形式概念[60]。

表 10.2　不完备形式背景中的四种形式概念

外延 ＼ 内涵	经典集	区间集
经典集	SE-SI	SE-ISI
区间集	ISE-SI	ISE-ISI

这四种形式概念根据外延与内涵的集合形式分别命名为：

SE-ISI 型形式概念：概念的外延是经典集，内涵为区间集；

ISE-SI 型形式概念：概念的外延是区间集，内涵为经典集；

ISE-ISI 型形式概念：概念的外延为区间集，内涵为区间集；

SE-SI 型形式概念：概念的外延为经典集，内涵为经典集。

因为完备的形式背景是特殊的不完备形式背景，所以大家所熟知的 FCA 理论中经典的形式概念即为 SE-SI 型形式概念。

其中，前三种概念被称作部分已知概念。下面给出三种部分已知概念的具体定义[60]。

定义 10.12　设 IK 为一个不完备形式背景：

(1) 若一对对象集与属性区间集 $(X,[\underline{A},\overline{A}])$ 满足 $[\underline{i},\overline{i}](X)=[\underline{A},\overline{A}]$ 且 $\langle\underline{e},\overline{e}\rangle([\underline{A},\overline{A}])=X$，那么 $(X,[\underline{A},\overline{A}])$ 被称为外延为经典集、内涵为区间集的部分已知概念，简称为 SE-ISI 概念。其中，X 称为 SE-ISI 概念的外延，$[\underline{A},\overline{A}]$ 称为 SE-ISI 概念的内涵。

(2) 若一对对象区间集与属性集 $([\underline{X},\overline{X}],A)$ 满足 $[\underline{e},\overline{e}](A)=[\underline{X},\overline{X}]$ 且 $\langle\underline{i},\overline{i}\rangle([\underline{X},\overline{X}])=A$，那么 $([\underline{X},\overline{X}],A)$ 被称为外延为区间集、内涵为经典集的部分已知概念，简称为 ISE-SI 概念。其中，$[\underline{X},\overline{X}]$ 称为 ISE-SI 概念的外延，A 称为 ISE-SI 概念的内涵。

(3) 若一对对象区间集与属性区间集 $([\underline{X},\overline{X}],[\underline{A},\overline{A}])$ 满足 $[\underline{i},\overline{i}]([\underline{X},\overline{X}])=[\underline{A},\overline{A}]$ 且 $[\underline{e},\overline{e}]([\underline{A},\overline{A}])=[\underline{X},\overline{X}]$，那么 $([\underline{X},\overline{X}],[\underline{A},\overline{A}])$ 被称为外延为区间集、内涵为区间集的部分已知概念，简称为 ISE-ISI 概念。其中，$[\underline{X},\overline{X}]$ 称为 ISE-ISI 概念的外延，$[\underline{A},\overline{A}]$ 称为 ISE-ISI 概念的内涵。

这三种部分已知概念内部可以定义适当的偏序关系与上、下确界，就可以形成相应的格，且为完备格[61]。下面，我们给出三种部分已知概念格的结构。

1. SE-ISI 概念格

设 IK 为一个不完备形式背景，IK 上所有的 SE-ISI 概念形成的偏序集 $L_{\text{SE-ISI}}$ 是一个完备格。其中，偏序关系定义为：

$$(X_1,[\underline{A_1},\overline{A_1}])\leqslant_{\text{SE-ISI}}(X_2,[\underline{A_2},\overline{A_2}])\Leftrightarrow X_1\subseteq X_2\;(\text{或}\;[\underline{A_2},\overline{A_2}]\leqslant[\underline{A_1},\overline{A_1}])$$

下确界和上确界分别定义为：

$$(X_1,[\underline{A_1},\overline{A_1}])\wedge(X_2,[\underline{A_2},\overline{A_2}])=(X_1\cap X_2,[\underline{i},\overline{i}](\langle\underline{e},\overline{e}\rangle([\underline{A_1},\overline{A_1}]\sqcup[\underline{A_2},\overline{A_2}])))$$

$$(X_1,[\underline{A_1},\overline{A_1}])\vee(X_2,[\underline{A_2},\overline{A_2}])=(\langle\underline{e},\overline{e}\rangle([\underline{i},\overline{i}](X_1\cup X_2)),[\underline{A_1},\overline{A_1}]\sqcap[\underline{A_2},\overline{A_2}])$$

2. ISE-SI 概念格

设 IK 为一个不完备形式背景，IK 上所有的 ISE-SI 概念形成的偏序集 $L_{\text{ISE-SI}}$ 是一个完备格。其中，偏序关系定义为：

$$([\underline{X_1},\overline{X_1}],A_1)\leqslant_{\text{ISE-SI}}([\underline{X_2},\overline{X_2}],A_2)\Leftrightarrow[\underline{X_1},\overline{X_1}]\leqslant[\underline{X_2},\overline{X_2}]\;(\text{或}\;A_2\subseteq A_1)$$

下确界和上确界分别定义为：

$$([\underline{X_1},\overline{X_1}],A_1)\wedge([\underline{X_2},\overline{X_2}],A_2)=([\underline{X_1},\overline{X_1}]\sqcap[\underline{X_2},\overline{X_2}],\langle\underline{i},\overline{i}\rangle([\underline{e},\overline{e}](A_1\cup A_2)))$$

$$([\underline{X_1},\overline{X_1}],A_1)\vee([\underline{X_2},\overline{X_2}],A_2)=([\underline{e},\overline{e}](\langle\underline{i},\overline{i}\rangle([\underline{X_1},\overline{X_1}]\sqcup[\underline{X_2},\overline{X_2}])),A_1\cap A_2)$$

3. ISE-ISI 概念格

设 IK 为一个不完备形式背景，IK 上所有的 ISE-ISI 概念形成的偏序集 $L_{\text{ISE-ISI}}$ 是一个完备格。其中，偏序关系定义为：

$$([\underline{X_1},\overline{X_1}],[\underline{A_1},\overline{A_1}]) \leqslant_{\text{ISE-ISI}} ([\underline{X_2},\overline{X_2}],[\underline{A_2},\overline{A_2}]) \Leftrightarrow [\underline{X_1},\overline{X_1}] \leqslant [\underline{X_2},\overline{X_2}]$$

$$(\text{或} [\underline{A_2},\overline{A_2}] \leqslant [\underline{A_1},\overline{A_1}])$$

下确界和上确界分别定义为:

$$([\underline{X_1},\overline{X_1}],[\underline{A_1},\overline{A_1}]) \wedge ([\underline{X_2},\overline{X_2}],[\underline{A_2},\overline{A_2}]) = ([\underline{X_1},\overline{X_1}] \sqcap [\underline{X_2},\overline{X_2}],$$
$$[\underline{i},\overline{i}]([\underline{e},\overline{e}]([\underline{A_1},\overline{A_1}] \sqcup [\underline{A_2},\overline{A_2}])))$$

$$([\underline{X_1},\overline{X_1}],[\underline{A_1},\overline{A_1}]) \vee ([\underline{X_2},\overline{X_2}],[\underline{A_2},\overline{A_2}])$$
$$= ([\underline{e},\overline{e}]([\underline{i},\overline{i}]([\underline{X_1},\overline{X_1}] \sqcup [\underline{X_2},\overline{X_2}])),[\underline{A_1},\overline{A_1}] \sqcap [\underline{A_2},\overline{A_2}])$$

例 10.4 表 10.3 为一个不完备形式背景 $\text{IK} = (U_1, V_1, \{0,1,?\}, J_1)$。其中,对象集为 $U_1 = \{1,2,3,4,5,6\}$,属性集为 $V_1 = \{a,b,c,d,e\}$。背景 IK 的 ISE-ISI 概念格,SE-ISI 概念格以及 ISE-SI 概念格如图 10.5、图 10.6 与图 10.7 所示。

表 10.3 不完备形式背景 IK = ($U_1, V_1, \{0,1,?\}, J_1$)

U_1	a	b	c	d	e
1	1	1	0	?	0
2	1	0	?	1	1
3	1	1	1	?	0
4	?	1	1	1	0
5	1	1	0	0	0
6	1	1	1	1	?

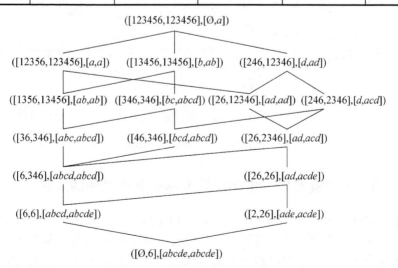

图 10.5 IK 的 ISE-ISI 概念格

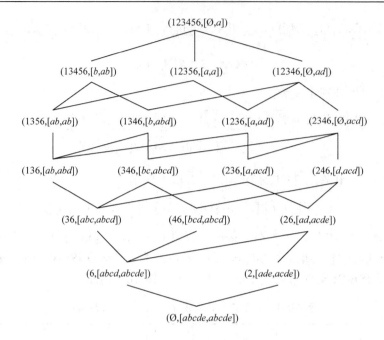

图 10.6　IK 的 SE-ISI 概念格

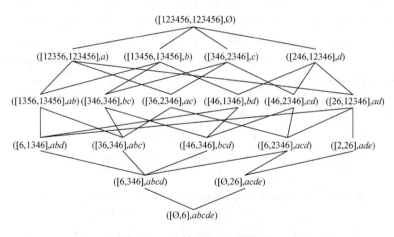

图 10.7　IK 的 ISE-SI 概念格

10.3.3　部分已知概念与完备化背景上形式概念之间的关系

　　部分已知概念是基于不完备形式背景可以用其所有完备化来等价表示这一认识提出的，那么是否不完备形式背景上的部分已知概念也可以由完备化背景上的一些形式概念等价表示呢？本节将给出不完备形式背景上的部分已知概念与完备化背景上形式概念之间的关系[61]。

1. ISE-ISI 概念与形式概念的关系

我们将 ISE-ISI 概念记为：$([\underline{X},\overline{X}],[\underline{A},\overline{A}]) = \{(X,A) \mid X \in [\underline{X},\overline{X}], A \in [\underline{A},\overline{A}]\}$，这有助于我们理解此类概念与经典集刻画的形式概念之间的差异和联系。下述定理说明了每一对 ISE-ISI 概念中的对象集与属性集对都为某个完备化背景上的 SE-SI 概念。

定理 10.9　假设 $([\underline{X},\overline{X}],[\underline{A},\overline{A}]) = \{(X,A) \mid X \in [\underline{X},\overline{X}], A \in [\underline{A},\overline{A}]\}$ 为不完备形式背景 IK 中的一个 ISE-ISI 概念。任取其中的一对对象集与属性集 $(X,A) \in ([\underline{X},\overline{X}],[\underline{A},\overline{A}])$，一定存在一个完备化背景 $K \in \mathrm{COMP}(\mathrm{IK})$ 使得 (X,A) 为 K 上的形式概念。

定理 10.9 的反面是否成立呢？即是否不完备形式背景的任意一个完备化上的任意一个 SE-SI 概念都属于不完备形式背景上的某个 ISE-ISI 概念？为了回答这个问题，我们首先给出最小完备化和最大完备化上的 SE-SI 概念属于某个 ISE-ISI 概念的条件。

定理 10.10　设 $([\overline{X},\underline{X}],[\underline{A},\overline{A}]) = \{(X,A) \mid X \in [\underline{X},\overline{X}], A \in [\underline{A},\overline{A}]\}$ 为不完备形式背景 IK 上的一个 ISE-ISI 概念。如果 (X_1,A_1) 为最小完备化 K_* 上的一个 SE-SI 概念并且 $(X_1,A_1) \in ([\underline{X},\overline{X}],[\underline{A},\overline{A}])$，那么 $(X_1,A_1) = (\underline{X},\underline{A})$。类似地，如果 (X_2,A_2) 是最大完备化 K^* 上的一个 SE-SI 概念并且 $(X_2,A_2) \in ([\underline{X},\overline{X}],[\underline{A},\overline{A}])$，那么 $(X_2,A_2) = (\overline{X},\overline{A})$。

例 10.5　(续例 10.4)表 10.4 和表 10.5 分别给出了例 10.4 中不完备形式背景 IK 的最小完备化 K_* 与最大完备化 K^*。最小完备化和最大完备化所对应的 SE-SI 概念格分别如图 10.8 和图 10.9 所示。

表 10.4　不完备背景 IK 的最小完备化 K_*

U_1	a	b	c	d	e
1	1	1	0	0	0
2	1	0	0	1	1
3	1	1	1	0	0
4	0	1	1	1	0
5	1	1	0	0	0
6	1	1	1	1	0

如图 10.8 所示，$(1346,abd)$ 为最大完备化 K^* 上的一个 SE-SI 概念。但是，在表 10.5 中，不存在任何包含 SE-SI 概念 $(1346, abd)$ 的 ISE-ISI 概念。即不是所有最大完备化中的 SE-SI 概念都包含于某个 ISE-ISI 概念中。又因为最大完备化是一个特殊的完备化，所以不是所有完备化上的任意一个 SE-SI 概念都属于不完备形式背景上的某个 ISE-ISI 概念。

表 10.5 不完备背景 IK 的最大完备化 K^*

U_1	a	b	c	d	e
1	1	1	0	1	0
2	1	0	1	1	1
3	1	1	1	1	0
4	1	1	1	1	0
5	1	1	0	0	0
6	1	1	1	1	1

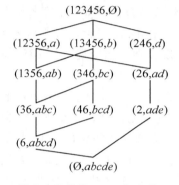

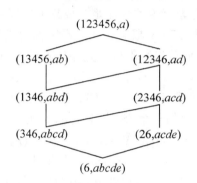

图 10.8 最小完备化的 SE-SI 概念格 $L_{\text{SE-SI}}(K_*)$ 图 10.9 最大完备化的 SE-SI 概念格 $L_{\text{SE-SI}}(K^*)$

2. SE-ISI 概念与形式概念的关系

我们记 SE-ISI 概念为: $(X,[\underline{A},\overline{A}]) = \{(X,A) \mid A \in [\underline{A},\overline{A}]\}$，下述定理说明了 ISE-ISI 概念中的对象集与属性集对与某个完备化背景上的 SE-SI 概念相对应的条件。

定理 10.11 设 $(X,[\underline{A},\overline{A}]) = \{(X,A) \mid A \in [\underline{A},\overline{A}]\}$ 为不完备形式背景 IK 上的 SE-ISI 概念。SE-ISI 概念 $(X,[\underline{A},\overline{A}])$ 所包含的对象集与属性集对为完备化背景 $K \in \text{COMP}$ (IK) 上的形式概念当且仅当 $\underline{e}(A) \subseteq X$ 成立。

反之，不是所有完备化中的任意 SE-SI 概念都属于不完备形式背景中的某个 SE-ISI 概念。但是，特别地，最小(大)完备化中的任意 SE-SI 概念都属于不完备形式背景中的某个 SE-ISI 概念。

定理 10.12 设 (X,A) 为不完备形式背景 IK 的最小完备化 K_* 上的 SE-SI 概念，那么对象集与属性区间集对 $(X,[A,\overline{i}(X)])$ 为不完备形式背景 IK 上的 SE-ISI 概念。类似地，设 (X,A) 为不完备形式背景 IK 的最大完备化 K^* 上的 SE-SI 概念，那么对象集与属性区间集对 $(X,[\underline{i}(X),A])$ 为不完备形式背景 IK 上的 SE-ISI 概念。

例 10.6 (续例 10.4)考虑 SE-ISI 概念 $(1346, [b, abd])$，我们来检验 $(1346, ab)$ 是否为某个完备化中的 SE-SI 概念，因为 $\underline{e}(\{a,b\}) = \{1,3,5,6\} \nsubseteq \{1,3,4,6\}$，根据定理

10.11 可知 $(1346, ab)$ 不可能是任意的完备化中的 SE-SI 概念。事实上，如果 $(1346, ab)$ 为某个完备化上的 SE-SI 概念，那么，由 SE-SI 概念的定义可知，共同具有属性 a 和 b 的最大对象集应该为 $\{1,3,4,6\}$。然而，由表 10.3 所示不完备形式背景可知，无论在任何完备化中，对象 1、3、5 和 6 一定共同具有属性 a 和 b。这与"共同具有属性 a 和 b 的最大对象对象集应该为 $\{1,3,4,6\}$"相矛盾。所以，$(1346, ab)$ 不是任何完备化上的 SE-SI 概念。考虑一个 SE-ISI 概念 $(346, [bc, abcd])$，因为 $\underline{e}(\{a,b,c\}) = \{3,4,6\} \subseteq \{3,4,6\}$ 成立，所以根据定理 10.11 可知 $(346, abc)$ 一定为某个完备化上的 SE-SI 概念。这个完备化背景 K_1 如表 10.6 所示。

表 10.6　完备化背景 K_1

U_1	a	b	c	d	e
1	1	1	0	0	0
2	1	0	0	1	1
3	1	1	1	0	0
4	1	1	1	1	0
5	1	1	0	0	0
6	1	1	1	0	0

从图 10.6、图 10.8 与图 10.9 中，我们还可以看出对于图 10.8 中的任意一个 SE-SI 概念 (X_1, A_1)，$(X_1, [A_1, \overline{i}(X_1)])$ 为图 10.6 中的一个 SE-ISI 概念。对偶地，对于图 10.9 中的任意一个 SE-SI 概念 (X_2, A_2)，$(X_2, [\underline{i}(X_2), A_2])$ 为图 10.6 中的一个 SE-ISI 概念。

3. ISE-SI 概念与形式概念的关系

ISE-SI 概念被重新记为：$([\underline{X}, \overline{X}], A) = \{(X, A) \mid X \in [\underline{X}, \overline{X}]\}$，下述定理说明了 ISE-SI 概念中的对象集与属性集对与某个完备化背景上的 SE-SI 概念相对应的条件。

定理 10.13　设 $([\underline{X}, \overline{X}], A) = \{(X, A) \mid X \in [\underline{X}, \overline{X}]\}$ 为不完备形式背景 IK 上的 ISE-SI 概念。ISE-SI 概念 $([\underline{X}, \overline{X}], A)$ 所包含的对象集与属性集对为完备化背景 $K \in$ COMP(IK) 上的形式概念当且仅当 $\underline{i}(X) \subseteq A$ 成立。

反之不是所有完备化中的任意 SE-SI 概念都属于不完备形式背景中的某个 ISE-SI 概念。但是，特别地，最小(大)完备化中的任意 SE-SI 概念都属于不完备形式背景中的某个 ISE-SI 概念。

定理 10.14　设 (X, A) 为不完备形式背景 IK 的最小完备化 K_* 上的 SE-SI 概念，那么对象区间集与属性集对 $([X, \overline{e}(A)], A)$ 为不完备形式背景 IK 上的 ISE-SI 概念。类似地，设 (X, A) 为不完备形式背景 IK 的最大完备化 K^* 上的 SE-SI 概念，那么对象区间集与属性集对 $([\underline{e}(A), X], A)$ 为不完备形式背景 IK 上的 ISE-SI 概念。

例 10.7　(续例 10.4)考虑例 10.4 中给出的不完备形式背景 IK 上的 ISE-SI 概念

([46, 2346], cd)，我们来检验其中的对象集属性集对 (346, cd) 是否为某个完备化上的 SE-SI 概念。因为 $\underline{i}(\{3,4,6\}) = \{b,c\} \nsubseteq \{c,d\}$，根据定理 10.13 可知 (346, cd) 不可能是任意的完备化中的 SE-SI 概念。事实上，如果 (346, cd) 为某个完备化上的 SE-SI 概念，那么，由 SE-SI 概念的定义可知，在这个完备化中，被对象 3、4 和 6 共同拥有的最大属性集为 $\{c, d\}$。然而由表 10.3 易得，无论在哪一个完备化中，对象 3、4 和 6 一定共同拥有属性 b 与 c。这也说明了无论在任何的完备化中，$\{c, d\}$ 不可能为被对象 3、4 和 6 共同拥有的最大属性集。所以，(346, cd) 不是任何完备化上的 SE-SI 概念。下面我们再考虑另外一个 ISE-SI 概念 ([26, 12346], ad)，因为 $\underline{i}(\{1,2,3,6\}) = \{a\} \subseteq \{a,d\}$ 成立，所以根据定理 10.13 可得 (1236, ad) 为某个完备化上的 SE-SI 概念。表 10.7 给出了这个完备化 K_2，很容易看出 (1236, ad) 为 K_2 上的 SE-SI 概念。

表 10.7　完备化背景 K_2

U_1	a	b	c	d	e
1	1	1	0	1	0
2	1	0	0	1	1
3	1	1	1	1	0
4	0	1	1	1	0
5	1	1	0	0	0
6	1	1	1	1	0

同时从图 10.7、图 10.8 和图 10.9 中可以看出，对于图 10.8 中任意的 SE-SI 概念 (X_3, A_3)，图 10.7 中存在对应的 ISE-SI 概念 $([X_3, \overline{e}(A_3)], A_3)$。对偶地，对于图 10.9 中任意 SE-SI 概念 (X_4, A_4)，图 10.7 中存在对应的 ISE-SI 概念 $([\underline{e}(A_4), X_4], A_4)$。

10.4　本章小结

本章从三支概念的构成入手，介绍了目前存在的两种形式的三支概念，以及相应的三支概念格的基本成果。这两种三支概念，分别针对完备形式背景与不完备形式背景。其一是在完备背景基础上建立的具有正交对形式的三支概念，其二是在不完备背景基础上建立的基于区间集的三支概念。针对具有正交对形式的三支概念以及三支概念格，我们给出了对象导出三支概念格与属性导出三支概念格的构成，以及这两种三支概念格与经典概念格的基本关系。针对基于区间集形式的三支概念，我们考察了部分已知概念的形式，以及部分已知概念与完备化背景上形式概念之间的关系。

作为形式概念分析的拓广和三支决策的具体模型，三支概念分析同时结合了形式概念分析与三支决策这两种理论的特点。但是作为一个刚刚起步的研究方向，还有很多工作需要探索和完成。

参 考 文 献

[1]　Wille R. Restructuring lattice theory: An approach based on hierarchies of concepts[M]// Rival I. Ordered Sets. Dordrecht-Boston: Reidel, 1982: 445-470.

[2]　Ganter B, Wille R. Formal Concept Analysis: Mathematical Foundations[M]. Berlin Heidelberg: Springer-Verlag, 1999.

[3]　Yao Y Y. A comparative study of formal concept analysis and rough set theory in data analysis[C]// Tsumoto S, Slowinski R, Komorowski J, et al. International Conference on Rough Sets and Current Trends in Computing. Berlin: Springer, 2004: 59-68.

[4]　Belohlavek R. Fuzzy galois connections and fuzzy concept lattices: From binary relations to conceptual structures[C]// Novak V, Perfilieva I. Discovering the World with Fuzzy Logic. Heidelberg: Physica-Verlag GmbH , 2000, 26（2）: 462-494.

[5]　Belohlavek R, Baets B D, Konecny J. Granularity of attributes in formal concept analysis[J]. Information Sciences, 2014, 260（1）: 149-170.

[6]　张文修, 姚一豫, 梁怡. 粗糙集与概念格[M]. 西安: 西安交通大学出版社, 2006.

[7]　李金海, 吴伟志. 形式概念分析的粒计算方法及其研究展望[J]. 山东大学学报（自然科学版）, 2017, 52（7）: 1-12.

[8]　徐伟华, 李金海, 魏玲, 等. 形式概念分析理论与应用[M]. 北京: 科学出版社, 2016.

[9]　Wu W Z, Leung Y, Mi J S. Granular computing and knowledge reduction in formal contexts[J]. IEEE Transactions on Knowledge and Data Engineering, 2009, 21（10）: 1461-1474.

[10]　Qi J J, Wei L, Wan Q. Multi-level granular view in formal concept analysis[J]. Granular Computing, 2019, 4（3）: 351-362.

[11]　Ganter B, Stumme G, Wille R. Formal Concept Analysis: Foundations and Applications[M]. Berlin: Springer, 2005.

[12]　Tho Q T, Hui S C, Fong A C M, et al. Automatic fuzzy ontology generation for semantic web[J]. IEEE Transactions on Knowledge and Data Engineering, 2006, 18（6）: 842-856.

[13]　王燕, 王国胤, 邓维斌. 基于概念格的数据驱动不确定知识获取[J]. 模式识别与人工智能, 2007, 20（5）: 636-642.

[14]　Kumar C A, Srinivas S. Mining associations in health care data using formal concept analysis and singular value decomposition[J]. Journal of Biological Systems, 2010, 18（4）: 787-807.

[15]　陈泽华, 闫继雄, 柴晶. 基于形式概念分析的多输入多输出真值表并行约简算法[J]. 电子与信息学报, 2017, 39（9）: 2259-2265.

[16]　Yao Y Y. An outline of a theory of three-way decisions[C] // Proceedings of 2012 Rough Sets and Current Trends in Computing（Lecture Notes in Computer Science, 7413）, Chengdu, 2012: 1-17.

[17] Yao Y Y. Three-way decision and granular computing [J]. International Journal of Approximate Reasoning, 2018, 103: 107-123.

[18] 梁德翠, 曹雯. 三支决策模型及其研究现状分析[J]. 电子科技大学学报(社科版), 2019, 21 (1): 107-115.

[19] 于洪, 王国胤, 李天瑞, 等. 三支决策: 复杂问题求解方法与实践[M]. 北京: 科学出版社, 2015.

[20] 刘盾, 李天瑞, 苗夺谦, 等. 三支决策与粒计算[M]. 北京: 科学出版社, 2013.

[21] 贾修一, 商琳, 周献中, 等. 三支决策理论与应用[M]. 南京: 南京大学出版社, 2012.

[22] Fujita H, Li T R, Yao Y Y. Advances in three-way decisions and granular computing[J]. Knowledge-Based Systems, 2016, 91: 1-3.

[23] Xu W H, Li J H, Shao M W, et al. Editorial [J]. International Journal of Machine Learning and Cybernetics, 2017, 8: 1-3.

[24] Yao J T, Li H X, Peters G. Decision-theoretic rough sets and beyond[J]. International Journal of Approximate Reasoning, 2014, 55: 99-100.

[25] Liang D, Liu D, Kobina A. Three-way group decisions with decision-theoretic rough sets[J]. Information Sciences, 2016, 345(1): 46-64.

[26] He X L, Wei L, She Y H. L-fuzzy concept analysis for three-way decisions: Basic definitions and fuzzy inference mechanisms[J]. International Journal of Machine Learning and Cybernetics, 2018, 9(11): 1857-1867.

[27] 李磊军, 李美争, 解滨, 等. 三支决策视角下概念格的分析和比较[J]. 模式识别与人工智能, 2016, 29 (10): 951-960.

[28] 李金海, 邓硕. 概念格与三支决策及其研究展望[J]. 西北大学学报(自然科学版), 2017, 47 (3): 321-329.

[29] Fan Y, Qi J J, Wei L. A conflict analysis model based on three-way decisions[C]//Nguyen H S, Ha Q T, Li T R, et al. IJCRS 2018, LNAI 11103, 2018: 522-532.

[30] Yao Y Y. Three-way conflict analysis: Reformulations and extensions of the Pawlak model[J]. Knowledge-Based Systems, 2019, 180: 26-37.

[31] Ciucci D. Orthopairs: A simple and widely used way to model uncertainty[J]. Fundamenta Informaticae, 2011, 108(3): 287-304.

[32] Qi J J, Wei L, Yao Y Y. Three-way formal concept analysis[C]// Miao D Q, Pedrycz W, Slezak D, et al. Rough Sets and Knowledge Technology (LNCS 8818), Cham: Springer, 2014: 732-741.

[33] Qi J J, Qian T, Wei L. The connections between three-way and classical concept lattices[J]. Knowledge-Based Systems, 2016, 91: 143-151.

[34] Ren R S, Wei L. The attribute reductions of three-way concept lattices[J]. Knowledge-Based Systems, 2016, 99: 92-102.

[35] 钱婷. 经典概念格与三支概念格的构造及知识获取理论[D]. 西安: 西北大学, 2016.

[36] 刘琳. 基于三支概念格的决策形式背景规则提取[D]. 西安: 西北大学, 2016.

[37] Qian T, Wei L, Qi J J. Constructing three-way concept lattices based on apposition and subposition of formal contexts[J]. Knowledge-Based Systems, 2017, 116: 39-48.

[38] 章星, 祁建军, 朱晓敏. k-均匀背景的三支概念性质研究[J]. 小型微型计算机系统, 2017, 38(7): 1580-1584.

[39] 祁建军, 汪文威. 多线程并行构建三支概念[J]. 西安交通大学学报, 2017, 51(3): 116-121.

[40] Li M Z, Wang G Y. Approximate concept construction with three-way decisions and attribute reduction in incomplete contexts [J]. Knowledge-Based Systems, 2016, 91: 165-178.

[41] Li J H, Huang C C, Qi J J, et al. Three-way cognitive concept learning via multi-granularity[J]. Information Sciences, 2017, 378(1): 244-263.

[42] Huang C C, Li J H, Mei C L, et al. Three-way concept learning based on cognitive operators: An information fusion viewpoint[J]. International Journal of Approximate Reasoning, 2017, 84(1): 1-20.

[43] Zhi H L, Chao H. Three-way concept analysis for incomplete formal contexts[J]. Mathematical Problems in Engineering, 2018, 2018:1-11.

[44] 王明, 魏玲. 基于 K-Modes 聚类的 OE 概念格压缩[J]. 模式识别与人工智能, 2018, 31(8): 704-714.

[45] 祁建军, 魏玲, 姚一豫. 三支概念分析与决策[M]. 北京: 科学出版社, 2019.

[46] 魏玲, 高乐, 祁建军. 三支概念分析研究现状与展望[J]. 西北大学学报(自然科学版), 2019, 49(4): 527-537.

[47] 龙柄翰, 徐伟华. 模糊三支概念分析与模糊三支概念格[J]. 南京大学学报(自然科学版), 2019, 55(4):537-545.

[48] Yang S C, Lu Y N, Jia X Y, et al. Constructing three-way concept lattice based on the composite of classical lattices [J]. International Journal of Approximate Reasoning, 2020,121: 174- 186.

[49] 刘营营, 米据生, 梁美社, 等. 三支区间集概念格[J]. 山东大学学报(理学版), 2020, 55(3): 70-80.

[50] Wei L, Liu L, Qi J J, et al. Rules acquisition of formal decision contexts based on three-way concept lattices[J]. Information Sciences, 2020, 516:529-544.

[51] Long B H, Xu W H, Zhang X Y, et al. The dynamic update method of attribute-induced three-way granular concept in formal contexts[J]. International Journal of Approximate Reasoning, 2020, 126: 228-248.

[52] Zhi H L, Qi J J, Qian T, et al. Three-way dual concept analysis[J]. International Journal of Approximate Reasoning, 2019, 114:151-165.

[53] Zhi H L, Qi J J, Qian T, et al. Conflict analysis under one-vote veto based on approximate

three-way concept lattice[J]. Information Sciences, 2020, 516: 316-330.

[54] Hu J H, Chen D, Liang P. A novel interval Three-way concept lattice model with Its application in medical diagnosis[J]. Mathematics, 2019, 7(1):1-14.

[55] Selvi G C, Priya G G L. Three-way formal concept clustering technique for matrix completion in recommender system[J]. International Journal of Pervasive Computing and Communications. DOI:10.1108/IJPCC-07-2019-0055.

[56] Yao Y Y. Interval-set algebra for qualitative knowledge representation[C]//Proceedings of the 5th International Conference on Computing and Information, Sudbury, 1993: 370-374.

[57] Burmeister P, Holzer R. On the treatment of incomplete knowledge in formal concept analysis[C]// Proceedings of international conference on conceptual structures (ICCS2000), Darmstadt, 2000: 385-398.

[58] Lipski W. On semantic issues connected with incomplete information databases[J]. ACM Transactions on Database Systems, 1979, 4: 269-296.

[59] Krupka M, Lastovicka J. Concept lattices of incomplete data[C]//Proceedings of International Conference on Formal Concept Analysis (ICFCA 2012), Leuven, 2012: 180-194.

[60] Yao Y Y. Interval sets and three-way concept analysis in incomplete contexts[J]. International Journal of Machine Learning and Cybernetics, 2017, 8(1): 3-20.

[61] Ren R S, Wei L, Yao Y Y. An analysis of three types of partially-known formal concepts[J]. International Journal of Machine Learning and Cybernetics, 2018, 9(11): 1767-1783.

[62] 王振. 基于部分已知概念格的不完备形式背景的属性约简与规则提取[D]. 西安: 西北大学, 2018.

[63] Wang Z, Wei L, Qi J J, et al. Attribute reduction of SE-ISI concept lattices for incomplete contexts[J]. Soft Computing, 2020, 24:15143-15158.

第 11 章　基于三支决策理论的冲突分析研究

本章主要基于决策粗糙集理论研究冲突问题。首先，基于决策粗糙集理论定义了概率冲突集、中立集和联合集，进而给出三支冲突分析模型，其扩展了 Pawlak 冲突分析模型。其次，研究如何基于损失函数计算三支冲突分析模型中的阈值，为三支冲突分析模型中阈值的取法给出理论基础。最后，提出在动态经典形势信息系统中基于增量方法计算概率冲突集、中立集和联合集的方法。本章为冲突分析研究提供一个新的视角，丰富三支决策和冲突分析理论。

11.1　引　　言

冲突问题存在于社会生活中的每个角度，研究冲突问题的本质，寻找解决冲突问题的策略是冲突分析研究的主要问题。在冲突分析[1-11]的研究中，Pawlak 粗糙集理论能有效地处理冲突问题中的不精确信息，但其等价关系的条件过于严格，限制了其在实际问题中的应用。实际上，概率粗糙理论和决策粗糙集理论是 Pawlak 粗糙集理论的推广，其比 Pawlak 粗糙集理论在实际问题中处理不确定信息更有效。此外，粗糙集模型中正域、边界域和负域与冲突分析中联盟、中立和冲突关系之间存在相似之处。因此，我们采用概率粗糙集和决策粗糙集处理冲突问题。另外，由于数据收集的特点，形势信息系统随时间而变化。在动态形势信息系统中用非增量方法构建冲突、中立和联合集非常耗时。因此，有必要提供有效的方法和算法来计算动态形势信息系统中的概率联合、中立和冲突集。

本章结构如下：11.2 节简要回顾了冲突分析和决策粗糙集理论的相关概念。11.3 节介绍了概率冲突集、中立集和联合集的概念，并基于决策粗糙集理论计算冲突分析模型中的阈值。在 11.4 节中，我们提出在动态信息系统中计算概率联合集、中立集和冲突集的增量方法。在 11.5 节中，我们通过数据实验表明增量算法对于计算概率联合集、中立集和冲突集的有效性。11.6 节对本章内容进行总结。

11.2　基　本　知　识

在本节中，我们简要回顾了 Pawlak 冲突分析模型和决策粗糙集理论的相关概念。

本章工作获得国家自然科学基金项目(61673301、62076040、61976158)、湖南省自然科学基金项目(2020JJ3034)、湖南省教育厅优秀青年基金(19B027)、江西省"双千计划"的资助。

11.2.1　Pawlak 冲突分析模型

定义 11.1[1]　形势信息系统是一个四元组，即 $S=(U,A,V,f)$，其中 $U=\{x_1,x_2,\cdots,x_n\}$ 是非空局中人集；A 是非空议题集；$V=\{V_a\,|\,a\in A\}$，V_a 表示议题 a 的值域；$\mathrm{card}(V_a)>1$，f 是从 $U\times A$ 映射到 V 的函数。

在本章中，U 代表局中人集，$S=(U,A,V,f)$ 被简单记为 $S=(U,A)$。事实上，在实际生活中存在很多类型的局中人，如国家、人员和公司。

定义 11.2[2]　给定形势信息系统 $S=(U,A)$，对任意 $x,y\in U,a\in A$，定义辅助函数 $\phi_a(x,y)$ 如下：

$$\phi_a(x,y)=\begin{cases}1, & \text{若}\,a(x)\cdot a(y)=1\vee x=y\\ 0, & \text{若}\,a(x)\cdot a(y)=0\wedge x\neq y\\ -1, & \text{若}\,a(x)\cdot a(y)=-1\end{cases}$$

若辅助函数 $\phi_a(x,y)=1$，则局中人 x 和 y 对于议题 a 有相同的意见；若辅助函数 $\phi_a(x,y)=0$，则至少有一个局中人 x 或 y 对于议题 a 持中立的意见；若辅助函数 $\phi_a(x,y)=-1$，则局中人 x 和 y 对于议题 a 持相反的意见。我们给出如下形势信息系统来刻画中东冲突问题。

例 11.1[2]　表 11.1 给出了关于中东冲突的形势信息系统，如下所示。

表 11.1　关于中东冲突的信息系统

U	a	b	c	d	e
Israel	−1	+1	+1	+1	+1
Egypt	+1	0	−1	−1	−1
Palestine	+1	−1	−1	−1	0
Jordan	0	−1	−1	0	−1
Syria	+1	−1	−1	−1	−1
Saudi Arabia	0	−1	−1	0	+1

我们分别假定 Israel，Egypt，Palestine，Jordan，Syria，和 Saudi Arabia 为 x_1、x_2、x_3、x_4、x_5 和 x_6。此外，a 指西岸和加沙自治；b 表示沿约旦河设置以色列军事哨所；c 代表以色列保留东耶路撒冷；d 代表在戈兰高地设置以色列军事哨所；e 表示阿拉伯国家向选择留在境内的巴勒斯坦人提供公民身份。

定义 11.3[2]　给定形势信息系统 $S=(U,A)$，对任意 $x,y\in U$，定义距离函数 $\rho_A(x,y)$ 如下：

$$\rho_A(x,y)=\frac{\sum_{a\in A}\phi_a^*(x,y)}{|A|}$$

其中

$$\phi_a^*(x,y) = \frac{1-\phi_a(x,y)}{2} = \begin{cases} 0, & 若a(x)\cdot a(y)=1 \vee x=y \\ 0.5, & 若a(x)\cdot a(y)=0 \wedge x \neq y \\ 1, & 若a(x)\cdot a(y)=-1 \end{cases}$$

根据定义 11.3，我们得到冲突空间 $S=(U,\rho_A)$，其中 ρ_A 表示距离函数。Pawlak 通过距离函数 ρ_A 给出了在冲突分析中联合、中立和冲突关系的定义，如下所示。

定义 11.4[2]　给定冲突空间 $S=(U,\rho_A)$，$\rho_A(x,y)$ 为局中人 $x,y \in U$ 的距离函数，定义局中人 x 和 y 之间的关系如下：

(1) 冲突，若 $\rho_A(x,y) > 0.5$；

(2) 中立，若 $\rho_A(x,y) = 0.5$；

(3) 联合，若 $\rho_A(x,y) < 0.5$。

根据定义 11.4，Pawlak 给出了联合、冲突和中立集的定义，具体如下。

定义 11.5[2]　给定冲突空间 $S=(U,\rho_A)$，对于局中人 $x \in U$，定义冲突集、中立集和联合集如下：

(1) $\mathrm{CO}(x) = \{y \in U \mid \rho_A(x,y) > 0.5\}$；

(2) $\mathrm{NE}(x) = \{y \in U \mid \rho_A(x,y) = 0.5\}$；

(3) $\mathrm{AL}(x) = \{y \in U \mid \rho_A(x,y) < 0.5\}$。

根据定义 11.5，我们得到每个局中人的联合集、中立集和冲突集，这揭示了两个局中人之间的关系。

定义 11.6[2]　给定冲突空间 $S=(U,\rho_A)$，定义距离矩阵 M_A 如下：

$$M_A = [\rho_A(x,y)]_{n\times n} = \left[\frac{\sum_{a \in A} \phi_a^*(x,y)}{|A|} \right]_{n\times n}$$

其中：

$$\phi_a^*(x,y) = \begin{cases} 0, & 若a(x)\cdot a(y)=1 \vee x=y \\ 0.5, & 若a(x)\cdot a(y)=0 \wedge x \neq y \\ 1, & 若a(x)\cdot a(y)=-1 \end{cases}$$

我们举例来说明距离矩阵，已知有如下联合集、中立集和冲突集。

例 11.2[2]　（继例 11.1）根据定义 11.6，我们得到中东冲突问题的距离矩阵，如表 11.2 所示。

表 11.2　关于中东冲突的距离矩阵

U	x_1	x_2	x_3	x_4	x_5	x_6
x_1						
x_2	0.9					
x_3	0.9	0.2				
x_4	0.8	0.3	0.3			
x_5	1.0	0.1	0.1	0.2		
x_6	0.4	0.5	0.5	0.4	0.6	

根据定义 11.5，我们得到每个局中人的冲突、中立和联合集，具体如表 11.3 所示。

表 11.3　关于中东冲突的冲突集、中立集和联合集

U	$CO(x_i)$	$NE(x_i)$	$AL(x_i)$
x_1	$\{x_2, x_3, x_4, x_5\}$	$\varnothing$	$\{x_1, x_6\}$
x_2	$\{x_1\}$	$\{x_6\}$	$\{x_2, x_3, x_4, x_5\}$
x_3	$\{x_1\}$	$\{x_6\}$	$\{x_2, x_3, x_4, x_5\}$
x_4	$\{x_1\}$	$\varnothing$	$\{x_2, x_3, x_4, x_5, x_6\}$
x_5	$\{x_1, x_6\}$	$\varnothing$	$\{x_2, x_3, x_4, x_5\}$
x_6	$\{x_5\}$	$\{x_2, x_3\}$	$\{x_1, x_4, x_6\}$

在例 11.2 中，我们发现所有局中人根据阈值 0.5 被划分为冲突、中立和联合集中。在实际情况下，如果与 y 冲突的局中人 x 被划分为 y 的联合集中，则局中人 y 遭受很大损失。因此，选择用于划分局中人的最优阈值是非常重要的。

11.2.2　决策粗糙集理论

定义 11.7[12]　给定信息系统 $S = (U, A)$，对任意对象子集 $X \subseteq U$，有 $P(X \mid [x]) = \dfrac{\|[x] \cap X\|}{\|[x]\|}$，其中 $0 < \beta < \alpha < 1$。对任意 $X \subseteq U$，定义概率下近似 $\underline{apr}_{(\alpha, \beta)}(X)$ 及上近似 $\overline{apr}_{(\alpha, \beta)}(X)$ 如下：

$$\underline{apr}_{(\alpha, \beta)}(X) = \{x \in U \mid P(X \mid [x]) \geqslant \alpha\}$$

$$\overline{apr}_{(\alpha, \beta)}(X) = \{x \in U \mid P(X \mid [x]) \geqslant \beta\}$$

概率上、下近似集分别是 Pawlak 粗糙集的上、下近似集的推广，相比 Pawlak 粗糙集具有较好的容噪性。因此，概率粗糙集理论在处理不确定和不精确信息时优于 Pawlak 粗糙集模型。

定义 11.8[12]　给定信息系统 $S = (U, A)$，其中 $0 \leqslant \beta \leqslant \alpha \leqslant 1$，定义 $X \subseteq U$ 的概率正域、边界域和负域 $\mathrm{POS}_{(\alpha, \beta)}(X)$、$\mathrm{BND}_{(\alpha, \beta)}(X)$ 和 $\mathrm{NEG}_{(\alpha, \beta)}(X)$ 如下：

$$\mathrm{POS}_{(\alpha, \beta)}(X) = \{x \in U \mid P(X \mid [x]) \geqslant \alpha\}$$
$$\mathrm{BND}_{(\alpha, \beta)}(X) = \{x \in U \mid \beta < P(X \mid [x]) < \alpha\}$$
$$\mathrm{NEG}_{(\alpha, \beta)}(X) = \{x \in U \mid P(X \mid [x]) \leqslant \beta\}$$

因此，决策粗糙集模型被用于计算阈值 α 和 β，设（$\Omega = \{X, \neg X\}$）表示 2 种状态的集合，其中 X 表示对象是 X 的成员，$\neg X$ 表示对象不是 X 的成员。每种状态对应 3 种行为，记为（$\mathscr{A} = \{a_P, a_B, a_N\}$），其中 a_P、a_B 和 a_N 分别表示当前对象 x 属于 $\mathrm{POS}_{(\alpha, \beta)}(X)$、$\mathrm{BND}_{(\alpha, \beta)}(X)$ 和 $\mathrm{NEG}_{(\alpha, \beta)}(X)$ 的行为。在表 11.4 中，λ_{PP}、λ_{BP} 和 λ_{NP} 表示对象属于 X 的状态下分别采取决策 a_P、a_B 和 a_N 的风险代价值；λ_{PP}、λ_{BP} 和 λ_{NP} 表示在对象属于 $\neg X$ 的状态下分别采取决策 a_P、a_B 和 a_N 的风险代价值。

表 11.4　损失函数

行为	$X(P)$	$\neg X(N)$
a_P	λ_{PP}	λ_{PN}
a_B	λ_{BP}	λ_{BN}
a_N	λ_{NP}	λ_{NN}

基于表 11.4 中的损失函数，可以得出期望风险 $R(a_P \mid [x])$，$R(a_B \mid [x])$ 和 $R(a_N \mid [x])$ 分别为：

$$R(a_P \mid [x]) = \lambda_{PP} P(X \mid [x]) + \lambda_{PN} P(\neg X \mid [x])$$
$$R(a_B \mid [x]) = \lambda_{BP} P(X \mid [x]) + \lambda_{BN} P(\neg X \mid [x])$$
$$R(a_N \mid [x]) = \lambda_{NP} P(X \mid [x]) + \lambda_{NN} P(\neg X \mid [x])$$

根据贝叶斯最小风险决策规则，可得到如下形式的决策规则：

(P)：若 $R(a_P \mid [x]) \leqslant R(a_B \mid [x]), R(a_P \mid [x]) \leqslant R(a_N \mid [x])$，则判定 $x \in \mathrm{POS}_{(\alpha, \beta)}(X)$

(B)：若 $R(a_B \mid [x]) \leqslant R(a_P \mid [x]), R(a_B \mid [x]) \leqslant R(a_N \mid [x])$，则判定 $x \in \mathrm{BND}_{(\alpha, \beta)}(X)$

(N)：若 $R(a_N \mid [x]) \leqslant R(a_P \mid [x]), R(a_N \mid [x]) \leqslant R(a_B \mid [x])$，则判定 $x \in \mathrm{NEG}_{(\alpha, \beta)}(X)$

假定 $\lambda_{PP} \leqslant \lambda_{BP} \leqslant \lambda_{NP}$ 和 $\lambda_{NN} \leqslant \lambda_{BN} \leqslant \lambda_{PN}$，且 $P(X \mid [x]) + P(\neg X \mid [x]) = 1$，则最小化风险决策规则 $(P), (B)$ 和 (N) 可简化如下：

(P)：若 $P(X \mid [x]) \geqslant \alpha, P(X \mid [x]) \geqslant \gamma$，则判定 $x \in \mathrm{POS}_{(\alpha, \beta)}(X)$

(B)：若 $P(X \mid [x]) < \alpha, P(X \mid [x]) > \beta$，则判定 $x \in \mathrm{BND}_{(\alpha, \beta)}(X)$

(N)：若 $P(X \mid [x]) \leqslant \beta, P(X \mid [x]) \leqslant \gamma$，则判定 $x \in \mathrm{NEG}_{(\alpha, \beta)}(X)$

其中：

$$\alpha = \frac{\lambda_{PN} - \lambda_{BN}}{\lambda_{PN} - \lambda_{BN} + \lambda_{BP} - \lambda_{PP}}, \beta = \frac{\lambda_{BN} - \lambda_{NN}}{\lambda_{BN} - \lambda_{NN} + \lambda_{NP} - \lambda_{BP}}, \gamma = \frac{\lambda_{PN} - \lambda_{NN}}{\lambda_{PN} - \lambda_{NN} + \lambda_{NP} - \lambda_{PP}}$$

11.2.3 通过两个实例阐述研究动机

在这一部分，我们通过两个例子来说明基于决策粗糙集研究冲突分析的动机。

例 11.3 表 11.5 为一个形势信息系统，其中 $U = \{x_1, x_2, \cdots, x_6\}$ 和 $A = \{a\}$。表 11.6 给出了距离矩阵 M_A。

表 11.5　冲突信息系统

U	a
x_1	−1
x_2	+1
x_3	+1
x_4	0
x_5	+1
x_6	0

表 11.6　冲突距离矩阵

U	x_1	x_2	x_3	x_4	x_5	x_6
x_1						
x_2	1					
x_3	1	0				
x_4	0.5	0.5	0.5			
x_5	1	0	0	0.5		
x_6	0.5	0.5	0.5	0.5	0.5	

表 11.5 和表 11.6 仅给定单个议题 a 及三个议题取值 $\{1, 0.5, 0\}$。因此，阈值 0.5 可以有效区分两对象间的冲突、联合和中立关系。

在例 11.3 中，Pawlak 冲突分析模型可以有效处理冲突分析中的距离矩阵仅包含三个值 $\{1, 0.5, 0\}$ 的形势信息系统。而在实际情况中，当形势信息系统的距离矩阵包含三个以上的值时，Pawlak 冲突分析模型将不再适用。

例 11.4 表 11.7 和表 11.8 分别为形势信息系统和 $x, y \in U$ 的损失函数。在表 11.8 中，a_C、a_N 和 a_A 分别表示将 y 划分到 $\mathrm{CO}(x)$、$\mathrm{NE}(x)$ 和 $\mathrm{AL}(x)$ 的三种行为；λ_{CC}^*、λ_{NC}^* 和 λ_{AC}^* 表示当对象属于 $\mathrm{CO}(x)$ 的状态下分别采取 a_C、a_N 和 a_A 行为的风险损失；λ_{CA}^*、λ_{NA}^* 和 λ_{AA}^* 表示当对象属于 $\mathrm{AL}(x)$ 的状态下分别采取 a_C、a_N 和 a_A 行为的风险损失。

表 11.7　形势信息系统

U	a	b	c	d	e
x_1	−1	+1	+1	+1	+1
x_2	+1	+1	−1	−1	−1
x_3	+1	−1	−1	−1	0
x_4	0	−1	−1	0	−1
x_5	+1	−1	−1	−1	−1
x_6	0	+1	−1	0	+1

　　根据定义 11.3 和 11.5，由 $\rho_A(x_1, x_2) = 0.8 > 0.5$，我们可以确定局中人 x_1 和 x_2 是联合的。事实上，由表 11.7 我们可以发现局中人 x_1 和 x_2 对于议题 a、c、d 和 e 是冲突的，对于议题 b 是中立的。因此，如果我们把局中人 x_1 和 x_2 划分为联合关系，必然会存在风险损失。根据表 11.8，如果我们把局中人 x_1 和 x_2 划分到联合集，则造成的损失为 $\lambda_{AC}^d + \lambda_{AC}^e = 80 + 80 = 160$；如果我们把局中人 x_1 和 x_2 划分到冲突集，则造成的损失为 $\lambda_{CA}^a + \lambda_{CA}^b + \lambda_{CA}^c = 10 + 10 + 10 = 30$；如果我们把局中人 x_1 和 x_2 划分到中立集，则造成的损失为 $\lambda_{NA}^a + \lambda_{NA}^b + \lambda_{NA}^c + \lambda_{NC}^d + \lambda_{NC}^e = 5 + 5 + 5 + 40 + 40 = 95$。因此，由于损失值 $30 < 95 < 160$，则局中人 x_1 和 x_2 是冲突的，这和使用 Pawlak 冲突分析模型得到的结果不同。所以，基于决策粗糙集理论研究冲突分析十分必要。

表 11.8　对 $x_1, x_2 \in U$ 的损失函数

A	行为	$x_2 \in \mathrm{CO}(x_1)$	$x_2 \in \mathrm{AL}(x_1)$
a	a_C	$\lambda_{CC}^a = 0$	$\lambda_{CA}^a = 10$
	a_N	$\lambda_{NC}^a = 5$	$\lambda_{NA}^a = 5$
	a_A	$\lambda_{AC}^a = 10$	$\lambda_{AA}^a = 0$
b	a_C	$\lambda_{CC}^b = 0$	$\lambda_{CA}^b = 10$
	a_N	$\lambda_{NC}^b = 5$	$\lambda_{NA}^b = 5$
	a_A	$\lambda_{AC}^b = 10$	$\lambda_{AA}^b = 0$
c	a_C	$\lambda_{CC}^c = 0$	$\lambda_{CA}^c = 10$
	a_N	$\lambda_{NC}^c = 5$	$\lambda_{NA}^c = 5$
	a_A	$\lambda_{AC}^c = 10$	$\lambda_{AA}^c = 0$
d	a_C	$\lambda_{CC}^d = 0$	$\lambda_{CA}^d = 80$
	a_N	$\lambda_{NC}^d = 40$	$\lambda_{NA}^d = 40$
	a_A	$\lambda_{AC}^d = 80$	$\lambda_{AA}^d = 0$
e	a_C	$\lambda_{CC}^e = 0$	$\lambda_{CA}^e = 80$
	a_N	$\lambda_{NC}^e = 40$	$\lambda_{NA}^e = 40$
	a_A	$\lambda_{AC}^e = 80$	$\lambda_{AA}^e = 0$

11.3　基于决策粗糙集理论的冲突分析

在本节中，我们提出一个基于决策粗糙集理论的冲突分析模型。首先，我们提出概率冲突，中立和联合关系的概念，如下所示。

定义 11.9　给定冲突空间 $S = (U, \rho_A)$，其中 $0 \leqslant \beta \leqslant \alpha \leqslant 1$，定义局中人 x 和 y 之间的概率冲突、概率中立和概率联合关系如下：

(1) 概率冲突，若 $\rho_A(x, y) \geqslant \alpha$；

(2) 概率中立，若 $\alpha > \rho_A(x, y) > \beta$；

(3) 概率联合，若 $\rho_A(x, y) \leqslant \beta$。

概率冲突、中立和联合关系分别是 Pawlak 冲突、中立和联合关系的推广。特别的，当 $\alpha = \beta = 0.5$ 时，概率冲突、中立和联合关系与 Pawlak 冲突、中立和联合关系相同。当 $\alpha \geqslant 0.5$ 且 $\beta \leqslant 0.5$ 时，根据定义 11.3.1，更多的局中人关系被划分为概率中立关系。

同时，我们提出了概率冲突、中立和联合集的概念，如下所示。

定义 11.10　给定冲突空间 $S = (U, \rho_A)$，其中 $0 \leqslant \beta \leqslant \alpha \leqslant 1$。对任意 $x \in U$，关于 x 的概率冲突、中立和联合集定义如下：

(1) $\mathrm{CO}_\beta^\alpha(x) = \{y \in U \mid \rho_A(x, y) \geqslant \alpha\}$；

(2) $\mathrm{NE}_\beta^\alpha(x) = \{y \in U \mid \alpha > \rho_A(x, y) > \beta\}$；

(3) $\mathrm{AL}_\beta^\alpha(x) = \{y \in U \mid \rho_A(x, y) \leqslant \beta\}$。

下面我们简单讨论了概率联合、冲突和中立集的性质。

定理 11.1　给定冲突空间 $S = (U, \rho_A)$，其中 $0 \leqslant \beta \leqslant \alpha \leqslant 1$。对任意 $x, y \in U$，我们有：

(1) $y \in \mathrm{CO}_\beta^\alpha(x) \Leftrightarrow x \in \mathrm{CO}_\beta^\alpha(y)$；

(2) $y \in \mathrm{NE}_\beta^\alpha(x) \Leftrightarrow x \in \mathrm{NE}_\beta^\alpha(y)$；

(3) $y \in \mathrm{AL}_\beta^\alpha(x) \Leftrightarrow x \in \mathrm{AL}_\beta^\alpha(y)$。

证明：(1) 根据定义 11.10(1)，我们得到 $\mathrm{CO}_\beta^\alpha(x) = \{y \in U \mid \rho_A(x, y) \geqslant \alpha\}$ 和 $\mathrm{CO}_\beta^\alpha(y) = \{z \in U \mid \rho_A(y, z) \geqslant \alpha\}$。若 $y \in \mathrm{CO}_\beta^\alpha(x)$，我们得到 $\rho_A(x, y) \geqslant \alpha$。另外 $\rho_A(y, x) \geqslant \alpha$，其满足 $y \in \mathrm{CO}_\beta^\alpha(x)$，反之亦然。因此，$y \in \mathrm{CO}_\beta^\alpha(x) \Leftrightarrow x \in \mathrm{CO}_\beta^\alpha(y)$。

(2) 根据定义 11.10(2)，我们得到 $\mathrm{NE}_\beta^\alpha(x) = \{y \in U \mid \alpha > \rho_A(x, y) > \beta\}$ 和 $\mathrm{NE}_\beta^\alpha(x) = \{z \in U \mid \beta < \rho_A(y, z) < \alpha\}$。若 $y \in \mathrm{NE}_\beta^\alpha(x)$，我们有 $\beta < \rho_A(x, y) < \alpha$。另外 $\beta < \rho_A(y, x) < \alpha$，其满足 $x \in \mathrm{NE}_\beta^\alpha(y)$，反之亦然。因此，$y \in \mathrm{NE}_\beta^\alpha(x) \Leftrightarrow x \in \mathrm{NE}_\beta^\alpha(y)$。

（3）根据定义 11.10（3），我们得到 $\mathrm{AL}^\alpha_\beta(x) = \{y \in U \mid \rho_A(x,y) \leq \beta\}$ 和 $\mathrm{AL}^\alpha_\beta(y) = \{z \in U \mid \rho_A(y,z) \leq \beta\}$。若 $y \in \mathrm{AL}^\alpha_\beta(x)$，我们有 $\rho_A(x,y) \leq \beta$。另外 $\rho_A(y,x) \leq \beta$，其满足 $x \in \mathrm{AL}^\alpha_\beta(y)$，反之亦然。因此，$y \in \mathrm{AL}^\alpha_\beta(x) \Leftrightarrow x \in \mathrm{AL}^\alpha_\beta(y)$。□

定理 11.1（1）描述了单个局中人与概率冲突集之间的关系；定理 11.1（2）说明了单个局中人与概率中立集之间的关系；定理 11.1（3）刻画了单个局中人与概率联合集之间的关系。

例 11.5　（继例 11.2）根据定义 11.10，当 $\alpha = 0.75$，$\beta = 0.25$，我们可得到每个局中人的概率冲突、中立和联合集，如表 11.9 所示。

表 11.9　关于中东冲突的概率冲突、中立集和联合集

U	$\mathrm{CO}^\alpha_\beta(x_i)$	$\mathrm{NE}^\alpha_\beta(x_i)$	$\mathrm{AL}^\alpha_\beta(x_i)$
x_1	$\{x_2,x_3,x_4,x_5\}$	$\{x_6\}$	$\{x_1\}$
x_2	$\{x_1\}$	$\{x_4,x_6\}$	$\{x_2,x_3,x_5\}$
x_3	$\{x_1\}$	$\{x_4,x_6\}$	$\{x_2,x_3,x_5\}$
x_4	$\{x_1\}$	$\{x_2,x_3,x_6\}$	$\{x_4,x_5\}$
x_5	$\{x_1\}$	$\{x_6\}$	$\{x_2,x_3,x_4,x_5\}$
x_6	$\varnothing$	$\{x_1,x_2,x_3,x_4,x_5\}$	$\{x_6\}$

表 11.3 和表 11.9 中的概率联合、中立和冲突集之间存在一些差异。特别地，由表 11.9 得，更多的局中人被划分到概率中立集。在信息不够完全的情况下，若我们将隶属于概率中立集的局中人分类到概率冲突集和联合集，在实际情况会造成风险损失。因此，在冲突分析中，阈值 α 和 β 对计算概率冲突、中立和联合集很重要。

在此，我们基于决策粗糙集理论来计算冲突分析的阈值 α 和 β。

定理 11.2　给定冲突空间 $S = (U, \rho_A)$，对 $x,y \in U$ 有距离函数 $\rho_A(x,y)$，损失函数 $\lambda_{CC}, \lambda_{NC}, \lambda_{AC}, \lambda_{AA}, \lambda_{NA}$ 和 λ_{CA}，其中 $0 \leq \lambda_{CC} \leq \lambda_{NC} \leq \lambda_{AC}$，$0 \leq \lambda_{AA} \leq \lambda_{NA} \leq \lambda_{CA}$，则

（1）若 $\rho_A(x,y) > \alpha$，则 $y \in \mathrm{CO}^\alpha_\beta(x)$；

（2）若 $\alpha \geq \rho_A(x,y) \geq \beta$，则 $y \in \mathrm{NE}^\alpha_\beta(x)$；

（3）若 $\rho_A(x,y) < \beta$，则 $y \in \mathrm{AL}^\alpha_\beta(x)$。

其中：

$$\alpha = \frac{\lambda_{CA} - \lambda_{NA}}{\lambda_{CA} - \lambda_{NA} + \lambda_{NC} - \lambda_{CC}}, \beta = \frac{\lambda_{NA} - \lambda_{AA}}{\lambda_{NA} - \lambda_{AA} + \lambda_{AC} - \lambda_{NC}}, \gamma = \frac{\lambda_{CA} - \lambda_{AA}}{\lambda_{CA} - \lambda_{AA} + \lambda_{AC} - \lambda_{CC}}$$

证明：由表 11.10，根据对局中人 y 采取不同行为的具体风险代价，我们可以得到期望风险分别为：$R^x(a_C \mid y)$、$R^x(a_N \mid y)$ 和 $R^x(a_A \mid y)$：

$$R^x(a_C \mid y) = \lambda_{CC} \cdot \rho_A(x,y) + \lambda_{CA} \cdot (1 - \rho_A(x,y))$$

$$R^x(a_N \mid y) = \lambda_{NC} \cdot \rho_A(x, y) + \lambda_{NA} \cdot (1 - \rho_A(x, y))$$

$$R^x(a_A \mid y) = \lambda_{AC} \cdot \rho_A(x, y) + \lambda_{AA} \cdot (1 - \rho_A(x, y))$$

根据贝叶斯最小风险决策规则，可以得到以下形式的决策规则：

(C)：若 $R^x(a_C \mid y) \leqslant R^x(a_N \mid y)$，$R^x(a_C \mid y) \leqslant R^x(a_A \mid y)$，则 $y \in \mathrm{CO}_\beta^\alpha(x)$

(N)：若 $R^x(a_N \mid y) \leqslant R^x(a_C \mid y)$，$R^x(a_N \mid y) \leqslant R^x(a_A \mid y)$，则 $y \in \mathrm{NE}_\beta^\alpha(x)$

(A)：若 $R^x(a_A \mid y) \leqslant R^x(a_P \mid y)$，$R^x(a_A \mid y) \leqslant R^x(a_N \mid y)$，则 $y \in \mathrm{AL}_\beta^\alpha(x)$

假定 $\lambda_{CC} \leqslant \lambda_{NC} \leqslant \lambda_{AC}$ 和 $\lambda_{AA} \leqslant \lambda_{NA} \leqslant \lambda_{CN}$，决策规则 (C)、(N) 和 (A) 可以简化为：

(C)：若 $\rho_A(x, y) > \alpha$ 和 $\rho_A(x, y) > \gamma$，则 $y \in \mathrm{CO}_\beta^\alpha(x)$

(N)：若 $\rho_A(x, y) \leqslant \alpha$ 和 $\rho_A(x, y) \geqslant \beta$，则 $y \in \mathrm{NE}_\beta^\alpha(x)$

(A)：若 $\rho_A(x, y) < \beta$ 和 $\rho_A(x, y) < \gamma$，则 $y \in \mathrm{AL}_\beta^\alpha(x)$

其中：

$$\alpha = \frac{\lambda_{CA} - \lambda_{NA}}{\lambda_{CA} - \lambda_{NA} + \lambda_{NC} - \lambda_{CC}}, \beta = \frac{\lambda_{NA} - \lambda_{AA}}{\lambda_{NA} - \lambda_{AA} + \lambda_{AC} - \lambda_{NC}}, \gamma = \frac{\lambda_{CA} - \lambda_{AA}}{\lambda_{CA} - \lambda_{AA} + \lambda_{AC} - \lambda_{CC}}$$

表 11.10　对 $x, y \in U$ 的损失函数

行为	$y \in \mathrm{CO}(x)$	$y \in \mathrm{AL}(x)$
a_C	λ_{CC}	λ_{CA}
a_N	λ_{NC}	λ_{NA}
a_A	λ_{AC}	λ_{AA}

基于定理 11.2，针对冲突分析问题，根据最小风险决策将局中人划分为概率冲突、中立和联合集可以有效避免分类错误。

最后，我们给出计算概率冲突、中立和联合集的非增量算法（non-incremental algorithm，NIC）。

算法 11.1　非增量算法（NIC）

输入：形势信息系统 $S = (U, A)$。

输出：$\mathrm{CO}_\beta^\alpha(x)$、$\mathrm{NE}_\beta^\alpha(x)$ 和 $\mathrm{AL}_\beta^\alpha(x)$。

1. 输入形势信息系统 $S = (U, A)$；

2. 计算距离矩阵 M_A；

3. 构建阈值 α、β 和 γ；

4. 计算 $CO_\beta^\alpha(x)$ 、 $NE_\beta^\alpha(x)$ 和 $AL_\beta^\alpha(x)$ ；

5. 输出 $CO_\beta^\alpha(x)$ 、 $NE_\beta^\alpha(x)$ 和 $AL_\beta^\alpha(x)$ 。

步骤 2 的时间复杂度为 $O(mn^2)$ ，其中 $|U|=n$ 和 $|A|=m$ ，步骤 4 的时间复杂度为 $O(n^2)$ 。因此，算法 11.1 的时间复杂度为 $O(mn^2+n^2)$ 。

表 11.11 对 $x,y \in U$ 的损失函数

行为	$y \in CO(x)$	$y \in AL(x)$
a_C	$\lambda_{CC}=0$	$\lambda_{CA}=5$
a_N	$\lambda_{NC}=2$	$\lambda_{NA}=2$
a_A	$\lambda_{AC}=6$	$\lambda_{AA}=0$

例 11.6 （继例 11.2）通过算法 11.1，由表 11.11 我们得到阈值 α 、 β 和 γ ，如下所示：

$$\alpha = \frac{\lambda_{CA}-\lambda_{NA}}{\lambda_{CA}-\lambda_{NA}+\lambda_{NC}-\lambda_{CC}} = \frac{5-2}{5-2+2-0} = \frac{3}{5}$$

$$\beta = \frac{\lambda_{NA}-\lambda_{AA}}{\lambda_{NA}-\lambda_{AA}+\lambda_{AC}-\lambda_{NC}} = \frac{2-0}{2-0+6-2} = \frac{1}{3}$$

$$\gamma = \frac{\lambda_{CA}-\lambda_{AA}}{\lambda_{CA}-\lambda_{AA}+\lambda_{AC}-\lambda_{CC}} = \frac{5-0}{5-0+6-0} = \frac{5}{11}$$

进而，我们可得到如表 11.12 所示的概率冲突、中立和联合集。

表 11.12 关于中东冲突的概率冲突、中立集和联合集

U	$CO_\beta^\alpha(x_i)$	$NE_\beta^\alpha(x_i)$	$AL_\beta^\alpha(x_i)$
x_1	$\{x_2,x_3,x_4,x_5\}$	$\{x_6\}$	$\{x_1\}$
x_2	$\{x_1\}$	$\{x_6\}$	$\{x_2,x_3,x_4,x_5\}$
x_3	$\{x_1\}$	$\{x_6\}$	$\{x_2,x_3,x_4,x_5\}$
x_4	$\{x_1\}$	$\{x_6\}$	$\{x_2,x_3,x_4,x_5\}$
x_5	$\{x_1\}$	$\{x_6\}$	$\{x_2,x_3,x_4,x_5\}$
x_6	$\varnothing$	$\{x_1,x_2,x_3,x_4,x_5\}$	$\{x_6\}$

11.4 动态信息系统冲突分析

在本节中，我们讨论在动态形势信息系统中构建概率联合、中立和冲突集的机制。

11.4.1　局中人增加时的冲突分析模型

在本节中，当局中人增加时，我们提出计算概率联合、中立和冲突集的增量方法。

定义 11.11　给定形势信息系统 (U, A) 和 (U^+, A)，其中 $U = \{x_1, x_2, \cdots, x_n\}$，$U^+ = \{x_1, x_2, \cdots, x_n, x_{n+1}, \cdots, x_{n+t}\}(t \geq 1)$，则称 (U^+, A) 是 (U, A) 的一个动态形势信息系统。

简单来讲，(U, A) 称为 (U^+, A) 的原始形势信息系统。在实际情况中，动态形势信息系统可以分为局中人集的变化、议题集的变化和属性值的变化。在本节我们仅讨论局中人增加时的动态形势信息系统。此外，下面我们将通过一个实例来说明 (U, A) 和 (U^+, A) 之间的关系。

例 11.7　（继例 11.2）表 11.1 和表 11.13 分别是 (U, A) 和 (U^+, A)，则我们可得 $U^+ = \{x_1, x_2, x_3, x_4, x_5, x_6, x_7\} = U \bigcup \{x_7\}$，且 (U^+, A) 是 (U, A) 的一个动态形势信息系统。

表 11.13　关于中东冲突的动态形势信息系统

U^+	a	b	c	d	e
x_1	−1	+1	+1	+1	+1
x_2	+1	0	−1	−1	−1
x_3	+1	−1	−1	−1	0
x_4	0	−1	−1	0	−1
x_5	+1	−1	−1	−1	−1
x_6	0	+1	−1	0	+1
x_7	−1	+1	+1	+1	+1

其次，我们研究在动态形势信息系统中如何计算距离矩阵和概率冲突、中立和联合集。

定理 11.3　给定形势信息系统 (U^+, A) 和 (U, A)，距离矩阵 $M_A^+ = [\rho_A^+(x, y)]_{(n+t) \times (n+t)}$ 和 $M_A = [\rho_A(x, y)]_{n \times n}$，则：

$$\rho_A^+(x, y) = \begin{cases} \rho_A(x, y), & \text{若} x, y \in U \\ \dfrac{\sum_{a \in A} \phi_a^*(x, y)}{|A|}, & \text{其他} \end{cases}$$

其中

$$\phi_a^*(x, y) = \begin{cases} 0, & \text{若} a(x) \cdot a(y) = 1 \vee x = y \\ 0.5, & \text{若} a(x) \cdot a(y) = 0 \wedge x \neq y \\ 1, & \text{若} a(x) \cdot a(y) = -1 \end{cases}$$

证明：由定义 11.6，显然可得。

定理 11.3 描述了 M_A^+ 和 M_A 之间的关系，从而在实际应用中大大减少了计算量，这有助于我们计算概率联合、中立和冲突集。

定理 11.4　给定形势信息系统 (U^+, A) 和 (U, A)，阈值 $0 \leq \beta \leq \alpha \leq 1$，则我们可以得到 $x \in U^+$ 的概率联合、中立和冲突集：

(1) $\mathrm{CO}_{\beta}^{\alpha+}(x) = \begin{cases} \mathrm{CO}_{\beta}^{\alpha}(x) \bigcup \{y \in U^+ - U \mid \rho_A^+(x, y) \geq \alpha\}, & 若 x \in U \\ \{y \in U^+ \mid \rho_A^+(x, y) \geq \alpha\}, & 若 x \in U^+ - U \end{cases}$

(2) $\mathrm{NE}_{\beta}^{\alpha+}(x) = \begin{cases} \mathrm{NE}_{\beta}^{\alpha}(x) \bigcup \{y \in U^+ - U \mid \alpha > \rho_A^+(x, y) > \beta\}, & 若 x \in U \\ \{y \in U^+ \mid \alpha > \rho_A^+(x, y) > \beta\}, & 若 x \in U^+ - U \end{cases}$

(3) $\mathrm{AL}_{\beta}^{\alpha+}(x) = \begin{cases} \mathrm{AL}_{\beta}^{\alpha}(x) \bigcup \{y \in U^+ - U \mid \rho_A^+(x, y) \leq \beta\}, & 若 x \in U \\ \{y \in U^+ \mid \rho_A^+(x, y) \leq \beta\}, & 若 x \in U^+ - U \end{cases}$

证明：(1) 根据定义 11.10(1)，对任意 $x \in U$，我们有 $\mathrm{CO}_{\beta}^{\alpha+}(x) = \{y \in U^+ \mid \rho_A^+(x, y) \geq \alpha\} = \{y \in U \mid \rho_A(x, y) \geq \alpha\} \bigcup \{y \in U^+ - U \mid \rho_A^+(x, y) \geq \alpha\}$ 和 $\mathrm{CO}_{\beta}^{\alpha}(x) = \{y \in U \mid \rho_A(x, y) \geq \alpha\}$。从而，$\mathrm{CO}_{\beta}^{\alpha+}(x) = \mathrm{CO}_{\beta}^{\alpha}(x) \bigcup \{y \in U^+ - U \mid \rho_A^+(x, y) \geq \alpha\}$。另一方面，对任意 $x \in U^+ - U$，我们有 $\mathrm{CO}_{\beta}^{\alpha+}(x) = \{y \in U^+ \mid \rho_A^+(x, y) \geq \alpha\}$。

(2) 根据定义 11.10(2)，对任意 $x \in U$，我们有 $\mathrm{NE}_{\beta}^{\alpha+}(x) = \{y \in U^+ \mid \alpha > \rho_A^+(x, y) > \beta\} = \{y \in U \mid \alpha > \rho_A(x, y) > \beta\} \bigcup \{y \in U^+ - U \mid \alpha > \rho_A^+(x, y) > \beta\} > \rho_A(x, y) > \beta\}$。因此，$\mathrm{NE}_{\beta}^{\alpha+}(x) = \mathrm{NE}_{\beta}^{\alpha}(x) \bigcup \{y \in U^+ - U \mid \alpha > \rho_A^+(x, y) > \beta\}$。另一方面，对任意 $x \in U^+ - U$，我们有 $\mathrm{NE}_{\beta}^{\alpha+}(x) = \{y \in U^+ \mid \alpha > \rho_A^+(x, y) > \beta\}$。

(3) 根据定义 11.10(3)，对任意 $x \in U$，我们有 $\mathrm{AL}_{\beta}^{\alpha+}(x) = \{y \in U^+ \mid \rho_A^+(x, y) \leq \beta\} = \{y \in U \mid \rho_A(x, y) \leq \beta\} \bigcup \{y \in U^+ - U \mid \rho_A^+(x, y) \leq \beta\}$ 和 $\mathrm{AL}_{\beta}^{\alpha}(x) = \{y \in U \mid \rho_A(x, y) \leq \beta\}$。从而，$\mathrm{AL}_{\beta}^{\alpha+}(x) = \mathrm{AL}_{\beta}^{\alpha}(x) \bigcup \{y \in U^+ - U \mid \rho_A^+(x, y) \leq \beta\}$。另一方面，对任意 $x \in U^+ - U$，我们有 $\mathrm{AL}_{\beta}^{\alpha+}(x) = \{y \in U^+ \mid \rho_A^+(x, y) \leq \beta\}$。

定理 11.4 说明了如何根据 $\mathrm{CO}_{\beta}^{\alpha}(x)$、$\mathrm{NE}_{\beta}^{\alpha}(x)$ 和 $\mathrm{AL}_{\beta}^{\alpha}(x)$ 来分别构建概率集 $\mathrm{CO}_{\beta}^{\alpha+}(x)$、$\mathrm{NE}_{\beta}^{\alpha+}(x)$ 和 $\mathrm{AL}_{\beta}^{\alpha+}(x)$。另外，根据定理 11.4，我们给出在动态形势信息系统中计算概率冲突、中立和联合集的增量算法 (incremental algorithm with added agents，ICA)，如下所示。

算法 11.2　计算 $\mathrm{CO}_{\beta}^{\alpha+}(x)$，$\mathrm{NE}_{\beta}^{\alpha+}(x)$ 和 $\mathrm{AL}_{\beta}^{\alpha+}(x)$ 的增量算法 (ICA)

输入：动态形势信息系统 $S^+ = (U^+, A)$。

输出：$\mathrm{CO}_{\beta}^{\alpha+}(x)$、$\mathrm{NE}_{\beta}^{\alpha+}(x)$ 和 $\mathrm{AL}_{\beta}^{\alpha+}(x)$。

---

1. 输入形势信息系统 $S^+ = (U^+, A)$ ；
2. 计算距离矩阵 M_A^+ ；
3. 计算 $CO_\beta^{\alpha+}(x)$ 、 $NE_\beta^{\alpha+}(x)$ 和 $AL_\beta^{\alpha+}(x)$ ；
4. 输出 $CO_\beta^{\alpha+}(x)$ 、 $NE_\beta^{\alpha+}(x)$ 和 $AL_\beta^{\alpha+}(x)$ 。

第 2 步的时间复杂度为 $O(2mt + mt^2)$ ，第 3 步的时间复杂度为 $O(2nt + nt^2)$ 。因此，算法 11.2 的时间复杂度为 $O(2mt + mt^2 + 2nt + nt^2)$ ，其低于算法 11.1 的时间复杂度。

再次，我们通过实例来说明在动态形势信息系统中如何计算概率冲突、中立和联合集。

例 11.8　（继例 11.7）由定理 11.3，我们可得如表 11.14 关于中东冲突的距离矩阵。

表 11.14　关于中东冲突的距离矩阵

U^+	x_1	x_2	x_3	x_4	x_5	x_6	x_7
x_1							
x_2	0.9						
x_3	0.9	0.2					
x_4	0.8	0.3	0.3				
x_5	1.0	0.1	0.1	0.2			
x_6	0.4	0.5	0.5	0.4	0.6		
x_7	0	0.9	0.9	0.8	1.0	0.4	

由定理 11.4，我们可以计算由表 11.15 给出的概率冲突、中立和联合集。

表 11.15　关于中东冲突的概率冲突、中立集和联合集

U^+	$CO_\beta^{\alpha+}(x_i)$	$NE_\beta^{\alpha+}(x_i)$	$AL_\beta^{\alpha+}(x_i)$
x_1	$\{x_2, x_3, x_4, x_5\}$	$\{x_6\}$	$\{x_1, x_7\}$
x_2	$\{x_1, x_7\}$	$\{x_6\}$	$\{x_2, x_3, x_4, x_5\}$
x_3	$\{x_1, x_7\}$	$\{x_6\}$	$\{x_2, x_3, x_4, x_5\}$
x_4	$\{x_1, x_7\}$	$\{x_6\}$	$\{x_2, x_3, x_4, x_5\}$
x_5	$\{x_1, x_7\}$	$\{x_6\}$	$\{x_2, x_3, x_4, x_5\}$
x_6	$\varnothing$	$\{x_1, x_2, x_3, x_4, x_5, x_7\}$	$\{x_6\}$
x_7	$\{x_2, x_3, x_4, x_5\}$	$\{x_6\}$	$\{x_1, x_7\}$

11.4.2　局中人减少时的冲突分析模型

在本节中，当局中人减少时，我们提出了计算概率冲突、中立和联合集的增量方法。

定义 11.12　给定形势信息系统 (U,A) 和 (U^-,A)，其中 $U=\{x_1,x_2,\cdots,x_n\}$ 和 $U^-=\{x_{l_1},x_{l_2},\cdots,x_{l_k}\}(k<n)$，则称 (U^-,A) 是 (U,A) 的一个动态形势信息系统。

(U,A) 称为 (U^-,A) 的原始信息系统。在本节我们仅讨论局中人减少时的动态形势信息系统。此外，下面我们将通过一个实例来说明 (U,A) 和 (U^-,A) 之间的关系。

例 11.9　表 11.1 和表 11.16 分别给定形势信息系统 (U,A) 和 (U^-,A)，则 (U^-,A) 是 (U,A) 的一个动态形势信息系统。

表 11.16　关于中东冲突的动态信息系统

U^-	a	b	c	d	e
x_1	−1	+1	+1	+1	+1
x_2	+1	0	−1	−1	−1
x_3	+1	−1	−1	−1	0
x_4	0	−1	−1	0	−1
x_5	+1	−1	−1	−1	−1

我们研究在动态形势信息系统中如何计算距离矩阵和概率冲突、中立和联合集。

定理 11.5　给定形势信息系统 (U^-,A) 和 (U,A)，距离矩阵 $M_A^-=[\rho_A^-(x,y)]_{l_k\times l_k}$ 和 $M_A=[\rho_A(x,y)]_{n\times n}$，则对任意 $x,y\in U^-$，有 $\rho_A^-(x,y)=\rho_A(x,y)$。

证明：由定义 11.6，显然可得。

定理 11.5 描述了 M_A^- 和 M_A 之间的关系，从而在实际应用中大大简化了计算。另外，不需要计算 M_A，我们几乎可以得到 M_A^- 中的每个元素值，这有助于我们计算概率联合、冲突和中立集。

定理 11.6　给定形势信息系统 (U^-,A) 和 (U,A)，阈值 $0\leqslant\beta\leqslant\alpha\leqslant1$，则我们可以得到 $x\in U^-$ 的概率冲突、中立和联合集：

(1) $\mathrm{CO}_\beta^{\alpha-}(x)=\mathrm{CO}_\beta^\alpha(x)-(U-U^-)$；

(2) $\mathrm{NE}_\beta^{\alpha-}(x)=\mathrm{NE}_\beta^\alpha(x)-(U-U^-)$；

(3) $\mathrm{AL}_\beta^{\alpha-}(x)=\mathrm{AL}_\beta^\alpha(x)-(U-U^-)$。

证明：(1) 根据定义 11.10(1)，对任意 $x\in U$，我们有 $\mathrm{CO}_\beta^\alpha(x)=\{y\in U\mid\rho_A(x,y)>\alpha\}=\{y\in U^-\mid\rho_A^-(x,y)\geqslant\alpha\}\bigcup\{y\in U-U^-\mid\rho_A(x,y)>\alpha\}$ 和 $\mathrm{CO}_\beta^{\alpha-}(x)=\{y\in U^-\mid\rho_A^-(x,y)\geqslant\alpha\}$。因此，$\mathrm{CO}_\beta^{\alpha-}(x)=\mathrm{CO}_\beta^\alpha(x)-(U-U^-)$。

(2) 根据定义 11.10(2)，对任意 $x\in U$，我们有 $\mathrm{NE}_\beta^\alpha(x)=\{y\in U\mid\alpha>\rho_A\{x,y\}>\beta\}=\{y\in U^-\mid\alpha>\rho_A^-(x,y)>\beta\}\bigcup\{y\in U-U^-\mid\alpha>\rho_A(x,y)>\beta\}$ 和 $\mathrm{NE}_\beta^{\alpha-}(x)=\{y\in U^-\mid\alpha>\rho_A^-(x,y)>\beta\}$。所以，$\mathrm{NE}_\beta^{\alpha-}=\mathrm{NE}_\beta^\alpha(x)-(U-U^-)$。

(3) 根据定义 11.10(3)，对任意 $x\in U$，我们有 $\mathrm{AL}_\beta^\alpha(x)=\{y\in U\mid\rho_A(x,y)\leqslant\beta\}=$

$\{y \in U^- \mid \rho_A^-(x, y) \leqslant \beta\} \bigcup \{y \in U - U^- \mid \rho_A(x, y) \leqslant \beta\}$ 和 $\mathrm{AL}_\beta^{\alpha-}(x) = \{y \in U^- \mid \rho_A^-(x, y) \leqslant \beta\}$。所以，$\mathrm{AL}_\beta^{\alpha-}(x) = \mathrm{AL}_\beta^\alpha(x) - (U - U^-)$。

定理 11.6 说明了如何根据 $\mathrm{CO}_\beta^\alpha(x)$、$\mathrm{NE}_\beta^\alpha(x)$ 和 $\mathrm{AL}_\beta^\alpha(x)$ 来分别构建 $\mathrm{CO}_\beta^{\alpha-}(x)$、$\mathrm{NE}_\beta^{\alpha-}(x)$ 和 $\mathrm{AL}_\beta^{\alpha-}(x)$。另外，根据定理 11.6，我们给出在动态形势信息系统中计算概率联合、冲突和中立集的增量算法（incremental algorithm with deleted agents，ICD），如下所示。

算法 11.3　计算 $\mathrm{CO}_\beta^{\alpha-}(x)$，$\mathrm{NE}_\beta^{\alpha-}(x)$ 和 $\mathrm{AL}_\beta^{\alpha-}(x)$ 的增量算法（ICD）

输入：形势信息系统 $S^- = (U^-, A)$。
输出：$\mathrm{CO}_\beta^{\alpha-}(x)$、$\mathrm{NE}_\beta^{\alpha-}(x)$ 和 $\mathrm{AL}_\beta^{\alpha-}(x)$。

---

1. 输入形势信息系统 $S^- = (U^-, A)$；
2. 计算距离矩阵 M_A^-；
3. 计算 $\mathrm{CO}_\beta^{\alpha-}(x)$、$\mathrm{NE}_\beta^{\alpha-}(x)$ 和 $\mathrm{AL}_\beta^{\alpha-}(x)$；
4. 输出 $\mathrm{CO}_\beta^{\alpha-}(x)$、$\mathrm{NE}_\beta^{\alpha-}(x)$ 和 $\mathrm{AL}_\beta^{\alpha-}(x)$。

第 2 步的时间复杂度为 $O(l_k^2)$；第 3 步的时间复杂度 $O(nl_k - l_k^2)$。因此，算法 11.3 的时间复杂度为 $O(nl_k)$。因此，算法 11.3 的时间复杂度低于算法 11.2 的时间复杂度。

我们通过实例来说明在动态形势信息系统中如何计算距离矩阵和概率冲突、中立集和联合集。

例 11.10　（继例 11.1、11.2 和 11.9）由定理 11.5，我们可得如表 11.17 的关于中东冲突的距离矩阵。

表 11.17　关于中东冲突的距离矩阵

	x_1	x_2	x_3	x_4	x_5
x_1					
x_2	0.9				
x_3	0.9	0.2			
x_4	0.8	0.3	0.3		
x_5	1	0.1	0.1	0.2	

根据定理 11.6，我们可以计算由表 11.18 给出的关于中东冲突的概率冲突、中立集和联合集。

表 11.18　关于中东冲突的冲突、中立集和联合集

U^-	$\mathrm{CO}_\beta^{\alpha-}(x_i)$	$\mathrm{NE}_\beta^{\alpha-}(x_i)$	$\mathrm{AL}_\beta^{\alpha-}(x_i)$
x_1	$\{x_2, x_3, x_4, x_5\}$	ϕ	$\{x_1\}$

续表

U^-	$CO_\beta^{\alpha-}(x_i)$	$NE_\beta^{\alpha-}(x_i)$	$AL_\beta^{\alpha-}(x_i)$
x_2	$\{x_1\}$	ϕ	$\{x_2,x_3,x_4,x_5\}$
x_3	$\{x_1\}$	ϕ	$\{x_2,x_3,x_4,x_5\}$
x_4	$\{x_1\}$	ϕ	$\{x_2,x_3,x_4,x_5\}$
x_5	$\{x_1\}$	ϕ	$\{x_2,x_3,x_4,x_5\}$

11.5　数　据　实　验

在本节中,我们通过数据实验来验证算法 11.2 和算法 11.3 对计算动态形势信息系统中概率冲突、中立集和联合集的有效性。

为了评估算法 11.2 和算法 11.3 的性能,我们基于表 11.1 中的关于中东冲突的 Pawlak 信息系统生成了 10 个信息系统 $\{(U_i,A)\mid 1\leqslant i\leqslant 10\}$。具体地,我们通过取 100、200、300、400、500、600、700、800、900 和 1000 倍的中东冲突信息系统,得到了如表 11.19 所示的形势信息系统 $\{(U_i,A)\mid 1\leqslant i\leqslant 10\}$。

表 11.19　用于实验的形势信息系统

编号	名字	$\|U_i\|$	$\|A\|$
1	(U_1,A)	600	5
2	(U_2,A)	1200	5
3	(U_3,A)	1800	5
4	(U_4,A)	2400	5
5	(U_5,A)	3000	5
6	(U_6,A)	3600	5
7	(U_7,A)	4200	5
8	(U_8,A)	4800	5
9	(U_9,A)	5400	5
10	(U_{10},A)	6000	5

所有计算均在具有 Intel(R)双核 CPU(TM)i5-4590 @ 3.30 GHz 和运行 64 位 Windows 7 的 8GB 内存的 PC 上执行;运行软件是 64 位的 Matlab R2014a。表 11.20 给出了硬件和软件的详细信息。

我们使用中东冲突的 Pawlak 形势信息系统生成了 10 个形势信息系统。此外,

考虑到硬件条件，我们仅使用具有中等数量局中人的动态形势信息系统来测试算法
11.2 和 11.3。

表 11.20　实验环境

编号	名称	配置
1	CPU	Intel（R）Dual-Core CPU（TM）i5-4590 3.30 GHZ
2	内存	ADAT DDR3 8G
3	硬盘	SATA　300G
4	系统	Windows 7
5	软件	Matlab R2014a 64bit

11.5.1　算法 11.1～算法 11.3 的稳定性

在本小节中，我们将使用非增量算法的实验结果与使用增量算法的结果进行
比较。

为了测试算法 11.1、算法 11.2 和算法 11.3 的稳定性，我们通过在形势信息系统
(U_i, A) 中增加和删减一个局中人分别生成了动态形势信息系统 (U_i^+, A) 和 (U_i^-, A)，
其中 $i = 1,2,3,4,5,6,7,8,9,10$。例如，当增加局中人 x_{601}，即 $U_1^+ = \{x_1, x_2, \cdots, x_{600}, x_{601}\}$，
我们得到了动态形势信息系统 (U_1^+, A)。当删减局中人 x_{600} 时，即 $U_1^- = \{x_1, x_2, \cdots, x_{599}\}$，
我们得到了动态形势信息系统 (U_1^-, A)。另外，我们采用表 11.4 中的关于每组局中人
的损失函数，得到了计算概率冲突、中立和联合集的阈值 $\alpha = \dfrac{3}{5}$ 和 $\beta = \dfrac{1}{3}$。

为了说明算法 11.1、算法 11.2 和算法 11.3 的性能，我们计算了动态形势信息系
统 (U_i^+, A) 和（$U_i^-, A)(1 \leqslant i \leqslant 10)$ 中的每个冲突、中立和联合集，计算时间分别见
表 11.21 和表 11.22。我们进行了 10 次实验来确保实验结果的准确性。具体地，
表 11.21 描述了在动态形势信息系统中 $\{(U_i^+, A) | 1 \leqslant i \leqslant 10\}$ 使用算法 11.1 和算法 11.2
计算概率冲突、中立和联合集的时间；表 11.22 显示了在动态形势信息系统中 $\{(U_i^-, A) | 1 \leqslant i \leqslant 10\}$ 使用算法 11.1 和算法 11.3 计算概率冲突、中立和联合集的时间。在理
论上，在动态形势信息系统 $(U_i^+, A)(1 \leqslant i \leqslant 10)$ 使用算法 11.1 的计算时间大于在动态
形势信息系统 $(U_i^-, A)(1 \leqslant i \leqslant 10)$ 花费的计算时间。事实上，在动态形势信息系统 $(U_i^+, A)(1 \leqslant i \leqslant 4)$ 使用算法 11.1 的计算时间大于在动态形势信息系统 $(U_i^-, A)(1 \leqslant i \leqslant 4)$ 中
使用算法 11.2 的计算时间，同时，在动态形势信息系统 $(U_i^+, A)(1 \leqslant i \leqslant 10)$ 中使用算
法 11.2 的计算时间大于算法 11.3 在动态形势信息系统 $(U_i^-, A)(1 \leqslant i \leqslant 10)$ 中的计算时
间。因此，表 11.21 和表 11.22 的实验结果表明算法 11.2 和算法 11.3 在大规模动态
形势信息系统中计算概率冲突、中立和联合集比算法 11.1 更稳定。

表 11.21　基于 NIC 算法和 ICA 算法的计算时间

时间/s	算法	1	2	3	4	5	6	7	8	9	10	$\bar{t}$	SD
(U_1, A)	NIC	15.6661	15.9191	15.6257	15.5783	15.6294	15.6255	15.5909	15.5295	15.5695	15.5713	15.6305	0.1087
	ICA	0.0660	0.0602	0.0594	0.0588	0.0584	0.0592	0.0589	0.0591	0.0606	0.0603	0.0601	0.0022
(U_2, A)	NIC	62.9139	63.1647	62.4523	62.4584	62.4356	62.5105	62.5668	63.1906	63.1743	62.6676	62.7535	0.3237
	ICA	0.1303	0.1319	0.1325	0.1312	0.1302	0.1306	0.1324	0.1320	0.1316	0.1307	0.1313	0.0008
(U_3, A)	NIC	141.9937	142.3379	141.5171	141.4366	141.8641	141.4537	141.5227	141.4444	141.3873	141.2906	141.6248	0.3315
	ICA	0.2134	0.2139	0.2138	0.2121	0.2153	0.2125	0.2143	0.2143	0.2147	0.2140	0.2138	0.0010
(U_4, A)	NIC	253.0806	254.4429	253.0319	253.3616	254.5597	254.8520	254.2747	255.3814	254.9215	255.3876	254.3285	0.8869
	ICA	0.3205	0.3315	0.3226	0.3312	0.3239	0.3285	0.3233	0.3277	0.3229	0.3318	0.3264	0.0042
(U_5, A)	NIC	405.1555	405.0269	404.3308	405.6184	405.5268	406.3696	406.3895	406.5132	405.7323	405.4138	405.6077	0.6867
	ICA	0.4631	0.4815	0.4820	0.4810	0.4850	0.4817	0.4862	0.4817	0.4847	0.4819	0.4809	0.0065
(U_6, A)	NIC	605.4882	618.9992	621.6452	634.7630	634.3375	635.4958	632.1862	636.9073	632.4613	630.8307	628.3114	9.9670
	ICA	0.6619	0.6816	0.7010	0.6826	0.7041	0.6894	0.7029	0.6896	0.7109	0.6933	0.6917	0.0142
(U_7, A)	NIC	841.8805	909.3873	937.7201	895.7383	900.9209	922.0898	897.4986	920.6675	924.5891	929.9039	908.0396	27.2472
	ICA	0.8030	0.7986	0.8028	0.7994	0.7944	0.8108	0.7973	0.7986	0.8003	0.7944	0.7991	0.0031
(U_8, A)	NIC	1025.8824	1292.4676	1324.5616	1364.9962	1347.3933	1361.1639	1358.0847	1373.5498	1377.5968	1384.1327	1338.9829	54.1768
	ICA	1.3081	1.3404	1.4546	1.3172	1.4693	1.3470	1.4822	1.3229	1.4864	1.3577	1.3886	0.0746
(U_9, A)	NIC	1607.7516	1837.9054	1829.8274	1825.4398	1803.1033	1807.6194	1793.8114	1804.8390	1800.7830	1810.4823	1792.1563	66.2971
	ICA	1.6627	1.6813	1.8746	1.6874	1.9192	1.6630	1.9080	1.6985	1.9497	1.6981	1.7742	0.1212
(U_{10}, A)	NIC	2023.9591	2332.6384	2405.7080	2572.2311	2496.34332	2550.4050	2495.3971	2570.6065	2480.3520	2511.7288	2443.9369	165.1217
	ICA	1.6384	1.7157	1.6466	1.6359	1.6463	1.6357	1.6396	1.6378	1.6332	1.6409	1.6470	0.0245

表 11.22　基于 NIC 算法和 ICD 算法的计算时间

时间/s	算法	1	2	3	4	5	6	7	8	9	10	$\bar{t}$	SD
(U_1, A)	NIC	15.4622	15.4489	15.4807	15.4596	15.4458	15.4455	15.4729	15.5295	15.4325	15.4263	15.4535	0.0168
	ICD	0.0364	0.0326	0.0317	0.0319	0.0321	0.0314	0.0314	0.0313	0.0316	0.0311	0.0321	0.0016
(U_2, A)	NIC	62.4870	62.4351	62.4243	62.5104	62.4356	62.5105	62.4547	62.5222	62.5098	62.4887	62.4725	0.0405
	ICD	0.0693	0.0705	0.0673	0.0678	0.0685	0.0674	0.0685	0.0684	0.0679	0.0686	0.0684	0.0010
(U_3, A)	NIC	141.1699	141.9959	141.0742	140.8329	140.9947	140.9273	140.8830	141.1469	140.7790	140.6514	141.0455	0.3718
	ICD	0.1105	0.1147	0.1108	0.1100	0.1092	0.1085	0.1093	0.1086	0.1082	0.1140	0.1099	0.0019
(U_4, A)	NIC	253.9424	255.0751	253.9332	254.3616	253.3579	254.8520	254.2747	255.3814	254.9215	255.3876	254.3285	0.4843
	ICD	0.1623	0.1693	0.1583	0.1620	0.1596	0.1610	0.1602	0.1615	0.1597	0.1631	0.1617	0.0030
(U_5, A)	NIC	405.1555	409.0269	405.3308	409.6184	407.5268	408.3696	407.3895	408.5132	407.7323	408.4138	407.6077	1.3540
	ICD	0.2291	0.2349	0.2324	0.2323	0.2325	0.2336	0.2332	0.2320	0.2338	0.2330	0.2327	0.0015
(U_6, A)	NIC	627.4882	645.9992	642.6452	656.7630	660.3375	657.4958	659.1862	653.9073	660.4613	657.8307	652.3114	10.6786
	ICD	0.3556	0.3595	0.3860	0.3875	0.3927	0.3855	0.3909	0.3870	0.3937	0.3905	0.3829	0.0136
(U_7, A)	NIC	916.8805	951.3873	962.7201	972.7383	900.9639	964.0898	967.4986	970.6675	970.5891	979.9039	961.0396	17.7442
	ICD	0.4846	0.4808	0.5300	0.5487	0.5421	0.5442	0.5404	0.5469	0.5419	0.5463	0.5305	0.0015
(U_8, A)	NIC	1378.8824	1514.4676	1528.5616	1574.9962	1563.3933	1570.1639	1564.0847	1565.5498	1566.5968	1564.1327	1539.9829	59.7353
	ICD	0.7289	0.7382	0.8720	0.8939	0.9154	0.8948	0.8993	0.9001	0.8987	0.9042	0.8646	0.0699
(U_9, A)	NIC	1838.4454	2041.6057	2028.8274	2133.4398	2129.1033	2159.6194	2227.8114	2248.8390	2138.7830	2112.4823	2105.1563	116.4052
	ICD	0.9228	0.9367	1.1446	1.6874	1.1899	1.1746	1.2005	1.1633	1.1785	1.1762	1.1255	0.1043
(U_{10}, A)	NIC	2436.9591	2572.0284	2405.7080	2572.2311	2496.34332	2550.4050	2495.3971	2570.6065	2480.3520	2511.7288	2720.7058	155.8090
	ICD	1.0897	1.1137	1.3725	1.4159	1.3997	1.4397	1.414 6	1.4183	1.4192	1.4206	1.3503	0.1323

图 11.1 和图 11.2 分别描述了算法 11.1、算法 11.2 和算法 11.3 在动态形势信息

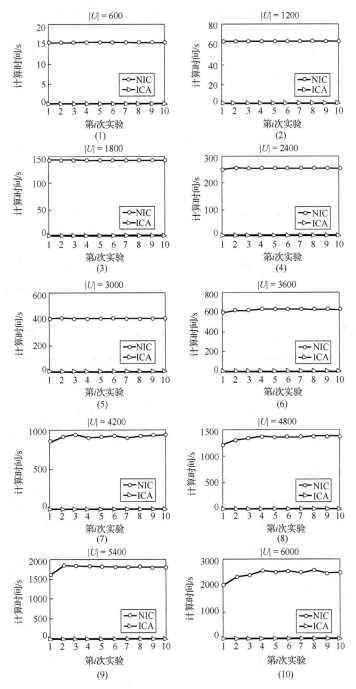

图 11.1　增加一个局中人时，基于算法 11.1 和算法 11.2 的计算时间

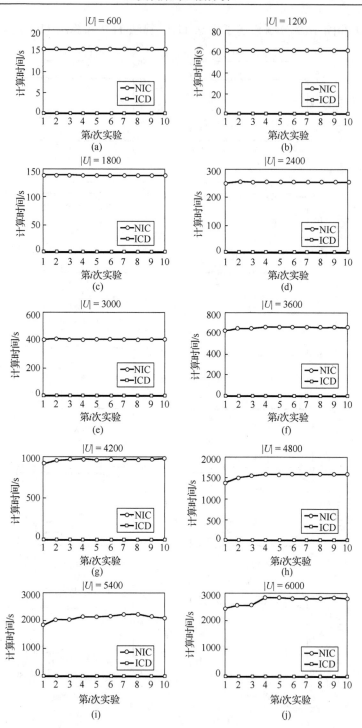

图 11.2　减少一个对象时，基于算法 11.1 和算法 11.3 的计算时间

系统 $\{(U_i^+, A) \mid 1 \leqslant i \leqslant 10\}$ 和 $\{(U_i^-, A) \mid 1 \leqslant i \leqslant 10\}$ 中计算概率冲突、中立和联合集的高效性。具体来讲，图 11.1 描述了在动态形势信息系统 $(U_i^+, A)(1 \leqslant i \leqslant 10)$ 中使用算法 11.1 和算法 11.2 来计算概率冲突、中立和联合集的时间。显然易见，在图 11.1 的每个子图中算法 11.1 的曲线波动幅度明显大于算法 11.2 的波动幅度。图 11.2 描述了在动态形势信息系统 $(U_i^-, A)(1 \leqslant i \leqslant 10)$ 中使用算法 11.1 和算法 11.3 来计算概率冲突、中立和联合集的时间。在图 11.2 的每个子图中算法 11.1 的曲线波动幅度也明显大于算法 11.3 的曲线波动幅度。因此，图 11.1 和图 11.2 说明了在局中人集变化的动态形势信息系统中，算法 11.2 和算法 11.3 比算法 11.1 更稳定。

另外，表 11.21 和表 11.22 分别给出了算法 11.1、算法 11.2 和算法 11.3 关于计算时间的平均时间和标准误差。标准差表明在冲突分析中算法 11.1、算法 11.2 和算法 11.3 在计算概率冲突、中立和联合集时更加稳定。特别是，使用算法 11.2 和算法 11.3 的计算时间的标准差小于算法 11.1 的标准差，这说明在冲突分析中，算法 11.2 和算法 11.3 比算法 11.1 在构建概率冲突、中立和联合集时更稳定。

图 11.3、图 11.4 分别说明了在动态形势信息系统 $\{(U_i^+, A) \mid 1 \leqslant i \leqslant 10\}$ 和 $\{(U_i^-, A) \mid 1 \leqslant i \leqslant 10\}$ 中算法 11.1、算法 11.2 和算法 11.3 用于计算概率冲突、中立和联合集的

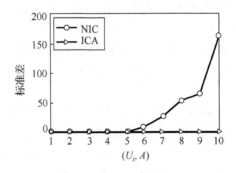

图 11.3　基于算法 11.1 和算法 11.2 的计算时间标准差

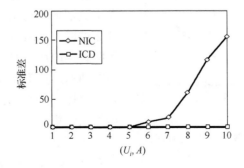

图 11.4　基于算法 11.1 和算法 11.3 的计算时间标准差

稳定性。显然，使用算法 11.1 的计算时间的标准差明显大于算法 11.2 和算法 11.3 的标准差。而且，在不同局中人集的动态形势信息系统中使用算法 11.1 的计算时间的标准差曲线波动较大，但使用算法 11.2 和 11.3 的计算时间的标准差曲线较平滑。

我们得出以下结论：①在动态形势信息系统中，算法 11.1、算法 11.2 和算法 11.3 用于计算概率冲突、中立和联合集是稳定的；②在动态信息系统中，使用算法 11.2 和算法 11.3 来计算概率冲突、中立和联合集比算法 11.1 更稳定。

11.5.2 比较当局中人增加时的算法运行时间

在本小节中，我们比较在包含不同个数的局中人的动态形势信息系统中算法 11.1 和算法 11.2 的计算时间。

表 11.21 描述了在动态形势信息系统 $\{(U_i^+, A) | 1 \leqslant i \leqslant 10\}$ 中使用算法 11.1 和算法 11.2 来计算概率冲突、中立集和联合集的计算时间。显然，在动态形势信息系统中增加单个局中人时，算法 11.2 比算法 11.1 能更有效地计算概率冲突、中立集和联合集。

图 11.1 描述了在动态形势信息系统 $\{(U_i^+, A) | 1 \leqslant i \leqslant 10\}$ 中使用算法 11.1 比算法 11.2 能更有效地计算概率冲突，中立集和联合集。在图 11.1 中的每个子图中，我们可以得到在动态形势信息系统 $\{(U_i^+, A) | 1 \leqslant i \leqslant 10\}$ 中使用算法 11.1 来计算概率冲突、中立集和联合集的时间大于算法 11.2 的计算时间，且算法 11.2 较算法 11.1 运行速度更快。

图 11.5 的趋势线详细描述了随着局中人个数的增加算法 11.1 和算法 11.2 的有效性，这说明随着局中人个数的增加，使用算法 11.1 和 11.2 计算概率冲突，中立集和联合集的时间也在增加，但使用算法 11.1 的增长速度要快于算法 11.2 的。

总之，我们得出以下结论：①在局中人个数增加的动态形势信息系统中，算法 11.2 可以大大减少计算概率冲突、中立集和联合集的运行时间。②在局中人个数增加的动态形势信息系统中，算法 11.2 比算法 11.1 能更快地计算概率冲突、中立集和联合集。

在本小节中，我们只讨论添加单个局中人时，如何构造概率冲突、中立集和联合集。但是，对于增加多个局中人的动态形势信息系统，我们还可以使用增量方法来计算概率冲突、中立集和联合集。

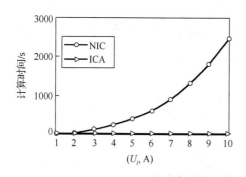

图 11.5 算法 11.1 和算法 11.2 的计算时间

11.5.3　比较当局中人减少时的算法运行时间

在本小节中，我们比较在包含不同个数局中人的动态形势信息系统中算法 11.1 和算法 11.3 的计算时间。

表 11.22 描述了在动态形势信息系统 $\{(U_i^-, A) | 1 \leqslant i \leqslant 10\}$ 中使用算法 11.1 和算法 11.3 来计算概率冲突、中立集和联合集的计算时间。动态形势信息系 $\{(U_i^-, A) | 1 \leqslant i \leqslant 10\}$ 中，算法 11.3 比算法 11.1 能更有效地计算概率冲突、中立集和联合集。

图 11.3 描述了在动态形势信息系统 $\{(U_i^-, A) | 1 \leqslant i \leqslant 10\}$ 中使用算法 11.3 比算法 11.1 能更快速地计算概率冲突、中立集和联合集。在图 11.3 中的每个子图中，我们可以得到在动态形势信息系统 $\{(U_i^-, A) | 1 \leqslant i \leqslant 10\}$ 中使用算法 11.1 来计算概率冲突、中立集和联合集的时间大于算法 11.3 的计算时间。

图 11.6 的趋势线详细描述了随着对象个数的增加算法 11.1 和算法 11.3 的有效性，这说明随着对象个数的增加，使用算法 11.1 和算法 11.3 计算概率冲突、中立集和联合集的时间也在增加，但使用算法 11.1 的增长速度更快。

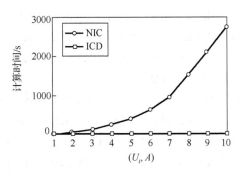

图 11.6　算法 11.1 和算法 11.3 的计算时间

我们得出以下结论：①在局中人个数减少时的动态形势信息系统中，算法 11.3 可以大大减少计算概率冲突、中立集和联合集的运行时间。②在局中人个数减少时的动态形势信息系统中，算法 11.3 比算法 11.1 能更快地计算概率冲突、中立集和联合集。

在本小节中，我们只讨论删减单个局中人时，如何计算概率冲突、中立集和联合集。但是，对于删减多个局中人的动态形势信息系统，我们还可以使用增量方法来计算概率冲突、中立集和联合集。

11.6　本 章 小 结

在本章中，我们扩展了 Pawlak 冲突分析模型中冲突、中立和联合集的概念，引入了形势信息系统中概率冲突、中立和联合集的概念，并基于决策粗糙集理论研究了如何计算冲突分析中概率冲突、中立和联合集的阈值。其次，我们提出了在局中人变化的动态形势信息系统中计算概率冲突、中立和联合集的增量方法，设计了有效的增量算法在动态形势信息系统中计算概率冲突、中立和联合集，并通过数据试验验证了所设计计算法的高效性。

参 考 文 献

[1]   Pawlak Z. On conflicts[J]. International Journal of Man-Machine Studies, 1984, 21 (2): 127-134.

[2]   Pawlak Z. Some remarks on conflict analysis[J]. European Journal of Operational Research, 2005, 166 (3): 649-654.

[3]   Skowron A, Ramanna S, Peters J F. Conflict analysis and information systems: A rough set approach[J]. Rough Sets and Current Trends in Computing, 2006, 4062: 233-240.

[4]   Sun B Z, Ma W M, Zhao H Y. Rough set-based conflict analysis model and method over two universes[J]. Information Sciences, 2016, 372: 111-125.

[5]   Lang G M, Miao D Q, Cai M J. Three-way decision approaches to conflict analysis using decision -theoretic rough set theory[J]. Information Sciences, 2017, 406: 185-207.

[6]   Sun B Z, Chen X T, Zhang L Y, et al. Three-way decision making approach to conflict analysis and resolution using probabilistic rough set over two universes[J]. Information Sciences, 2020, 507: 809-822.

[7]   Fan Y, Qi J J, Wei L. A conflict analysis model based on three-way decisions[M]//Nguyen H S, Ha Q T, Li T R, et al. Rough Sets. Berlin: Springer, 2018: 522-532.

[8]   Zhi H L, Qi J J, Qian T, et al. Conflict analysis under one-vote veto based on approximate three-way concept lattice[J]. Information Sciences, 2020, 516: 316-330.

[9]   Yao Y Y. Three-way conflict analysis: reformulations and extensions of the Pawlak model[J]. Knowledge-Based Systems, 2019, 180: 26-37.

[10] Lang G M, Miao D Q, Fujita H. Three-way group conflict analysis based on Pythagorean fuzzy set theory[J]. IEEE Transactions on Fuzzy Systems, 2020, 28 (3): 447-461.

[11] Lang G M, Luo J F, Yao Y Y. Three-way conflict analysis: A unification of models based on rough sets and formal concept analysis[J]. Knowledge-Based Systems, 2020, 194: 105556.

[12] Yao Y Y. The superiority of three-way decision in probabilistic rough set models[J]. Information Sciences, 2011, 181 (6): 1080-1096.